“双一流”建设精品出版工程

非光滑优化及其变分分析（第2版）

Non-smooth Optimization and its Variational Analysis

边 伟 秦泗甜 薛小平 著

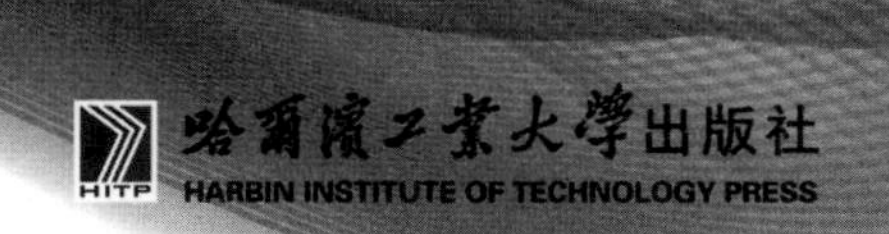

内 容 简 介

本书是作者们近年来从事非光滑优化和变分研究的科研总结，内容包括非光滑分析与凸分析基础、微分包含解的存在唯一性、非光滑动力系统理论及非光滑优化和变分理论与算法.

本书可作为应用数学领域的研究生教材或参考书，也可供从事优化和控制方面的科研技术人员参考.

图书在版编目(CIP)数据

非光滑优化及其变分分析/边伟，秦泗甜，薛小平著.—2版.—哈尔滨：哈尔滨工业大学出版社，2024.5

ISBN 978-7-5767-1414-2

Ⅰ.①非…　Ⅱ.①边…②秦…③薛…　Ⅲ.①光滑化(数学)—研究　Ⅳ.①O189

中国国家版本馆CIP数据核字(2024)第096224号

FEIGUANGHUA YOUHUA JIQI BIANFEN FENXI

策划编辑　刘培杰　张永芹
责任编辑　宋　淼
封面设计　屈　佳
出版发行　哈尔滨工业大学出版社
社　　址　哈尔滨市南岗区复华四道街10号　邮编150006
传　　真　0451-86414749
网　　址　http://hitpress.hit.edu.cn
印　　刷　哈尔滨市颉升高印刷有限公司
开　　本　787 mm×1 092 mm　1/16　印张14.75　字数267千字
版　　次　2014年3月第1版　2024年5月第2版
　　　　　2024年5月第1次印刷
书　　号　ISBN 978-7-5767-1414-2
定　　价　68.00元

◎ 前言

各类优化问题求解的理论和算法是自然科学与工程技术领域研究的永恒主题.计算机的诞生,促进了优化算法的发展,使越来越多的优化问题能通过程序快速求解.随着科学技术的发展及大规模工程技术问题的需求,待解决的优化问题更加复杂,规模更加庞大,计算机程序化的求解方式受到了限制.20 世纪 80 年代,美国著名生物物理学家 J. Hopfield 提出了通过“物理硬件”——“电路”代替计算机“软件”——“程序”实现大规模优化问题快速求解的新思路,这种方法是将原优化问题程序的“静态”离散算法转化为电路的“动态”连续算法,从数学上讲,就是通过构造微分方程求解优化问题.本书的主要内容是讲授如何通过微分方程(包含)求解优化问题的理论和算法,这方面的研究仅有十余年的历史,有待研究的新方向还很多,因此,本书仅是作者们研究的粗浅认识,供这方面感兴趣的读者参考.

全书共分 5 章,第 1 章是相关的预备知识,包括非光滑分析与凸分析基础、微分包含的存在性理论与 Lojasiewicz 不等式应用于(次)梯度系统;第 2 章是有限维空间的非光滑优化,包括罚函数的性质、微分包含的构造与解的收敛性分析、数值算法的实现与电路原件的设计;第 3 章是 Hilbert 空间中非光滑凸优化问题,包括发展微分包含的构造及解的存在唯一性、解的收敛性分析与应用示例;第 4 章是非光滑神经网络的动力学行为,包括非光滑 Hopfield 神经网络的稳定性分析、非光滑 Cohen-Grossberg

型神经网络的稳定性分析、非光滑广义梯度系统周期解的存在性及次梯度系统动力学分析与优化问题的关系；第 5 章是非光滑变分原理，包括几类非光滑变分原理及其在非光滑 $P(x)$-Laplacian 方程中的应用. 全书尽可能将我们自己的一些研究成果和体会介绍给读者，以期相互促进，共同提高.

感谢哈尔滨工业大学出版社原总编唐余勇教授的热情帮助和支持，正是他的关心，促使我们写此书的动意. 感谢哈尔滨工业大学出版社刘培杰副编审和张永芹编辑为本书付出的辛勤劳动！感谢国家自然科学基金（10571035，10971043，11071099，11101107）的多年资助！

鉴于作者水平有限，书中疏漏和不足必然存在，敬请读者批评指正！

作　者

2024 年 5 月

于哈尔滨工业大学

◎ 目录

第1章 预备知识

1.1 有限维空间的凸集与凸函数

本节主要介绍欧氏空间$\mathbb{R}^n$中凸集与定义在$\mathbb{R}^n$中凸集上凸函数的性质,为凸优化提供必要的基本理论,有关凸集与凸函数的进一步性质,可参见文献[1].

1.1.1 凸集

定义 1.1.1 $\boldsymbol{C}\subset\mathbb{R}^n$ 称为是凸集,是指对 $\forall\,\boldsymbol{x},\boldsymbol{y}\in\boldsymbol{C}$ 及 $\alpha\in[0,1]$ 有,$\alpha\boldsymbol{x}+(1-\alpha)\boldsymbol{y}\in\boldsymbol{C}$.

凸集的几何意义是凸集中任何两点的连线都包含在该集合中.

性质 1.1.1 (1) 若$\{\boldsymbol{C}_\lambda\}_{\lambda\in\Gamma}$是$\mathbb{R}^n$中一族凸集,则$\bigcap\limits_{\lambda\in\Gamma}\boldsymbol{C}_\lambda$也是凸集.

(2) 若 $\boldsymbol{A}_i(i=1,2,\cdots,k)$ 是$\mathbb{R}^{n_i}$中凸集,则$\prod\limits_{i=1}^{n}\boldsymbol{A}_i$ 是$\mathbb{R}^{n_1}\times\mathbb{R}^{n_2}\times\cdots\times\mathbb{R}^{n_k}$中凸集.

(3) 若 $\boldsymbol{C}$ 是凸集，则 $\boldsymbol{C}$ 的内部 $\mathrm{int}(\boldsymbol{C})$ 及闭包 $\mathrm{cl}(\boldsymbol{C})$ 也是凸集.

性质 1.1.1 的证明留为练习.

定义 1.1.2 设 $\boldsymbol{x}_1,\boldsymbol{x}_2,\cdots,\boldsymbol{x}_k$ 是 $\mathbb{R}^n$ 的元素，称

$$\sum_{i=1}^{k}\alpha_i\boldsymbol{x}_i$$

为 $\{\boldsymbol{x}_1,\boldsymbol{x}_2,\cdots,\boldsymbol{x}_k\}$ 的凸组合，这里 $\alpha_i\geqslant 0$ 且 $\sum_{i=1}^{k}\alpha_i=1$.

定理 1.1.1 $\boldsymbol{C}\subset\mathbb{R}^n$ 为凸集的充要条件是 $\boldsymbol{C}$ 中任何有限个元素的凸组合仍在 $\boldsymbol{C}$ 中.

证 $\Rightarrow$ 设 $\boldsymbol{x}_1,\boldsymbol{x}_2,\cdots,\boldsymbol{x}_k\in\boldsymbol{C}$，来证 $\sum_{i=1}^{k}\alpha_i\boldsymbol{x}_i\in\boldsymbol{C}$. 对 k 进行归纳，若 $k=1$，由 $\alpha_1=1,\boldsymbol{x}_1\in\boldsymbol{C}$ 结论成立. 设 $k\geqslant 2$ 且 $k-1$ 时成立，不妨设 $\alpha_k>0$($\alpha_k=0$ 是 $k-1$ 情形)，又

$$\sum_{i=1}^{k-1}\alpha_i\boldsymbol{x}_i+\alpha_k\boldsymbol{x}_k=(1-\alpha_k)\left[\sum_{i=1}^{k-1}\frac{\alpha_i}{1-\alpha_k}\boldsymbol{x}_i\right]+\alpha_k\boldsymbol{x}_k$$

根据归纳假设及 $\sum_{i=1}^{k-1}\frac{\alpha_i}{1-\alpha_k}=1$ 知上式方括号中的元素属于 $\boldsymbol{C}$，于是由 $\boldsymbol{C}$ 是凸集的定义有

$$\sum_{i=1}^{k}\alpha_i\boldsymbol{x}_i\in\boldsymbol{C}$$

$\Leftarrow$ 显然.

设 $\boldsymbol{A}\subset\mathbb{R}^n$，用 $\mathrm{Co}(\boldsymbol{A})$ 表示 $\boldsymbol{A}$ 中任何有限个元素凸组合组成的集合，并称 $\mathrm{Co}(\boldsymbol{A})$ 是 $\boldsymbol{A}$ 的凸包.

性质 1.1.2 $\mathrm{Co}(\boldsymbol{A})$ 是凸集，且对任何满足 $\boldsymbol{B}\supset\boldsymbol{A}$ 的凸集 $\boldsymbol{B}$，都有 $\boldsymbol{B}\supset\mathrm{Co}(\boldsymbol{A})$.

证 设 $\boldsymbol{x},\boldsymbol{y}\in\mathrm{Co}(\boldsymbol{A})$，则存在 $\boldsymbol{A}$ 中元素 $\{\boldsymbol{x}_1,\boldsymbol{x}_2,\cdots,\boldsymbol{x}_k\}$ 及 $\{\boldsymbol{y}_1,\boldsymbol{y}_2,\cdots,\boldsymbol{y}_m\}$ 使

$$\boldsymbol{x}=\sum_{i=1}^{k}\alpha_i\boldsymbol{x}_i,\boldsymbol{y}=\sum_{j=1}^{m}\beta_j\boldsymbol{y}_j,\alpha_i\geqslant 0,\beta_j\geqslant 0$$

且

$$\sum_{i=1}^{k}\alpha_i=\sum_{j=1}^{m}\beta_j=1$$

对 $\forall\alpha\in[0,1]$

$$\alpha\boldsymbol{x}+(1-\alpha)\boldsymbol{y}=\sum_{i=1}^{k}\alpha\alpha_i\boldsymbol{x}_i+\sum_{j=1}^{m}(1-\alpha)\beta_j\boldsymbol{y}_j$$

由于 $\sum_{i=1}^{k}\alpha\alpha_i+\sum_{j=1}^{m}(1-\alpha)\beta_j=1$，则 $\alpha\boldsymbol{x}+(1-\alpha)\boldsymbol{y}$ 是 $\{\boldsymbol{x}_1,\boldsymbol{x}_2,\cdots,\boldsymbol{x}_k,\boldsymbol{y}_1,\boldsymbol{y}_2,\cdots,\boldsymbol{y}_m\}$

的凸组合，即

$$\alpha \boldsymbol{x} + (1-\alpha)\boldsymbol{y} \in \mathrm{Co}(\boldsymbol{A})$$

故 $\mathrm{Co}(\boldsymbol{A})$ 是凸集，由定理 1.1.1 知，对任何凸集 $\boldsymbol{B} \supset \boldsymbol{A}$，则 $\mathrm{Co}(\boldsymbol{A}) \subset \boldsymbol{B}$，说明 $\mathrm{Co}(\boldsymbol{A})$ 是包含 $\boldsymbol{A}$ 的凸集的最小值.

定理 1.1.2 (Carathéodory) 设 $\boldsymbol{B} \subset \mathbb{R}^n$，对 $\forall\, \boldsymbol{x} \in \mathrm{Co}(\boldsymbol{B})$，存在至多 $n+1$ 个 $\boldsymbol{B}$ 中的元素 $\boldsymbol{x}_1, \boldsymbol{x}_2, \cdots, \boldsymbol{x}_{n+1}$，使 $\boldsymbol{x} = \sum_{i=1}^{n+1} \alpha_i \boldsymbol{x}_i \left(\alpha_i \geqslant 0, \sum_{i=1}^{n+1} \alpha_i = 1\right)$.

证 设 $\boldsymbol{x} = \sum_{i=1}^{k} \alpha'_i \boldsymbol{x}_i, x_i \in \boldsymbol{B}$，且 $\alpha'_i \geqslant 0, \sum_{i=1}^{k} \alpha'_i = 1$. 不失一般性，设 $k > n+1$. 由于 $\boldsymbol{x}_1 - \boldsymbol{x}_k, \boldsymbol{x}_2 - \boldsymbol{x}_k, \cdots, \boldsymbol{x}_{k-1} - \boldsymbol{x}_k$ 线性相关，故存在不全为零的实数 $\beta'_1, \beta'_2, \cdots, \beta'_{k-1}$，使

$$\sum_{i=1}^{k-1} \beta'_i (\boldsymbol{x}_i - \boldsymbol{x}_k) = \boldsymbol{0}$$

令 $\beta_i = \beta'_i (1 \leqslant i \leqslant k-1), \beta_k = -\sum_{i=1}^{k-1} \beta_i$，则上式写为 $\sum_{i=1}^{k} \beta_i \boldsymbol{x}_i = \boldsymbol{0}$ 且 $\sum_{i=1}^{k} \beta_i = 0$，注意到 $\beta_1, \beta_2, \cdots, \beta_k$ 不全为零，那么至少有一个 $\beta_i > 0$，令

$$\mu = \min_{\beta_i > 0} \frac{\alpha'_i}{\beta_i}$$

于是

$$\begin{aligned} \boldsymbol{x} &= \sum_{i=1}^{k} \alpha'_i \boldsymbol{x}_i = \sum_{i=1}^{k} \alpha'_i \boldsymbol{x}_i - \mu \sum_{i=1}^{k} \beta_i \boldsymbol{x}_i \\ &= \sum_{i=1}^{k} (\alpha'_i - \mu\beta_i) \boldsymbol{x}_i = \sum_{i=1}^{k} \alpha_i \boldsymbol{x}_i, \text{其中 } \alpha_i = \alpha'_i - \mu\beta_i \end{aligned}$$

根据定义有 $\alpha'_i - \mu\beta_i \geqslant 0 (i = 1, 2, \cdots, k)$ 且至少有一个 α_i 为零，又

$$\sum_{i=1}^{k} \alpha_i = \sum_{i=1}^{k} \alpha'_i - \mu \sum_{i=1}^{k} \beta_i = 1$$

所以 $\boldsymbol{x}$ 表示成了 $\boldsymbol{B}$ 中 $k-1$ 个元素的凸组合，如果 $k-1 > n+1$，上述过程可继续进行，一直到表示成 $\boldsymbol{B}$ 中 $n+1$ 个元素的凸组合为止.

性质 1.1.3 设 $\boldsymbol{A} \subset \mathbb{R}^n$ 是非空有界集，则 $\mathrm{cl}(\mathrm{Co}(\boldsymbol{A})) = \mathrm{Co}(\mathrm{cl}(\boldsymbol{A}))$ 即 $\boldsymbol{A}$ 的凸包的闭包等于 $\boldsymbol{A}$ 的闭包的凸包.

证 先证凸集的闭包是凸集，设 $\boldsymbol{B}$ 是凸集，来证 $\mathrm{cl}(\boldsymbol{B})$ 也是凸集，设 $\boldsymbol{x}, \boldsymbol{y} \in \mathrm{cl}(\boldsymbol{B})$，则存在 $\boldsymbol{x}_k, \boldsymbol{y}_k \in \boldsymbol{B}$ 使 $\boldsymbol{x}_k \to \boldsymbol{x}, \boldsymbol{y}_k \to \boldsymbol{y}$，于是，对 $\forall\, \alpha \in [0,1]$ 有 $\alpha \boldsymbol{x}_k + (1-\alpha)\boldsymbol{y}_k \in \boldsymbol{B}$，且 $\alpha \boldsymbol{x}_k + (1-\alpha)\boldsymbol{y}_k \to \alpha \boldsymbol{x} + (1-\alpha)\boldsymbol{y}$，故 $\alpha \boldsymbol{x} + (1-\alpha)\boldsymbol{y} \in \mathrm{cl}(\boldsymbol{B})$，即 $\mathrm{cl}(\boldsymbol{B})$ 是凸集.

再证有界闭集的凸包是闭集，设 $\boldsymbol{B}$ 是闭集，来证 $\mathrm{Co}(\boldsymbol{B})$ 也是闭集，设 $\boldsymbol{x}_k \in \mathrm{Co}(\boldsymbol{B})$，且 $\boldsymbol{x}_k \to \boldsymbol{x}$，根据定理 1.1.2，存在 $\boldsymbol{x}_1^{(k)}, \boldsymbol{x}_2^{(k)}, \cdots, \boldsymbol{x}_{n+1}^{(k)} \in \boldsymbol{B}$ 及相应的

$\{\alpha_i^{(k)}\}_{i=1}^{n+1}$ 使

$$\boldsymbol{x}_k = \sum_{i=1}^{n+1} \alpha_i^{(k)} \boldsymbol{x}_i^{(k)}$$

于是存在子列 $\{k_j\}$ 满足 $\alpha_i^{(k_j)} \to \alpha_i, \boldsymbol{x}_i^{(k_j)} \to \boldsymbol{x}_i, i=1,2,\cdots,n+1$，故

$$\boldsymbol{x}_{k_j} \to \sum_{i=1}^{n+1} \alpha_i \boldsymbol{x}_i$$

又由 $\sum_{i=1}^{n+1} \alpha_i^{(k_j)} = 1$ 及 $\boldsymbol{B}$ 是闭集知 $\sum_{i=1}^{n+1} \alpha_i = 1$ 且 $\boldsymbol{x}_i \in \boldsymbol{B}(i=1,2,\cdots,n+1)$，即 $\boldsymbol{x} = \sum_{i=1}^{n+1} \alpha_i \boldsymbol{x}_i \in \mathrm{Co}(\boldsymbol{B})$.

由前面两步，很容易证明 $\mathrm{cl}(\mathrm{Co}(\boldsymbol{A})) = \mathrm{Co}(\mathrm{cl}(\boldsymbol{A}))$.

注 1.1.1 一个无界的闭集其凸包未必是闭集，例如

$$\boldsymbol{B} = \{(0,0)\} \cup \{(1,y) \mid y \in \mathbb{R}\}$$

是 $\mathbb{R}^2$ 中的闭集，但

$$\mathrm{Co}(\boldsymbol{B}) = \{(x,y) \mid 0 < x \leqslant 1, y \in \mathbb{R}\} \cup \{(0,0)\}$$

不是 $\mathbb{R}^2$ 中的闭集.

$\boldsymbol{C} \subset \mathbb{R}^n$ 是给定的非空闭凸集，$\boldsymbol{x} \in \mathbb{R}^n$，记 $d(\boldsymbol{x},\boldsymbol{C}) = \inf\{\|\boldsymbol{x}-\boldsymbol{y}\| \mid \boldsymbol{y} \in \boldsymbol{C}\}$.

引理 1.1.1 对每个 $\boldsymbol{x} \in \mathbb{R}^n$，存在唯一的 $\boldsymbol{y}_* \in \boldsymbol{C}$ 满足 $d(\boldsymbol{x},\boldsymbol{C}) = \|\boldsymbol{x} - \boldsymbol{y}_*\|$.

证 取 $\{\boldsymbol{y}_n\} \subset \boldsymbol{C}$，使 $\|\boldsymbol{x}-\boldsymbol{y}_n\| \to d(\boldsymbol{x},\boldsymbol{C})$，那么 $\{\boldsymbol{y}_n\}$ 是 $\mathbb{R}^n$ 中有界点列，从而有子列收敛. 不妨设 $\boldsymbol{y}_n \to \boldsymbol{y}_*$，又由 $\boldsymbol{C}$ 闭知 $\boldsymbol{y}_* \in \boldsymbol{C}$，于是 $\|\boldsymbol{x}-\boldsymbol{y}_*\| = d(\boldsymbol{x},\boldsymbol{C})$，下面利用 $\boldsymbol{C}$ 的凸性来证明 $\boldsymbol{y}_*$ 的唯一性.，对 $\forall \boldsymbol{x}_1, \boldsymbol{x}_2 \in \mathbb{R}^n$，容易验证如下关系式成立

$$\frac{1}{2}\|\boldsymbol{x}_1+\boldsymbol{x}_2\|^2 = \|\boldsymbol{x}_1\|^2 + \|\boldsymbol{x}_2\|^2 - \frac{1}{2}\|\boldsymbol{x}_1-\boldsymbol{x}_2\|^2$$

设另有 $\boldsymbol{y}'_* \in \boldsymbol{C}$ 满足 $\|\boldsymbol{x}-\boldsymbol{y}'_*\| = d(\boldsymbol{x},\boldsymbol{C})$，令 $\boldsymbol{x}_1 = \boldsymbol{x}-\boldsymbol{y}_*, \boldsymbol{x}_2 = \boldsymbol{x}-\boldsymbol{y}'_*$，由上式得

$$\frac{1}{2}\|2\boldsymbol{x}-(\boldsymbol{y}_*+\boldsymbol{y}'_*)\|^2 = 2d^2(\boldsymbol{x},\boldsymbol{C}) - \frac{1}{2}\|\boldsymbol{y}_*-\boldsymbol{y}'_*\|^2$$

又 $\dfrac{\boldsymbol{y}_*+\boldsymbol{y}'_*}{2} \in \boldsymbol{C}$，则

$$\frac{1}{2}\|2\boldsymbol{x}-(\boldsymbol{y}_*+\boldsymbol{y}'_*)\|^2 = 2\left\|\boldsymbol{x}-\frac{\boldsymbol{y}_*+\boldsymbol{y}'_*}{2}\right\|^2 \geqslant 2d^2(\boldsymbol{x},\boldsymbol{C})$$

那么

$$\frac{1}{2}\|\boldsymbol{y}_*-\boldsymbol{y}'_*\| \leqslant 0$$

故 $\boldsymbol{y}_* = \boldsymbol{y}'_*$.

对每个 $x \in \mathbb{R}^n$，记相应的 y_* 为 $P_C(x)$，称为 x 在 C 中的投影，我们有：

定理 1.1.3 $y_* \in C$ 是投影 $P_C(x)$ 的充要条件是成立如下的变分不等式

$$\langle x - y_*, y - y_* \rangle \leqslant 0, \quad \forall y \in C \tag{1.1.1}$$

证 $\Rightarrow$ 若 $y_* = P_C(x)$. 对 $\forall y \in C, \alpha \in [0,1], \alpha y_* + (1-\alpha) y \in C$，于是

$$\| x - \alpha y_* - (1-\alpha) y \|^2 \geqslant \| x - y_* \|^2$$

展开左边得

$$\| x - \alpha y_* - (1-\alpha) y \|^2 = \| x - y_* \|^2 + (1-\alpha)^2 \| y_* - y \|^2 + 2(1-\alpha)\langle x - y_*, y_* - y \rangle$$

故

$$2(1-\alpha)\langle x - y_*, y_* - y \rangle + (1-\alpha)^2 \| y_* - y \|^2 \geqslant 0$$

即

$$\langle x - y_*, y_* - y \rangle + \frac{1-\alpha}{2} \| y_* - y \|^2 \geqslant 0$$

令 $\alpha \to 1$ 得 $\langle x - y_*, y_* - y \rangle \geqslant 0$，于是 $\langle x - y_*, y - y_* \rangle \leqslant 0$.

$\Leftarrow$ 由式(1.1.1)得

$$\| x - y_* \|^2 \leqslant \langle x - y_*, x - y \rangle \leqslant \| x - y_* \| \| x - y \|, \forall y \in C$$

故 $\| x - y_* \| \leqslant \| x - y \|$，即 $d(x, C) = \| x - y_* \|$，因此 $y_* = P_C(x)$.

下面利用定理 1.1.3 给出凸集的分离定理.

定理 1.1.4 设 C 是一个非空闭凸集，$x \notin C$，则存在 $x^* \in \mathbb{R}^n$ 满足

$$\langle x^*, x \rangle > \sup_{y \in C} \langle x^*, y \rangle$$

证 由 $x \notin C$ 知 $d(x, C) > 0$，于是令 $x^* = x - P_C(x) \neq 0$，由式(1.1.1)得

$$\langle x^*, y + x^* - x \rangle \leqslant 0, \forall y \in C$$

即

$$\langle x^*, x \rangle \geqslant \| x^* \|^2 + \langle x^*, y \rangle, \forall y \in C$$

故

$$\langle x^*, x \rangle \geqslant \| x^* \|^2 + \sup_{y \in C} \langle x^*, y \rangle$$

又 $\| x^* \| \neq 0$，有

$$\langle x^*, x \rangle > \sup_{y \in C} \langle x^*, y \rangle$$

注 1.1.2 由正齐性，上面的 x^* 可取 $\| x^* \| = 1$.

定理 1.1.5 若 C_1, C_2 是两个非空闭凸集且 $C_1 \cap C_2 = \varnothing$，若 C_2 有界，则存在 $x^* \in \mathbb{R}^n$，成立

$$\sup_{y \in C_1} \langle x^*, y \rangle < \inf_{y \in C_2} \langle x^*, y \rangle$$

证 $C = C_1 - C_2 = \{ y_1 - y_2 \mid y_1 \in C_1, y_2 \in C_2 \}$ 是凸集，进一步来证 C 是

闭集，设 $\boldsymbol{z}^{(k)}=\boldsymbol{y}_1^{(k)}-\boldsymbol{y}_2^{(k)}\in\boldsymbol{C}$ 且 $\boldsymbol{z}^{(k)}\to\boldsymbol{z}$，由 $\{\boldsymbol{y}_2^{(k)}\}$ 有界，存在子列收敛，不妨设 $\boldsymbol{y}_2^{(k)}\to\boldsymbol{y}_2$，则 $\boldsymbol{y}_1^{(k)}\to\boldsymbol{z}+\boldsymbol{y}_2$. 再由 $\boldsymbol{C}_1,\boldsymbol{C}_2$ 是闭集，得 $\boldsymbol{y}_2\in\boldsymbol{C}_2,\boldsymbol{z}+\boldsymbol{y}_2\in\boldsymbol{C}_1$，令 $\boldsymbol{y}_1=\boldsymbol{z}+\boldsymbol{y}_2$，于是 $\boldsymbol{z}=\boldsymbol{y}_1-\boldsymbol{y}_2\in\boldsymbol{C}$. 又 $\boldsymbol{C}_1\cap\boldsymbol{C}_2=\varnothing$，则 $\boldsymbol{0}\notin\boldsymbol{C}$，由定理1.1.4，存在 $\boldsymbol{x}^*\in\mathbb{R}^n$ 满足

$$\sup_{y\in\boldsymbol{C}}\langle\boldsymbol{x}^*,\boldsymbol{y}\rangle<0$$

那么

$$\sup_{\boldsymbol{y}_1\in\boldsymbol{C}_1,\boldsymbol{y}_2\in\boldsymbol{C}_2}\langle\boldsymbol{x}^*,\boldsymbol{y}_1-\boldsymbol{y}_2\rangle<0$$

即

$$\sup_{\boldsymbol{y}_1\in\boldsymbol{C}_1}\langle\boldsymbol{x}^*,\boldsymbol{y}_1\rangle-\inf_{\boldsymbol{y}_2\in\boldsymbol{C}_2}\langle\boldsymbol{x}^*,\boldsymbol{y}_2\rangle<0$$

1.1.2 凸函数

下面介绍凸函数的基本概念和性质.

定义 1.1.3 $\boldsymbol{C}\subset\mathbb{R}^n$ 是凸集，$f:\boldsymbol{C}\to\mathbb{R}$ 称为凸函数，是指对 $\forall\alpha\in[0,1]$ 及 $\boldsymbol{x},\boldsymbol{y}\in\boldsymbol{C}$，成立

$$f(\alpha\boldsymbol{x}+(1-\alpha)\boldsymbol{y})\leqslant\alpha f(\boldsymbol{x})+(1-\alpha)f(\boldsymbol{y})\tag{1.1.2}$$

称 f 是严格凸的，是指对 $\forall\alpha\in(0,1)$ 且 $\boldsymbol{x}\neq\boldsymbol{y}$ 时有

$$f(\alpha\boldsymbol{x}+(1-\alpha)\boldsymbol{y})<\alpha f(\boldsymbol{x})+(1-\alpha)f(\boldsymbol{y})$$

称 f 是强凸的，是指存在 $\beta>0$ 满足对 $\forall\boldsymbol{x},\boldsymbol{y}\in\boldsymbol{C},\alpha\in[0,1]$ 成立

$$f(\alpha\boldsymbol{x}+(1-\alpha)\boldsymbol{y})\leqslant\alpha f(\boldsymbol{x})+(1-\alpha)f(\boldsymbol{y})-\frac{1}{2}\beta\alpha(1-\alpha)\|\boldsymbol{x}-\boldsymbol{y}\|^2$$

由定义可见 f 强凸 $\Rightarrow f$ 严格凸 $\Rightarrow f$ 凸.

性质 1.1.4 设 $\boldsymbol{C}=B(\boldsymbol{x}_0,2\delta)=\{\boldsymbol{x}\mid\|\boldsymbol{x}-\boldsymbol{x}_0\|\leqslant2\delta\}$，$f:B(\boldsymbol{x}_0,2\delta)\to\mathbb{R}$ 是凸函数，且存在常数 $M\geqslant m$，满足

$$m\leqslant f(\boldsymbol{x})\leqslant M,\quad\forall\boldsymbol{x}\in B(\boldsymbol{x}_0,2\delta)$$

则对 $\forall\boldsymbol{x},\boldsymbol{y}\in B(\boldsymbol{x}_0,\delta)$ 成立

$$|f(\boldsymbol{x})-f(\boldsymbol{y})|\leqslant\frac{M-m}{\delta}\|\boldsymbol{x}-\boldsymbol{y}\|$$

证 对 $\forall\boldsymbol{x},\boldsymbol{y}\in B(\boldsymbol{x}_0,\delta),\boldsymbol{x}\neq\boldsymbol{y}$，令 $\lambda=\dfrac{\|\boldsymbol{y}-\boldsymbol{x}\|}{\delta+\|\boldsymbol{y}-\boldsymbol{x}\|}$，则 $\lambda\in(0,1)$.

又 $\bar{\boldsymbol{y}}=\boldsymbol{y}+\dfrac{\boldsymbol{y}-\boldsymbol{x}}{\|\boldsymbol{y}-\boldsymbol{x}\|}\delta\in B(\boldsymbol{x}_0,2\delta)$，于是解得

$$\boldsymbol{y}=\frac{\|\boldsymbol{y}-\boldsymbol{x}\|}{\|\boldsymbol{y}-\boldsymbol{x}\|+\delta}\bar{\boldsymbol{y}}+\frac{\delta}{\|\boldsymbol{y}-\boldsymbol{x}\|+\delta}\boldsymbol{x}$$

故

$$f(\boldsymbol{y})\leqslant\frac{\|\boldsymbol{y}-\boldsymbol{x}\|}{\|\boldsymbol{y}-\boldsymbol{x}\|+\delta}f(\bar{\boldsymbol{y}})+\frac{\delta}{\|\boldsymbol{y}-\boldsymbol{x}\|+\delta}f(\boldsymbol{x})$$

即

$$f(\boldsymbol{y})-f(\boldsymbol{x})\leqslant\frac{\|\boldsymbol{y}-\boldsymbol{x}\|}{\|\boldsymbol{y}-\boldsymbol{x}\|+\delta}[f(\bar{\boldsymbol{y}})-f(\boldsymbol{x})]\leqslant\frac{M-m}{\delta}\|\boldsymbol{y}-\boldsymbol{x}\|$$

由 $\boldsymbol{x}$ 与 $\boldsymbol{y}$ 的对称性,得

$$|f(\boldsymbol{y})-f(\boldsymbol{x})|\leqslant\frac{M-m}{\delta}\|\boldsymbol{y}-\boldsymbol{x}\|$$

性质 1.1.5 设 $\boldsymbol{C}=B(\boldsymbol{x}_0,\delta)$, $f:B(\boldsymbol{x}_0,\delta)\to\mathbb{R}$ 是凸函数,且存在常数 M,满足

$$f(\boldsymbol{x})\leqslant M,\quad\forall\,\boldsymbol{x}\in B(\boldsymbol{x}_0,\delta)$$

则 f 在 $\boldsymbol{x}_0$ 点连续.

证 令 $\tilde{f}(\boldsymbol{x})=f(\boldsymbol{x}+\boldsymbol{x}_0)-f(\boldsymbol{x}_0)$, $\boldsymbol{x}\in B(\boldsymbol{0},\delta)$,则 $\tilde{f}(\boldsymbol{x})$ 是 $B(\boldsymbol{0},\delta)$ 上的凸函数且 $\tilde{f}(\boldsymbol{0})=0$. 又 $\tilde{f}(\boldsymbol{x})\leqslant M-f(\boldsymbol{x}_0)=b\geqslant 0$, $\boldsymbol{x}\in B(\boldsymbol{0},\delta)$,对 $\forall\,\varepsilon>0$, $\boldsymbol{x}\in B(\boldsymbol{0},\varepsilon\delta)$ 有

$$\pm\frac{\boldsymbol{x}}{\varepsilon}\in B(\boldsymbol{0},\delta)$$

又 $\boldsymbol{x}=(1-\varepsilon)\boldsymbol{0}+\varepsilon\frac{\boldsymbol{x}}{\varepsilon}$,那么 $\tilde{f}(\boldsymbol{x})\leqslant(1-\varepsilon)\tilde{f}(\boldsymbol{0})+\varepsilon\tilde{f}(\frac{\boldsymbol{x}}{\varepsilon})\leqslant\varepsilon b$,而

$$\boldsymbol{0}=\frac{1}{1+\varepsilon}\boldsymbol{x}+\frac{\varepsilon}{1+\varepsilon}\left(-\frac{\boldsymbol{x}}{\varepsilon}\right)$$

那么

$$\tilde{f}(\boldsymbol{0})\leqslant\frac{1}{1+\varepsilon}\tilde{f}(\boldsymbol{x})+\frac{\varepsilon}{1+\varepsilon}\tilde{f}\left(-\frac{\boldsymbol{x}}{\varepsilon}\right)$$

即

$$\tilde{f}(\boldsymbol{x})\geqslant-\varepsilon\tilde{f}\left(-\frac{\boldsymbol{x}}{\varepsilon}\right)\geqslant-\varepsilon b$$

故当 $\boldsymbol{x}\in B(\boldsymbol{0},\varepsilon\delta)$ 时,有 $|\tilde{f}(\boldsymbol{x})|\leqslant\varepsilon b$,说明 $\tilde{f}(\boldsymbol{x})$ 在 $\boldsymbol{x}=\boldsymbol{0}$ 点连续,即 f 在 $\boldsymbol{x}=\boldsymbol{x}_0$ 点连续.

性质 1.1.6 若 $f:\mathbb{R}^n\to\mathbb{R}$ 是凸函数,且存在某个 $\delta>0$,使 f 在 $B(\boldsymbol{x}_0,\delta)$ 上方有界,则 f 是连续函数.

证 任取 $\boldsymbol{x}_1\in\mathbb{R}^n$ 且 $\boldsymbol{x}_1\neq\boldsymbol{x}_0$ 及 $r>0$,记

$$\lambda=\frac{r}{r+\|\boldsymbol{x}_1-\boldsymbol{x}_0\|}\in(0,1)$$

令 $\boldsymbol{x}_2=\boldsymbol{x}_0+\frac{\boldsymbol{x}_1-\boldsymbol{x}_0}{1-\lambda}$,对 $\forall\,\boldsymbol{y}\in B(\boldsymbol{x}_1,\lambda\delta)$,令

$$\boldsymbol{z}=\frac{1}{\lambda}[\boldsymbol{y}-(1-\lambda)\boldsymbol{x}_2]$$

则 $\|\boldsymbol{z}-\boldsymbol{x}_0\|=\frac{\|\boldsymbol{y}-\boldsymbol{x}_1\|}{\lambda}\leqslant\delta$,故 $\boldsymbol{z}\in B(\boldsymbol{x}_0,\delta)$,于是

$$f(\boldsymbol{y}) \leqslant \lambda f(\boldsymbol{z}) + (1-\lambda) f(\boldsymbol{x}_2) \leqslant \lambda \sup_{x \in B(\boldsymbol{x}_0, \delta)} f(\boldsymbol{x}) + (1-\lambda) f(\boldsymbol{x}_2) < +\infty$$

由性质 1.1.5，f 在点 $\boldsymbol{x}_1$ 连续.

定理 1.1.6　$f:\mathbb{R}^n \to \mathbb{R}$ 是凸函数，则 f 是连续的，且是局部 Lipschitz 即对每个 $\boldsymbol{x}_0 \in \mathbb{R}^n$，存在 $\delta > 0$ 及 $L_\delta > 0$，使对 $\forall \boldsymbol{x}, \boldsymbol{y} \in B(\boldsymbol{x}_0, \delta)$，有

$$| f(\boldsymbol{x}) - f(\boldsymbol{y}) | \leqslant L_\delta \| \boldsymbol{x} - \boldsymbol{y} \|$$

证　仅需证明存在某个 $\boldsymbol{x}_0 \in \mathbb{R}^n$ 及 $\delta > 0$，使

$$\sup_{x \in B(\boldsymbol{x}_0, \delta)} f(\boldsymbol{x}) < +\infty \tag{1.1.3}$$

则由性质 1.1.4 与性质 1.1.6，定理的结论成立. 记

$$\Delta_n = \{\boldsymbol{x} = (x_1, x_2, \cdots, x_n) \mid x_i > 0 \text{ 且} \sum_{i=1}^n x_i < 1\}$$

则 Δ_n 是$\mathbb{R}^n$ 中有界非空开集，记 $\boldsymbol{e}_i = (0, 0, \cdots, \underset{\text{第}i\text{项}}{1}, 0, \cdots, 0)$，又

$$\boldsymbol{x} = \sum_{i=1}^n x_i e_i = \left(1 - \sum_{i=1}^n x_i\right) \boldsymbol{0} + \sum_{i=1}^n x_i \boldsymbol{e}_i$$

故

$$f(\boldsymbol{x}) \leqslant \left(1 - \sum_{i=1}^n x_i\right) f(\boldsymbol{0}) + \sum_{i=1}^n x_i f(\boldsymbol{e}_i) \leqslant \max\{f(\boldsymbol{0}), f(\boldsymbol{e}_1), \cdots, f(\boldsymbol{e}_n)\}$$

即 f 在 Δ_n 上上方有界，因此式(1.1.3) 成立.

引理 1.1.2　设 $\varphi(t):(a,b) \to \mathbb{R}$ 是凸函数，则 $\varphi(t)$ 在 (a,b) 内连续且对 $\forall t_0 \in (a,b)$ 左、右导数 $\varphi'_-(t_0)$，$\varphi'_+(t_0)$ 存在且有限，$\varphi'_-(t_0) \leqslant \varphi'_+(t_0)$.

证　设 $t_0 \in (a,b)$，取 $t_1, t_2 \in (a,b)$ 满足 $t_1 < t_0 < t_2$，设 $t \in (t_0, t_2)$，则存在 $\alpha > 0$，$\beta > 0$，使 $t = \alpha t_2 + (1-\alpha) t_0$ 及 $t_0 = \beta t_1 + (1-\beta) t$，当 $t \to t_0$ 时有 $\alpha \to 0^+$，$\beta \to 0^+$，由 φ 是凸函数知

$$\varphi(t) \leqslant \alpha \varphi(t_2) + (1-\alpha) \varphi(t_0)$$

及

$$\varphi(t_0) \leqslant \beta \varphi(t_1) + (1-\beta) \varphi(t)$$

故

$$\overline{\lim_{t \to t_0^+}} \varphi(t) \leqslant \varphi(t_0) \leqslant \underline{\lim_{t \to t_0^+}} \varphi(t)$$

即

$$\lim_{t \to t_0^+} \varphi(t) = \varphi(t_0)$$

同理可证$\lim\limits_{t \to t_0^-} \varphi(t) = \varphi(t_0)$. 因此$\lim\limits_{t \to t_0} \varphi(t) = \varphi(t_0)$.

对 $\forall t_1 < t_2 < t_3$，由 φ 的凸性知

$$t_2 = \frac{t_3 - t_2}{t_3 - t_1} t_1 + \frac{t_2 - t_1}{t_3 - t_1} t_3$$

得

$$\varphi(t_2) \leqslant \frac{t_3 - t_2}{t_3 - t_1}\varphi(t_1) + \frac{t_2 - t_1}{t_3 - t_1}\varphi(t_3)$$

进一步有

$$(t_3 - t_1)\varphi(t_2) \leqslant (t_3 - t_2)\varphi(t_1) + (t_2 - t_1)\varphi(t_3)$$

故

$$\frac{\varphi(t_2) - \varphi(t_1)}{t_2 - t_1} \leqslant \frac{\varphi(t_3) - \varphi(t_1)}{t_3 - t_1}$$

及

$$\frac{\varphi(t_2) - \varphi(t_1)}{t_2 - t_1} \leqslant \frac{\varphi(t_3) - \varphi(t_2)}{t_3 - t_2}$$

因此对于 $\forall\, t_0 \in (a,b)$, $\tilde{\varphi}(t) \triangleq \dfrac{\varphi(t) - \varphi(t_0)}{t - t_0}$ 关于 t 是单调增函数. 于是有

$$\lim_{t\to t_0^+} \frac{\varphi(t) - \varphi(t_0)}{t - t_0} \text{ 及} \lim_{t\to t_0^-} \frac{\varphi(t) - \varphi(t_0)}{t - t_0}$$

存在. 且 $\varphi'_+(t_0) \geqslant \varphi'_-(t_0)$.

对于 $f:\mathbb{R}^n \to \mathbb{R}$ 是凸函数,定义 f 的方向导数为

$$f'(\boldsymbol{x},\boldsymbol{h}) \triangleq \lim_{t\to 0^+} \frac{f(\boldsymbol{x} + t\boldsymbol{h}) - f(\boldsymbol{x})}{t}, \quad \forall\, \boldsymbol{h} \in \mathbb{R}^n$$

注意,令 $\varphi(t) = f(\boldsymbol{x} + t\boldsymbol{h})$,则 $\varphi(t)$ 是$\mathbb{R}$ 上定义的凸函数,于是由引理 1.1.2, $f'(\boldsymbol{x},\boldsymbol{h})$ 是有限的.

性质 1.1.7 对每个固定的 $\boldsymbol{x}$,函数 $f'(\boldsymbol{x},\cdot):\mathbb{R}^n \to \mathbb{R}$ 是凸和正齐次的即

$$f'(\boldsymbol{x},\alpha\boldsymbol{h}_1 + \beta\boldsymbol{h}_2) \leqslant \alpha f'(\boldsymbol{x},\boldsymbol{h}_1) + \beta f'(\boldsymbol{x},\boldsymbol{h}_2)$$

$\alpha,\beta \geqslant 0$ 且

$$\alpha + \beta = 1, \quad \forall\, \boldsymbol{h}_1,\boldsymbol{h}_2 \in \mathbb{R}^n$$

$$f'(\boldsymbol{x},\lambda\,\boldsymbol{h}) = \lambda f'(\boldsymbol{x},\boldsymbol{h}), \quad \forall\,\lambda > 0, \forall\,\boldsymbol{h} \in \mathbb{R}^n$$

证 由于

$$\begin{aligned} f(\boldsymbol{x} + t(\alpha\boldsymbol{h}_1 + \beta\boldsymbol{h}_2)) - f(\boldsymbol{x}) &\leqslant \alpha f(\boldsymbol{x} + t\boldsymbol{h}_1) + \beta f(\boldsymbol{x} + t\boldsymbol{h}_2) - f(\boldsymbol{x}) \\ &= \alpha[f(\boldsymbol{x} + t\boldsymbol{h}_1) - f(\boldsymbol{x})] + \\ &\quad \beta[f(\boldsymbol{x} + t\boldsymbol{h}_2) - f(\boldsymbol{x})] \end{aligned}$$

故 $f'(\boldsymbol{x}+\alpha\boldsymbol{h}_1 + \beta\boldsymbol{h}_2) \leqslant \alpha f'(\boldsymbol{x},\boldsymbol{h}_1) + \beta f'(\boldsymbol{x},\boldsymbol{h}_2)$. $f'(\boldsymbol{x},\lambda\,\boldsymbol{h}) = \lambda f'(t,\boldsymbol{h})$ 显然.

定义 1.1.4 设 $f:\mathbb{R}^n \to \mathbb{R}$ 是凸函数,$\boldsymbol{x} \in \mathbb{R}^n$,定义

$$\partial f(\boldsymbol{x}) = \{\boldsymbol{s} \in \mathbb{R}^n \mid \langle \boldsymbol{s},\boldsymbol{h}\rangle \leqslant f'(\boldsymbol{x},\boldsymbol{h}), \forall\,\boldsymbol{h} \in \mathbb{R}^n\}$$

称 $\partial f(\boldsymbol{x})$ 为 f 在 $\boldsymbol{x}$ 点的次微分,每个 $\boldsymbol{s} \in \partial f(\boldsymbol{x})$ 称为 f 在 $\boldsymbol{x}$ 点的次梯度.

性质 1.1.8 $\partial f(\boldsymbol{x})$ 是非空紧凸集.

为证性质 1.1.8,给出下面一个引理.

引理 1.1.3 设 $\boldsymbol{C}$ 是一个非空闭凸集，$\boldsymbol{x}\in\partial\boldsymbol{C}$（表示 $\boldsymbol{C}$ 的边界即 $\partial\boldsymbol{C}=\boldsymbol{C}\backslash\mathrm{int}(\boldsymbol{C})$），则存在 $\boldsymbol{s}\in\mathbb{R}^n$ 且 $\boldsymbol{s}\neq\boldsymbol{0}$，满足 $\langle\boldsymbol{s},\boldsymbol{x}\rangle\geqslant\sup\{\langle\boldsymbol{s},\boldsymbol{y}\rangle\mid\boldsymbol{y}\in\boldsymbol{C}\}$.

证 取 $\boldsymbol{x}_k\notin\boldsymbol{C}$，满足 $\boldsymbol{x}_k\to\boldsymbol{x}$. 由定理 1.1.4，存在 $\boldsymbol{s}_k\in\mathbb{R}^n$ 使

$$\langle\boldsymbol{s}_k,\boldsymbol{x}_k\rangle>\sup\{\langle\boldsymbol{s}_k,\boldsymbol{y}\rangle\mid\boldsymbol{y}\in\boldsymbol{C}\}$$

注意到可取 $\|\boldsymbol{s}_k\|=1$，于是可设 $\boldsymbol{s}_k\to\boldsymbol{s}\in\mathbb{R}^n$，且 $\|\boldsymbol{s}\|=1$. 故对 $\forall\boldsymbol{y}\in\boldsymbol{C}$，由

$$\langle\boldsymbol{s}_k,\boldsymbol{x}_k\rangle>\langle\boldsymbol{s}_k,\boldsymbol{y}\rangle$$

得

$$\langle\boldsymbol{s},\boldsymbol{x}\rangle\geqslant\langle\boldsymbol{s},\boldsymbol{y}\rangle$$

于是

$$\langle\boldsymbol{s},\boldsymbol{x}\rangle\geqslant\sup\{\langle\boldsymbol{s},\boldsymbol{y}\rangle\mid\boldsymbol{y}\in\boldsymbol{C}\}$$

注 1.1.3 引理 1.1.3 称为弱分离性定理.

性质 1.1.8 之证 令 f 的上图 $E_p(f)=\{(\boldsymbol{x},r)\mid f(\boldsymbol{x})\leqslant r\}\subset\mathbb{R}^n\times\mathbb{R}$，则 $E_p(f)$ 是 $\mathbb{R}^{n+1}$ 中的非空闭凸集，且 $(\boldsymbol{x}_0,f(\boldsymbol{x}_0))\in\partial E_p(f)$. 于是存在 $(\boldsymbol{s},\mu)\in\mathbb{R}^n\times\mathbb{R}$ 满足

$$\langle\boldsymbol{s},\boldsymbol{x}_0\rangle+\mu f(\boldsymbol{x}_0)\geqslant\langle\boldsymbol{s},\boldsymbol{x}\rangle+\mu r,\quad\forall(\boldsymbol{x},r)\in E_p(f)\tag{1.1.4}$$

若 $\mu=0$，则 $\langle\boldsymbol{s},\boldsymbol{x}_0\rangle\geqslant\langle\boldsymbol{s},\boldsymbol{x}\rangle$，即 $\langle\boldsymbol{s},\boldsymbol{x}-\boldsymbol{x}_0\rangle\leqslant0$，而 $(\boldsymbol{x},f(\boldsymbol{x}))\in E_p(f)$，因此对 $\forall\boldsymbol{x}\in\mathbb{R}^n$ 有 $\langle\boldsymbol{s},\boldsymbol{x}-\boldsymbol{x}_0\rangle\leqslant\boldsymbol{0}$，于是 $\boldsymbol{s}=\boldsymbol{0}$，从而与 $(\boldsymbol{s},\mu)\neq\boldsymbol{0}$ 矛盾.

由 $(\boldsymbol{x}_0,f(\boldsymbol{x}_0)+1)\in E_p(f)$ 及式(1.1.4)得

$$\langle\boldsymbol{s},\boldsymbol{x}_0\rangle+\mu f(\boldsymbol{x}_0)\geqslant\langle\boldsymbol{s},\boldsymbol{x}_0\rangle+\mu f(\boldsymbol{x}_0)+\mu$$

因此 $\mu\leqslant0$，即 $\mu<0$.

将 $(\boldsymbol{x},f(\boldsymbol{x}))\in E_p(f)$ 代入式(1.1.4)，有

$$\langle\boldsymbol{s},\boldsymbol{x}_0\rangle+\mu f(\boldsymbol{x}_0)\geqslant\langle\boldsymbol{s},\boldsymbol{x}\rangle+\mu f(\boldsymbol{x})$$

故 $f(\boldsymbol{x})-f(\boldsymbol{x}_0)\geqslant\langle-\frac{\boldsymbol{s}}{\mu},\boldsymbol{x}-\boldsymbol{x}_0\rangle$，令 $\boldsymbol{s}_0=-\frac{\boldsymbol{s}}{\mu}$，则

$$f(\boldsymbol{x})-f(\boldsymbol{x}_0)\geqslant\langle\boldsymbol{s}_0,\boldsymbol{x}-\boldsymbol{x}_0\rangle$$

于是对 $\boldsymbol{x}=\boldsymbol{x}_0+t\boldsymbol{h}$，$t>0$，有

$$f(\boldsymbol{x}_0+t\boldsymbol{h})-f(\boldsymbol{x}_0)\geqslant\langle\boldsymbol{s}_0,t\boldsymbol{h}\rangle$$

即

$$f'(\boldsymbol{x}_0,\boldsymbol{h})\geqslant\langle\boldsymbol{s}_0,\boldsymbol{h}\rangle,\ \forall\boldsymbol{h}\in\mathbb{R}^n$$

于是 $\boldsymbol{s}_0\in\partial f(\boldsymbol{x}_0)$，$\partial f(\boldsymbol{x}_0)$ 非空. 由 $f'(\boldsymbol{x}_0,\cdot)$ 是凸函数，因此 $\partial f(\boldsymbol{x}_0)$ 是凸集. 进一步，存在 $L>0$ 及 $\delta>0$，当 $\boldsymbol{x},\boldsymbol{y}\in B(\boldsymbol{x}_0,\delta)$ 时有

$$|f(\boldsymbol{x})-f(\boldsymbol{y})|\leqslant L\|\boldsymbol{x}-\boldsymbol{y}\|$$

取 $\boldsymbol{x}=\boldsymbol{x}_0+t\boldsymbol{h}$，$\boldsymbol{y}=\boldsymbol{x}_0$ 得 $|f'(\boldsymbol{x}_0,\boldsymbol{h})|\leqslant L\|\boldsymbol{h}\|$，故对 $\forall\tilde{\boldsymbol{s}}\in\partial f(\boldsymbol{x}_0)$，由

$$|\langle\tilde{\boldsymbol{s}},\boldsymbol{h}\rangle|\leqslant|f'(\boldsymbol{x}_0,\boldsymbol{h})|\leqslant L\|\boldsymbol{h}\|$$

得 $\|\tilde{\boldsymbol{s}}\|\leqslant L$，即 $\partial f(\boldsymbol{x}_0)$ 是有界集. 若 $\tilde{\boldsymbol{s}}_k\in\partial f(\boldsymbol{x}_0)$，且 $\tilde{\boldsymbol{s}}_k\to\tilde{\boldsymbol{s}}$，由

$$\langle \tilde{s}_k, h\rangle \leqslant f'(x_0, h)$$

得

$$\langle \tilde{s}, h\rangle \leqslant f'(x_0, h), \quad \forall h \in \mathbb{R}^n$$

这说明 $\tilde{s} \in \partial f(x_0)$，即 $\partial f(x_0)$ 是闭集.

注 1.1.4 $\partial f(x) = \{s \mid f(y) - f(x) \geqslant \langle s, y - x\rangle, \forall y \in \mathbb{R}^n\}$，这由 $\dfrac{f(x+th)-f(x)}{t}$ 关于 t 是单调增的，很容易证明，因此，也可以作为 f 在 x 点次微分的定义.

定理 1.1.7 $f:\mathbb{R}^n \to \mathbb{R}$ 是凸函数，那么下面三条等价：

(1) f 在 x 点达到最小值；

(2) $0 \in \partial f(x)$；

(3) $f'(x, h) \geqslant 0, \forall h \in \mathbb{R}^n$.

证 (1)⇒(2). 对 $\forall y \in \mathbb{R}^n$ 有 $f(y) \geqslant f(x)$，即 $f(y) - f(x) \geqslant \langle 0, y - x\rangle$，故 $0 \in \partial f(x)$.

(2)⇒(3). 由 $0 \in \partial f(x)$ 知 $f(y) - f(x) \geqslant 0, \forall y \in \mathbb{R}^n$，于是对 $\forall h \in \mathbb{R}^n$ 有

$$\frac{f(x+th)-f(x)}{t} \geqslant 0, \quad \forall t > 0$$

故

$$f'(x, h) = \lim_{t\to 0^+} \frac{f(x+th)-f(x)}{t} \geqslant 0$$

(3)⇒(1). 由于 $f'(x, h) \geqslant 0$，而 $f'(x, h) = \inf\limits_{t>0} \dfrac{f(x+th)-f(x)}{t}$，故

$$f(x+h) - f(x) \geqslant 0$$

即

$$f(y) \geqslant f(x), \quad \forall y \in \mathbb{R}^n$$

性质 1.1.9 $f:\mathbb{R}^n \to \mathbb{R}$ 是凸函数，则对 $\forall h \in \mathbb{R}^n$，成立

$$f'(x, h) = \sup\{\langle s, h\rangle \mid s \in \partial f(x)\} = \max\{\langle s, h\rangle \mid s \in \partial f(x)\}$$

引理 1.1.4 记 $\varphi(t) = f(x + th), t \in [0,1]$，则

$$\partial\varphi(t) = \{\langle s, h\rangle \mid s \in \partial f(x + th)\}$$

证 注意到 $\partial\varphi(t) = [\varphi'_-(t), \varphi'_+(t)]$.

$$\varphi'_+(t) = f'(x + th, h) = \max\{\langle s, h\rangle \mid s \in \partial f(x + th)\}$$

$$\varphi'_-(t) = -f'(x + th, -h) = \min\{\langle s, h\rangle \mid s \in \partial f(x + th)\}$$

故

$$\partial\varphi = \{\langle s, h\rangle \mid s \in \partial f(x + th)\}$$

定理 1.1.8 （中值定理）$f:\mathbb{R}^n \to \mathbb{R}$ 是凸函数，$x \neq y$，则存在 $t \in (0,1)$ 及

$s \in \partial f(\boldsymbol{x}+t(\boldsymbol{y}-\boldsymbol{x}))$ 满足 $f(\boldsymbol{y})-f(\boldsymbol{x})=\langle \boldsymbol{s}, \boldsymbol{y}-\boldsymbol{x}\rangle$.

证 记 $\varphi(t)=f(\boldsymbol{x}+t(\boldsymbol{y}-\boldsymbol{x}))$ 及 $\psi(t)=\varphi(t)-\varphi(0)-t[\varphi(1)-\varphi(0)]$，则 $\psi(t)$ 是$[0,1]$上连续凸函数，且 $\psi(0)=\psi(1)=0$. 于是存在某个 $t\in(0,1)$，使 ψ 在 t 点达到最小值，故 $0\in\partial\psi(t)$. 又 $\partial\psi(t)=\partial\varphi(t)-[\varphi(1)-\varphi(0)]$，由引理 1.1.4，存在 $\boldsymbol{s}\in\partial f(\boldsymbol{x}+t(\boldsymbol{y}-\boldsymbol{x}))$，满足

$$\varphi(1)-\varphi(0)=f(\boldsymbol{y})-f(\boldsymbol{x})=\langle \boldsymbol{s}, \boldsymbol{y}-\boldsymbol{x}\rangle$$

定义 1.1.5 设 $\boldsymbol{C}\subset\mathbb{R}^n$ 是非空集，定义 $\sigma_{\boldsymbol{C}}(\cdot):\mathbb{R}^n\to\mathbb{R}\cup\{+\infty\}$ 为

$$\sigma_{\boldsymbol{C}}(\boldsymbol{h})\triangleq\sup\{\langle \boldsymbol{x},\boldsymbol{h}\rangle \mid \boldsymbol{x}\in\boldsymbol{C}\}$$

称 $\sigma_{\boldsymbol{C}}(\cdot)$ 为 $\boldsymbol{C}$ 的支撑函数.

引理 1.1.5 若 $\boldsymbol{C}_1,\boldsymbol{C}_2$ 是两个非空闭凸集，且 $\sigma_{\boldsymbol{C}_1}(\boldsymbol{h})=\sigma_{\boldsymbol{C}_2}(\boldsymbol{h}),\forall \boldsymbol{h}\in\mathbb{R}^n$，则 $\boldsymbol{C}_1=\boldsymbol{C}_2$.

证 设 $\boldsymbol{x}\in\boldsymbol{C}_1$，但 $\boldsymbol{x}\notin\boldsymbol{C}_2$，则由分离性定理 1.1.4，存在 $\boldsymbol{h}^*\in\mathbb{R}^n$ 使

$$\sigma_{\boldsymbol{C}_1}(\boldsymbol{h}^*)\geqslant\langle \boldsymbol{x},\boldsymbol{h}^*\rangle>\sup\{\langle \boldsymbol{y},\boldsymbol{h}^*\rangle \mid \boldsymbol{y}\in\boldsymbol{C}_2\}=\sigma_{\boldsymbol{C}_2}(\boldsymbol{h}^*)$$

故与$\sigma_{\boldsymbol{C}_1}(\cdot)=\sigma_{\boldsymbol{C}_2}(\cdot)$矛盾. 于是若 $\boldsymbol{x}\in\boldsymbol{C}_1$，则 $\boldsymbol{x}\in\boldsymbol{C}_2$，即$\boldsymbol{C}_1\subset\boldsymbol{C}_2$，同理$\boldsymbol{C}_2\subset\boldsymbol{C}_1$，故 $\boldsymbol{C}_1=\boldsymbol{C}_2$.

定理 1.1.9 $f_1,f_2:\mathbb{R}^n\to\mathrm{R}$ 是凸函数，$\alpha,\beta>0$，那么

$$\partial(\alpha f_1+\beta f_2)(\boldsymbol{x})=\alpha\partial f_1(\boldsymbol{x})+\beta\partial f_2(\boldsymbol{x})$$

证

$$\begin{aligned}&(\alpha f_1+\beta f_2)'(\boldsymbol{x},\boldsymbol{h})\\&=\lim_{t\to0^+}\frac{\alpha f_1(\boldsymbol{x}+t\boldsymbol{h})+\beta f_2(\boldsymbol{x}+t\boldsymbol{h})-\alpha f_1(\boldsymbol{x})-\beta f_2(\boldsymbol{x})}{t}\\&=\alpha f_1'(\boldsymbol{x},\boldsymbol{h})+\beta f_2'(\boldsymbol{x},\boldsymbol{h})\end{aligned}$$

于是

$$\sigma_{\partial(\alpha f_1+\beta f_2)(\boldsymbol{x})}^{(\boldsymbol{h})}=\alpha f_1'(\boldsymbol{x},\boldsymbol{h})+\beta f_2'(\boldsymbol{x},\boldsymbol{h})$$

又

$$\sigma_{\alpha\partial f_1(\boldsymbol{x})+\beta\partial f_2(\boldsymbol{x})}(\boldsymbol{h})=\alpha\sigma_{\partial f_1(\boldsymbol{x})}(\boldsymbol{h})+\beta\sigma_{\partial f_2(\boldsymbol{x})}(\boldsymbol{h})=\alpha f_1'(\boldsymbol{x},\boldsymbol{h})+\beta f_2'(\boldsymbol{x},\boldsymbol{h})$$

故

$$\sigma_{\partial(\alpha f_1+\beta f_2)(\boldsymbol{x})}(\boldsymbol{h})=\sigma_{\alpha\partial f_1(\boldsymbol{x})+\beta\partial f_2(\boldsymbol{x})}(\boldsymbol{h})$$

由引理 1.1.5 知

$$\partial(\alpha f_1+\beta f_2)(\boldsymbol{x})=\alpha\partial f_1(\boldsymbol{x})+\beta\partial f_2(\boldsymbol{x})$$

1.1.3 切锥与法锥

定义 1.1.6 $\boldsymbol{S}\subset\mathbb{R}^n$ 是闭凸集，$\boldsymbol{x}\in\boldsymbol{S}$，称 $\boldsymbol{d}\in\mathbb{R}^n$ 为$\boldsymbol{S}$ 在 $\boldsymbol{x}$ 点处的切方向，如果存在 $\boldsymbol{x}_k\in\boldsymbol{S}$，$t_k>0$，$t_k\to0$ 满足$\dfrac{\boldsymbol{x}_k-\boldsymbol{x}}{t_k}\to\boldsymbol{d}$. 记所有 $\boldsymbol{d}$ 的全体记为 $T_{\boldsymbol{S}}(\boldsymbol{x})$，称为 $\boldsymbol{S}$ 在 $\boldsymbol{x}$ 点处的切锥.

性质 1.1.10 $T_S(\boldsymbol{x})$ 是闭凸锥，即 $T_S(\boldsymbol{x})$ 是锥和闭凸集.

证 先证 $T_S(\boldsymbol{x})$ 是锥，设 $\boldsymbol{d} \in T_S(\boldsymbol{x})$，$\exists \boldsymbol{x}_k \in \boldsymbol{S}, t_k > 0$ 满足

$$\frac{\boldsymbol{x}_k - \boldsymbol{x}}{t_k} \to \boldsymbol{d}$$

因此对 $\forall \lambda > 0$，有 $\dfrac{\boldsymbol{x}_k - \boldsymbol{x}}{\frac{t_k}{\lambda}} \to \lambda \boldsymbol{d}$，故 $\lambda \boldsymbol{d} \in T_S(\boldsymbol{x})$. 又 $\boldsymbol{x} \in \boldsymbol{S}$，因此 $\boldsymbol{0} \in T_S(\boldsymbol{x})$.

设 $\boldsymbol{d}_1 \in T_S(\boldsymbol{x}), \boldsymbol{d}_2 \in T_S(\boldsymbol{x})$. 存在 $t_k > 0, t'_k > 0$ 及 $\boldsymbol{d}_k, \boldsymbol{d}'_k$ 满足

$$\boldsymbol{x} + t_k \boldsymbol{d}_k \in \boldsymbol{S}, t_k \to 0, \boldsymbol{d}_k \to \boldsymbol{d}_1$$

$$\boldsymbol{x} + t'_k \boldsymbol{d}'_k \in \boldsymbol{S}, t'_k \to 0, \boldsymbol{d}'_k \to \boldsymbol{d}_2$$

因为 $\boldsymbol{S}$ 凸，则 $\dfrac{t'_k}{t_k + t'_k}(\boldsymbol{x} + t_k \boldsymbol{d}_k) + \dfrac{t_k}{t_k + t'_k}(\boldsymbol{x} + t'_k \boldsymbol{d}_k) = \boldsymbol{x} + \dfrac{t_k t'_k}{t_k + t'_k}(\boldsymbol{d}_k + \boldsymbol{d}'_k) \in \boldsymbol{S}$，又 $\dfrac{t_k t'_k}{t_k + t'_k} \to 0, \boldsymbol{d}_k + \boldsymbol{d}'_k \to \boldsymbol{d}_1 + \boldsymbol{d}_2$，故 $\boldsymbol{d}_1 + \boldsymbol{d}_2 \in T_S(\boldsymbol{x})$. 因此，若 $\alpha_1 > 0, \beta_1 > 0$，$\alpha_1 + \beta_1 = 1$，有 $\alpha \boldsymbol{d}_1 \in T_S(\boldsymbol{x}), \beta \boldsymbol{d}_2 \in T_S(\boldsymbol{x})$，于是 $\alpha \boldsymbol{d}_1 + \beta \boldsymbol{d}_2 \in T_S(\boldsymbol{x})$. 最后来证 $T_S(\boldsymbol{x})$ 是闭集. 设 $\boldsymbol{d}_k \in T_S(\boldsymbol{x})$ 且 $\boldsymbol{d}_k \to \boldsymbol{d}$，于是存在 $\boldsymbol{d}_k^{(l)}$ 及 $t_k^{(l)} > 0$ 满足

$$\boldsymbol{x} + t_k^{(l)} \boldsymbol{d}_k^{(l)} \in \boldsymbol{S}, \quad \boldsymbol{d}_k^{(l)} \to \boldsymbol{d}_k$$

对任何自然数 k，取 $\{l\}$ 的子列 $\{l_k\}(l_k \to +\infty)$ 满足 $\| d_k^{(l_k)} - d_k \| < \dfrac{1}{k}$，$| t_k^{(l_k)} | < \dfrac{1}{k}$，因此

$$\| \boldsymbol{d}_k^{(l_k)} - \boldsymbol{d} \| \leqslant \| \boldsymbol{d}_k^{(l_k)} - \boldsymbol{d}_k \| + \| \boldsymbol{d}_k - \boldsymbol{d} \| \to 0, \quad k \to +\infty$$

于是 $\boldsymbol{x} + t_k^{(l_k)} \boldsymbol{d}_k^{(l_k)} \in \boldsymbol{S}$，且 $t_k^{(l_k)} \to 0, \boldsymbol{d}_k^{(l_k)} \to \boldsymbol{d}$，即 $\boldsymbol{d} \in T_S(\boldsymbol{x})$.

性质 1.1.11 $T_S(\boldsymbol{x}) = \mathrm{cl}\{\boldsymbol{d} \in \mathbb{R}^n \mid \boldsymbol{d} = \alpha(\boldsymbol{y} - \boldsymbol{x}), \boldsymbol{y} \in \boldsymbol{S}, \alpha \geqslant 0\}$.

证 设 $\alpha > 0, \boldsymbol{d} = \alpha(\boldsymbol{y} - \boldsymbol{x}), \boldsymbol{y} \in \boldsymbol{S}$，则 $\boldsymbol{y} = \boldsymbol{x} + \dfrac{1}{\alpha}\boldsymbol{d}$，对 $\forall t_k \in (0, \dfrac{1}{\alpha})$ 且 $t_k \to 0$. 由于 $(1 - \alpha t_k)\boldsymbol{x} + \alpha t_k \boldsymbol{y} = \boldsymbol{x} + t_k \boldsymbol{d} \in \boldsymbol{S}$，故 $\boldsymbol{d} \in T_S(\boldsymbol{x})$，又 $T_S(\boldsymbol{x})$ 是闭集，所以

$$\mathrm{cl}\{\boldsymbol{d} \in \mathbb{R}^n \mid \boldsymbol{d} = \alpha(\boldsymbol{y} - \boldsymbol{x}), \boldsymbol{y} \in \boldsymbol{S}, \alpha \geqslant 0\} \subset T_S(\boldsymbol{x})$$

若 $\boldsymbol{d} \in T_S(\boldsymbol{x})$，$\exists \boldsymbol{x}_k \in \boldsymbol{S}, t_k \in (0,1), t_k \to 0$，满足

$$\frac{\boldsymbol{x}_k - \boldsymbol{x}}{t_k} \to \boldsymbol{d}, \quad t_k \to 0$$

而 $\dfrac{\boldsymbol{x}_k - \boldsymbol{x}}{t_k} \in \mathrm{cl}\{\boldsymbol{d} \in \mathbb{R}^n \mid \boldsymbol{d} = \alpha(\boldsymbol{y} - \boldsymbol{x}), \boldsymbol{y} \in \boldsymbol{S}, \alpha \geqslant 0\}$，因此

$$\boldsymbol{d} \in \mathrm{cl}\{\boldsymbol{d} \in \mathbb{R}^n \mid \boldsymbol{d} = \alpha(\boldsymbol{y} - \boldsymbol{x}), \boldsymbol{y} \in \boldsymbol{S}, \alpha \geqslant 0\}$$

定义 1.1.7 称

$$N_S(\boldsymbol{x}) = \{\boldsymbol{s} \mid \langle \boldsymbol{s}, \boldsymbol{y} - \boldsymbol{x} \rangle \leqslant 0, \forall \boldsymbol{y} \in \boldsymbol{S}\}$$

为 $\boldsymbol{S}$ 在 $\boldsymbol{x}$ 点处的法锥.

性质 1.1.12

$$N_S(\boldsymbol{x})=\{\boldsymbol{s}\mid\langle\boldsymbol{s},\boldsymbol{d}\rangle\leqslant 0,\text{对 }\forall\boldsymbol{d}\in T_S(\boldsymbol{x})\}$$
$$T_S(\boldsymbol{x})=\{\boldsymbol{d}\mid\langle\boldsymbol{s},\boldsymbol{d}\rangle\leqslant 0,\text{对 }\forall\boldsymbol{s}\in N_S(\boldsymbol{x})\}$$

证　根据定义直接验证性质 1.1.12 成立.

性质 1.1.13　假设 $\boldsymbol{S}_1,\boldsymbol{S}_2$ 是凸集,那么以下两条成立:

(1) 对 $\boldsymbol{x}\in\boldsymbol{S}_1\cap\boldsymbol{S}_2$,成立

$$T_{S_1\cap S_2}(\boldsymbol{x})\subset T_{S_1}(\boldsymbol{x})\cap T_{S_2}(\boldsymbol{x})$$
$$N_{S_1\cap S_2}(\boldsymbol{x})\supset N_{S_1}(\boldsymbol{x})+N_{S_2}(\boldsymbol{x})$$

(2)$(\boldsymbol{x}_1,\boldsymbol{x}_2)\in\boldsymbol{S}_1\times\boldsymbol{S}_2$,成立

$$T_{S_1\times S_2}(\boldsymbol{x}_1,\boldsymbol{x}_2)=T_{S_1}(\boldsymbol{x}_1)\times T_{S_2}(\boldsymbol{x}_2)$$
$$N_{S_1\times S_2}(\boldsymbol{x}_1,\boldsymbol{x}_2)=N_{S_1}(\boldsymbol{x}_1)\times N_{S_2}(\boldsymbol{x}_2)$$

1.2　Hilbert 空间中的凸函数与局部 Lipschitz 函数

本节中回顾 Hilbert 空间中广义凸函数的基本性质及与此相关的局部 Lipschitz 函数.

定义 1.2.1　设 $\boldsymbol{H}$ 是 Hilbert 空间,$f:\boldsymbol{H}\to\mathbb{R}\cup\{+\infty\}$ 称为是凸的,是指

$$f(\lambda\boldsymbol{x}+(1-\lambda)\boldsymbol{y})\leqslant\lambda f(\boldsymbol{x})+(1-\lambda)f(\boldsymbol{y}),\quad\forall\boldsymbol{x},\boldsymbol{y}\in\boldsymbol{H},\lambda\in[0,1]$$

记 $\mathrm{Dom}(f)=\{\boldsymbol{x}\in\boldsymbol{H}\mid f(\boldsymbol{x})<+\infty\}$,称为 f 的有效域,本节所有讨论的凸函数均假定 $\mathrm{Dom}(f)\neq\varnothing$(即 f 是真凸的),记这类函数的全体为 $\mathrm{Conv}(\boldsymbol{H})$.

定义 1.2.2　$f:\boldsymbol{H}\to\mathbb{R}\cup\{+\infty\}$ 称为下半连续的,是指若 $\boldsymbol{x}_n\to\boldsymbol{x}$,则 $\varliminf\limits_{n\to+\infty}f(\boldsymbol{x}_n)\geqslant f(\boldsymbol{x})$.

1.2.1　凸函数的共轭函数

定义 1.2.3　设 $f\in\mathrm{Conv}(\boldsymbol{H})$,定义 f 的共轭函数

$$f^*(\boldsymbol{p})=\sup_{\boldsymbol{x}\in\boldsymbol{H}}[\langle\boldsymbol{p},\boldsymbol{x}\rangle-f(\boldsymbol{x})],\quad\forall\boldsymbol{p}\in\boldsymbol{H}$$

和二次共轭函数

$$f^{**}(\boldsymbol{x})=\sup_{\boldsymbol{p}\in\boldsymbol{H}}[\langle\boldsymbol{p},\boldsymbol{x}\rangle-f^*(\boldsymbol{p})],\quad\forall\boldsymbol{x}\in\boldsymbol{H}\tag{1.2.1}$$

从定义容易看出 $f^*(\boldsymbol{p})$ 及 $f^{**}(\boldsymbol{x})$ 仍然是 $\boldsymbol{H}$ 上定义的凸函数.

定理 1.2.1　(Fenchel)$f\in\mathrm{Conv}(\boldsymbol{H})$ 且下半连续,那么 $f=f^{**}$.

证　由定义知 $f^*(\boldsymbol{p})\geqslant\langle\boldsymbol{p},\boldsymbol{x}\rangle-f(\boldsymbol{x})$,即

$$f(\boldsymbol{x})\geqslant\langle\boldsymbol{p},\boldsymbol{x}\rangle-f^*(\boldsymbol{p})$$

于是对 $\boldsymbol{p}$ 取上确界得 $f(\boldsymbol{x})\geqslant f^{**}(\boldsymbol{x})$,因此仅证明 $f^{**}(\boldsymbol{x})\geqslant f(\boldsymbol{x})$.

首先，由 $\mathrm{Dom}(f)\neq\varnothing$ 及 f 下半连续知

$$E_p(f)=\{(\boldsymbol{x},\lambda)\in\boldsymbol{H}\times\mathbb{R}\mid f(\boldsymbol{x})\leqslant\lambda\}$$

是非空闭凸集，设 $a<f(\boldsymbol{x})$，则 $(\boldsymbol{x},a)\notin E_p(f)$. 根据 Hahn-Banach 定理，存在非零泛函 $(\boldsymbol{p},-\alpha)\in\boldsymbol{H}\times\mathbb{R}$ 及 $\varepsilon>0$ 满足

$$\sup_{(\boldsymbol{y},\lambda)\in E_p(f)}[\langle\boldsymbol{p},\boldsymbol{y}\rangle-\alpha\lambda]\leqslant\langle\boldsymbol{p},\boldsymbol{x}\rangle-\alpha a-\varepsilon \tag{1.2.2}$$

当 $\boldsymbol{y}\in\mathrm{Dom}(f)$，$\lambda=f(\boldsymbol{y})+\mu$（$\mu\geqslant 0$ 任意）代入式(1.2.2) 得

$$\langle\boldsymbol{p},\boldsymbol{y}\rangle-\alpha f(\boldsymbol{y})-\alpha\mu\leqslant\langle\boldsymbol{p},\boldsymbol{x}\rangle-\alpha a-\varepsilon \tag{1.2.3}$$

如果 $\alpha<0$，则令 $\mu\to+\infty$，上式不成立，故 $\alpha\geqslant 0$.

下面分两种情况来讨论.

(1) 若 $\alpha>0$，在式(1.2.3) 中令 $\mu=0$，及 $\bar{\boldsymbol{p}}=\dfrac{\boldsymbol{p}}{\alpha}$ 得

$$\langle\bar{\boldsymbol{p}},\boldsymbol{y}\rangle-f(\boldsymbol{y})\leqslant\langle\bar{\boldsymbol{p}},\boldsymbol{x}\rangle-a-\frac{\varepsilon}{\alpha}$$

故

$$f^*(\bar{\boldsymbol{p}})\leqslant\langle\bar{\boldsymbol{p}},\boldsymbol{x}\rangle-a-\frac{\varepsilon}{\alpha}$$

即 $\bar{\boldsymbol{p}}\in\mathrm{Dom}(f^*)$ 且 $a+\dfrac{\varepsilon}{\alpha}\leqslant\langle\bar{\boldsymbol{p}},\boldsymbol{x}\rangle-f^*(\bar{\boldsymbol{p}})\leqslant f^{**}(\boldsymbol{x})$，故 $a<f^{**}(\boldsymbol{x})$.

根据 a 的任意性得 $f(\boldsymbol{x})\leqslant f^{**}(\boldsymbol{x})$.

(2) 若 $\alpha=0$，则 $\boldsymbol{x}\notin\mathrm{Dom}(f)$. 事实上，若 $\boldsymbol{x}\in\mathrm{Dom}(f)$，在式(1.2.3) 中令 $\boldsymbol{y}=\boldsymbol{x}$ 得 $-\varepsilon\geqslant 0$，矛盾. 于是 $f(\boldsymbol{x})=+\infty$，来证 $f^{**}(\boldsymbol{x})=+\infty$，当 $\boldsymbol{y}\in\mathrm{Dom}(f)$ 时，由式(1.2.3) 得

$$\langle\boldsymbol{p},\boldsymbol{y}-\boldsymbol{x}\rangle\leqslant-\varepsilon$$

上式两边乘以自然数 n 得 $\langle n\boldsymbol{p},\boldsymbol{y}-\boldsymbol{x}\rangle\leqslant-n\varepsilon$. 由(1) 及 $\mathrm{Dom}(f)\neq\varnothing$ 可取 $\hat{\boldsymbol{p}}\in\mathrm{Dom}(f^*)$，则

$$\langle\hat{\boldsymbol{p}},\boldsymbol{y}\rangle-f(\boldsymbol{y})-f^*(\hat{\boldsymbol{p}})\leqslant 0$$

因此有

$$\langle\hat{\boldsymbol{p}}+n\boldsymbol{p},\boldsymbol{y}\rangle-f(\boldsymbol{y})-n\langle\boldsymbol{p},\boldsymbol{x}\rangle+n\varepsilon-f^*(\hat{\boldsymbol{p}})\leqslant 0$$

进一步，关于 $\boldsymbol{y}$ 取上确界得

$$f^*(\hat{\boldsymbol{p}}+n\boldsymbol{p})-n\langle\boldsymbol{p},\boldsymbol{x}\rangle+n\varepsilon-f^*(\hat{\boldsymbol{p}})\leqslant 0$$

即

$$n\varepsilon+\langle\hat{\boldsymbol{p}},\boldsymbol{x}\rangle-f^*(\hat{\boldsymbol{p}})\leqslant\langle\hat{\boldsymbol{p}}+n\boldsymbol{p},\boldsymbol{x}\rangle-f^*(\hat{\boldsymbol{p}}+n\boldsymbol{p})\leqslant f^{**}(\boldsymbol{x})$$

令 $n\to+\infty$ 得 $f^{**}(\boldsymbol{x})=+\infty$.

定义 1.2.4 $f\in\mathrm{Conv}(\boldsymbol{H})$，$\boldsymbol{x}\in\mathrm{Dom}(f)$，定义 f 在 $\boldsymbol{x}$ 点的次微分为

$$\partial f(\boldsymbol{x})=\{\boldsymbol{p}\mid\langle\boldsymbol{p},\boldsymbol{y}-\boldsymbol{x}\rangle\leqslant f(\boldsymbol{y})-f(\boldsymbol{x}),\ \forall\,\boldsymbol{y}\in\boldsymbol{H}\}$$

性质 1.2.1 $\boldsymbol{p}\in\partial f(\boldsymbol{x})$ 当且仅当 $\langle\boldsymbol{p},\boldsymbol{x}\rangle=f(\boldsymbol{x})+f^*(\boldsymbol{p})$.

证 若 $\boldsymbol{p} \in \partial f(\boldsymbol{x})$，则对 $\forall \boldsymbol{y} \in \boldsymbol{H}$ 有

$$\langle \boldsymbol{p}, \boldsymbol{y}-\boldsymbol{x} \rangle \leqslant f(\boldsymbol{y}) - f(\boldsymbol{x})$$

即

$$f(\boldsymbol{x}) + \langle \boldsymbol{p}, \boldsymbol{y} \rangle - f(\boldsymbol{y}) \leqslant \langle \boldsymbol{p}, \boldsymbol{x} \rangle$$

故 $f(\boldsymbol{x}) + f^*(\boldsymbol{p}) \leqslant \langle \boldsymbol{p}, \boldsymbol{x} \rangle$. 再由 $f^*(\boldsymbol{p}) \geqslant \langle \boldsymbol{p}, \boldsymbol{x} \rangle - f(\boldsymbol{x})$ 得等式成立.

反之，对 $\forall \boldsymbol{y} \in \boldsymbol{H}, f^*(\boldsymbol{p}) \geqslant \langle \boldsymbol{p}, \boldsymbol{y} \rangle - f(\boldsymbol{y})$ 得

$$\langle \boldsymbol{p}, \boldsymbol{x} \rangle - f(\boldsymbol{x}) \geqslant \langle \boldsymbol{p}, \boldsymbol{y} \rangle - f(\boldsymbol{y})$$

即

$$f(\boldsymbol{y}) - f(\boldsymbol{x}) \geqslant \langle \boldsymbol{p}, \boldsymbol{y}-\boldsymbol{x} \rangle$$

故 $\boldsymbol{p} \in \partial f(\boldsymbol{x})$.

注 1.2.1 当 $f \in \mathrm{Conv}(\boldsymbol{H})$ 且下半连续时，由定理 1.2.1 知 $\boldsymbol{p} \in \partial f(\boldsymbol{x}) \Leftrightarrow \boldsymbol{x} \in \partial f^*(\boldsymbol{p})$.

性质 1.2.2 设 $f \in \mathrm{Conv}(\boldsymbol{H})$，那么对 $\forall \boldsymbol{p}_1 \in \partial f(\boldsymbol{y}), \boldsymbol{p}_2 \in \partial f(\boldsymbol{x})$，成立 $\langle \boldsymbol{p}_1 - \boldsymbol{p}_2, \boldsymbol{y}-\boldsymbol{x} \rangle \geqslant 0$.

1.2.2 Moreau-Yosida 逼近

设 $f \in \mathrm{Conv}(\boldsymbol{H})$ 且下半连续，记

$$f_\lambda(\boldsymbol{x}) = \inf_{\boldsymbol{y} \in \boldsymbol{H}} \left[f(\boldsymbol{y}) + \frac{1}{2\lambda} \| \boldsymbol{y}-\boldsymbol{x} \|^2 \right], \quad \lambda > 0 \tag{1.2.4}$$

引理 1.2.1 对 $\forall \boldsymbol{x} \in \boldsymbol{H}$，式(1.2.4)的下确界可达即存在唯一 $J_\lambda \boldsymbol{x} \in \boldsymbol{H}$ 使

$$f_\lambda(\boldsymbol{x}) = f(J_\lambda \boldsymbol{x}) + \frac{1}{2\lambda} \| J_\lambda \boldsymbol{x} - \boldsymbol{x} \|^2$$

证 首先证明 $f(\boldsymbol{y}) + \frac{1}{2\lambda} \| \boldsymbol{y}-\boldsymbol{x} \|^2$ 下方有界.

由定理 1.2.1 之证，$\mathrm{Dom}(f^*) \neq \varnothing$，取 $\boldsymbol{p} \in \mathrm{Dom}(f^*)$，则对 $\forall \boldsymbol{y} \in \boldsymbol{H}$，成立

$$\begin{aligned} f(\boldsymbol{y}) &\geqslant \langle \boldsymbol{p}, \boldsymbol{y} \rangle - f^*(\boldsymbol{p}) \\ &\geqslant -\| \boldsymbol{p} \| \| \boldsymbol{y} \| - f^*(\boldsymbol{p}) \\ &\geqslant -\lambda \| \boldsymbol{p} \|^2 - \frac{1}{4\lambda} \| \boldsymbol{y} \|^2 - f^*(\boldsymbol{p}) \end{aligned}$$

又

$$\| \boldsymbol{y}-\boldsymbol{x} \|^2 \geqslant \frac{\| \boldsymbol{y} \|^2}{2} - \| \boldsymbol{x} \|^2$$

因此

$$f(\boldsymbol{y}) + \frac{1}{2\lambda} \| \boldsymbol{y}-\boldsymbol{x} \|^2 \geqslant -\lambda \| \boldsymbol{p} \|^2 - f^*(\boldsymbol{p}) - \frac{1}{2\lambda} \| \boldsymbol{x} \|^2$$

对任何自然数 n,取 $\boldsymbol{x}_n \in \boldsymbol{H}$ 满足 $f(\boldsymbol{x}_n)+\frac{1}{2\lambda}\|\boldsymbol{x}_n-\boldsymbol{x}\|^2<f_\lambda(\boldsymbol{x})+\frac{1}{n}$. 再由平行四边形法则

$$\|\boldsymbol{x}_n-\boldsymbol{x}_m\|^2=2(\|\boldsymbol{x}_n-\boldsymbol{x}\|^2+\|\boldsymbol{x}_m-\boldsymbol{x}\|^2)-4\left\|\frac{\boldsymbol{x}_n-\boldsymbol{x}_m}{2}-\boldsymbol{x}\right\|^2$$

得

$$\|\boldsymbol{x}_n-\boldsymbol{x}_m\|^2\leqslant 4\lambda\left(\frac{1}{n}+\frac{1}{m}+2f_\lambda(\boldsymbol{x})-f(\boldsymbol{x}_n)-f(\boldsymbol{x}_m)\right)-4\left\|\frac{\boldsymbol{x}_n+\boldsymbol{x}_m}{2}-\boldsymbol{x}\right\|^2$$

又

$$\left\|\frac{\boldsymbol{x}_n+\boldsymbol{x}_m}{2}-\boldsymbol{x}\right\|^2\geqslant 2\lambda f_\lambda(\boldsymbol{x})-2\lambda f\left(\frac{\boldsymbol{x}_n+\boldsymbol{x}_m}{2}\right)\geqslant 2\lambda f_\lambda(\boldsymbol{x})-\lambda f(\boldsymbol{x}_n)-\lambda f(\boldsymbol{x}_m)$$

故

$$\|\boldsymbol{x}_n-\boldsymbol{x}_m\|^2\leqslant 4\lambda\left(\frac{1}{n}+\frac{1}{m}\right)$$

即 $\{\boldsymbol{x}_n\}$ 是 Cauchy 列,因而存在 $\bar{\boldsymbol{x}}\in\boldsymbol{H}$,使 $\lim\limits_{n\to\infty}\boldsymbol{x}_n=\bar{\boldsymbol{x}}$. 由 f 下半连续得

$$f(\bar{\boldsymbol{x}})+\frac{1}{2\lambda}\|\bar{\boldsymbol{x}}-\boldsymbol{x}\|\leqslant f_\lambda(\boldsymbol{x})$$

故 $f_\lambda(\boldsymbol{x})=f(\bar{\boldsymbol{x}})+\frac{1}{2\lambda}\|\bar{\boldsymbol{x}}-\boldsymbol{x}\|$.

下面来证唯一性,设 $\bar{\boldsymbol{y}}\in\boldsymbol{H}$ 满足

$$f(\bar{\boldsymbol{y}})+\frac{1}{2\lambda}\|\bar{\boldsymbol{y}}-\boldsymbol{x}\|^2=f_\lambda(\boldsymbol{x})$$

再由平行四边形法则得

$$\begin{aligned}\|\bar{\boldsymbol{x}}-\bar{\boldsymbol{y}}\|^2&=2(\|\bar{\boldsymbol{x}}-\boldsymbol{x}\|^2+\|\bar{\boldsymbol{y}}-\boldsymbol{x}\|^2)-4\left\|\frac{\bar{\boldsymbol{x}}+\bar{\boldsymbol{y}}}{2}-\boldsymbol{x}\right\|^2\\&=4\lambda(2f_\lambda(\boldsymbol{x})-f(\bar{\boldsymbol{x}})-f(\bar{\boldsymbol{y}}))-4\left\|\frac{\bar{\boldsymbol{x}}+\bar{\boldsymbol{y}}}{2}-\boldsymbol{x}\right\|^2\\&\leqslant 4\lambda(2f_\lambda(\boldsymbol{x})-f(\bar{\boldsymbol{x}})-f(\bar{\boldsymbol{y}}))-\\&\quad 4\lambda[2f_\lambda(\boldsymbol{x})-f(\bar{\boldsymbol{x}})-f(\bar{\boldsymbol{y}})]\leqslant 0\end{aligned}$$

故 $\bar{\boldsymbol{x}}=\bar{\boldsymbol{y}}$.

称 $J_\lambda:\boldsymbol{H}\to\boldsymbol{H}$ 为 f 的 Moreau-Yosida 逼近.

定理 1.2.2 $\bar{\boldsymbol{x}}=J_\lambda\boldsymbol{x}$ 的充要条件是下面变分不等式成立

$$\forall\,\boldsymbol{y}\in\boldsymbol{H},\quad \frac{1}{\lambda}\langle\bar{\boldsymbol{x}}-\boldsymbol{x},\bar{\boldsymbol{x}}-\boldsymbol{y}\rangle+f(\bar{\boldsymbol{x}})-f(\boldsymbol{y})\leqslant 0 \qquad (1.2.5)$$

证 若 $\bar{\boldsymbol{x}}=J_\lambda\boldsymbol{x}$,证式(1.2.5)成立,对 $\forall\,\boldsymbol{y}\in\boldsymbol{H}$ 及 $\theta\in(0,1)$ 有

$$\begin{aligned}f(\bar{\boldsymbol{x}})+\frac{1}{2\lambda}\|\bar{\boldsymbol{x}}-\boldsymbol{x}\|&\leqslant f(\bar{\boldsymbol{x}}+\theta(\boldsymbol{y}-\bar{\boldsymbol{x}}))+\frac{1}{2\lambda}\|\bar{\boldsymbol{x}}+\theta(\boldsymbol{y}-\bar{\boldsymbol{x}})-\boldsymbol{x}\|^2\\&\leqslant(1-\theta)f(\bar{\boldsymbol{x}})+\theta f(\boldsymbol{y})+\end{aligned}$$

$$\frac{1}{2\lambda}[\|\bar{\boldsymbol{x}}-\boldsymbol{x}\|^2+2\theta\langle\bar{\boldsymbol{x}}-\boldsymbol{x},\boldsymbol{y}-\bar{\boldsymbol{x}}\rangle+\theta^2\|\boldsymbol{y}-\bar{\boldsymbol{x}}^2\|]$$

故

$$\theta[f(\bar{\boldsymbol{x}})-f(\boldsymbol{y})+\frac{1}{\lambda}\langle\bar{\boldsymbol{x}}-\boldsymbol{x},\bar{\boldsymbol{x}}-\boldsymbol{y}\rangle]\leqslant\frac{\theta^2}{2\lambda}\|\boldsymbol{y}-\bar{\boldsymbol{x}}\|$$

即

$$f(\bar{\boldsymbol{x}})-f(\boldsymbol{y})+\frac{1}{\lambda}\langle\bar{\boldsymbol{x}}-\boldsymbol{x},\bar{\boldsymbol{x}}-\boldsymbol{y}\rangle\leqslant\frac{\theta}{2\lambda}\|\boldsymbol{y}-\bar{\boldsymbol{x}}\|$$

令 $\theta\to 0^+$，则式(1.2.5) 成立.

若式(1.2.5) 成立，那么由于

$$\begin{aligned}&\frac{1}{2\lambda}\|\bar{\boldsymbol{x}}-\boldsymbol{x}\|^2-\frac{1}{2\lambda}\|\boldsymbol{y}-\boldsymbol{x}\|^2\\&=-\frac{1}{\lambda}\langle\boldsymbol{y}-\bar{\boldsymbol{x}},\bar{\boldsymbol{x}}-\boldsymbol{x}\rangle-\frac{1}{2\lambda}\|\boldsymbol{y}-\bar{\boldsymbol{x}}\|^2\\&\leqslant\frac{1}{\lambda}\langle\bar{\boldsymbol{x}}-\boldsymbol{x},\bar{\boldsymbol{x}}-\boldsymbol{y}\rangle\end{aligned}$$

于是有

$$\begin{aligned}&f(\bar{\boldsymbol{x}})+\frac{1}{2\lambda}\|\bar{\boldsymbol{x}}-\boldsymbol{x}\|^2-f(\boldsymbol{y})-\frac{1}{2\lambda}\|\boldsymbol{y}-\boldsymbol{x}\|^2\\&\leqslant f(\bar{\boldsymbol{x}})-f(\boldsymbol{y})+\frac{1}{\lambda}\langle\bar{\boldsymbol{x}}-\boldsymbol{x},\bar{\boldsymbol{x}}-\boldsymbol{y}\rangle\leqslant 0\end{aligned}$$

故

$$f(\bar{\boldsymbol{x}})+\frac{1}{2\lambda}\|\bar{\boldsymbol{x}}-\boldsymbol{x}\|^2=f_\lambda(\boldsymbol{x})$$

即 $\bar{\boldsymbol{x}}=J_\lambda\boldsymbol{x}$.

推论 1.2.1 设 $\boldsymbol{K}\subset\boldsymbol{H}$ 是非空闭凸集，记 $d(\boldsymbol{x},\boldsymbol{K})=\inf\{\|\boldsymbol{x}-\boldsymbol{y}\|\mid\boldsymbol{y}\in\boldsymbol{K}\}$，则 $\bar{\boldsymbol{x}}\in\boldsymbol{K}$，满足 $\|\boldsymbol{x}-\bar{\boldsymbol{x}}\|=d(\boldsymbol{x},\boldsymbol{K})$ 的充要条件是

$$\langle\bar{\boldsymbol{x}}-\boldsymbol{x},\bar{\boldsymbol{x}}-\boldsymbol{y}\rangle\leqslant 0,\quad\forall\,\boldsymbol{y}\in\boldsymbol{K}$$

证 定义 $f:\boldsymbol{H}\to\mathbb{R}\cup\{+\infty\}$ 为

$$f(\boldsymbol{x})=\begin{cases}+\infty, & \boldsymbol{x}\notin\boldsymbol{K}\\0, & \boldsymbol{x}\in\boldsymbol{K}\end{cases}$$

则 $f\in\operatorname{conv}(\boldsymbol{H})$ 且由 $\boldsymbol{K}$ 是闭集知 f 是下半连续的. 注意到 $\|\boldsymbol{x}-\bar{\boldsymbol{x}}\|=d(\boldsymbol{x},\boldsymbol{K})$，等价于

$$f(\bar{\boldsymbol{x}})+\frac{1}{2\lambda}\|\boldsymbol{x}-\bar{\boldsymbol{x}}\|^2=f_\lambda(\boldsymbol{x})$$

故 $\bar{\boldsymbol{x}}=J_\lambda\boldsymbol{x}$，利用定理 1.2.2，当 $\boldsymbol{y}\in\boldsymbol{K}$ 时有($f(\bar{\boldsymbol{x}})=f(\boldsymbol{y})=0$)

$$\frac{1}{\lambda}\langle\bar{\boldsymbol{x}}-\boldsymbol{x},\bar{\boldsymbol{x}}-\boldsymbol{y}\rangle\leqslant 0$$

另一方面，当 $\boldsymbol{y} \notin \boldsymbol{K}$ 时，以下不等式

$$f(\bar{\boldsymbol{x}})-f(\boldsymbol{y})+\frac{1}{\lambda}\langle\bar{\boldsymbol{x}}-\boldsymbol{x},\bar{\boldsymbol{x}}-\boldsymbol{y}\rangle=-\infty<0$$

自然成立．故 $\bar{\boldsymbol{x}}$ 满足 $\|\boldsymbol{x}-\bar{\boldsymbol{x}}\|=d(\boldsymbol{x},\boldsymbol{K})$．

定理 1.2.3 设 $f \in \operatorname{conv}(\boldsymbol{H})$ 且下半连续，那么：

(1) 对 $\forall\lambda>0$ 及 $\boldsymbol{x}\in\boldsymbol{H}$，$\boldsymbol{x}-J_\lambda\boldsymbol{x}\in\lambda\partial f(J_\lambda\boldsymbol{x})$；

(2) $\{\boldsymbol{x}\in\operatorname{Dom}(f)\mid\partial f(\boldsymbol{x})\neq\varnothing\}$ 是 $\operatorname{Dom}(f)$ 的稠密子集.

证 (1) 由式(1.2.5) 得

$$f(J_\lambda\boldsymbol{x})-f(\boldsymbol{x})\leqslant\left\langle\frac{\boldsymbol{x}-J_\lambda\boldsymbol{x}}{\lambda},J_\lambda\boldsymbol{x}-\boldsymbol{x}\right\rangle$$

故

$$\frac{\boldsymbol{x}-J_\lambda\boldsymbol{x}}{\lambda}\in\partial f(J_\lambda\boldsymbol{x})$$

即 $\boldsymbol{x}-J_\lambda\boldsymbol{x}\in\lambda\partial f(J_\lambda\boldsymbol{x})$.

(2) 由(1) 知 $\partial f(J_\lambda\boldsymbol{x})\neq\varnothing$，对每个 $\boldsymbol{x}\in\operatorname{Dom}(f)$，取 $\boldsymbol{p}\in\operatorname{Dom}(f^*)$，则

$$-f(J_\lambda\boldsymbol{x})\leqslant f^*(\boldsymbol{p})-\langle\boldsymbol{p},J_\lambda\boldsymbol{x}\rangle$$

又

$$\frac{1}{2\lambda}\|J_\lambda\boldsymbol{x}-\boldsymbol{x}\|^2+f(J_\lambda\boldsymbol{x})\leqslant f(\boldsymbol{x})$$

于是

$$\begin{aligned}\frac{1}{2\lambda}\|J_\lambda\boldsymbol{x}-\boldsymbol{x}\|^2&\leqslant f(\boldsymbol{x})+f^*(\boldsymbol{p})-\langle\boldsymbol{p},\boldsymbol{x}\rangle+\langle\boldsymbol{p},\boldsymbol{x}-J_\lambda\boldsymbol{x}\rangle\\&\leqslant\frac{1}{4\lambda}\|\boldsymbol{x}-J_\lambda\boldsymbol{x}\|^2+\lambda\|\boldsymbol{p}\|^2+f(\boldsymbol{x})+f^*(\boldsymbol{p})-\langle\boldsymbol{p},\boldsymbol{x}\rangle\end{aligned}$$

从而有

$$\|J_\lambda\boldsymbol{x}-\boldsymbol{x}\|^2\leqslant4\lambda[f(\boldsymbol{x})+f^*(\boldsymbol{p})-\langle\boldsymbol{p},\boldsymbol{x}\rangle+\lambda\|\boldsymbol{p}\|^2]\to0,\quad\lambda\to0^+$$

即 $J_\lambda\boldsymbol{x}\to\boldsymbol{x}$.

定理 1.2.4 设 $f\in\operatorname{Conv}(\boldsymbol{H})$ 且下半连续，那么 $f_\lambda(\boldsymbol{x}):\boldsymbol{H}\to\mathbb{R}$ 是连续可微的且 $\nabla f_\lambda(\boldsymbol{x})=\frac{1}{\lambda}(\boldsymbol{x}-J_\lambda\boldsymbol{x})\in\partial f(J_\lambda\boldsymbol{x})$，进一步，$\forall\boldsymbol{x}\in\operatorname{Dom}(f)$，有

$$f_\lambda(\boldsymbol{x})\to f(\boldsymbol{x}),\quad\lambda\to0^+$$

及

$$f_\lambda(\boldsymbol{x})\to\inf_{\boldsymbol{x}\in\boldsymbol{H}}f(\boldsymbol{x}),\quad\lambda\to+\infty$$

证 由 $f_\lambda(\boldsymbol{x})\leqslant f(\boldsymbol{x})$ 知 $\overline{\lim\limits_{\lambda\to0^+}}f_\lambda(\boldsymbol{x})\leqslant f(\boldsymbol{x})$，又 $J_\lambda\boldsymbol{x}\to\boldsymbol{x}$ 及 f 下半连续知

$$f(\boldsymbol{x})\leqslant\underline{\lim}_{\lambda\to0^+}f(J_\lambda\boldsymbol{x})\leqslant\underline{\lim}_{\lambda\to0^+}f_\lambda(\boldsymbol{x})$$

故 $\lim\limits_{\lambda\to0^+}f_\lambda(\boldsymbol{x})=f(\boldsymbol{x})$.

不妨设$\inf\limits_{y\in H} f(y) > -\infty$. 对 $\forall \varepsilon > 0$,取 $y_\varepsilon \in H$ 满足

$$f(y_\varepsilon) < \inf_{y\in H} f(y) + \varepsilon$$

那么

$$f_\lambda(x) = \inf_{y\in H}\left\{f(y) + \frac{1}{2\lambda}\|y - x\|^2\right\} < \inf_{y\in H} f(x) + \varepsilon + \frac{1}{2\lambda}\|y_\varepsilon - x\|^2$$

故

$$\overline{\lim_{\lambda\to+\infty}} f_\lambda(x) \leqslant \inf_{y\in H} f(x)$$

另一方面,$f_\lambda(x) \geqslant \inf\limits_{y\in H} f(y)$,故 $\lim\limits_{\lambda\to+\infty} f_\lambda(x) = \inf\limits_{y\in H} f(x)$.

记 $\theta_\lambda(x) = \dfrac{x - J_\lambda x}{\lambda}$,则 $\theta_\lambda(x) \in \partial f(J_\lambda x)$,于是有

$$\begin{aligned}
f_\lambda(x) - f_\lambda(y) &= f(J_\lambda x) - f(J_\lambda y) + \frac{\lambda}{2}\|\theta_\lambda(x)\|^2 - \frac{\lambda}{2}\|\theta_\lambda(y)\|^2 \\
&\leqslant \langle \theta_\lambda(x), J_\lambda x - J_\lambda y\rangle + \frac{\lambda}{2}\|\theta_\lambda(x)\|^2 - \frac{\lambda}{2}\|\theta_\lambda(y)\|^2 \\
&= \langle \theta_\lambda(x), x - y\rangle - \lambda\langle \theta_\lambda(x), \theta_\lambda(x) - \theta_\lambda(y)\rangle + \\
&\quad \frac{\lambda}{2}\|\theta_\lambda(x)\|^2 - \frac{\lambda}{2}\|\theta_\lambda(y)\|^2 \\
&= \langle \theta_\lambda(x), x - y\rangle - \frac{\lambda}{2}\|\theta_\lambda(x) - \theta_\lambda(y)\|^2 \\
&\leqslant \langle \theta_\lambda(x), x - y\rangle
\end{aligned}$$

$$\begin{aligned}
f_\lambda(x) - f_\lambda(y) &\geqslant \langle \theta_\lambda(y), x - y\rangle \\
&= \langle \theta_\lambda(x), x - y\rangle + \langle \theta_\lambda(y) - \theta_\lambda(x), x - y\rangle \\
&\geqslant \langle \theta_\lambda(x), x - y\rangle - \|\theta_\lambda(y) - \theta_\lambda(x)\|\,\|x - y\| \\
&\geqslant \langle \theta_\lambda(x), x - y\rangle - \frac{1}{\lambda}\|x - y\|^2
\end{aligned}$$

故

$$\left|\frac{f_\lambda(x) - f_\lambda(y) - \langle \theta_\lambda(x), x - y\rangle}{\|x - y\|}\right| \leqslant \frac{1}{\lambda}\|x - y\|$$

即 $f_\lambda(x)$ 在 x 点可微,且 $\nabla f_\lambda(x) = \theta_\lambda(x) \in \partial f(J_\lambda x)$,又 $\theta_\lambda(\cdot): H \to H$ 是 Lipschitz 连续的,故 $f_\lambda(x)$ 在点 x 处是连续可微的.

推论 1.2.2 J_λ 及$(I - J_\lambda)$满足:

(1)$\langle J_\lambda x - J_\lambda y, x - y\rangle \geqslant \|J_\lambda x - J_\lambda y\|^2$;

(2)$\langle (I - J_\lambda)x - (I - J_\lambda)y, x - y\rangle \geqslant \|(I - J_\lambda)x - (I - J_\lambda)y\|^2$.

证 (1) 由

$$f(J_\lambda x) - f(J_\lambda y) + \frac{1}{\lambda}\langle J_\lambda x - x, J_\lambda x - J_\lambda y\rangle \leqslant 0$$

$$f(J_\lambda \boldsymbol{y}) - f(J_\lambda \boldsymbol{x}) + \frac{1}{\lambda}\langle J_\lambda \boldsymbol{y} - \boldsymbol{y}, J_\lambda \boldsymbol{y} - J_\lambda \boldsymbol{x}\rangle \leqslant 0$$

得

$$\frac{1}{\lambda}\langle J_\lambda \boldsymbol{x} - J_\lambda \boldsymbol{y} - (\boldsymbol{x} - \boldsymbol{y}), J_\lambda \boldsymbol{x} - J_\lambda \boldsymbol{y}\rangle \leqslant 0$$

故(1) 成立.

(2) 由于

$$\begin{aligned}\|\boldsymbol{x} - \boldsymbol{y}\|^2 &= \|(I - J_\lambda)\boldsymbol{x} - (I - J_\lambda)\boldsymbol{y}\|^2 + 2\langle (I - J_\lambda)\boldsymbol{x} - \\ &\quad (I - J_\lambda)\boldsymbol{y}, J_\lambda \boldsymbol{x} - J_\lambda \boldsymbol{y}\rangle + \|J_\lambda \boldsymbol{x} - J_\lambda \boldsymbol{y}\|^2 \\ &\geqslant \|(I - J_\lambda)\boldsymbol{x} - (I - J_\lambda)\boldsymbol{y}\|^2 + \|J_\lambda \boldsymbol{x} - J_x \boldsymbol{y}\|^2\end{aligned}$$

$$\begin{aligned}\langle (I - J_\lambda)\boldsymbol{x} - (I - J_\lambda)\boldsymbol{y}, \boldsymbol{x} - \boldsymbol{y}\rangle &= \|\boldsymbol{x} - \boldsymbol{y}\|^2 - \langle J_\lambda \boldsymbol{x} - J_\lambda \boldsymbol{y}, \boldsymbol{x} - \boldsymbol{y}\rangle \\ &\geqslant \|\boldsymbol{x} - \boldsymbol{y}\|^2 - \|J_\lambda \boldsymbol{x} - J_\lambda \boldsymbol{y}\|^2\end{aligned}$$

故

$$\langle (I - J_\lambda)\boldsymbol{x} - (I - J_\lambda)\boldsymbol{y}, \boldsymbol{x} - \boldsymbol{y}\rangle \geqslant \|(I - J_\lambda)\boldsymbol{x} - (I - J_\lambda)\boldsymbol{y}\|^2$$

1.2.3 局部 Lipschitz 函数

定义 1.2.5 $f:\boldsymbol{H} \to \mathbb{R}$, $\boldsymbol{x}_0 \in \boldsymbol{H}$. 称 f 在 $\boldsymbol{x}_0$ 点是 Lipschitz 的,是指存在 $\delta > 0$ 及 $L_{\boldsymbol{x}_0,\delta} > 0$,满足

$$|f(\boldsymbol{x}) - f(\boldsymbol{y})| \leqslant L_{\boldsymbol{x}_0,\delta} \|\boldsymbol{x} - \boldsymbol{y}\|$$

$$\forall \boldsymbol{x}, \boldsymbol{y} \in B(\boldsymbol{x}_0, \delta) \triangleq \{\boldsymbol{x} \mid \|\boldsymbol{x} - \boldsymbol{x}_0\| \leqslant \delta\}$$

称 f 是局部 Lipschitz 的,是指 f 在每一点 $\boldsymbol{x}_0 \in \boldsymbol{H}$ 是 Lipschitz 的.

定理 1.2.5 设 $f:\boldsymbol{H} \to \mathbb{R}$ 凸, $\boldsymbol{x}_0 \in \boldsymbol{H}$,若 f 在点 $\boldsymbol{x}_0$ 连续,则 f 在点 $\boldsymbol{x}_0$ 是 Lipschitz 的.

证 由于 f 在 $\boldsymbol{x}_0$ 点连续,则存在 $\delta > 0$ 及 $M > m$ 满足

$$m \leqslant f(\boldsymbol{x}) \leqslant M, \quad \forall \boldsymbol{x} \in B(\boldsymbol{x}_0, 2\delta)$$

$\forall \boldsymbol{x}_1 \in B(\boldsymbol{x}_0, \delta)$,令 $\varphi(\boldsymbol{v}) = f(\boldsymbol{v} + \boldsymbol{x}_1) - f(\boldsymbol{x}_1)$,则 $\varphi(\boldsymbol{v}) \leqslant M - m$, $\forall \boldsymbol{v} \in B(\boldsymbol{0}, \delta)$. 又 φ 是 $B(\boldsymbol{0}, \delta)$ 上的凸函数,对于 $\boldsymbol{v} \in B(\boldsymbol{0}, \theta\delta)$, $\theta \in (0,1)$,则 $\pm \dfrac{\boldsymbol{v}}{\theta} \in B(\boldsymbol{0}, \delta)$,故

$$\varphi(\boldsymbol{v}) = \varphi((1-\theta) \cdot \boldsymbol{0} + \theta \cdot \frac{\boldsymbol{v}}{\theta}) \leqslant (1-\theta)\varphi(\boldsymbol{0}) + \theta\varphi\left(\frac{\boldsymbol{v}}{\theta}\right) \leqslant \theta(M - m)$$

又

$$0 = \varphi(\boldsymbol{0}) = \varphi\left(\frac{\boldsymbol{v}}{1+\theta} + \frac{\theta}{1+\theta}\left(-\frac{\boldsymbol{v}}{\theta}\right)\right) \leqslant \frac{1}{1+\theta}\varphi(\boldsymbol{v}) + \frac{\theta}{1+\theta}\varphi\left(-\frac{\boldsymbol{v}}{\theta}\right)$$

故

$$-\varphi(\boldsymbol{v}) \leqslant \theta(M - m)$$

即

$$|\varphi(\boldsymbol{v})| \leqslant \theta(M-m)$$

如果 $\|\boldsymbol{x}_2-\boldsymbol{x}_1\|<\dfrac{\delta}{2}$,则 $\boldsymbol{x}_2-\boldsymbol{x}_1 \in B\left(\boldsymbol{0}, \dfrac{2\|\boldsymbol{x}_2-\boldsymbol{x}_1\|}{\delta}\delta\right)$,故由上式得

$$|f(\boldsymbol{x}_2)-f(\boldsymbol{x}_1)| \leqslant \frac{2\|\boldsymbol{x}_2-\boldsymbol{x}_1\|}{\delta}(M-m)$$

对 $\forall \boldsymbol{y}_1, \boldsymbol{y}_2 \in B(\boldsymbol{x}_0, \delta)$,取分点 $\boldsymbol{y}_1=\boldsymbol{x}_1, \boldsymbol{x}_2, \cdots, \boldsymbol{x}_m=\boldsymbol{y}_2$,满足 $\|\boldsymbol{x}_i-\boldsymbol{x}_{i+1}\|<\dfrac{\delta}{2}$,$i=1,2,\cdots,m-1$,且 $\sum\limits_{i=1}^{m-1}\|\boldsymbol{x}_i-\boldsymbol{x}_{i+1}\|=\|\boldsymbol{y}_1-\boldsymbol{y}_2\|$,那么

$$\begin{aligned}
|f(\boldsymbol{y}_1)-f(\boldsymbol{y}_2)| &\leqslant \sum_{i=1}^{m-1}\|f(\boldsymbol{x}_i)-f(\boldsymbol{x}_{i+1})\| \\
&\leqslant \frac{2(M-m)}{\delta}\sum_{i=1}^{m-1}\|\boldsymbol{x}_i-\boldsymbol{x}_{i+1}\| \\
&=\frac{2(M-m)}{\delta}\|\boldsymbol{y}_1-\boldsymbol{y}_2\|
\end{aligned}$$

因此 f 在 $\boldsymbol{x}_0$ 点是 Lipschitz 的.

定义 1.2.6 设 $f: \boldsymbol{H} \to \mathbb{R}$ 是局部 Lipschitz 的,$\boldsymbol{x}, \boldsymbol{v} \in \boldsymbol{H}$,记

$$D_c f(\boldsymbol{x})(\boldsymbol{v})=\varlimsup_{\substack{\boldsymbol{y} \to \boldsymbol{x} \\ h \to 0^+}} \frac{f(\boldsymbol{y}+h\boldsymbol{v})-f(\boldsymbol{y})}{h}$$

称 $D_c f(\boldsymbol{x})(\boldsymbol{v})$ 为 f 在点 $\boldsymbol{x}$ 沿方向 $\boldsymbol{v}$ 的 Clarke 方向导数. 称 f 在点 $\boldsymbol{x}$ 是 Clarke 可微的,是指 $D_c f(\boldsymbol{x})(v)$ 对每个 $\boldsymbol{v} \in \boldsymbol{H}$ 存在且有限.

定理 1.2.6 设 $f: \boldsymbol{H} \to \mathbb{R}$ 是局部 Lipschitz 的,那么对 $\forall \boldsymbol{x} \in \boldsymbol{H}$,$f$ 在点 $\boldsymbol{x}$ 是 Clarke 可微的,且 $\boldsymbol{v} \to D_c f(\boldsymbol{x})(\boldsymbol{v})$ 是正齐、凸连续的.

证 由于存在 $\delta>0, L>0$,满足

$$|f(\boldsymbol{y})-f(\boldsymbol{z})| \leqslant L\|\boldsymbol{y}-\boldsymbol{z}\|, \quad \forall \boldsymbol{y}, \boldsymbol{z} \in B_\delta(\boldsymbol{x})$$

对 $\forall \|\boldsymbol{x}-\boldsymbol{y}\|<\delta$ 及 $\boldsymbol{v} \in \boldsymbol{H}$,存在 $\beta>0$ 满足 $\boldsymbol{y} \in B_\eta(\boldsymbol{x})$ 且 $\boldsymbol{y}+\theta\boldsymbol{v} \in B_\delta(\boldsymbol{x})$,$0<\theta \leqslant \beta$,故

$$-L\|\boldsymbol{v}\| \leqslant \frac{f(\boldsymbol{y}+\theta\boldsymbol{v})-f(\boldsymbol{y})}{\theta} \leqslant L\|\boldsymbol{v}\|$$

进而有

$$-L\|\boldsymbol{v}\| \leqslant \inf_{\eta, \beta>0} \sup_{\substack{\boldsymbol{y} \in B_\eta(\boldsymbol{x}) \\ 0<\theta \leqslant \beta}} \frac{f(\boldsymbol{y}+\theta\boldsymbol{v})-f(\boldsymbol{y})}{\theta} \leqslant L\|\boldsymbol{v}\|$$

即 $\|D_c f(\boldsymbol{x})(\boldsymbol{v})\| \leqslant L\|\boldsymbol{v}\|$,由定义,$\boldsymbol{v} \to D_c f(\boldsymbol{x})(\boldsymbol{v})$ 是正齐次的,又

$$\begin{aligned}
&\frac{f(\boldsymbol{y}+\theta(\lambda\boldsymbol{v}_1+(1-\lambda)\boldsymbol{v}_2))-f(\boldsymbol{y})}{\theta} \\
=&\frac{f(\boldsymbol{y}+\theta\lambda\boldsymbol{v}_1+\theta(1-\lambda)\boldsymbol{v}_2)-f(\boldsymbol{y}+\theta\lambda\boldsymbol{v}_1)}{\theta(1-\lambda)}(1-\lambda)+\frac{f(\boldsymbol{y}+\theta\lambda\boldsymbol{v}_1)-f(\boldsymbol{y})}{\lambda\theta}\lambda
\end{aligned}$$

令 $\boldsymbol{y}\to\boldsymbol{x},\theta\to0^+$，在上面等式中取上极限得

$$D_cf(\boldsymbol{x})(\boldsymbol{v})\leqslant(1-\lambda)D_cf(\boldsymbol{x})(\boldsymbol{v}_2)+\lambda D_cf(\boldsymbol{x})(\boldsymbol{v}_1)$$

故 $D_cf(\boldsymbol{x})(\boldsymbol{v})$ 关于 $\boldsymbol{v}$ 是凸的，又

$$\sup_{\boldsymbol{v}\in B_1(0)}|D_cf(\boldsymbol{x})(\boldsymbol{v})|\leqslant L$$

那么 $D_cf(\boldsymbol{x})(\boldsymbol{v})$ 关于 $\boldsymbol{v}$ 也是连续的.

定义 1.2.7 设 $f:\boldsymbol{H}\to\mathbb{R}$ 是局部 Lipschitz 的，记

$$\partial_cf(\boldsymbol{x})=\{\boldsymbol{p}\in\boldsymbol{H}\mid\langle\boldsymbol{p},\boldsymbol{v}\rangle\leqslant D_cf(\boldsymbol{x})(\boldsymbol{v}),\ \forall\,\boldsymbol{v}\in\boldsymbol{H}\}$$

称 $\partial_cf(\boldsymbol{x})$ 为 f 在点 $\boldsymbol{x}$ 的 Clarke 次微分.

定理 1.2.7 设 $f:\boldsymbol{H}\to\mathbb{R}$ 是局部 Lipschitz 函数，则 f 在点 $\boldsymbol{x}$ 的 Clarke 次微分 $\partial_cf(\boldsymbol{x})$ 是 $\boldsymbol{H}$ 中非空有界闭凸集.

证 取 $\boldsymbol{v}_0\in\boldsymbol{H},\boldsymbol{v}_0\neq\boldsymbol{0}$，令 $\boldsymbol{H}_1=\{t\boldsymbol{v}_0\mid t\in\mathbb{R}\}$ 是 $\boldsymbol{H}$ 的一维子空间，定义泛函 $\varphi:\boldsymbol{H}_1\to\mathbb{R}$ 为

$$\varphi(t\boldsymbol{v}_0)=tD_cf(\boldsymbol{x})(\boldsymbol{v}_0)$$

那么 f 是线性泛函，又由 $D_cf(\boldsymbol{x})(\boldsymbol{0})=D_cf(\boldsymbol{x})(\boldsymbol{v}+(-\boldsymbol{v}))\leqslant D_cf(\boldsymbol{x})(\boldsymbol{v})+D_cf(\boldsymbol{x})(-\boldsymbol{v})$ 知，$-D_cf(\boldsymbol{x})(-\boldsymbol{v})\leqslant D_cf(\boldsymbol{x})(\boldsymbol{v})$，于是

$$tD_cf(\boldsymbol{x})(\boldsymbol{v}_0)=\begin{cases}D_cf(\boldsymbol{x})(t\boldsymbol{v}_0), & t\geqslant0\\-D_cf(\boldsymbol{x})(-t\boldsymbol{v}_0)\leqslant D_cf(\boldsymbol{x})(t\boldsymbol{v}_0), & t<0\end{cases}$$

因此，$\varphi(t\boldsymbol{v}_0)\leqslant D_cf(\boldsymbol{x})(t\boldsymbol{v}_0)$. 根据 Hahn-Banach 定理，$\varphi$ 可延拓成 $\boldsymbol{H}$ 上的线性泛函且 $\varphi(\boldsymbol{v})\leqslant D_cf(\boldsymbol{x})(\boldsymbol{v})$. 又 $|D_cf(\boldsymbol{x})(\boldsymbol{v})|\leqslant L\|\boldsymbol{v}\|$ 知

$$|\varphi(\boldsymbol{v})|\leqslant L\|\boldsymbol{v}\|$$

因此，φ 也是 $\boldsymbol{H}$ 上的连续线性泛函，故由 Riesz 定理有唯一 $\boldsymbol{p}\in\boldsymbol{H}$ 使

$$\varphi(\boldsymbol{v})=\langle\boldsymbol{p},\boldsymbol{v}\rangle$$

即 $\langle\boldsymbol{p},\boldsymbol{v}\rangle=\varphi(\boldsymbol{v})\leqslant D_cf(\boldsymbol{x})(\boldsymbol{v})$，亦即 $\boldsymbol{p}\in\partial_cf(\boldsymbol{x})$，设 $\boldsymbol{p}_1,\boldsymbol{p}_2\in\partial_cf(\boldsymbol{x})$，则

$$\begin{aligned}\begin{cases}\langle\boldsymbol{p}_1,\boldsymbol{v}\rangle\leqslant D_cf(\boldsymbol{x})(\boldsymbol{v})\\\langle\boldsymbol{p}_2,\boldsymbol{v}\rangle\leqslant D_cf(\boldsymbol{x})(\boldsymbol{v})\end{cases}&\Rightarrow\langle\alpha\boldsymbol{p}_1+(1-\alpha)\boldsymbol{p}_2,\boldsymbol{v}\rangle\\&\leqslant\alpha D_cf(\boldsymbol{x})(\boldsymbol{v})+(1-\alpha)D_cf(\boldsymbol{x})(\boldsymbol{v})\\&=D_cf(\boldsymbol{x})(\boldsymbol{v})\end{aligned}$$

因此 $\partial_cf(\boldsymbol{x})$ 是凸集，又若 $\boldsymbol{p}\in\partial_cf(\boldsymbol{x})$，则

$$|\langle\boldsymbol{p},\boldsymbol{v}\rangle|\leqslant L\|\boldsymbol{v}\|$$

因此 $\|\boldsymbol{p}\|\leqslant L$，即 $\partial_cf(\boldsymbol{x})$ 是有界集. 由内积的连续性知 $\partial_cf(\boldsymbol{x})$ 是弱闭集，进而由凸性知也是强闭集.

设 $\boldsymbol{K}\subset\boldsymbol{H}$ 是非空集，记 $d_{\boldsymbol{K}}(\boldsymbol{x})=\inf\limits_{\boldsymbol{y}\in\boldsymbol{K}}\|\boldsymbol{y}-\boldsymbol{x}\|$，则 $d_{\boldsymbol{K}}(\cdot):\boldsymbol{H}\to\mathbb{R}$ 是全局 Lipschitz 函数，设 $\boldsymbol{x}\in\boldsymbol{K}$，记

$$T_{\boldsymbol{K}}(\boldsymbol{x})=\{\boldsymbol{v}\in\boldsymbol{H}\mid D_cd_{\boldsymbol{K}}(\boldsymbol{x})(\boldsymbol{v})\leqslant0\}$$

$$N_{\boldsymbol{K}}(\boldsymbol{x})=\{\boldsymbol{p}\in\boldsymbol{H}\mid\langle\boldsymbol{p},\boldsymbol{v}\rangle\leqslant0,\ \forall\,\boldsymbol{v}\in T_{\boldsymbol{K}}(\boldsymbol{x})\}$$

分别称为 $\boldsymbol{x}$ 处的切锥与法锥.

若 $\boldsymbol{A}\subset\boldsymbol{H}$,记 $\boldsymbol{A}^{-}=\{\boldsymbol{p}\in\boldsymbol{H}\mid\langle\boldsymbol{p},\boldsymbol{v}\rangle\leqslant 0,\forall\boldsymbol{v}\in\boldsymbol{A}\}$,则 $N_{\boldsymbol{K}}(\boldsymbol{x})=[T_{\boldsymbol{K}}(\boldsymbol{x})]^{-}$.

引理 1.2.2 设 $f:\boldsymbol{H}\to\mathbb{R}$ 局部 Lipschitz,则

$$D_c f(\boldsymbol{x})(\boldsymbol{v})=\sup\{\langle\boldsymbol{p},\boldsymbol{v}\rangle\mid\boldsymbol{p}\in\partial_c f(\boldsymbol{x})\},\quad\forall\boldsymbol{v}\in\boldsymbol{H}$$

证 根据 $\partial_c f(\boldsymbol{x})$ 的定义,显然 $\sup\{\langle\boldsymbol{p},\boldsymbol{v}\rangle\mid\boldsymbol{p}\in\partial_c f(\boldsymbol{x})\}\leqslant D_c f(\boldsymbol{x})(\boldsymbol{v})$. 来证反面不等式也成立. 若不然,存在 $\boldsymbol{v}_0\in\boldsymbol{H}$ 使

$$\sup\{\langle\boldsymbol{p},\boldsymbol{v}_0\rangle\mid\boldsymbol{p}\in\partial_c f(\boldsymbol{x})\}<D_c f(\boldsymbol{x})(\boldsymbol{v}_0)\tag{1.2.6}$$

于是 $\boldsymbol{v}_0\neq 0$,令 $H_1=\{t\boldsymbol{v}_0\mid t\in\mathbb{R}\}$ 是 $\boldsymbol{H}$ 的一维子空间,定义泛函

$$\varphi(t\boldsymbol{v}_0)=tD_c f(\boldsymbol{x})(\boldsymbol{v}_0)$$

完全类似于定理 1.2.7 的证明,φ 可延拓成 $\boldsymbol{H}$ 上的连续线性泛函,且

$$\varphi(\boldsymbol{v})\leqslant D_c f(\boldsymbol{x})(\boldsymbol{v})$$

于是有 $\boldsymbol{p}_0\in\boldsymbol{H}$ 使 $\varphi(\boldsymbol{v})=\langle\boldsymbol{p}_0,\boldsymbol{v}\rangle$,因此,$\boldsymbol{p}_0\in\partial_c f(\boldsymbol{x})$,且

$$\langle\boldsymbol{p}_0,\boldsymbol{v}_0\rangle=D_c f(\boldsymbol{x})(\boldsymbol{v}_0)\leqslant\sup\{\langle\boldsymbol{p},\boldsymbol{v}\rangle\mid\boldsymbol{p}\in\partial_c f(\boldsymbol{x})\}$$

因此与(1.2.6)矛盾.

性质 1.2.3 $N_{\boldsymbol{K}}(\boldsymbol{x})=[\partial_c d_{\boldsymbol{K}}(\boldsymbol{x})]^{--}$.

证 先证 $\partial_c d_{\boldsymbol{K}}(\boldsymbol{x})\subset N_{\boldsymbol{K}}(\boldsymbol{x})$,设 $\boldsymbol{p}\in\partial_c d_{\boldsymbol{K}}(\boldsymbol{x})$ 及 $\boldsymbol{v}\in T_{\boldsymbol{K}}(\boldsymbol{x})$,有

$$\langle\boldsymbol{p},\boldsymbol{v}\rangle\leqslant D_c d_{\boldsymbol{K}}(\boldsymbol{x})(\boldsymbol{v})\leqslant 0$$

故 $\boldsymbol{p}\in N_{\boldsymbol{K}}(\boldsymbol{x})$. 因此$[\partial_c d_{\boldsymbol{K}}(\boldsymbol{x})]^{--}\subset[N_{\boldsymbol{K}}(\boldsymbol{x})]^{--}=N_{\boldsymbol{K}}(\boldsymbol{x})$.

另一方面,来证$[\partial_c d_{\boldsymbol{K}}(\boldsymbol{x})]^{-}\subset T_{\boldsymbol{K}}(\boldsymbol{x})$. 设 $\boldsymbol{v}\in[\partial_c d_{\boldsymbol{K}}(\boldsymbol{x})]^{-}$,由引理 1.2.2 知

$$D_c d_{\boldsymbol{K}}(\boldsymbol{x})(\boldsymbol{v})=\sup\{\langle\boldsymbol{p},\boldsymbol{v}\rangle\mid\boldsymbol{p}\in\partial_c d_{\boldsymbol{K}}(\boldsymbol{x})\}\leqslant 0$$

故 $\boldsymbol{v}\in T_{\boldsymbol{K}}(\boldsymbol{x})$,于是

$$[\partial_c d_{\boldsymbol{K}}(\boldsymbol{x})]^{--}\supset[T_{\boldsymbol{K}}(\boldsymbol{x})]^{-}=N_{\boldsymbol{K}}(\boldsymbol{x})$$

性质 1.2.4 设 $f,g:\boldsymbol{H}\to\mathbb{R}$ 局部 Lipschitz,那么对 $\forall\alpha,\beta>0$ 有

$$\partial_c(\alpha f+\beta g)\subseteq\alpha\partial_c f(\boldsymbol{x})+\beta\partial_c g(\boldsymbol{x})$$
$$\partial_c(-f)(\boldsymbol{x})=-\partial_c f(\boldsymbol{x})$$

证 根据定义显然成立.

定理 1.2.8 设 $f:\boldsymbol{H}\to\mathbb{R}$ 是局部 Lipschitz 的,$\boldsymbol{K}\subset\boldsymbol{H}$ 是非空集,f 在 K 上的 $\boldsymbol{x}$ 点处达到最小值,那么存在 $\lambda>0$ 使得 $\boldsymbol{x}$ 是函数 $f_\lambda(\boldsymbol{y})=f(\boldsymbol{y})+\lambda d_{\boldsymbol{K}}(\boldsymbol{y})$ 在 $\boldsymbol{H}$ 上的局部极小点,即 $\boldsymbol{0}\in\partial_c f(\boldsymbol{x})+N_{\boldsymbol{K}}(\boldsymbol{x})$.

证 取 $\delta>0$ 及 $L>0$,满足

$$|f(\boldsymbol{x}_1)-f(\boldsymbol{x}_2)|\leqslant L\|\boldsymbol{x}_1-\boldsymbol{x}_2\|,\quad\forall\boldsymbol{x}_1,\boldsymbol{x}_2\in B_\delta(\boldsymbol{x})$$

取 $\lambda=L$,证 $f_L(\boldsymbol{y})=f(\boldsymbol{y})+Ld_{\boldsymbol{K}}(\boldsymbol{y})$ 在 $B_{\frac{\delta}{2}}(\boldsymbol{x})$ 上达到最小值,最小值点为 $\boldsymbol{x}$,对充分小的 $\varepsilon>0$,及 $\boldsymbol{y}\in B_{\frac{\delta}{2}}(\boldsymbol{x})$ 且 $\boldsymbol{y}_\varepsilon\in K$ 满足 $\|\boldsymbol{y}-\boldsymbol{y}_\varepsilon\|\leqslant d_{\boldsymbol{K}}(\boldsymbol{y})(1+\varepsilon)$,则

$$\|\boldsymbol{x}-\boldsymbol{y}_\varepsilon\|\leqslant\|\boldsymbol{x}-\boldsymbol{y}\|+\|\boldsymbol{y}-\boldsymbol{y}_\varepsilon\|\leqslant\|\boldsymbol{x}-\boldsymbol{y}\|+(1+\varepsilon)\|\boldsymbol{x}-\boldsymbol{y}\|<\delta$$

于是

$$f(\boldsymbol{y}_\varepsilon) \leqslant f(\boldsymbol{y}) + L\|\boldsymbol{y} - \boldsymbol{y}_\varepsilon\| \leqslant f(\boldsymbol{y}) + Ld_{\boldsymbol{K}}(\boldsymbol{y})(1+\varepsilon)$$

又 $f(\boldsymbol{x}) + Ld_{\boldsymbol{K}}(\boldsymbol{x}) = f(\boldsymbol{x}) \leqslant f(\boldsymbol{y}_\varepsilon) \leqslant f(\boldsymbol{y}) + Ld_{\boldsymbol{K}}(\boldsymbol{y})(1+\varepsilon)$，令 $\varepsilon \to 0^+$ 得

$$f(\boldsymbol{x}) + Ld_{\boldsymbol{K}}(\boldsymbol{x}) \leqslant f(\boldsymbol{y}) + Ld_{\boldsymbol{K}}(\boldsymbol{y})$$

于是有

$$0 \leqslant D_c(f(\boldsymbol{x}) + Ld_{\boldsymbol{K}}(\boldsymbol{x}))(\boldsymbol{v}) \leqslant D_c f(\boldsymbol{x})(\boldsymbol{v}) + LD_c d_{\boldsymbol{K}}(\boldsymbol{x})(\boldsymbol{v})$$

因此

$$\boldsymbol{0} \in \partial_c f(\boldsymbol{x}) + L\partial_c d_{\boldsymbol{K}}(\boldsymbol{x}) \subset \partial_c f(\boldsymbol{x}) + N_{\boldsymbol{K}}(\boldsymbol{x})$$

注 1.2.1 (1) 若 f 在点 $\boldsymbol{x}$ 达到局部最小值，则 $D_c f(\boldsymbol{x})(\boldsymbol{v}) \geqslant 0$.

(2) 若 $f, g: \boldsymbol{H} \to \mathbb{R}$ 是局部 Lipschitz 的，对 $\forall \alpha, \beta > 0$，成立

$$D_c(\alpha f + \beta g)(\boldsymbol{v}) \leqslant \alpha D_c f(\boldsymbol{x})(\boldsymbol{v}) + \beta D_c g(\boldsymbol{x})(\boldsymbol{v})$$

(3) 有关局部 Lipschitz 函数的性质可推广到一般 Banach 空间.

本节的大部分内容取材于文献[2]，读者可参考文献[2]中相关的非线性分析知识.

1.3 微分包含的基本理论

本节简要介绍在后面各章中所用到的有关微分包含的存在性理论，参见文献[3,4].

1.3.1 Hilbert 空间中次微分形式的微分包含与极大单调算子

设 $\boldsymbol{T} = [0, a]$，$\boldsymbol{H}$ 是可分 Hilbert 空间，$f \in \mathrm{Conv}(\boldsymbol{H})$，考察如下的微分包含在 $\boldsymbol{T}$ 上几乎处处成立

$$\begin{cases} -\dot{x}(t) \in \partial f(x(t)) \\ x(0) = x_0 \in \mathrm{Dom}(f) \end{cases} \tag{1.3.1}$$

首先给出式(1.3.1)解的定义.

定义 1.3.1 称连续函数 $x(t): \boldsymbol{T} \to \boldsymbol{H}$ 是式(1.3.1)的解，如果 $x(t) \in \mathrm{Dom}(\partial f(x(t)))$ 几乎处处成立且 $x(t)$ 在 $\boldsymbol{T}$ 上是绝对连续的，满足(1.3.1).

注 1.3.1 称 $x(t): \boldsymbol{T} \to \boldsymbol{H}$ 是绝对连续的，是指对 $\forall \varepsilon > 0$，存在 $\delta > 0$，使对 $\boldsymbol{T}$ 的任何互不重叠的有限开区间组 $\{(\alpha_i, \beta_i)\}_{i=1}^n$，当 $\sum\limits_{i=1}^n (\beta_i - \alpha_i) < \delta$ 时有

$$\sum_{i=1}^n \|x(\beta_i) - x(\alpha_i)\| < \varepsilon$$

注 1.3.2 对于 Hilbert 空间，每个绝对连续函数 $x(t): \boldsymbol{T} \to \boldsymbol{H}$ 都是几乎处处可导的，且 $\dot{x}(t) \in L(\boldsymbol{T}, \boldsymbol{H})$，进一步，对 $\forall s < t, s, t \in [0, a]$ 有

$$x(t)-x(s)=\int_s^t \dot{x}(\tau)\mathrm{d}\tau$$

定理 1.3.1 设 $f\in \mathrm{Conv}(\boldsymbol{H})$ 且 f 下方有界，那么问题(1.3.1)有唯一解且满足：

(1) $x(t)\in \mathrm{Dom}(f)(\forall t\in \boldsymbol{T})$；

(2) $\dot{x}\in L^2(\boldsymbol{T},\boldsymbol{H})$.

证 首先证明(1.3.1)解的唯一性，设 $x(t)$，$y(t)$ 是式(1.3.1)的两个解，由于(利用性质 1.2.2)

$$\frac{1}{2}\cdot\frac{\mathrm{d}}{\mathrm{d}t}(\|x(t)-y(t)\|^2)=\langle\dot{x}(t)-\dot{y}(t),x(t)-y(t)\rangle\leqslant 0$$

因此

$$\|x(t)-y(t)\|^2\leqslant\|x(0)-y(0)\|^2=0$$

故

$$x(t)=y(t)$$

考察如下方程

$$\begin{cases}-\dot{x}_\lambda(t)=\nabla f_\lambda(x_\lambda(t)), & \lambda\in(0,1]\\ x_\lambda(0)=x_0\in \mathrm{Dom}(f)\end{cases}\tag{1.3.2}$$

这里 $f_\lambda(x)=f(J_\lambda x)+\frac{1}{2\lambda}\|J_\lambda x-x\|^2$，根据 $\nabla f_\lambda(\cdot)$ 是 Lipschitz 连续的，知(1.3.2)有唯一解 $x_\lambda\in C^1(T,\boldsymbol{H})$. 由于

$$\frac{\mathrm{d}}{\mathrm{d}t}f_\lambda(x_\lambda(t))=\langle\nabla f_\lambda(x_\lambda(t)),\dot{x}_\lambda(t)\rangle=-\|\nabla f_\lambda(x_\lambda(t))\|^2=-\|\dot{x}_\lambda(t)\|^2$$

于是对 $\forall t\in[0,a]$ 成立

$$\begin{aligned}\int_0^t\|\nabla f_\lambda(x_\lambda(t))\|^2\mathrm{d}s&=\int_0^t\|\dot{x}_\lambda(s)\|^2\mathrm{d}s\\&=f_\lambda(x_\lambda(0))-f_\lambda(x_\lambda(t))=f_\lambda(x_0)-f_\lambda(x_\lambda(t))\end{aligned}$$

又 $f_\lambda(x_0)\leqslant f(x_0)$，$f_\lambda(x_\lambda(t))\geqslant\inf\limits_{y\in\boldsymbol{H}}f(y)=m$，故

$$\int_0^t\|\nabla f_\lambda(x_\lambda(s))\|^2\mathrm{d}s=\int_0^t\|x_\lambda(s)\|^2\mathrm{d}s\leqslant f(x_0)-m\tag{1.3.3}$$

进一步，对 $\forall\lambda,\mu\in(0,1]$ 有

$$\begin{aligned}\frac{1}{2}\|x_\lambda(t)-x_\mu(t)\|^2&=\int_0^t\langle\dot{x}_\lambda(t)-\dot{x}_\mu(s),x_\lambda(s)-x_\mu(s)\rangle\mathrm{d}s\\&=-\int_0^t\langle\nabla f_\lambda(s)-\nabla f_\mu(s),\lambda\nabla f_\lambda(s)-\\&\qquad\mu\nabla f_\mu(s)+J_\lambda x_\lambda(s)-J_\mu(s)\rangle\mathrm{d}s\\&=-\int_0^t\langle\nabla f_\lambda(s)-\nabla f_\mu(s),\lambda\nabla f_\lambda(s)-\mu\nabla f_\mu(s)\rangle\mathrm{d}s-\end{aligned}$$

$$\int_0^t \langle \nabla f_\lambda(s) - \nabla f_\mu(s), J_\lambda x_\lambda(s) - J_\mu x_\mu(s)\rangle$$

$$\leqslant -\int_0^t \langle \nabla f_\lambda(s) - \nabla f_\mu(s), \lambda \nabla f_\lambda(s) - \mu \nabla f_\mu(s)\rangle \mathrm{d}s$$

$$= \lambda \int_0^t \langle \nabla f_\lambda(s), \nabla f_\mu(s)\rangle +$$

$$\mu \int_0^t \langle \nabla f_\lambda(s), \nabla f_\mu(s)\rangle \mathrm{d}s -$$

$$\lambda \int_0^t \| \nabla f_\lambda(s) \|^2 \mathrm{d}s - \mu \int_0^t \| \nabla f_\mu(s) \|^2 \mathrm{d}s \qquad (1.3.4)$$

这里 $\nabla f_\lambda(s) = \nabla f_\lambda(x_\lambda(s))$，$\nabla f_\mu(s) = \nabla f_\mu(x_\mu(s))$. 又

$$\langle \nabla f_\lambda(s), \nabla f_\mu(s)\rangle \leqslant \| \nabla f_\lambda(s) \| \, \| \nabla f_\mu(s) \|$$

$$\leqslant \| \nabla f_\lambda(s) \|^2 + \frac{1}{4} \| \nabla f_\mu(s) \|^2$$

$$\text{或}\left(\| \nabla f_\mu(s) \|^2 + \frac{1}{4} \| \nabla f_\lambda(s) \|^2 \right)$$

故由(1.3.4)得

$$\frac{1}{2} \| x_\lambda(t) - x_\mu(t) \|^2 \leqslant \frac{\lambda}{4} \int_0^t \| \nabla f_\lambda(s) \|^2 \mathrm{d}s + \frac{\mu}{4} \int_0^t \| \nabla f_\mu(s) \|^2 \mathrm{d}s$$

利用式(1.3.3)知，当 $\lambda, \mu \to 0$ 时，$\{x_\lambda(t)\}_{\lambda \in (0,1]}$ 是 Cauchy 列，记 $x(t) = \lim\limits_{\lambda \to 0^+} x_\lambda(t)$，则 $x(\cdot) \in C(\boldsymbol{T}, \boldsymbol{H})$.

利用式(1.3.4)及

$$\langle -x + y, \lambda x - \mu y\rangle = -\frac{\lambda + \mu}{2} \| x - y \|^2 + \frac{\lambda - \mu}{2} (\| y \|^2 - \| x \|^2)$$

得

$$\frac{1}{2} \| x_\lambda(t) - x_\mu(t) \|^2 \leqslant -\frac{\lambda + \mu}{2} \int_0^t \| \nabla f_\lambda(s) - \nabla f_\mu(s) \|^2 \mathrm{d}s +$$

$$\frac{\lambda - \mu}{2} \int_0^t [\| \nabla f_\mu(s) \|^2 - \| \nabla f_\lambda(s) \|^2] \mathrm{d}s$$

故

$$\| x_\lambda(t) - x_\mu(t) \|^2 + (\lambda + \mu) \int_0^t \| \nabla f_\lambda(s) - \nabla f_\mu(s) \|^2 \mathrm{d}s$$

$$\leqslant (\lambda - \mu) \int_0^t [\| \nabla f_\mu(s) \|^2 - \| \nabla f_\lambda(s) \|^2] \mathrm{d}s$$

可见$\int_0^t \| \nabla f_\lambda(s) \|^2 \mathrm{d}s$ 关于 λ 是单调递减的，因此$\lim\limits_{\lambda \to 0^+} \| \nabla f_\lambda(s) \|^2 \mathrm{d}s$ 存在，由此推出$\{\nabla f_\lambda(s)\}_{\lambda \in (0,1]}$ 是 $L^2(\boldsymbol{T}, \boldsymbol{v})$ 中的 Cauchy 列，故存在 $\boldsymbol{v} \in L^2(\boldsymbol{T}, \boldsymbol{H})$ 使

$$\lim_{\lambda \to 0^+} \nabla f_\lambda(s) = \boldsymbol{v}(s)$$

利用式(1.3.2)知$\lim\limits_{\lambda\to 0^+}\dot{x}_\lambda(s)$存在且由$\dot{x}_\lambda(s)=-\nabla f_\lambda(s)$得$\lim\limits_{\lambda\to 0^+}\dot{x}_\lambda(s)=-v(s)$.又

$$x_\lambda(t)=x_0+\int_0^t \dot{x}_\lambda(s)\mathrm{d}s$$

知

$$x(t)=x_0+\int_0^t(-v(s))\mathrm{d}s$$

故$x(t)$在$\boldsymbol{T}$上是绝对连续的，且$\dot{x}(t)=-v(t)$. 另一方面，$\nabla f_\lambda(s)\in\partial f(J_\lambda x_\lambda(s))$及$\partial f$的图象是闭的知$v(t)\in\partial f(x(t))$，故

$$\dot{x}(t)\in-\partial f(x(t))$$

下面来讨论Hilbert空间中有关极大单调算子的理论.

设$\boldsymbol{H}$是一个Hilbert空间，$A:\boldsymbol{H}\to\mathscr{P}(\boldsymbol{H})$(幂集)是集值映射，$\mathscr{D}(\boldsymbol{A})=\{\boldsymbol{x}\in\boldsymbol{H},\boldsymbol{A}\boldsymbol{x}\neq\varnothing\}$为$\boldsymbol{A}$的定义域，$\mathscr{R}(\boldsymbol{A})=\bigcup\limits_{x\in H}Ax$为$\boldsymbol{A}$的值域，$\mathscr{G}(\boldsymbol{A})=\{(\boldsymbol{x},\boldsymbol{y})\mid\boldsymbol{y}\in\boldsymbol{A}\boldsymbol{x},\boldsymbol{x}\in\mathscr{D}(\boldsymbol{A})\}$为$\boldsymbol{A}$的图象.

定义1.3.2 称集值映射$\boldsymbol{A}:\boldsymbol{H}\to\mathscr{P}(\boldsymbol{H})$为单调的，是指对$\forall\boldsymbol{x}_1,\boldsymbol{x}_2\in\mathscr{D}(\boldsymbol{A})$及$\forall\boldsymbol{y}_1\in\boldsymbol{A}\boldsymbol{x}_1,\forall\boldsymbol{y}_2\in\boldsymbol{A}\boldsymbol{x}_2$，成立

$$\langle\boldsymbol{y}_1-\boldsymbol{y}_2,\boldsymbol{x}_1-\boldsymbol{x}_2\rangle\geqslant 0$$

进一步，称$\boldsymbol{A}$是极大单调的，是指若有单调映射$\boldsymbol{B}:\boldsymbol{H}\to\mathscr{P}(\boldsymbol{H})$且$\boldsymbol{B}\supset\boldsymbol{A}$，则$\boldsymbol{B}=\boldsymbol{A}$.

引理1.3.1 设$\boldsymbol{C}\subset\boldsymbol{H}$是非空闭凸集，$\boldsymbol{A}:\boldsymbol{C}\to\mathscr{P}(\boldsymbol{H})$是单调映射，那么对$\forall y\in\boldsymbol{H}$，存在$\boldsymbol{x}\in\boldsymbol{C}$，满足

$$\langle\boldsymbol{\eta}+\boldsymbol{x},\boldsymbol{\xi}-\boldsymbol{x}\rangle\geqslant\langle\boldsymbol{y},\boldsymbol{\xi}-\boldsymbol{x}\rangle,\quad\forall(\boldsymbol{\xi},\boldsymbol{\eta})\in\mathscr{G}(\boldsymbol{A})$$

这是著名的Deburnwer-Flor变分不等式，证明参见[2].

定理1.3.2 设$\boldsymbol{A}:\boldsymbol{H}\to\mathscr{P}(\boldsymbol{H})$是集值映射，则下面的三个命题等价：

(1)$\boldsymbol{A}$是极大单调的；

(2)$\boldsymbol{A}$单调且$\mathscr{R}(\boldsymbol{I}+\boldsymbol{A})=\boldsymbol{H}$；

(3)对$\forall\lambda>0,(\boldsymbol{I}+\lambda\boldsymbol{A})^{-1}:\boldsymbol{H}\to\boldsymbol{H}$有定义且是非膨胀映射.

证 (1)⇒(2) 对$\forall\boldsymbol{y}\in\boldsymbol{H}$，由引理1.3.1，存在$\boldsymbol{x}$满足

$$\langle\boldsymbol{y}-(\boldsymbol{y}-\boldsymbol{x}),\boldsymbol{\xi}-\boldsymbol{x}\rangle\geqslant 0,\quad\forall(\boldsymbol{\xi},\boldsymbol{\eta})\in\mathscr{G}(\boldsymbol{A})$$

再由$\boldsymbol{A}$是极大单调的，知$\boldsymbol{y}-\boldsymbol{x}\in\boldsymbol{A}\boldsymbol{x}$，故$\mathscr{R}(\boldsymbol{I}+\boldsymbol{A})=\boldsymbol{H}$.

(2)⇒(1) 设$\boldsymbol{A}\subset\boldsymbol{B}$，$\boldsymbol{B}$是单调的，$\boldsymbol{y}\in\boldsymbol{B}\boldsymbol{x}$，于是存在$\boldsymbol{x}'\in\mathscr{D}(\boldsymbol{A})$，使$\boldsymbol{y}+\boldsymbol{x}\in\boldsymbol{x}'+\boldsymbol{A}\boldsymbol{x}'$，又$\boldsymbol{A}\boldsymbol{x}'\subset\boldsymbol{B}\boldsymbol{x}'$，因此$\boldsymbol{y}+\boldsymbol{x}\in\boldsymbol{x}'+\boldsymbol{B}\boldsymbol{x}'$，从而$\boldsymbol{y}'=\boldsymbol{y}+\boldsymbol{x}-\boldsymbol{x}'\in\boldsymbol{B}\boldsymbol{x}'$，由$\boldsymbol{B}$的单调性得

$$\|\boldsymbol{x}-\boldsymbol{x}'\|^2=\langle\boldsymbol{y}'-\boldsymbol{y},\boldsymbol{x}-\boldsymbol{x}'\rangle\leqslant 0$$

即$\boldsymbol{x}=\boldsymbol{x}'$，进而$\boldsymbol{y}\in\boldsymbol{A}\boldsymbol{x}$. 故$\boldsymbol{A}=\boldsymbol{B}$.

(1)⇒(3) 由 $\boldsymbol{A}$ 是极大单调的，知对 $\forall \lambda > 0$，$\lambda\boldsymbol{A}$ 也是极大单调的，因此 $\mathscr{R}(\boldsymbol{I}+\lambda\boldsymbol{A})=\boldsymbol{H}$.

设 $\boldsymbol{y}\in\boldsymbol{H}$，存在 $\boldsymbol{x}_1\in\mathscr{D}(\boldsymbol{A})$，$\boldsymbol{x}_2\in\mathscr{D}(\boldsymbol{A})$，使 $\boldsymbol{y}-\boldsymbol{x}_1\in\lambda\boldsymbol{A}\boldsymbol{x}_1$，$\boldsymbol{y}-\boldsymbol{x}_2\in\lambda\boldsymbol{A}\boldsymbol{x}_2$.

于是 $\boldsymbol{y}=\boldsymbol{x}_1+\boldsymbol{y}_1=\boldsymbol{x}_2+\boldsymbol{y}_2$，$\boldsymbol{y}_1\in\lambda\boldsymbol{A}\boldsymbol{x}_1$，$\boldsymbol{y}_2\in\lambda\boldsymbol{A}\boldsymbol{x}_2$.

$$\|\boldsymbol{x}_1-\boldsymbol{x}_2\|^2=\langle\boldsymbol{y}_2-\boldsymbol{y}_1,\boldsymbol{x}_2-\boldsymbol{x}_1\rangle\leqslant 0$$

故 $\boldsymbol{x}_1=\boldsymbol{x}_2$. 因此 $(\boldsymbol{I}+\lambda\boldsymbol{A})^{-1}:\boldsymbol{H}\to\boldsymbol{H}$ 存在. 进一步，若

$$\boldsymbol{y}_1=\boldsymbol{x}_1+\lambda\hat{\boldsymbol{y}}_1,\quad \hat{\boldsymbol{y}}_1\in\boldsymbol{A}\boldsymbol{x}_1,\quad \boldsymbol{y}_2=\boldsymbol{x}_2+\lambda\hat{\boldsymbol{y}}_2,\quad \hat{\boldsymbol{y}}_2\in\boldsymbol{A}\boldsymbol{x}_2$$

则

$$\begin{aligned}\|\boldsymbol{y}_1-\boldsymbol{y}_2\|^2&=\|\boldsymbol{x}_1-\boldsymbol{x}_2\|^2+2\lambda\langle\hat{\boldsymbol{y}}_1-\hat{\boldsymbol{y}}_2,\boldsymbol{x}_1-\boldsymbol{x}_2\rangle+\lambda^2\|\hat{\boldsymbol{y}}_1-\hat{\boldsymbol{y}}_2\|^2\\&\geqslant\|\boldsymbol{x}_1-\boldsymbol{x}_2\|^2\end{aligned}\tag{1.3.5}$$

故

$$\|(\boldsymbol{I}+\lambda\boldsymbol{A})^{-1}\boldsymbol{y}_1-(\boldsymbol{I}+\boldsymbol{A})^{-1}\boldsymbol{y}_2\|\leqslant\|\boldsymbol{y}_1-\boldsymbol{y}_2\|$$

(3)⇒(1) 由 $(\boldsymbol{I}+\lambda\boldsymbol{A})^{-1}$ 存在知 $\mathscr{R}(\boldsymbol{I}+\lambda\boldsymbol{A})=\boldsymbol{H}$，又由 $(\boldsymbol{I}+\lambda\boldsymbol{A})^{-1}$ 非扩张知(1.3.5)成立，于是有 $\langle\hat{\boldsymbol{y}}_1-\hat{\boldsymbol{y}}_2,\boldsymbol{x}_1-\boldsymbol{x}_2\rangle\geqslant 0$，即 $\boldsymbol{A}$ 是单调的，故(2)⇒(1) 知 $\boldsymbol{A}$ 是极大单调的.

性质 1.3.1 设 $\boldsymbol{A}$ 是极大单调的，记 $J_\lambda=(I+\lambda\boldsymbol{A})^{-1}$，$\boldsymbol{A}_\lambda=\dfrac{I-J_\lambda}{\lambda}$，$\lambda>0$. 那么下列三个结论成立：

(1) $\boldsymbol{A}_\lambda$ 是常数为 $\dfrac{1}{\lambda}$ 的 Lipschitz 映射；

(2) $(\boldsymbol{A}_\lambda)_\mu=\boldsymbol{A}_{\lambda+\mu}$，$\lambda,\mu>0$；

(3) 当 $\boldsymbol{x}\in\mathscr{D}(\boldsymbol{A})$ 时，$\lambda\to 0$ 时，有 $\boldsymbol{A}_\lambda(\boldsymbol{x})\to\boldsymbol{A}^0(\boldsymbol{x})=P_{\boldsymbol{Ax}}(\boldsymbol{0})$.

这里 $P_{\boldsymbol{Ax}}(\boldsymbol{0})$ 为 $\boldsymbol{0}$ 到闭凸集 $\overline{\mathrm{Con}}(\boldsymbol{Ax})$ 的范数最小元.

证 (1) 由 $\lambda\boldsymbol{A}_\lambda\boldsymbol{x}+J_\lambda\boldsymbol{x}=\boldsymbol{x}$ 得 $\boldsymbol{A}_\lambda\boldsymbol{x}\in\boldsymbol{A}J_\lambda\boldsymbol{x}$，于是对 $\forall\boldsymbol{x}_1,\boldsymbol{x}_2\in\boldsymbol{H}$，有

$$\begin{aligned}\|\boldsymbol{A}_\lambda\boldsymbol{x}_1-\boldsymbol{A}_\lambda\boldsymbol{x}_2\|\,\|\boldsymbol{x}_1-\boldsymbol{x}_2\|&\geqslant\langle\boldsymbol{A}_\lambda\boldsymbol{x}_1-\boldsymbol{A}_\lambda\boldsymbol{x}_2,\boldsymbol{x}_1-\boldsymbol{x}_2\rangle\\&\geqslant\langle\boldsymbol{A}_\lambda\boldsymbol{x}_1-\boldsymbol{A}_\lambda\boldsymbol{x}_2,\lambda\boldsymbol{A}_\lambda\boldsymbol{x}_1-\lambda\boldsymbol{A}_\lambda\boldsymbol{x}_2\rangle+\\&\quad\ \langle\boldsymbol{A}_\lambda\boldsymbol{x}_1-\boldsymbol{A}_\lambda\boldsymbol{x}_2,J_\lambda\boldsymbol{x}_1-J_\lambda\boldsymbol{x}_2\rangle\\&\geqslant\lambda\|\boldsymbol{A}_\lambda\boldsymbol{x}_1-\boldsymbol{A}_\lambda\boldsymbol{x}_2\|^2\end{aligned}$$

因此

$$\|\boldsymbol{A}_\lambda\boldsymbol{x}_1-\boldsymbol{A}_\lambda\boldsymbol{x}_2\|\leqslant\frac{1}{\lambda}\|\boldsymbol{x}_1-\boldsymbol{x}_2\|$$

(2) 由 $\boldsymbol{y}=\boldsymbol{A}_\lambda\boldsymbol{x}\Leftrightarrow\boldsymbol{y}\in\boldsymbol{A}(\boldsymbol{x}-\lambda\boldsymbol{y})$ 得 $\boldsymbol{y}=\boldsymbol{A}_{\mu+\lambda}\boldsymbol{x}\Leftrightarrow\boldsymbol{y}\in\boldsymbol{A}(\boldsymbol{x}-\mu\boldsymbol{y}-\lambda\boldsymbol{x})\Leftrightarrow\boldsymbol{y}=\boldsymbol{A}_\mu(\boldsymbol{x}-\lambda\boldsymbol{y})$，故 $\boldsymbol{A}_{\mu+\lambda}\boldsymbol{x}=(\boldsymbol{A}_\mu)_\lambda\boldsymbol{x}$.

(3) 根据 $\boldsymbol{A}$ 是极大单调的，可以证明，对 $\forall\boldsymbol{x}\in\mathscr{D}(\boldsymbol{A})$，$\boldsymbol{Ax}$ 是闭凸集，于是 $\boldsymbol{A}^0\boldsymbol{x}\in\boldsymbol{Ax}$. 故

$$\langle\boldsymbol{A}^0\boldsymbol{x}-\boldsymbol{A}_\lambda\boldsymbol{x},\boldsymbol{x}-J_\lambda\boldsymbol{x}\rangle\geqslant 0$$

即

$$\langle \boldsymbol{A}^0 \boldsymbol{x} - \boldsymbol{A}_\lambda \boldsymbol{x}, \lambda \boldsymbol{A}_\lambda \boldsymbol{x} \rangle \geqslant 0$$

因此

$$\| \boldsymbol{A}_\lambda \boldsymbol{x} \|^2 \leqslant \| \boldsymbol{A}_\lambda \boldsymbol{x} \| \ \| \boldsymbol{A}^0 \boldsymbol{x} \|$$

进而

$$\| \boldsymbol{A}_\lambda \boldsymbol{x} \| \leqslant \| \boldsymbol{A}^0 \boldsymbol{x} \|$$

由(2) 知

$$\| \boldsymbol{A}_{\mu+\lambda} \boldsymbol{x} \|^2 \leqslant \langle \boldsymbol{A}_\lambda \boldsymbol{x}, \boldsymbol{A}_{\lambda+\mu} \boldsymbol{x} \rangle \leqslant \| \boldsymbol{A}_\lambda \boldsymbol{x} \| \ \| \boldsymbol{A}_{\mu+\lambda} \boldsymbol{x} \|$$

得

$$\| \boldsymbol{A}_{\mu+\lambda} \boldsymbol{x} \| \leqslant \| \boldsymbol{A}_\lambda \boldsymbol{x} \|$$

又

$$\begin{aligned} \| \boldsymbol{A}_{\mu+\lambda} \boldsymbol{x} - \boldsymbol{A}_\lambda \boldsymbol{x} \|^2 &= \| \boldsymbol{A}_\lambda \boldsymbol{x} \|^2 - 2\langle \boldsymbol{A}_\lambda \boldsymbol{x}, \boldsymbol{A}_{\lambda+\mu} \boldsymbol{x} \rangle + \| \boldsymbol{A}_{\mu+\lambda} \boldsymbol{x} \|^2 \\ &\leqslant \| \boldsymbol{A}_\lambda \boldsymbol{x} \|^2 - \| \boldsymbol{A} \boldsymbol{x}_{\mu+\lambda} \|^2 \end{aligned}$$

这说明$\{\boldsymbol{A}_\lambda \boldsymbol{x}\}$当$\lambda \to 0$时是 Cauchy 列，故$\exists \boldsymbol{y} \in \boldsymbol{H}$使$\boldsymbol{A}_\lambda \boldsymbol{x} \to \boldsymbol{y}$. 另一方面

$$\| \boldsymbol{x} - J_\lambda \boldsymbol{x} \| = \| \lambda \boldsymbol{A}_\lambda \boldsymbol{x} \| \leqslant \lambda \| \boldsymbol{A}^0 \boldsymbol{x} \|$$

则$J_\lambda \boldsymbol{x} \to \boldsymbol{x}$. 再由$\mathscr{G}(\boldsymbol{A})$的图象是强弱闭的，知$\boldsymbol{y} \in \boldsymbol{A}\boldsymbol{x}$，而$\| \boldsymbol{y} \| \leqslant \| \boldsymbol{A}^0 \boldsymbol{x} \|$，那么$\boldsymbol{y} = \boldsymbol{A}^0 \boldsymbol{x}$.

注 1.3.3 若$\boldsymbol{A}$是极大单调算子，则对每个$\boldsymbol{x} \in \mathscr{D}(\boldsymbol{A})$，$\boldsymbol{A}(\boldsymbol{x})$是闭凸集；进一步，图象$\mathscr{G}(\boldsymbol{A})$是强弱闭集，即若$\boldsymbol{x}_n \to \boldsymbol{x}$，$\boldsymbol{y}_n \xrightarrow{w} \boldsymbol{y}$，$(\boldsymbol{x}_n, \boldsymbol{y}_n) \in \mathscr{G}(\boldsymbol{A})$，则$(\boldsymbol{x}, \boldsymbol{y}) \in \mathscr{G}(\boldsymbol{A})$.

考虑如下微分包含

$$\begin{cases} \dfrac{\mathrm{d}u}{\mathrm{d}t} \in -\boldsymbol{A}u \\ u(0) = u_0 \in D(\boldsymbol{A}) \end{cases} \tag{1.3.6}$$

我们有如下：

定理 1.3.3 设$\boldsymbol{A}$是极大单调算子，那么式(1.3.6) 存在唯一的解$u(t)$：$[0, \infty) \to \boldsymbol{H}$满足：

(1)$u(t) \in \mathscr{D}(\boldsymbol{A})$；

(2)$u(t)$是 Lipschitz 映射，且

$$\left\| \frac{\mathrm{d}u}{\mathrm{d}t} \right\| L^\infty_{(C[0,\infty), \boldsymbol{H})} \leqslant \| \boldsymbol{A}^0 u_0 \|$$

(3) 几乎处处成立

$$\frac{\mathrm{d}u}{\mathrm{d}t} = -\boldsymbol{A}^0 u(t)$$

证 若(1.3.6) 有两个解$u(t)$及$\bar{u}(t)$，则由$\boldsymbol{A}$的单调性有

$$\frac{1}{2}\cdot\frac{\mathrm{d}}{\mathrm{d}t}(\|u(t)-\bar{u}(t)\|^2)=\left\langle\frac{\mathrm{d}u}{\mathrm{d}t}-\frac{\mathrm{d}\bar{u}}{\mathrm{d}t},u-\bar{u}\right\rangle\leqslant 0$$

故

$$\|u(t)-\bar{u}(t)\|\leqslant\|u(0)-\bar{u}(0)\|=0$$

因此，$u(t)=\bar{u}(t)$，即式(1.3.6)的解是唯一的.

下面来证存在性，对于 $\lambda>0$，考虑如下方程

$$\begin{cases}\dfrac{\mathrm{d}u_\lambda}{\mathrm{d}t}=-\boldsymbol{A}_\lambda u_\lambda\\ u_\lambda(0)=u(0)\end{cases}\tag{1.3.7}$$

由于 $\boldsymbol{A}_\lambda$ 是 Lipschitz 映射，因此上述方程的解 $u_\lambda\in C^1([0,\infty),\boldsymbol{H})$. 由于式(1.3.7)的解可以表示成

$$u_\lambda(t)=\mathrm{e}^{-\frac{t}{\lambda}}u_0+\frac{1}{\lambda}\int_0^t\mathrm{e}^{\frac{s-t}{\lambda}}J_\lambda u_\lambda(s)\mathrm{d}s$$

$$u_\lambda(t+h)=\mathrm{e}^{-\frac{t}{\lambda}}u(h)+\frac{1}{\lambda}\int_0^t\mathrm{e}^{\frac{s-t}{\lambda}}J_\lambda u_\lambda(s+h)\mathrm{d}s$$

$$\|u_\lambda(t+h)-u_\lambda(t)\|\leqslant\mathrm{e}^{-\frac{t}{\lambda}}\|u(h)-u(0)\|+\frac{1}{\lambda}\int_0^t\mathrm{e}^{\frac{s-t}{\lambda}}\|u_\lambda(s+h)-u_\lambda(s)\|\mathrm{d}s$$

解得

$$\|u_\lambda(t+h)-u_\lambda(t)\|\leqslant\|u(h)-u(0)\|$$

故

$$\left\|\frac{\mathrm{d}u_\lambda}{\mathrm{d}t}(t)\right\|\leqslant\left\|\frac{\mathrm{d}u_\lambda}{\mathrm{d}t}(0)\right\|$$

于是 $\|A_\lambda u_\lambda(t)\|\leqslant\|A_\lambda u(0)\|\leqslant\|A^0u_0\|$，对 $\forall\lambda,\mu>0$ 由

$$\frac{\mathrm{d}u_\lambda}{\mathrm{d}t}-\frac{\mathrm{d}u_\mu}{\mathrm{d}t}+\boldsymbol{A}_\lambda u_\lambda-\boldsymbol{A}_\mu u_\mu=0$$

两边对 $u_\lambda-u_\mu$ 取内积得

$$\frac{1}{2}\cdot\frac{\mathrm{d}}{\mathrm{d}t}\|u_\lambda-u_\mu\|^2+\langle\boldsymbol{A}_\lambda u_\lambda-\boldsymbol{A}_\mu u_\mu,u_\lambda-u_\mu\rangle=0$$

因为 $u_\lambda-u_\mu=\lambda\boldsymbol{A}_\lambda u_\lambda+J_\lambda u_\lambda-J_\mu u_\mu-\mu\boldsymbol{A}_\mu u_\mu$ 及 A 的单调性有

$$\begin{aligned}\langle\boldsymbol{A}_\lambda u_\lambda-\boldsymbol{A}_\mu u_\mu,u_\lambda-u_\mu\rangle&\geqslant\langle\boldsymbol{A}_\lambda u_\lambda-\boldsymbol{A}_\mu u_\mu,\lambda\boldsymbol{A}_\lambda u_\lambda-\mu\boldsymbol{A}_\mu u_\mu\rangle\\&\geqslant\lambda\|\boldsymbol{A}_\lambda u_\lambda\|^2+\mu\|\boldsymbol{A}_\mu u_\mu\|^2-(\lambda+\mu)\|\boldsymbol{A}_\lambda u_\lambda\|\|\boldsymbol{A}_\mu u_\mu\|\\&\geqslant-\frac{\lambda}{4}\|\boldsymbol{A}_\lambda u_\lambda\|^2-\frac{\mu}{4}\|\boldsymbol{A}_\mu u_\mu\|^2\\&\geqslant-\frac{\lambda+\mu}{4}\|\boldsymbol{A}^0u_0\|^2\end{aligned}$$

所以

$$\frac{\mathrm{d}}{\mathrm{d}t}(\| u_\lambda - u_\mu \|^2) \leqslant \frac{\lambda+\mu}{2} \| \boldsymbol{A}^0 u_0 \|^2$$

对上式从 0 到 t 积分得

$$\| u_\lambda(t) - u_\mu(t) \| \leqslant \sqrt{\frac{\lambda+\mu}{2} t} \| \boldsymbol{A}^0 u_0 \|$$

由此推出对$[0,\infty)$ 的任何有限区间,$\{u_\lambda(t)\}$ 均一致收敛,记 $u(t) = \lim\limits_{t\to+\infty} u_\lambda(t)$,那么

$$\| u_\lambda(t) - u(t) \| \leqslant \sqrt{\frac{\lambda t}{2}} \| \boldsymbol{A}^0 u_0 \|$$

进而有 $J_\lambda u_\lambda(t) \to u(t)$,于是由 $\mathscr{G}(\boldsymbol{A})$ 是强弱闭集知 $u(t) \in \mathscr{D}(\boldsymbol{A})$,且 $\| \boldsymbol{A}^0 u(t) \| \leqslant \| \boldsymbol{A}^0 u_0 \|$. 又$\left\{\frac{\mathrm{d}u_\lambda(t)}{\mathrm{d}t}\right\}$是有界的,因此对任何 $T > 0, t \in [0,T]$,在 $L^2([0,T],\boldsymbol{H})$ 中有

$$\frac{\mathrm{d}u_\lambda(t)}{\mathrm{d}t} \xrightarrow{w} v(t)$$

从而由

$$u_\lambda(t) - u_\lambda(0) = \int_0^t \frac{\mathrm{d}u_\lambda(s)}{\mathrm{d}t} \mathrm{d}s$$

得

$$u(t) - u(0) = \int_0^t v(s) \mathrm{d}s$$

即 $u(t)$ 是绝对连续函数,进一步,有于 $\| v(t) \| \leqslant \| \boldsymbol{A}^0 u_0 \|$,故 $\left\| \frac{\mathrm{d}u(t)}{\mathrm{d}t} \right\|_{L^\infty([0,\infty),\boldsymbol{H})} \leqslant \| \boldsymbol{A}^0 u_0 \|$.

可见 $u(t)$ 是 Lipschitz 连续的. 再由$\frac{\mathrm{d}u_\lambda}{\mathrm{d}t} \in -\boldsymbol{A}_\lambda u_\lambda(t) \subset -\boldsymbol{A}J_\lambda u_\lambda(t)$ 得$\frac{\mathrm{d}u}{\mathrm{d}t} \in -\boldsymbol{A}u(t)$. 故 $u(t)$ 是(1.3.6) 的解,注意到对 $\forall h > 0$,有

$$\| u(t+h) - u(t) \| \leqslant h \| A^0 u(t) \|$$

所以

$$\left\| \frac{\mathrm{d}u}{\mathrm{d}t} \right\| \leqslant \| \boldsymbol{A}^0 u(t) \|$$

而$\frac{\mathrm{d}u}{\mathrm{d}t} \in -\boldsymbol{A}u(t)$,故$\frac{\mathrm{d}u}{\mathrm{d}t} = -\boldsymbol{A}^0 u(t)$.

注 1.3.4 上述包含及符号是在几乎处处意义下成立,为了方便,这里略去.

注 1.3.5 对于下方有界下半连续的凸函数 f,若 $\boldsymbol{A} = \partial f$,那么 $\boldsymbol{A}$ 是极大单

调算子,因此,定理 1.3.1 仅是定理 1.3.3 的特殊情形.

1.3.2　有限维空间中微分包含解存在性的一般理论

定义 1.3.3　设 $\boldsymbol{\Omega}\subset\mathbb{R}^m$ 是开集,$F:\boldsymbol{\Omega}\to P_{kC}(\mathbb{R}^n)$(表示$\mathbb{R}^n$ 中非空有界闭凸集全体)是集值映射,$x_0\in\boldsymbol{\Omega}$,称 F 在 x_0 点上半连续,是指对 $\forall\varepsilon>0$,存在 $\delta>0$,满足

$$F(x)\subset F(x_0)+\varepsilon B(\mathbf{0}),\quad \forall x\in B_\delta(x_0)$$

这里 $B(\mathbf{0})$ 表示$\mathbb{R}^n$ 中的单位开球,又称 F 在 $\boldsymbol{\Omega}$ 上是上半连续的,是指 F 在 $\boldsymbol{\Omega}$ 的每点都上半连续.

考虑如下微分包含问题

$$\begin{cases}\dot{\boldsymbol{x}}\in F(t,\boldsymbol{x})\\ x(t_0)=x_0\end{cases}\tag{1.3.8}$$

定义 1.3.4　称 $x(t):[t_0,t_0+d]\to\mathbb{R}^n$ 为(1.3.8)的解,是指 $x(t)$ 是绝对连续的,且 $\dot{x}(t)\in F(t,x(t))$ 几乎处处成立,$x(t_0)=x_0$.

定理 1.3.4　设$\mathbb{R}^+\times\boldsymbol{\Omega}\subset\mathbb{R}\times\mathbb{R}^n$,$\boldsymbol{\Omega}$ 是$\mathbb{R}^n$ 中开区域,$F:\mathbb{R}^+\times\boldsymbol{\Omega}\to P_{kC}(\mathbb{R}^n)$ 上半连续,$(t_0,x_0)\in\mathbb{R}^+\times\boldsymbol{\Omega}$,那么存在常数 $d>0$,使微分包含(1.3.8) 在 $[t_0,t_0+d]$ 上有解.

解　选取柱体 $\boldsymbol{H}=\{(t,x)\mid t_0\leqslant t\leqslant t_0+a,\ |x-x_0|\leqslant b\}\subset\mathbb{R}^+\times\boldsymbol{\Omega}$,因 F 在 $\boldsymbol{H}$ 上上半连续且 $F(t,x)\in P_{kC}(\mathbb{R}^n)$,因此存在常数 $m>0$,使

$$\sup_{(t,x)\in\boldsymbol{H}}|F(t,x)|=\sup_{(t,x)\in\boldsymbol{H}}\sup_{y\in F(t,x)}|y|\leqslant m$$

令 $d=\min\left\{a,\dfrac{b}{m}\right\}$,来证明(1.3.8) 在$[t_0,t_0+d]$ 上有解.

对于 $k=1,2,\cdots$,定义

$$h_k=\frac{d}{k},\quad t_k^i=t_0+ih_k,\quad i=0,1,2,\cdots,k$$

构造$\{x_k(t)\}$ 如下:$x_k(t_k^0)=x_0$,取 $V_k^0\in F(t_k^0,x_k(t_k^0))$,定义

$$x_k(t)=x_k(t_k^0)+(t-t_k^0)V_k^0,\quad t_k^0\leqslant t\leqslant t_k^1$$

则

$$|x_k(t)-x_0|\leqslant m|t-t_0|\leqslant mh_k=\frac{m}{k}d\leqslant\frac{b}{k}\leqslant b$$

一般地,对于 $t_k^{i-1}\leqslant t\leqslant t_k^i$ 已定义 $x_k(t)$,来定义 $t_k^i\leqslant t\leqslant t_k^{i+1}$,取 $V_k^i\in F(t_k^i,x_k(t_k^i))$ 定义

$$x_k(t)=x_k(t_k^i)+(t-t_k^i)V_k^i,\quad t_k^i\leqslant t\leqslant t_k^{i+1}$$

则

$$|x_k(t)-\boldsymbol{x}_0|\leqslant\left|\sum_{j=1}^{i}(t_k^j-t_k^{j-1})V_k^{j-1}+(t-t_k^i)V_k^i\right|\leqslant$$

$$m|t-t_0|\leqslant md\leqslant b$$

故归纳定义 $x_k(t)$ 在 $[t_0,t_0+d]$ 上,满足

$$x_k(t)=x_k(t_k^i)+(t-t_k^i)V_k^i,\quad i=0,1,2,\cdots,k-1,\quad t_k^i\leqslant t\leqslant t_k^{i+1}$$

$$V_k^i\in F(t_k^i,x_k(t_k^i))$$

$$\dot{x}_k(t)=V_k^i,\quad t\in(t_k^i,t_k^{i+1}),\quad i=0,1,2,\cdots,k-1$$

由于 $|V_k^i|\leqslant m$,因此 $|\dot{x}_k(t)|\leqslant m$,且每个 $x_k(t)$ 是 $[t_0,t_0+d]$ 上绝对连续函数,又 $\{x_k(t)\}$ 是一致有界且等度连续的,于是根据 Ascoli-Arzela 定理(见注 1.3.7),在 $C[t_0,t_0+d]$ 中有收敛子列,不妨认为 $\{x_k(t)\}$ 收敛,从而 $\{x_k(t)\}$ 在 $[t_0,t_0+d]$ 上一致收敛于 $x(t)$,且 $x(t)$ 也是绝对连续的,下面来证明 $x(t)$ 是 (1.3.8) 的一个解.

对于每个固定的 $t\in[t_0,t_0+d]$ 及 $\varepsilon>0$,存在 $\eta>0$ 及自然数 k,当 $k\geqslant k_0$ 时有

$$\dot{x}_k(s)\in F(t,x(t))+\varepsilon\boldsymbol{B},\quad \boldsymbol{B}\text{ 是}\mathbb{R}^n\text{ 中单位闭球}$$

且 $|s-t|\leqslant\eta$,取 $h>0$ 充分小,满足 $0<h<\eta$,则

$$\frac{x_k(t+h)-x_k(t)}{h}=\frac{1}{h}\int_t^{t+h}\dot{x}_k(s)\mathrm{d}s\in F(t,x(t))+\varepsilon\boldsymbol{B}$$

又 $F(t,x(t))+\varepsilon\boldsymbol{B}$ 是有界闭凸集,令 $k\to\infty$ 得

$$\frac{x(t+h)-x(t)}{h}\in F(t,x(t))+\varepsilon\boldsymbol{B}$$

如果在 t 点导数存在,令 $h\to0^+$ 得

$$\dot{x}(t)\in F(t,x(t))+\varepsilon\boldsymbol{B}$$

又 ε 是任意的,因此 $\dot{x}(t)\in F(t,x(t))$. 说明(1.3.8)有解.

注 1.3.6 微分包含的解类似于常微分方程,有解的延拓定理,因此,解有最大存在区间 $[t_0,w)$,且满足

$$\lim_{t\to w^-}x(t)=\pm\infty\text{ 或}\lim_{t\to w^-}x(t)\text{ 属于边界}$$

若 $w=+\infty$,则解在 $[t_0,+\infty)$ 上存在.

引理 1.3.2 设 $x_k(t):\boldsymbol{I}=[a,b]\to\mathbb{R}^n$ 是一列绝对连续函数,且图象含在 $\mathbb{R}^{n+1}$ 中的某个有界闭区域 $\boldsymbol{G}$ 内,$F(t,x):G\to P_{kC}(\mathbb{R}^n)$ 关于 x 是上半连续的,且 $|F(t,x)|\leqslant m(t)$,$m(\cdot)$ 是可积函数,如果

$$\dot{x}_k(t)\in\widetilde{F}(t,x_k(t))+\eta_k(t)\boldsymbol{B}\tag{1.3.9}$$

$\eta_k(t)\geqslant0$,且

$$\int_a^b\eta_k(t)\mathrm{d}t\to0,\quad k\to\infty$$

这里

$$\widetilde{F}(t,x_k(t))\triangleq\mathrm{Co}\{\bigcup F(t,y)\mid|y-x_k(t)|\leqslant\eta_k(t)\}$$

那么$\{x_k(t)\}$有子列收敛且极限函数是微分包含

$$\dot{\boldsymbol{x}} \in F(t,\boldsymbol{x})$$

的解.

证　根据式(1.3.9)得

$$|\dot{x}_k(t)| \leqslant m(t) + \eta_k(t)$$

对于任何有限个包含在I内的互不重叠开区间$\{(\alpha_i,\beta_i)\}_{i=1}^{P}$,有

$$\begin{aligned}\sum_{i=1}^{P} |x_k(\beta_i) - x_k(\alpha_i)| &\leqslant \sum_{i=1}^{P}\left[\int_{\alpha_i}^{\beta_i} m(t)\mathrm{d}t + \int_{\alpha_i}^{\beta_i}\eta_k(t)\mathrm{d}t\right] \\ &\leqslant \sum_{i=1}^{P}\left[\int_{\alpha_i}^{\beta_i} m(t)\mathrm{d}t\right] + \int_a^b \eta_k(t)\mathrm{d}t\end{aligned}$$

利用$m(\cdot)$可积及$\int_a^b \eta_k(t)\mathrm{d}t \to 0$得$\{x_k(t)\}$在$\boldsymbol{I}$上是等度绝对连续的,进而也是等度连续的,又$\{x_k(t)\}$是一致有界的.于是由Ascoli-Arzela定理有子列收敛.不妨设$x_k(t) \to x(t)$(即在$\boldsymbol{I}$上一致收敛),那么$x(t)$也是$\boldsymbol{I}$上的绝对连续函数,下面来证$x(t)$是微分包含的解,由$\int_a^b \eta_k(t)\mathrm{d}t \to 0$,可选子列(不妨认为全列)几乎处处收敛于0.设$\eta_k(t) \to 0$,选$\theta_k(t) \to 0$.根据$F$关于$\boldsymbol{x}$上半连续,当$k$充分大时成立

$$F(t,y) \subset F(t,x(t)) + \theta_k(t)\boldsymbol{B}, \quad |y - x_k(t)| \leqslant \eta_k(t)$$

进一步,由于右边是闭凸子集,故

$$\widetilde{F}(t,x_k(t)) \subset F(t,x(t)) + \theta_k(t)\boldsymbol{B}$$

于是

$$\dot{x}_k(t) \in F(t,x(t)) + \eta_k(t)\boldsymbol{B} + \theta_k(t)\boldsymbol{B}$$

那么,对于任意$\boldsymbol{v} \in \mathbb{R}^n$,由上式得($x \cdot y$表示$\mathbb{R}^n$中的内积)

$$\overline{\lim_{k\to\infty}}(\dot{x}_k(t) \cdot \boldsymbol{v}) = \varphi(t) \leqslant \sigma_{F(t,x(t))}(\boldsymbol{v})$$

对$\forall\,\alpha,\beta \in [a,b]$,$\alpha < \beta$有

$$\boldsymbol{v} \cdot [x_k(\beta) - x_k(\alpha)] = \int_\alpha^\beta \boldsymbol{v} \cdot \dot{x}_k(t)\mathrm{d}t \leqslant \int_\alpha^\beta \varphi(t)\mathrm{d}t$$

令$k \to \infty$,有

$$\boldsymbol{v} \cdot [x(\beta) - x(\alpha)] \leqslant \int_\alpha^\beta \varphi(t)\mathrm{d}t$$

即

$$\int_\alpha^\beta \boldsymbol{v} \cdot \dot{x}(t)\mathrm{d}t \leqslant \int_\alpha^\beta \varphi(t)\mathrm{d}t$$

由α,β的任意性得$\boldsymbol{v} \cdot \dot{x}(t) \leqslant \varphi(t)$几乎处处成立(见注1.3.8),进而有

$$\boldsymbol{v} \cdot \dot{x}(t) \leqslant \sigma_{F(t,x(t))}(\boldsymbol{v})$$

几乎处处成立,又$\mathbb{R}^n$是可分的,因此,根据分离定理得$\dot{x}(t) \in F(t,x(t))$几乎

处处成立.

注 1.3.7 设 $C([a,b],\mathbb{R}^n)$ 表示所有从 $\boldsymbol{I}$ 到 $\mathbb{R}^n$ 的连续函数全体,$\boldsymbol{M}\subset C([a,b],\mathbb{R}^n)$.

满足:(1) 一致有界即存在常数 $C>0$,对 $\forall x(\cdot)\in\boldsymbol{M}$,有

$$\max_{t\in[a,b]}|x(t)|\leqslant C$$

(2) 等度连续性,对 $\forall\varepsilon>0$,存在 $\delta>0$,当 $t_1,t_2\in[a,b]$, $|t_1-t_2|<\delta$ 时,对一切 $x(\cdot)\in\boldsymbol{M}$,均有

$$|x(t_1)-x(t_2)|<\varepsilon$$

则对 $\boldsymbol{M}$ 中的任何序列 $\{x_k(t)\}$ 存在子列 $\{x_{k_i}(t)\}$ 及连续函数 $x_0(t)\in C([a,b],\mathbb{R}^n)$,使 $x_{k_i}(t)$ 在 $[a,b]$ 上一致收敛于 $x_0(t)$. 这个结果称为著名的 Ascoli-Arzela 定理.

注 1.3.8 若 $[a,b]$ 上两个可积函数 $f(t),g(t)$ 满足对 $\forall a\leqslant\alpha<\beta\leqslant b$ 有

$$\int_\alpha^\beta f(t)\mathrm{d}t\leqslant\int_\alpha^\beta g(t)\mathrm{d}t$$

则 $f(t)\leqslant g(t)$ 几乎处处成立.

证 记 $A=\{t\in(a,b)\mid f(t)>g(t)\}$,若 $mA>0$,对 $\forall\varepsilon>0$,存在 $\delta>0$,使当可测集 $e\subset[a,b]$ 满足 $me<\delta$ 时有

$$\int_e|f(t)|\mathrm{d}t,\quad\int_e|g(t)|\mathrm{d}t<\frac{\varepsilon}{2}$$

取开集 $G\supset A$ 满足 $mG<mA+\delta$,不妨设 $G=\bigcup\limits_{i=1}^{\infty}(\alpha_i,\beta_i)$,于是

$$\int_G f(t)\mathrm{d}t=\sum_{i=1}^{\infty}\int_{\alpha_i}^{\beta_i}f(t)\mathrm{d}t\leqslant\sum_{i=1}^{\infty}\int_{\alpha_i}^{\beta_i}g(t)\mathrm{d}t=\int_G g(t)\mathrm{d}t\qquad(1.3.10)$$

记 $A_k=\{t\in(a,b)\mid f(t)\geqslant g(t)+\frac{1}{k}\}$,则 $A=\bigcup\limits_{k=1}^{\infty}A_k$,而 $mA>0$,因此存在某个 k_0 使 $mA_{k_0}>0$. 于是

$$\int_A[f(t)-g(t)]\mathrm{d}t\geqslant\int_{A_{k_0}}[f(t)-g(t)]\mathrm{d}t\geqslant\frac{1}{k_0}mA_{k_0}=\varepsilon_0$$

$$\begin{aligned}\int_G f(t)\mathrm{d}t&=\int_A f(t)\mathrm{d}t+\int_{G\setminus A}f(t)\mathrm{d}t\geqslant\int_A g(t)\mathrm{d}t-\int_{G\setminus A}|f(t)|\mathrm{d}t+\varepsilon_0\\&=\int_G g(t)\mathrm{d}t-\int_{G\setminus A}g(t)\mathrm{d}t-\int_{G\setminus A}|f(t)|\mathrm{d}t+\varepsilon_0\\&\geqslant\int_G g(t)\mathrm{d}t-2\varepsilon+\varepsilon_0\end{aligned}$$

选取 $\varepsilon<\frac{\varepsilon_0}{2}$,则有

$$\int_G f(t)\mathrm{d}t>\int_G g(t)\mathrm{d}t$$

这与式(1.3.10)矛盾!

定理 1.3.5 记 $\boldsymbol{G}=\{(t,x)\mid 0\leqslant t-t_0\leqslant a, \mid x-x_0\mid\leqslant b\}\subset\mathbb{R}^+\times\mathbb{R}^n$. $F:\boldsymbol{G}\to P_{kC}(\mathbb{R}^n)$ 满足:(1)F 关于 x 是上半连续的;(2) 存在可测函数 $f(t,x)$: $\boldsymbol{G}\to\mathbb{R}^n$ 使 $f(t,x)\in F(t,x)$;(3) 存在可积函数 $m(t)$:$[t_0,t_0+a]\to\mathbb{R}^+$使 $\mid f(t,x)\mid\leqslant m(t)$. 那么存在 $d>0$,使下面的微分包含

$$\dot{x}\in F(t,x),\quad x(t_0)=x_0$$

在$[t_0,t_0+d]$上有解.

证 令 $\varphi(t)=\int_{t_0}^{t}m(s)\mathrm{d}s$,取 d 满足 $d\leqslant a$ 且 $\varphi(t_0+d)\leqslant b$. 对于任何自然数 k,取 $h_k=\dfrac{d}{k}$,$t_k^i=t_0+ih_k$,$i=0,1,2,\cdots,k$. $I_k^i=[t_k^i,t_k^{i+1}]$,$i=0,1,2,\cdots,k-1$. 令 $x_k(t_k^0)=x_0$. 如果对 $i\geqslant 0$,$x(t_k^i)=x_k^i$ 已定义且

$$\mid x_k^i-x_0\mid\leqslant\varphi(t_k^i)$$

那么在 I_k^i 上,令

$$x_k(t)=x_k^i+\int_{t_k^i}^{t}f(s,x_k^i)\mathrm{d}s,\quad t\in I_k^i$$

于是有

$$\mid x_k(t)-x_0\mid\leqslant\int_{t_0}^{t}m(s)\mathrm{d}s=\varphi(t)\leqslant b$$

这样,可归纳定义 $x_k(t)$ 在区间$[t_0,t_0+d]$上,且成立

$$\dot{x}_k(t)=f(t,x_k^i),\quad t\in I_k^i,\quad i=0,1,2,\cdots,k-1$$

令 $F_0(t,x)=F(t,x)\cap B_{m(t)}^{(0)}$,这里 $B_{m(t)}^{(0)}=\{x\mid\mid x\mid\leqslant m(t)\}$,那么 F_0 满足引理 1.3.1 中 F 的所有条件. 又令 $z_k(t)=x_k^i$,$t\in I_k^i$,那么

$$\mid x_k(t)-z_k(t)\mid\leqslant\max_i(\varphi(t_k^{i+1})-\varphi(t_k^i))\to 0,\quad k\to\infty$$

进而存在 $\eta_k(t)\geqslant 0$,$\int_{t_0}^{t_0+d}\eta_k(t)\mathrm{d}t\to 0$ 满足

$$\dot{x}_k(t)\in\mathrm{Co}\{F_0(t,y)\mid\mid y-x_k(t)\mid\leqslant\eta_k(t)\}$$

根据引理 1.3.1,存在绝对连续函数 $x(t)$ 满足 $\dot{x}(t)\in F_0(t,x(t))$ 几乎处处且 $x(t_0)=x_0$,这说明 $x(t)$ 也是原微分包含的解.

1.3.3 右端项不连续的微分方程

本小节给出不连续系统解的定义及存在性条件.

例 1.3.1 考虑不连续微分方程

$$\begin{cases}\dot{\boldsymbol{x}}=\mathrm{sgn}\,\boldsymbol{x}\\ x(0)=x_0\end{cases}$$

这里 sgn x 表示符号函数,向量场 $f(x)=\mathrm{sgn}\,x$ 在 $x=0$ 点不连续,因此,经典

微分方程的理论不能处理这类系统.

前苏联数学家Filippov于20世纪60年代建立了不连续微分方程解的存在性理论,其方法是通过不连续向量场构造一个微分包含,定义微分包含的解为微分方程的解,下面给出Filippov意义下解的定义.

设$\boldsymbol{G}\subset\mathbb{R}^+\times\mathbb{R}^n$是一个开区域,$f(t,\boldsymbol{x}):\boldsymbol{G}\to\mathbb{R}^n$是可测函数且$|f(t,\boldsymbol{x})|\leqslant m(t)$,$m(t)$是可测函数,令

$$F(t,\boldsymbol{x})=\bigcap_{\delta>0}\bigcap_{H(N)=0}\overline{\mathrm{Co}}\{f(t,\boldsymbol{y})\mid\boldsymbol{y}\in B_\delta(\boldsymbol{x})\backslash\boldsymbol{N}\}\tag{1.3.11}$$

这里$\boldsymbol{N}$表示$\mathbb{R}^n$中的Lebesgue零测度集,$\boldsymbol{H}$表示Lebesgue测度.

引理1.3.3 $F(t,\boldsymbol{x})$关于$\boldsymbol{x}$是上半连续的.

证 根据$F(t,\boldsymbol{x})$的定义(1.3.11)知$F(t,\boldsymbol{x})$是有界闭凸集,根据实变函数的知识,对每个t,存在$\mathbb{R}^n$中零测度集$N(t)$使式(1.3.11)写成

$$F(t,\boldsymbol{x})=\bigcap_{\delta>0}\overline{\mathrm{Co}}\{f(t,\boldsymbol{y})\mid\boldsymbol{y}\in B_\delta(\boldsymbol{x})\backslash N(t)\}$$

下面来证$F(t,\boldsymbol{x})$关于$\boldsymbol{x}$上半连续,若不然,存在$\varepsilon_0>0$及$\eta_i\to0$,存在$\boldsymbol{y}_i\in B_{\eta_i}(\boldsymbol{x})$满足

$$F(t,\boldsymbol{y}_i)\not\subset F(t,\boldsymbol{x})+\varepsilon_0\boldsymbol{B}$$

于是$\exists\boldsymbol{p}_i\in F(t,\boldsymbol{y}_i)$使$\rho(\boldsymbol{p}_i,F(t,\boldsymbol{x}))\geqslant\varepsilon_0$,不妨设$\boldsymbol{p}_i\to\boldsymbol{p}$,则$\rho(\boldsymbol{p},F(t,\boldsymbol{x}))\geqslant\varepsilon_0$.取$\delta_i\to0$,则$\exists q_i^{\delta_i}\in\mathrm{Co}\{f(t,\boldsymbol{z})\mid\boldsymbol{z}\in B_{\delta_i}(\boldsymbol{y}_i)\backslash N(t)\}$且$\|\boldsymbol{p}_i-q_i^{\delta_i}\|<\frac{1}{i}$.

又对$\forall\boldsymbol{z}\in B_{\delta_i}(\boldsymbol{y}_i)\backslash N(t)$,$\|\boldsymbol{z}-\boldsymbol{x}\|\leqslant\|\boldsymbol{z}-\boldsymbol{y}_i\|+\|\boldsymbol{y}_i-\boldsymbol{x}\|\leqslant\delta_i+\eta_i=r_i$,则$r_i\to0$.

因此$q_i^{\delta_i}\in\mathrm{Co}\{f(t,\boldsymbol{z})\mid\boldsymbol{z}\in B_{r_i}(\boldsymbol{x})\backslash N(t)\}\subset\overline{\mathrm{Co}}\{f(t,\boldsymbol{z})\mid\boldsymbol{z}\in B_{r_i}(\boldsymbol{x})\backslash N(t)\}$,故由$q_i^{\delta_i}\to\boldsymbol{p}$得$\boldsymbol{p}\in\bigcap_{i=1}^{\infty}\overline{\mathrm{Co}}\{f(t,\boldsymbol{z})\mid\boldsymbol{z}\in B_{r_i}(\boldsymbol{x})\backslash N(t)\}=F(t,\boldsymbol{x})$,矛盾!因此$F(t,\boldsymbol{x})$关于$\boldsymbol{x}$上半连续.

定义1.3.5 设$\boldsymbol{G}\subset\mathbb{R}^+\times\mathbb{R}^n$是区域,$f:\boldsymbol{G}\to\mathbb{R}^n$可测,称$\boldsymbol{x}(t)$为如下微分方程

$$\dot{\boldsymbol{x}}=f(t,\boldsymbol{x})$$

的解,如果$\boldsymbol{x}(t)$在区间$I=[a,b]$上是绝对连续的,且

$$\dot{\boldsymbol{x}}\in F(t,\boldsymbol{x})$$

几乎处处成立.

如例1.3.1,方程的一个解$\boldsymbol{x}(t)$满足$\dot{\boldsymbol{x}}(t)\in F(\boldsymbol{x})$,这里

$$F(\boldsymbol{x})=\begin{cases}1, & \boldsymbol{x}>0\\ [-1,1], & \boldsymbol{x}=0\\ -1, & \boldsymbol{x}<0\end{cases}$$

定义1.3.6 设$\boldsymbol{G}\subset\mathbb{R}^+\times\mathbb{R}^n$是区域,$f:\boldsymbol{G}\to\mathbb{R}^n$,称$f$满足Caratheodory

条件，是指：

(1) 对于几乎所有的 t，$f(t,x)$ 关于 x 连续；

(2) 对每个 x，$f(t,x)$ 关于 t 可测.

引理 1.3.4 记 $\boldsymbol{G}=\{(t,x)\mid t_0\leqslant t\leqslant t_0+a,\ |x-x_0|\leqslant b\}$，$f:G\to\mathbb{R}^n$ 满足 Caratheodory 条件，且存在可积函数 $m(t):[t_0,t_0+a]\to\mathbb{R}^+=[0,\infty)$ 满足 $|f(t,x)|\leqslant m(t)$，那么存在 $d>0$ 使在 $[t_0,t_0+d]$ 上如下积分方程

$$x(t)=x_0+\int_{t_0}^{t}f(s,x(s))\mathrm{d}s$$

有解.

证 记 $\varphi(t)=\int_{t_0}^{t}m(s)\mathrm{d}s$. 取 $d>0$，满足 $d\leqslant a$ 且 $\varphi(t_0+d)\leqslant b$，对任何自然数 k，令 $h=\dfrac{k}{d}$，将区间 $[t_0,t_0+d]$ 分成 $k-1$ 份，即

$$t_0+ih\leqslant t\leqslant t_0+(i+1)h,\quad i=0,1,\cdots,k-1$$

对于一切 $t\leqslant t_0$，令 $x_k(t)=x_0$，构造迭代

$$x_k(t)=x_0+\int_{t_0}^{t}f(s,x_k(s-h))\mathrm{d}s,\quad t\in[t_0,t_0+d]\tag{1.3.12}$$

根据 d 的取法有

$$|x_k(t)-x_0|\leqslant\int_{t_0}^{t_0+d}m(s)\mathrm{d}s\leqslant b$$

对任意 $t_0\leqslant\alpha<\beta\leqslant t_0+d$

$$|x_k(\beta)-x_k(\alpha)|\leqslant\int_{\alpha}^{\beta}m(s)\mathrm{d}s=\varphi(\beta)-\varphi(\alpha)$$

又 $\varphi(t)$ 在 $[t_0,t_0+d]$ 上连续，因此 $\varphi(t)$ 也一致连续，故 $\{x_k(t)\}$ 等度连续，根据 Arzela-Ascoli 定理，存在连续函数 $x(t)$ 使 $\{x_k(t)\}$ 一致收敛于 $x(t)$，注意到

$$\begin{aligned}|x_k(s-h)-x(s)|&\leqslant|x_k(s-h)-x_k(s)|+|x_k(s)-x(s)|\\&\leqslant|\varphi(s)-\varphi(s-\frac{k}{d})|+|x_k(s)-x(s)|\to0,\quad k\to\infty\end{aligned}$$

于是由 Lebesgue 控制收敛定理，在式(1.3.12)中令 $k\to\infty$ 得

$$x(t)=x_0+\int_{t_0}^{t}f(s,x(s))\mathrm{d}s\tag{1.3.13}$$

注 1.3.9 由式(1.3.13)得 $x(t_0)=x_0$，$\dot{x}(t)=f(t,x(t))$，几乎处处成立，故称满足式(1.3.13)的 $x(t)$ 为微分方程 $\dot{x}(t)=f(t,x(t))$，$x(t_0)=x_0$ 的解.

定理 1.3.5 设开区域 $\boldsymbol{G}\subset\mathbb{R}^+\times\mathbb{R}^n$，$f:\boldsymbol{G}\to\mathbb{R}^n$ 可测且存在可积函数 $m(t)$ 满足

$$|f(t,x)|\leqslant m(t)$$

$(t_0,x_0)\in\boldsymbol{G}$，取 $d>0$，$r>0$，满足

$$\boldsymbol{G}_0=\{(t,x)\mid|t-t_0|\leqslant d,\ |x-x_0|\leqslant r\}\subset\boldsymbol{G}$$

那么方程 $\dot{x}=f(t,x),x(t_0)=x_0$ 在 $[t_0-d,t_0+d]$ 上有解.

证 记 $\rho_0=\rho_0(\boldsymbol{G}_0,\partial\boldsymbol{G})>0$,对任何自然数 k,w_k 表示中心在原点半径为 $\rho_k=2^{-k}\rho_0$ 的球体体积,令

$$f_k(t,x)=\frac{1}{w_k}\int_{|y|<2^{-k}\rho_0} f(t,x+y)\mathrm{d}y$$

那么 $f_k(t,x)$ 在 G_0 上关于 t 可测且关于 x 连续,$|f_k(t,x)|\leqslant m(t)$,又

$$f_k(t,x)\in\overline{\mathrm{Co}}\{f(t,y)\mid y\in B_{\rho_k}(x)\backslash N_0(t)\}$$

根据定理 1.3.4,方程 $\dot{x}_k(t)=f_k(t,x_k(t)),x_k(t_0)=x_0$ 有解,因此解序列满足

$$\dot{x}_k(t)=f_k(t,x_k(t))\in\mathrm{Co}\{F(t,y)\mid y\in B_{\rho_k}(x_k)\}$$

于是由引理1.3.1,微分包含 $\dot{x}(t)\in F(t,x(t)),x(t_0)=x_0$ 有解,从而微分方程 $\dot{x}(t)=f(t,x),x(t_0)=x_0$ 有解.

例如 $x(t)=|t|$ 是间断方程 $x'=\mathrm{sgn}\ x,x(0)=0$ 的解.

1.4 Lojasiewicz 不等式与梯度系统

本节简要介绍 Lojasiewicz 不等式在梯度系统大时间行为中的应用.

1.4.1 光滑梯度系统

20世纪60年代,波兰数学家Lojasiewicz[5] 利用代数几何的知识,建立了下面的著名不等式:

定理 1.4.1 (Lojasiewicz 梯度不等式) 设 $\boldsymbol{a}\in\mathbb{R}^n$,$U(\boldsymbol{a})$ 表示 $\boldsymbol{a}$ 的一个邻域,$f:U(\boldsymbol{a})\to\mathbb{R}^n$ 是实解析函数,$\nabla f(\boldsymbol{a})=0$,那么存在点 $\boldsymbol{a}$ 的某个邻域 $V(\boldsymbol{a})\subset U(\boldsymbol{a})$ 及常数 $c>0,\theta\in(0,1)$ 满足

$$|f(\boldsymbol{x})-f(\boldsymbol{a})|^\theta\leqslant c\|\nabla f(\boldsymbol{x})\|,\quad\forall\boldsymbol{x}\in V(\boldsymbol{a})$$

注 1.4.1 如果 $\nabla f(\boldsymbol{a})\neq 0$,则定理 1.4.1 自然成立.

定理 1.4.2 设 $f:\mathbb{R}^n\to\mathbb{R}^n$ 是实解析函数,考虑如下梯度系统

$$\begin{cases}\dot{\boldsymbol{x}}=-\nabla f(\boldsymbol{x})\\ x(t_0)=x_0\end{cases}\tag{1.4.1}$$

若 $\{x(t)\}$ 是系统(1.4.1)的有界解,那么 $x(\cdot)\in L^1[t_0,+\infty)$,即轨道长度是有限的,且存在 $\boldsymbol{a}\in\mathbb{R}^n$,使得 $\nabla f(\boldsymbol{a})=0,\lim\limits_{t\to+\infty}x(t)=\boldsymbol{a}$.

证 由于 f 是实解析的,因此(1.4.1)的解在 $(-\infty,+\infty)$ 上存在且唯一,因为 $f(x(t))$ 是关于 t 的连续函数,且 $x(t)$ 有界,那么 $f(x(t))$ 有界,进一步

$$\frac{\mathrm{d}}{\mathrm{d}t}f(x(t))=\langle\nabla f(x(t)),\dot{x}(t)\rangle=-\|\nabla f(x(t))\|^2\leqslant 0\tag{1.4.2}$$

因此$\lim\limits_{t\to+\infty}f(x(t))$存在，记$\lim\limits_{t\to+\infty}f(x(t))=\beta$，那么式(1.4.1)中$f$利用$f-\beta$代替，故可设$f\geqslant 0$. 若存在某个$t_1\geqslant t_0$使$f(x(t_1))=0$，则$f(x(t))=0, t\geqslant t_1$. 记$x(t_1)=\boldsymbol{a}$，则由式(1.4.2)及解的唯一性知$x(t)\equiv\boldsymbol{a}$且$\nabla f(\boldsymbol{a})=0$，结论自然成立. 因此，设$f(x(t))>0$，对$\forall t\in[t_0,+\infty)$成立. 那么函数$f(x(t))$在$[t_0,+\infty)$上恒正且严格单调减，$\lim\limits_{t\to+\infty}f(x(t))=0$. 由于$\{x(t)\}$有界，存在$\{t_n\}$，$t_n\to+\infty$且

$$\lim_{n\to+\infty}x(t_n)=\boldsymbol{a}\in\mathbb{R}^n$$

由连续性有$f(\boldsymbol{a})=0$. 根据定理1.4.1及注1.4.1，存在常数$c>0,\theta\in[0,1)$及$\varepsilon>0$，满足

$$|f(\boldsymbol{x})|^{\theta}\leqslant c\|\nabla f(\boldsymbol{x})\|,\quad \forall\boldsymbol{x}\in B(\boldsymbol{a},\varepsilon)=\{\boldsymbol{x}\mid|\boldsymbol{x}-\boldsymbol{a}|<\varepsilon\}$$

令$\varphi(t)=[f(x(t))]^{1-\theta}$，由$\lim\limits_{t\to+\infty}\varphi(t)=0$，存在$T$，当$t\geqslant T$时有

$$\begin{cases}\dfrac{c[\varphi(t)-\varphi(T)]}{1-\theta}\leqslant\dfrac{\varepsilon}{3}\\[2mm] |x(T)-\boldsymbol{a}|\leqslant\dfrac{\varepsilon}{3}\quad(\text{因}\lim\limits_{n\to\infty}x(t_n)=\boldsymbol{a},\lim\limits_{n\to\infty}t_n=\infty)\end{cases}$$

记$\hat{T}=\inf\{t\geqslant T\mid x(t)\notin B(\boldsymbol{a},\varepsilon)\}$，那么$T<\hat{T}\leqslant+\infty$.

我们来证$\hat{T}=+\infty$，事实上，对$t\in[T,\hat{T})$有

$$\begin{aligned}\varphi'(t)&=(1-\theta)f(x(t))^{-\theta}\frac{\mathrm{d}}{\mathrm{d}t}f(x(t))\\&=(1-\theta)f(x(t))^{-\theta}\langle\nabla f(x(t)),\dot{x}(t)\rangle\\&=-(1-\theta)f(x(t))^{-\theta}\|\nabla f(x(t))\|\,\|\dot{x}(t)\|\\&\quad(\|\nabla f(x(t))\|=\|\dot{x}(t)\|)\\&\leqslant-\frac{1-\theta}{c}\|\dot{x}(t)\|\end{aligned}$$

故

$$\int_T^t\|\dot{x}(t)\|\,\mathrm{d}s\leqslant\frac{c}{1-\theta}[\varphi(T)-\varphi(t)]\leqslant\frac{\varepsilon}{3},\quad t\in[T,\hat{T})\tag{1.4.3}$$

如果$\hat{T}<+\infty$，那么

$$|x(\hat{T})-\boldsymbol{a}|=\left|x(T)+\int_T^{\hat{T}}\dot{x}(s)\mathrm{d}t-\boldsymbol{a}\right|\leqslant\frac{2}{3}\varepsilon$$

这与$\hat{T}$的定义矛盾，故$\hat{T}=+\infty$，于是$\dot{x}(\cdot)\in L^1[t_0,+\infty)$. 进一步，由于对$\forall\varepsilon>0$，存在$T>0$，使当$t>T$时有

$$|x(t)-\boldsymbol{a}|<\frac{2}{3}\varepsilon<\varepsilon$$

故$\lim\limits_{t\to+\infty}x(t)=\boldsymbol{a}$，因为$f(\boldsymbol{a})=0$.

根据$x(t)$有界知$\{\nabla f(x(t))\}$有界，于是$|\dot{x}(t)|$有界，故$x(t)$关于t是

Lipschitz 的，进而 $\nabla f(x(t))$ 关于 t 也是 Lipschitz 的，再由 $\dot{x} \in L^1[t_0, +\infty)$ 知 $\nabla f(x(t)) \in L^1[t_0, +\infty)$，于是

$$\lim_{t \to +\infty} \nabla f(x(t)) = 0 = \nabla f(\boldsymbol{a})$$

注 1.4.2 上面的定理用到一个基本事实即若函数 $g \in L^1[t_0, +\infty)$ 且 g 是 Lipschitz，则 $\lim_{t \to +\infty} g(t) = 0$. 若不然，存在 $\varepsilon_0 > 0$ 及 $\{t_n\}, t_n \to +\infty$，使得 $|g(t_n)| \geqslant \varepsilon_0$，不妨设 $t_0 < t_1 < t_2 < \cdots$，由于 g 是 Lipschitz，因此取 $\delta_n > 0$，使当 $t \in (t_n - \delta_n, t_n + \delta_n)$ 时有 $|g(t)| \geqslant \frac{\varepsilon_0}{2}$，进一步，认为 $\{(t_n - \delta_n, t_n + \delta_n)\}$ 两两不交，于是

$$+\infty > \int_{t_0}^{+\infty} |g(t)| \, dt \geqslant \sum_{n=1}^{\infty} \int_{t_n - \delta_n}^{t_n + \delta_n} |g(t)| \, dt \geqslant \sum_{n=1}^{\infty} \frac{\varepsilon_0}{2} = +\infty$$

矛盾！

下面利用定理 1.4.2 给出收敛速度估计.

定理 1.4.3 设 $f: \mathbb{R}^n \to \mathbb{R}^n$ 是实解析函数，$\boldsymbol{a} \in \mathbb{R}^n$ 且 $\nabla f(\boldsymbol{a}) = 0$，$x(t)$ 是 (1.4.1) 的收敛于 $\boldsymbol{a}$ 的解. $\theta \in [0,1)$ 是满足定理 1.4.1 的常数(称为 Lojasiewicz 指数)，那么存在常数 $M > 0, k > 0$ 及 $T > 0$，当 $t \geqslant T$ 时，下面的估计成立：

(1) 如果 $\theta \in (\frac{1}{2}, 1)$，那么 $|x(t) - \boldsymbol{a}| \leqslant M(t+1)^{-(\frac{1-\theta}{2\theta-1})}$；

(2) 如果 $\theta = \frac{1}{2}$，那么 $|x(t) - \boldsymbol{a}| \leqslant M\mathrm{e}^{-kt}$.

证 定义 $\sigma(t) = \int_t^{+\infty} |\dot{x}(s)| \, ds$，设 $T > 0$，满足当 $t \geqslant T$ 时有

$$x(t) \in V(\boldsymbol{a}) (\text{见定理 } 1.4.1)$$

且 $|x(t) - \boldsymbol{a}| \leqslant \sigma(t)$. 再由式(1.4.3) 知

$$\begin{aligned}\sigma(t) &\leqslant \frac{c}{1-\theta} f(x(t))^{1-\theta} \\ &\leqslant \frac{c}{1-\theta} c^{\frac{1-\theta}{\theta}} |\nabla f|^{\frac{1-\theta}{\theta}} \\ &\leqslant M' |\dot{x}(t)|^{\frac{1-\theta}{\theta}} (M' \text{ 是常数})\end{aligned}$$

故得微分不等式为

$$\sigma(t) \leqslant M'(-\dot{\sigma}(t))^{\frac{1-\theta}{\theta}}$$

因此有

$$\dot{\sigma}(t) \leqslant -M\sigma(t)^{\frac{1-\theta}{\theta}} \tag{1.4.4}$$

于是当 $\theta \in (\frac{1}{2}, 1)$ 时，由式(1.4.4) 知(1) 成立，当 $\theta = \frac{1}{2}$ 时，(2) 成立.

注 1.4.3 当 f 是非常数实解析函数时，Lojasiewicz 不等式的指数 $\theta \in$

$[\frac{1}{2},1)$.

1.4.2 非光滑梯度系统

为了推广 Lojasiewicz 不等式到非光滑情形，需要解析代数几何的基本知识，下面简要回顾若干基本概念.

定义 1.4.1 (1)$\boldsymbol{A} \subset \mathbb{R}^n$ 称为半解析集，是指对 $\forall \boldsymbol{x} \in \mathbb{R}^n$，存在 $\boldsymbol{x}$ 的邻域 $V(\boldsymbol{x})$，使得 $\boldsymbol{A} \cap V(\boldsymbol{x}) = \bigcup_{i=1}^{p} \bigcap_{j=1}^{q} \{\boldsymbol{y} \in V(\boldsymbol{x}) \mid f_{ij}(\boldsymbol{y}) = 0, g_{ij}(\boldsymbol{y}) > 0\}$.

这里 $f_{ij}, g_{ij}: V(\boldsymbol{x}) \to \mathbb{R}$ 是实解析函数，$1 \leqslant i \leqslant p, 1 \leqslant j \leqslant q$.

(2)$\boldsymbol{A} \subset \mathbb{R}^n$ 称为次解析集，是对 $\forall \boldsymbol{x} \in \mathbb{R}^n$ 存在 $\boldsymbol{x}$ 的领域 $V(\boldsymbol{x})$，使得

$$\boldsymbol{A} \cap V(\boldsymbol{x}) = \{\boldsymbol{y} \in \mathbb{R}^n \mid (\boldsymbol{y}, \boldsymbol{z}) \in \boldsymbol{B}\}$$

这里 $\boldsymbol{B}$ 是$\mathbb{R}^n \times \mathbb{R}^m (m \geqslant 1)$ 中的有界半解析子集.

(3)$f: \mathbb{R}^n \to \mathbb{R} \cup \{+\infty\}$（或集值映射 $F: \mathbb{R}^n \to \mathscr{P}(\mathbb{R}^m)$（幂集））称为是次解析的，如果 f 的图象 $Grf = \{(\boldsymbol{x}, \lambda) \mid f(\boldsymbol{x}) = \lambda\} \subset \mathbb{R}^{n+1}$（相应的，$F$ 的图象 GrF）是半解析集.

关于次解析集的性质参见文献[6].

引理 1.4.1 设 $\boldsymbol{K} \subset \mathbb{R}^n$ 是紧集，$f, g: \boldsymbol{K} \to \mathbb{R}$ 是两个连续的次解析函数，且 $f^{-1}(0) \subset g^{-1}(0)$. 那么存在常数 $c > 0$ 及正整数 $r > 1$，满足

$$|g(\boldsymbol{x})|^r \leqslant c |f(\boldsymbol{x})|, \quad \forall \boldsymbol{x} \in \boldsymbol{K}$$

证明参见文献[6].

引理 1.4.2 设 $f: \mathbb{R}^n \to \mathbb{R} \cup \{+\infty\}$ 是下半连续的凸函数，且 f 是次解析下方有界的，令 $h(\boldsymbol{x}) = \inf\{f(\boldsymbol{u}) + \frac{1}{2}\|\boldsymbol{x} - \boldsymbol{u}\|^2 \mid \boldsymbol{u} \in \mathbb{R}^n\}$，那么，$h$ 是连续可微的次解析函数.

证 由本章定理 1.2.4 知 h 是连续可微的，再由文献[7]知 h 是次解析的.

注 1.4.4 上述引理中的函数 h 是 f 的 Moreau-Yosida 逼近，f 与 h 有如下关系：

(1) $h(\boldsymbol{x}) \leqslant f(\boldsymbol{x}), \forall \boldsymbol{x} \in \mathbb{R}^n$;

(2) $\inf\limits_{\boldsymbol{x} \in \mathbb{R}^n} f(\boldsymbol{x}) = \inf\limits_{\boldsymbol{x} \in \mathbb{R}^n} h(\boldsymbol{x})$;

(3) $\nabla h(\boldsymbol{x}) = \boldsymbol{0} \Leftrightarrow \boldsymbol{0} \in \partial f(\boldsymbol{x})$.

定理 1.4.4 $f: \mathbb{R}^n \to \mathbb{R} \cup \{+\infty\}$ 是下半连续凸次解析函数，$\boldsymbol{S} = \{\boldsymbol{x} \mid \boldsymbol{0} \in \partial f(\boldsymbol{x})\} \neq \varnothing$，对任何有界集 $\boldsymbol{K} \subset \mathbb{R}^n$ 存在 $\theta \in [0,1)$ 及常数 $c > 0$，成立

$$|f(\boldsymbol{x}) - \min f|^\theta \leqslant c m_f(\boldsymbol{x}), \quad \forall \boldsymbol{x} \in \boldsymbol{K}$$

这里 $m_f(\boldsymbol{x}) = \inf\{\|\boldsymbol{x}\| \mid \boldsymbol{x}^* \in \partial f(\boldsymbol{x})\}$（当 $\partial f(\boldsymbol{x}) = \varnothing$ 时，$m_f(\boldsymbol{x}) = +\infty$）.

证 由文献[6]知 $\boldsymbol{S}$ 是次解析集，进而距离函数

$$d_S(\boldsymbol{x})=\inf\{|\boldsymbol{x}-\boldsymbol{y}|\,|\,\boldsymbol{y}\in\boldsymbol{S}\}$$

是次解析函数，对于 $\boldsymbol{x}\in\boldsymbol{K}$，由引理 1.4.2 知

$$d_S(\boldsymbol{x})=0,\quad \text{当且仅当}\ |h(\boldsymbol{x})-\min h|=0$$

利用引理 1.4.1，存在常数 $c>0$ 及正整数 $r>1$ 满足

$$[d_S(\boldsymbol{x})]^r\leqslant c\,|h(\boldsymbol{x})-\min h|$$

另一方面，由 $f(\boldsymbol{x})\geqslant h(\boldsymbol{x})$，$\min f=\min h$ 知

$$|f(\boldsymbol{x})-\min f|\geqslant|h(\boldsymbol{x})-\min h|$$

故

$$d_S(\boldsymbol{x})\leqslant c^{\frac{1}{r}}\,|f(\boldsymbol{x})-\min f|^{\frac{1}{r}}$$

对 $\forall\boldsymbol{x}^*\in\partial f(\boldsymbol{x})$ 及 $\boldsymbol{a}\in\boldsymbol{S}$，由 f 是凸函数知

$$f(\boldsymbol{a})\geqslant f(\boldsymbol{x})+\langle\boldsymbol{x}^*,\boldsymbol{a}-\boldsymbol{x}\rangle$$

即

$$|f(\boldsymbol{x})-f(\boldsymbol{a})|=[f(\boldsymbol{x})-f(\boldsymbol{a})]\leqslant|\boldsymbol{x}^*|\,|\boldsymbol{a}-\boldsymbol{x}|$$

于是有

$$|f(\boldsymbol{x})-\min f|\leqslant|\boldsymbol{x}^*|\,d_S(\boldsymbol{x})\leqslant c^{\frac{1}{r}}\,|\boldsymbol{x}^*|\,|f(\boldsymbol{x})-\min f|^{\frac{1}{r}}$$

故

$$|f(\boldsymbol{x})-\min f|^{1-\frac{1}{r}}\leqslant c^{\frac{1}{r}}m_f(\boldsymbol{x})$$

利用定理 1.4.4，考虑如下次梯度系统

$$\begin{cases}\dot{x}(t)\in-\partial f(x(t))\\ x(0)=\boldsymbol{x}_0\in\operatorname{dom}(\partial f)\end{cases}\tag{1.4.5}$$

解的长时间行为，下面给出(1.4.5) 解的基本性质.

性质 1.4.1 设 $x:[0,+\infty)\to\mathbb{R}^n$ 是系统(1.4.5) 的一个解，那么：

(1) $\dfrac{\mathrm{d}}{\mathrm{d}t}(f(x(t)))=\langle\dot{x}(t),\boldsymbol{x}^*\rangle$ 几乎处处成立，对 $\forall\boldsymbol{x}^*\in\partial f(x(t))$；

(2) $\|\dot{x}(t)\|=m_f(x(t))$ 且 $\dfrac{\mathrm{d}}{\mathrm{d}t}(f(x(t)))=-[m_f(x(t))]^2$.

证 (1) 由于 $f(x(t))$ 关于 t 是绝对连续的，因此导数几乎处处存在，设 t 是导数存在的点，由于 $\forall\boldsymbol{x}^*\in\partial f(x(t))$，有

$$f(x(t+\Delta t))-f(x(t))\geqslant\langle\boldsymbol{x}^*,x(t+\Delta t)-x(t)\rangle$$

又

$$x(t+\Delta t)=x(t)+\dot{x}(t)\Delta t+o(\Delta t)$$

故

$$f(x(t+\Delta t))-f(x(t))\geqslant\Delta t\langle\boldsymbol{x}^*,\dot{x}(t)+\frac{o(\Delta t)}{\Delta t}\rangle$$

当 $\Delta t>0$ 时

$$f'(x(t)) \geqslant \langle \boldsymbol{x}^*, \dot{x}(t) \rangle$$

当 $\Delta t < 0$ 时

$$f'(x(t)) \leqslant \langle \boldsymbol{x}^*, \dot{x}(t) \rangle$$

故 $f'(x(t)) = \langle \boldsymbol{x}^*, \dot{x}(t) \rangle$.

由于 $-\dot{x}(t) \in \partial f(x(t))$,故

$$\frac{\mathrm{d}}{\mathrm{d}t}(f(x(t))) = -\|\dot{x}(t)\|^2$$

另一方面,对 $\forall \boldsymbol{x}^* \in \partial f(x(t))$ 有 $\|\dot{x}(t)\|^2 = \langle -\dot{x}(t), \boldsymbol{x}^* \rangle$,故 $\|x^*\| \geqslant \|\dot{x}(t)\|$,又 $-\dot{x}(t) \in \partial f(x(t))$,于是 $m_f(x(t)) = \|\dot{x}(t)\|$.

根据性质 1.4.1 与定理 1.4.2 有:

定理 1.4.5 设 $f: \mathbb{R}^n \to \mathbb{R} \cup \{+\infty\}$ 是下半连续凸次解析函数,$\boldsymbol{S} = \{\boldsymbol{x} \in \mathbb{R}^n \mid \boldsymbol{0} \in \partial f(\boldsymbol{x})\} \neq \varnothing$,那么对任何(1.4.5)的解 $x(t)$,都存在 $\boldsymbol{a} \in \boldsymbol{S}$ 满足

$$\lim_{t \to +\infty} x(t) = \boldsymbol{a} \text{ 且 } \dot{x}(\cdot) \in L^1[0, +\infty)$$

证明与定理 1.4.2 完全类似,这里略去.

注 1.4.5 完全类似于定理 1.4.3,有收敛率估计,特别,当 $\theta \in [0, \frac{1}{2})$ 时,有如下收敛估计:存在 $T > 0$,使得当 $t \geqslant T$ 时,$x(t) = \boldsymbol{a}$,即 $x(t)$ 是有限时间收敛的.

1.4.3 Kurdyka-Lojasiewicz 不等式与梯度系统

在有限维空间中,Kurdyka[8] 对于比解析函数更大的类上扩展了 Lojasiewicz 不等式,即:若 f 是 C^1 的某类函数,$f: \mathbb{R}^n \to \mathbb{R}$,$f(0) = 0$,$\nabla f(0) = 0$,则存在 $r > 0$ 及 $c > 0$,连续函数 $\varphi: [0, r) \to \mathbb{R}$,$\varphi \in C^1(0, r)$,$\varphi' > 0$,成立

$$\|\nabla(\varphi \circ f)(\boldsymbol{x})\| \geqslant c, \quad \boldsymbol{x} \in U \backslash \{\boldsymbol{0}\} \tag{1.4.6}$$

这里 U 是点 $\boldsymbol{0}$ 的某个邻域,这个不等式称为 Kurdyka-Lojasiewicz 不等式,简称 K-L 不等式.

设 $\boldsymbol{H}$ 是一个 Hilbert 空间,$f: \boldsymbol{H} \to \mathbb{R}$ 是 C^1 函数,$\boldsymbol{K} = \{\boldsymbol{x} \in \boldsymbol{H} \mid \nabla f(\boldsymbol{x}) = 0, f(\boldsymbol{x}) = 0\}$,$f$ 在水平集 $f_r = \{\boldsymbol{x} \in \boldsymbol{H}: 0 < f(\boldsymbol{x}) < r\}$ 上没有临界点,且存在 $\varphi: [0, r) \to \mathbb{R}$ 满足,φ 在 $[0, r)$ 上连续,φ 在 $(0, r)$ 上是 C^1 的且 $\varphi'(t) > 0$,如果 f 满足如下的 K-L 不等式

$$\|\nabla \varphi \circ f(\boldsymbol{x})\| \geqslant c, \quad \forall \boldsymbol{x} \in f_r \tag{1.4.6$'$}$$

这里 c 是正常数,那么我们有如下定理.

定理 1.4.6 若 $\boldsymbol{K} \neq \varnothing$,考虑梯度系统

$$\begin{cases} \dot{\boldsymbol{x}} = -\nabla f(\boldsymbol{x}) \\ x(0) = \boldsymbol{x}_0 \in f_r \end{cases} \tag{1.4.7}$$

则式(1.4.7)的解满足 $x(t)\in f_r, t\in[0,+\infty)$，且存在 $\boldsymbol{a}\in\boldsymbol{K}$，使 $\lim\limits_{t\to+\infty}x(t)=\boldsymbol{a}$.

证 由于 $\dfrac{\mathrm{d}}{\mathrm{d}t}f(x(t))=\langle\nabla f(x(t)),\dot{x}(t)\rangle=-\|\nabla f(x(t))\|^2<0$，因此，$f(x(t))$ 是严格减函数，于是 $x(t)\in f_r$. 再注意到 K-L 不等式

$$\begin{aligned}\frac{\mathrm{d}}{\mathrm{d}t}(\varphi\circ f(x(t)))&=\langle\nabla(\varphi\circ f),\dot{\boldsymbol{x}}\rangle=-\varphi'(f(\boldsymbol{x}))\langle\nabla f,\nabla f\rangle\\&=-\varphi'(f(\boldsymbol{x}))\|\nabla f\|^2=-\|\nabla(\varphi\circ f)\|\|\nabla f\|\\&\leqslant-c\|\dot{\boldsymbol{x}}\|\end{aligned}\tag{1.4.8}$$

因此，$\varphi\circ f(x(t))$ 是严格单调减函数，且

$$l=\lim_{t\to+\infty}\varphi\circ f(x(t))\geqslant 0$$

存在. 对上式积分得

$$c\int_0^{+\infty}\|\dot{x}(t)\mathrm{d}t\|\leqslant\varphi(f(\boldsymbol{x}_0))-l<+\infty$$

故 $\dot{\boldsymbol{x}}\in L([0,+\infty))$，于是 $\lim\limits_{t\to+\infty}x(t)$ 存在，记 $\boldsymbol{a}=\lim\limits_{t\to+\infty}x(t)$. 下面来证 $\boldsymbol{a}\in\boldsymbol{K}$.

由于 $0\leqslant f(\boldsymbol{a})<r$，若 $\nabla f(\boldsymbol{a})\neq 0$，则存在 $\boldsymbol{a}$ 点的邻域 $B_\delta(\boldsymbol{a})$ 满足

$$\|\nabla f(\boldsymbol{x})\|\geqslant c_1>0,\quad\forall\boldsymbol{x}\in B_\delta(\boldsymbol{a})$$

又 $\lim\limits_{t\to+\infty}x(t)=a$，因此 $\exists T>0$，使当 $t\geqslant T$ 时有 $x(t)\in B_\delta(\boldsymbol{a})$. 根据式(1.4.8)，有

$$\frac{\mathrm{d}}{\mathrm{d}t}(\varphi\circ f(x(t)))\leqslant-cc_1,\quad\forall t\in[T,+\infty)$$

那么

$$+\infty=\int_T^{+\infty}cc_1\mathrm{d}t\leqslant\varphi\circ f(x(T))-l<+\infty$$

矛盾. 故 $\nabla f(\boldsymbol{a})=0$，又 f_r 内无临界点，故 $f(\boldsymbol{a})=0$，因此 $\boldsymbol{a}\in\boldsymbol{K}$.

下面将定理 1.4.6 扩展到非光滑情形.

定义 1.4.2 设 $f:\boldsymbol{H}\to\mathbb{R}\cup\{+\infty\}$，$\mathrm{Dom}(f)=\{\boldsymbol{x}:f(\boldsymbol{x})<+\infty\}\neq\varnothing$，称 $\boldsymbol{p}\in\boldsymbol{H}$ 是 f 在 $\boldsymbol{x}\in\mathrm{dom}(f)$ 处的次梯度，如果

$$\liminf_{\substack{\boldsymbol{y}\to\boldsymbol{x}\\ \boldsymbol{y}\neq\boldsymbol{x}}}\frac{f(\boldsymbol{y})-f(\boldsymbol{x})-\langle\boldsymbol{p},\boldsymbol{y}-\boldsymbol{x}\rangle}{\|\boldsymbol{y}-\boldsymbol{x}\|}\geqslant 0$$

记 $\partial f(\boldsymbol{x})$ 表示 f 在 $\boldsymbol{x}$ 点处次梯度的全体组成的集合.

定义 1.4.3 $f:\boldsymbol{H}\to\mathbb{R}\cup\{+\infty\}$ 是下半连续的，称 f 是半凸的，如果存在 $\alpha>0$，使得

$$\hat{f}(\boldsymbol{x})=f(\boldsymbol{x})+\frac{\alpha}{2}\|\boldsymbol{x}\|^2$$

是凸函数.

性质 1.4.1 设 $f:\boldsymbol{H}\to\mathbb{R}\cup\{+\infty\}$ 是半凸的，那么对 $\forall \boldsymbol{x}\in \mathrm{inf}(\mathrm{dom}(f))$，$\partial f(\boldsymbol{x})\neq\varnothing$，且 $\partial f(\boldsymbol{x})$ 是闭凸集.

证 先证 $\partial f(\boldsymbol{x})$ 是闭凸集，设 $\boldsymbol{p}\in\partial f(\boldsymbol{x})$，那么有

$$\liminf_{\substack{\boldsymbol{y}\to\boldsymbol{x}\\ \boldsymbol{y}\neq\boldsymbol{x}}}\frac{f(\boldsymbol{y})-f(\boldsymbol{x})-\langle\boldsymbol{p},\boldsymbol{y}-\boldsymbol{x}\rangle}{\|\boldsymbol{y}-\boldsymbol{x}\|}\geqslant 0$$

因为 f 是半凸的，因此 $\hat{f}(\boldsymbol{x})$ 是凸的，于是存在 $\boldsymbol{x}$ 的邻域 $B_\delta(\boldsymbol{x})$ 满足

$$f(\boldsymbol{y})-f(\boldsymbol{x})-\langle\boldsymbol{p},\boldsymbol{y}-\boldsymbol{x}\rangle\geqslant-\frac{\alpha}{2}\|\boldsymbol{y}-\boldsymbol{x}\|^2,\quad\forall\boldsymbol{y}\in B_\delta(\boldsymbol{x})$$

即

$$\hat{f}(\boldsymbol{y})-\hat{f}(\boldsymbol{x})-\langle\boldsymbol{p}+\alpha\boldsymbol{x},\boldsymbol{y}-\boldsymbol{x}\rangle\geqslant 0,\quad\forall\boldsymbol{y}\in B_\delta(\boldsymbol{x})\tag{1.4.9}$$

设 $\boldsymbol{z}\in\mathrm{Dom}(\hat{f})=\mathrm{Dom}(f)$，令 $\boldsymbol{y}=t\boldsymbol{x}+(1-t)\boldsymbol{z}\in B_\delta(\boldsymbol{x})$，$t\in(0,1)$ 是某个小的正数，于是由(1.4.9)有

$$t\hat{f}(\boldsymbol{x})+(1-t)\hat{f}(\boldsymbol{z})-\hat{f}(\boldsymbol{x})-\langle\boldsymbol{p}+\alpha\boldsymbol{x},(1-t)(\boldsymbol{z}-\boldsymbol{x})\rangle\geqslant 0$$

故

$$\hat{f}(\boldsymbol{z})-\hat{f}(\boldsymbol{x})-\langle\boldsymbol{p}+\alpha\boldsymbol{x},\boldsymbol{z}-\boldsymbol{x}\rangle\geqslant 0\tag{1.4.10}$$

因此，对 $\forall\boldsymbol{p}\in\partial f(\boldsymbol{x})$，$\forall\boldsymbol{z}\in\boldsymbol{H}$，$\boldsymbol{x}\in\mathrm{Dom}(f)$，式(1.4.10)成立. 由式(1.4.10)知 $\partial f(\boldsymbol{x})$ 是闭凸集. 另一方面，若 $\boldsymbol{x}\in\mathrm{inf}(\mathrm{Dom}(f))$，则 $\boldsymbol{x}\in\mathrm{inf}(\mathrm{Dom}(\hat{f}))$，故 $\partial\hat{f}(\boldsymbol{x})\neq\varnothing$，即存在某个 $\hat{\boldsymbol{p}}\in\partial\hat{f}(\boldsymbol{x})$，使得

$$\hat{f}(\boldsymbol{z})-\hat{f}(\boldsymbol{x})-\langle\hat{\boldsymbol{p}},\boldsymbol{z}-\boldsymbol{x}\rangle\geqslant 0$$

令 $\boldsymbol{p}=\hat{\boldsymbol{p}}-\alpha\boldsymbol{x}$，则式(1.4.10)成立. 进一步，由式(1.4.10)得

$$f(\boldsymbol{z})-f(\boldsymbol{x})-\langle\boldsymbol{p},\boldsymbol{z}-\boldsymbol{x}\rangle\geqslant-\frac{\alpha}{2}\|\boldsymbol{z}-\boldsymbol{x}\|^2$$

故

$$\liminf_{\substack{\boldsymbol{z}\to\boldsymbol{x}\\ \boldsymbol{z}\neq\boldsymbol{x}}}\frac{f(\boldsymbol{z})-f(\boldsymbol{x})-\langle\boldsymbol{p},\boldsymbol{z}-\boldsymbol{x}\rangle}{\|\boldsymbol{z}-\boldsymbol{x}\|}\geqslant 0$$

即 $\boldsymbol{p}\in\partial f(\boldsymbol{x})$.

注 1.4.6 由性质 1.4.1 知，f 为半凸的，则 $\boldsymbol{p}\in\partial f(\boldsymbol{x})$ 等价于

$$f(\boldsymbol{z})-f(\boldsymbol{x})-\langle\boldsymbol{p},\boldsymbol{z}-\boldsymbol{x}\rangle\geqslant-\frac{\alpha}{2}\|\boldsymbol{z}-\boldsymbol{x}\|^2$$

类似于凸函数，考虑半凸函数对应的次梯度系统

$$\begin{cases}\dot{\boldsymbol{x}}\in-\partial f(x(t))\\ x(0)=\boldsymbol{x}_0\in\mathrm{Dom}(f)\end{cases}\tag{1.4.11}$$

有如下定理：

定理 1.4.7 设 $f:\boldsymbol{H}\to\mathbb{R}\cup\{+\infty\}$ 是半凸的，那么式(1.4.11)存在唯一的解，$x(t):[0,+\infty)\to H$ 满足：

(1) $x(t)\in\mathrm{Dom}(f)$，$\forall t\in[0,+\infty)$；

(2) 对于 $t>0$，$x(t)$ 的右导数存在且

$$\dot{x}(t^+)=-\partial^0 f(x(t))$$

这里 $\partial^0 f(x(t))=\{\boldsymbol{y}\mid \|\boldsymbol{y}\|=\min\{\|\boldsymbol{p}\|\mid \boldsymbol{p}\in\partial f(\boldsymbol{x})\}\}$.

特别，$\dot{x}(t)=-\partial^0 f(x(t))$ 几乎处处成立.

(3) 对 $\forall t_1,t_2\in(0,+\infty)$ 有

$$f(x(t_2))-f(x(t_1))=\int_{t_1}^{t_2}\|\dot{x}(t)\|^2\mathrm{d}t$$

(4) 对 $\forall\delta>0$，$f(x(t))$ 在$[\delta,+\infty)$ 上是 Lipschitz 连续的，且

$$\frac{\mathrm{d}}{\mathrm{d}t}f(x(t))=-\|\dot{x}(t)\|^2,\quad t\in(\delta,+\infty)$$

几乎处处成立.

定义 1.4.4 称 $\boldsymbol{x}_0\in\boldsymbol{H}$ 是 f 的临界点，是指 $\boldsymbol{0}\in\partial f(\boldsymbol{x}_0)$；$r\in f(\mathrm{Dom}(f))$ 称为临界值，是指 $\{\boldsymbol{x}\in\boldsymbol{H}\mid f(\boldsymbol{x})=r\}$ 中至少含有一个临界点.

定理 1.4.8 设 $f:\boldsymbol{H}\to\mathbb{R}\cup\{+\infty\}$ 是半凸函数，$\boldsymbol{K}=\{\boldsymbol{x}\in\boldsymbol{H}\mid\boldsymbol{0}\in\partial f(\boldsymbol{x}),f(\boldsymbol{x})=0\}$，$f$ 在水平集 $f_r=\{\boldsymbol{x}\in\boldsymbol{H}\mid 0<f(\boldsymbol{x})<r\}$ 上无临界点，$\boldsymbol{K}\neq\varnothing$，如果存在连续函数 $\varphi:[0,r)\to\mathbb{R}$ 满足 φ 在$(0,r)$ 上是 C^1 的且 $\varphi'(t)>0$，使得成立

$$\|\partial^0(\varphi\circ f(\boldsymbol{x}))\|\geqslant c>0,\quad\forall\boldsymbol{x}\in f_r$$

这里 c 是某个正常数，那么对于 $\forall\boldsymbol{x}_0\in f_r$，系统(1.4.11) 的解 $x(t)$ 满足 $\boldsymbol{x}(t)\in f_r$，$t\in[0,+\infty)$，且存在 $\boldsymbol{a}\in\boldsymbol{K}$，使得 $\lim\limits_{t\to+\infty}x(t)=\boldsymbol{a}$. 特别，$x(t)$ 的轨道长度是有限的，即 $\dot{x}(t)\in L^1[0,+\infty)$.

证明与定理 1.4.6 类似，这里略去.

注 1.4.7 有关半凸函数次梯度系统轨道的进一步研究，可参见文献[9].

参考文献

[1] HIRIART-URRUTY J, LEMARECHAL C. Fundamentals of Convex Analysis[M]. Berlin:Springer-Verlag,2001.

[2] 薛小平，吴玉虎. 非线性分析[M]. 北京：科学出版社，2011.

[3] BREZIS H. Maximal Monotone Operator[M]. Amsterdam: Nortn-Holland Publisching Company,1973.

[4] FILIPPOV A. Differential Equations with Discontinuous Righth and Sides[M]. Dordiecht: Kluwer Academic Publishers,1988.

[5] LOJASIEWICZ S. Ensembles Semi-Analytique[R]. I. H. E. S. Notes, 1965.

[6] BIERSTONE E, MILMAN P. Semianlytic and Subanalytic Sets[J]. I. H. E. S. Publ. Math, 1988(67): 5-42.

[7] BOLTE J, DANIILIDIS A, LEWIS A. The Lojasiewicz Inequality for Monsmooth Subanalytic Functions with Applications to Subgradient Danamical Systems[J]. SIAM J. Optim., 2007(17): 1205-1223.

[8] KURDYKA K. On Gradients of Functions Definable in O-minimal Structures[J]. Ann. Inst. Fouries, Grenoble, 1998(48): 769-783.

[9] BOLCE J, DANILLIDIS A, LEY O, MAZET L. Characterizations of Lojasiewicz Inequalities: Subgradient Flows, Talweg, Convexity [J]. Trans. Amer, Math, Soc., 2010(362): 3319-3363.

第2章 有限维空间中的非光滑优化

预备知识:

命题 1 设 $f_i:\boldsymbol{H}\to\mathbb{R}$ 在 $\boldsymbol{x}$ 点正则($i=1,2,\cdots,m$). 那么,对任意的 $\alpha_i\geqslant 0$, $f=\sum_{i=1}^{m}\alpha_i f_i(\boldsymbol{x})$ 在 $\boldsymbol{x}$ 点正则,且

$$\partial\Big(\sum_{i=1}^{m}\alpha_i f_i(\boldsymbol{x})\Big)=\alpha_i\sum_{i=1}^{m}\partial f_i(\boldsymbol{x})$$

命题 2 设 $f_i:\boldsymbol{H}\to\mathbb{R}$ 在 $\boldsymbol{x}\in\boldsymbol{H}$ 点正则($i=1,2,\cdots,m$),若 f 定义为 $f(\boldsymbol{x})=\max\{f_i(\boldsymbol{x})\mid i=1,2,\cdots,m\}$,则

$$\partial f(\hat{\boldsymbol{x}})=\mathrm{co}\{\partial f_i(\hat{\boldsymbol{x}})\mid i\in I(\hat{\boldsymbol{x}})\}$$

这里,$I(\hat{\boldsymbol{x}})$ 表示使 $f_i(\hat{\boldsymbol{x}})=f(\hat{\boldsymbol{x}})$ 成立的指标 i 的集合.

命题 3 设 $V:\boldsymbol{H}\to\mathbb{R}$ 在 $\boldsymbol{x}(t)$ 正则,$x:\mathbb{R}\to\boldsymbol{H}$ 在 t 点可导且在 t 附近 Lipschitz 连续,那么

$$\frac{\mathrm{d}}{\mathrm{d}t}V(x(t))=\langle\xi,\dot{x}(t)\rangle,\quad \forall\,\xi\in\partial V(x(t))$$

命题 4 设 $F:\boldsymbol{H}\to\mathbb{R}$ 在 $\boldsymbol{x}$ 点严格可导,$g:\mathbb{R}\to\mathbb{R}$ 在 $F(\boldsymbol{x})$ 处正则,那么 $f=g\circ F$ 在 $\boldsymbol{x}$ 处正则,且

$$\partial f(\boldsymbol{x})=\partial g(F(\boldsymbol{x}))\circ\nabla F(\boldsymbol{x})$$

命题 5 如果闭凸集 $\boldsymbol{K}_1,\boldsymbol{K}_2\subseteq\boldsymbol{H}$ 满足 $0\in\mathrm{int}(\boldsymbol{K}_1-\boldsymbol{K}_2)$,那么,对于任意的 $\boldsymbol{x}\in\boldsymbol{K}_1\cap\boldsymbol{K}_2$, $N_{\boldsymbol{K}_1\cap\boldsymbol{K}_2}(\boldsymbol{x})=N_{\boldsymbol{K}_1}(\boldsymbol{x})+N_{\boldsymbol{K}_2}(\boldsymbol{x})$, $T_{\boldsymbol{K}_1\cap\boldsymbol{K}_2}(\boldsymbol{x})=T_{\boldsymbol{K}_1}(\boldsymbol{x})\cap T_{\boldsymbol{K}_2}(\boldsymbol{x})$.

命题 6 设 $f:\boldsymbol{H}\to\mathbb{R}$ 在 $\boldsymbol{x}$ 点正则，且 $0\notin\partial f(\boldsymbol{x})$，如果集合 $\boldsymbol{C}$ 定义成 $\boldsymbol{C}=\{\boldsymbol{y}\in\boldsymbol{H}\mid f(\boldsymbol{y})\leqslant f(\boldsymbol{x})\}$，则

$$N_C(\boldsymbol{x})=\bigcup_{\lambda\geqslant 0}\lambda\partial f(\boldsymbol{x})$$

2.1 前 言

Banach 空间 $\mathbb{B}$ 上最优化问题的一般形式为

$$\begin{aligned}&\min\quad f(\boldsymbol{x})\\&\text{s.t.}\quad \boldsymbol{x}\in\boldsymbol{X}\end{aligned}\tag{2.1.1}$$

其中 $\boldsymbol{x}\in\mathbb{B}$ 为决策变量，$f:\mathbb{B}\to\mathbb{R}$ 为目标函数，$\boldsymbol{X}\subseteq\mathbb{B}$ 为约束集合或可行域. 特别地，如果约束集合 $\boldsymbol{X}=\mathbb{B}$，则称(2.1.1) 为无约束最优化问题. 另外，约束集合 $\boldsymbol{X}$ 通常表达成

$$\boldsymbol{X}=\{\boldsymbol{x}\in\mathbb{B}\mid g_i(\boldsymbol{x})\leqslant 0,h_j(\boldsymbol{x})=0,i=1,2,\cdots,m,j=1,2,\cdots,r\}\tag{2.1.2}$$

其中，$g_i(\boldsymbol{x})(i=1,2,\cdots,m)$ 及 $h_j(\boldsymbol{x})(j=1,2,\cdots,r)$ 都是定义在一个 Banach 空间 $\mathbb{B}$ 上的实值连续函数，m 和 r 都是正整数. 我们称 $g_i(\boldsymbol{x})(i=1,2,\cdots,m)$ 与 $h_j(\boldsymbol{x})(j=1,2,\cdots,r)$ 为约束函数.

求解约束优化问题(2.1.1) 就是在可行域 $\boldsymbol{X}$ 上寻求一点 $\boldsymbol{x}$ 使得目标函数 $f(\boldsymbol{x})$ 达到最小.

定义 2.1.1 设 $\boldsymbol{x}^*\in\boldsymbol{X}$，如果：

(1) 对任意的 $\boldsymbol{x}\in\boldsymbol{X}$，有 $f(\boldsymbol{x})\geqslant f(\boldsymbol{x}^*)$ 成立，则称 $\boldsymbol{x}^*$ 是问题(2.1.1) 的全局极小值点；

(2) 存在 $\delta>0$ 使得

$$f(\boldsymbol{x})\geqslant f(\boldsymbol{x}^*),\ \forall\,\boldsymbol{x}\in\boldsymbol{X}\cap B(\boldsymbol{x}^*,\delta)$$

则称 $\boldsymbol{x}^*$ 是问题(2.1.1) 的局部极小值点，其中 $B(\boldsymbol{x}^*,\delta)$ 是以 $\boldsymbol{x}^*$ 为中心以 δ 为半径的广义球

$$B(\boldsymbol{x}^*,\delta)=\{\boldsymbol{x}\in\mathbb{B}\mid\|\boldsymbol{x}-\boldsymbol{x}^*\|\leqslant\delta\}$$

根据决策变量和目标函数的要求不同，最优化分为整数优化、动态优化、网络优化、随机优化、几何优化、非光滑优化和多目标优化等若干分支. 严格来说，非光滑优化又分为 Lipschitz 优化与非 Lipschitz 优化. 如果优化问题中目标函数与约束函数都是局部 Lipschitz 的(不必可微)，则我们称该优化问题为非光滑 Lipschitz 优化. 本书中，我们所研究的非光滑优化通指非光滑 Lipschitz 优化.

优化问题广泛出现在科学和工程应用的许多领域.目前,已有许多有效的算法求解光滑凸优化问题.近年来,通过理论分析与数值实验,人们逐渐发现绝大多数实际问题都是非光滑,甚至非光滑非凸优化问题,如图像复原、变分选择、信号处理、模式识别、滤波器设计、衰退分析和机器人控制等.同时,学者们也注意到了求解此类问题的困难性.

本章研究如何利用微分方程求解一类有限维空间中非光滑优化问题,即

$$\begin{aligned} \min \quad & f(\boldsymbol{x}) \\ \text{s.t.} \quad & g_i(\boldsymbol{x}) \leqslant \boldsymbol{0}, \quad i=1,2,\cdots,m \\ & \boldsymbol{Ax}-\boldsymbol{b}=\boldsymbol{0} \end{aligned} \tag{2.1.3}$$

其中,$\boldsymbol{x}\in\mathbb{R}^n$,$\boldsymbol{A}\in\mathbb{R}^{r\times n}$,$\boldsymbol{b}\in\mathbb{R}^r$,$f(\boldsymbol{x})$ 是定义在$\mathbb{R}^n$ 上的正则函数,$g_i(\boldsymbol{x})(i=1,2,\cdots,m)$ 是定义在$\mathbb{R}^n$ 上的凸函数,m 和 r 都是正整数.

我们记 $\boldsymbol{M}$ 为约束优化问题(2.1.3) 的全局极小值点构成的集合,$\boldsymbol{X}$ 为该优化问题的可行域

$$\boldsymbol{X}=\{\boldsymbol{x}\in\mathbb{R}^n \mid g_i(\boldsymbol{x})\leqslant 0,\boldsymbol{Ax}-\boldsymbol{b}=0,i=1,2,\cdots,m\}$$

根据 $g_i(\boldsymbol{x})(i=1,2,\cdots,m)$ 的定义,$\boldsymbol{X}$ 为$\mathbb{R}^n$ 中的非空闭凸集.

应该指出,目前仅可求得最优化问题的一个局部极小点,而非全局极小点.尽管我们可以考虑求全局极小点,但一般来说这是一个相当困难的任务.关于求全局极小点的问题请参阅其他文献,如[1].同时,在很多实际应用中,求局部极小点已能满足问题的要求.因此,本章中所指的极小点,通常是指求局部极小点,且仅当优化问题具有某种凸性时,局部极小点才为全局极小点.

一般情况下,直接利用定义 2.1.1 去判别一个给定点 $\boldsymbol{x}^*$ 是否为全局(局部) 最优解是办不到的.因此,有必要给出只依赖于目标函数和约束函数在 $\boldsymbol{x}^*$ 处信息的最优性条件.对约束光滑优化问题,有一阶 KKT 条件与二阶 KKT 条件[2].根据广义梯度与法锥的定义,可得到约束非光滑优化问题(2.1.3) 的一阶必要条件.

定义 2.1.2 如果 $f(\boldsymbol{x})$ 在 $\boldsymbol{x}^*\in\boldsymbol{X}$ 处达到约束优化问题(2.1.3) 的局部极大或局部极小,则必有

$$0\in\partial f(\boldsymbol{x}^*)+N_{\boldsymbol{X}}(\boldsymbol{x}^*) \tag{2.1.4}$$

其中,$N_{\boldsymbol{X}}(\boldsymbol{x}^*)$ 为闭凸集 $\boldsymbol{X}$ 在点 $\boldsymbol{x}^*$ 的法锥.

记 $\boldsymbol{C}=\{\boldsymbol{x}\in\boldsymbol{X}\mid 0\in\partial f(\boldsymbol{x})+N_{\boldsymbol{X}}(\boldsymbol{x})\}$ 为约束优化问题(2.1.3) 的临界点集,则

$$\boldsymbol{M}\subseteq\boldsymbol{C}$$

特别地,如果 f 是凸函数,则 $\boldsymbol{M}=\boldsymbol{C}$.

2.2 罚函数方法

目前,处理优化中约束条件的方法有很多,如罚函数方法、可行方向法、投影法、Lagrange 乘子法、BFGS 法及序列二次规划法等等. 本节主要考虑如何应用罚函数方法求解优化问题(2.1.3).

罚函数方法的目的是希望将约束优化问题转化成一个新的无约束优化问题,进而,用无约束优化方法来求解.

构造无约束优化问题模型

$$\min \quad F(\boldsymbol{x},\rho)=f(\boldsymbol{x})+\rho P(\boldsymbol{x}) \tag{2.2.1}$$

如果 $\rho>0$ 且 $P(\boldsymbol{x})$ 满足:

(1) 若 $\boldsymbol{x}\in\boldsymbol{X}$,则 $P(\boldsymbol{x})=0$;

(2) 若 $\boldsymbol{x}\notin\boldsymbol{X}$,则 $P(\boldsymbol{x})>0$.

则称 $\rho P(\boldsymbol{x})$ 为约束优化问题(2.1.3) 的罚函数,ρ 为罚因子. 若带有罚函数的无约束优化问题(2.2.1) 的任意解都为与之对应约束优化问题(2.1.3) 的解,则称该罚函数 $\rho P(\boldsymbol{x})$ 为精确的.

罚函数法对处理约束有其独特的优势. 首先,罚函数法不像投影法那样仅可有效地解简单约束,它可以通过罚函数的适当选取求解带有较复杂约束的优化问题;其次,罚函数法不像 Lagrange 方法那样会增加优化问题的维数. 精确的罚函数多为非光滑的. 罚因子的大小直接影响罚函数的精确性,故罚因子的选取直接决定算法的有效性. 对于不同的优化问题,有些文献是在假设其罚函数精确的情况下,证明所构造算法的收敛性与有效性[3,4,5,6]. 而如何选取精确的罚函数是非常重要的,其中包括罚函数的构造方法与精确罚参数确定.

2.2.1 罚函数的构造

(1) 对于优化模型(2.1.3) 中的不等式约束 $g_i(\boldsymbol{x})\leqslant 0, i=1,\cdots,m$,通常定义罚函数为

$$\sigma P_1(\boldsymbol{x})=\sigma\sum_{i=1}^{m}\max\{0,g_i(\boldsymbol{x})\}^{\alpha}$$

其中,$\sigma>0,\alpha>0$. 参数 σ 与 α 同时影响罚函数 $\sigma P_1(\boldsymbol{x})$ 的精确性,并且当选取不同的 α 时,罚函数 $P_1(\boldsymbol{x})$ 具有不同的性质:

当 $\alpha>1$ 时,$P_1(\boldsymbol{x})$ 是光滑的;

当 $\alpha=1$ 时,$P_1(\boldsymbol{x})$ 是局部 Lipschitz 的,若所有的 $g_i(\boldsymbol{x})$ 都是光滑的,$P_1(\boldsymbol{x})$ 也未必光滑;

当 $\alpha < 1$ 时，$P_1(\boldsymbol{x})$ 是非局部 Lipschitz 的.

记

$$\boldsymbol{X}_1 = \{\boldsymbol{x} \in \mathbb{R}^n \mid g_i(\boldsymbol{x}) \leqslant 0, i = 1, 2, \cdots, m\}$$

则对任意的 $\sigma > 0$ 和 $\alpha > 0$

$$\boldsymbol{X}_1 = \{\boldsymbol{x} \in \mathbb{R}^n \mid \sigma P_1(\boldsymbol{x}) \leqslant 0\}$$

罚函数 $P_1(\boldsymbol{x})$ 经常用于求解此类优化问题，且目前已有许多关于此类罚函数精确罚因子的确定方法，可参见[10,11].

(2) 对于优化模型(2.1.3)的仿射等式约束，即 $Ax = b$，通常定义罚函数为

$$\mu P_2(\boldsymbol{x}) = \mu \| \boldsymbol{Ax} - \boldsymbol{b} \|_\gamma^\gamma$$

其中，$\mu > 0, \gamma > 0$.

当选取不同的 γ 时，罚函数 $P_2(\boldsymbol{x})$ 同样具有下述性质：

当 $\gamma > 1$ 时，$P_2(\boldsymbol{x})$ 是光滑的；

当 $\gamma = 1$ 时，$P_2(\boldsymbol{x})$ 是局部 Lipschitz 的，若 $h_j(\boldsymbol{x}) = A_j\boldsymbol{x} - b_j$ (A_j 表示 A 的第 j 行) 是光滑的，$P_2(x)$ 也未必光滑；

当 $\gamma < 1$ 时，$P_2(\boldsymbol{x})$ 是非局部 Lipschitz 的.

若记

$$\boldsymbol{X}_2 = \{\boldsymbol{x} \in \mathbb{R}^n \mid A\boldsymbol{x} - \boldsymbol{b} = \boldsymbol{0}\}$$

则对任意的 $\mu > 0$ 和 $\gamma > 0$

$$\boldsymbol{X}_2 = \{\boldsymbol{x} \in \mathbb{R}^n \mid \mu P_2(\boldsymbol{x}) \leqslant \boldsymbol{0}\}$$

另一方面，依照论文[15]中的方法，当 A 行满秩时，记 $\boldsymbol{Q} = \boldsymbol{I}_n - \boldsymbol{A}^{\mathrm{T}}(\boldsymbol{AA}^{\mathrm{T}})^{-1}\boldsymbol{A}$，则任意 $\boldsymbol{x} \in \mathbb{R}^n$ 可正交分解成

$$\boldsymbol{x} = \boldsymbol{Qx} + (\boldsymbol{I}_n - \boldsymbol{Q})\boldsymbol{x}$$

其中，$\boldsymbol{Qx} \in \{\boldsymbol{x} \mid \boldsymbol{Ax} = \boldsymbol{0}\}$. 因此，从 $\boldsymbol{x}$ 到 $\{\boldsymbol{x} \mid \boldsymbol{Ax} - \boldsymbol{b} = \boldsymbol{0}\}$ 的欧几里得距离为

$$\| (\boldsymbol{I}_n - \boldsymbol{Q})\boldsymbol{x} - \boldsymbol{A}^{\mathrm{T}}(\boldsymbol{AA}^{\mathrm{T}})^{-1}\boldsymbol{b} \|_2 = \| \boldsymbol{A}^{\mathrm{T}}(\boldsymbol{AA}^{\mathrm{T}})^{-1}(\boldsymbol{Ax} - \boldsymbol{b}) \|_2$$

因此，还可定义罚函数 $\mu \boldsymbol{P}_2^\dagger(\boldsymbol{x}) = \mu \| \boldsymbol{A}^\dagger \boldsymbol{x} - \boldsymbol{b}^\dagger \|_2$，其中 $\boldsymbol{A}^\dagger = \boldsymbol{A}^{\mathrm{T}}(\boldsymbol{AA}^{\mathrm{T}})^{-1}\boldsymbol{A}$，$\boldsymbol{b}^\dagger = \boldsymbol{A}^{\mathrm{T}}(\boldsymbol{AA}^{\mathrm{T}})^{-1}\boldsymbol{b}$. 则对任意的 $\mu > 0$

$$\{\boldsymbol{x} \mid \mu \boldsymbol{P}_2^\dagger(\boldsymbol{x}) \leqslant 0\} = \{\boldsymbol{x} \mid \boldsymbol{Ax} - \boldsymbol{b} = \boldsymbol{0}\} = \boldsymbol{X}_2$$

对罚函数 $\mu P_2(\boldsymbol{x})$ 与 $\mu P_2^\dagger(\boldsymbol{x})$，如何选取精确地罚因子可参见[12,13,15].

(3) 优化问题(2.1.3)的罚函数可定义如下

$$P(\boldsymbol{x}) = \sigma P_1(\boldsymbol{x}) + \mu P_2(\boldsymbol{x})$$

基于论文[14]中的分析，$P_2^\dagger(\boldsymbol{x})$ 具有某些较好的性质，如其在可行域外梯度的范数恒等于 1. 所以，在一定程度上，应用 $P_2^\dagger(\boldsymbol{x})$ 比应用 $P_2(\boldsymbol{x})$ 可使所构造的算法更快的进入可行域. 因此，本章主要研究如下罚函数

$$P(\boldsymbol{x}) = \sigma P_1(\boldsymbol{x}) + \mu P_2^\dagger(\boldsymbol{x})$$

虽然，处处可微的罚函数在计算上较容易实现，但是，精确的罚函数多为非

光滑的，甚至是非局部 Lipschitz 的. 对非局部 Lipschitz 精确罚函数的研究具有很大的挑战性，且目前还不是很完善. 有兴趣的读者可见[7,8,9]. 本章主要讲解局部 Lipschitz 精确罚函数的构造与应用，即 $P_1(\boldsymbol{x})$ 与 $P_2^{\dagger}(\boldsymbol{x})$ 定义为

$$P_1(\boldsymbol{x})=\sum_{i=1}^{m}\max\{0,g_i(\boldsymbol{x})\},\quad P_2^{\dagger}(\boldsymbol{x})=\|\boldsymbol{A}^{\dagger}\boldsymbol{x}-\boldsymbol{b}^{\dagger}\|_2 \qquad (2.2.2)$$

2.2.2 罚函数的性质

由于次微分对凸函数满足正线性运算，此部分仅给出 $P_1(\boldsymbol{x})$ 与 $P_2^{\dagger}(\boldsymbol{x})$ 的性质. 对于一个给定的点 $\boldsymbol{x}\in\mathbb{R}^n$，记

$$I^{+}(\boldsymbol{x})=\{i\in\{1,2,\cdots,m\}\mid g_i(\boldsymbol{x})>0\}$$
$$I^{0}(\boldsymbol{x})=\{i\in\{1,2,\cdots,m\}\mid g_i(\boldsymbol{x})=0\}$$
$$I^{-}(\boldsymbol{x})=\{i\in\{1,2,\cdots,m\}\mid g_i(\boldsymbol{x})<0\}$$

首先，给出罚函数 $P_1(\boldsymbol{x})$ 的一些性质. 根据 $P_1(\boldsymbol{x})$ 的定义

$$P_1(\boldsymbol{x})=\begin{cases}0, & \boldsymbol{x}\in\boldsymbol{X}_1\\ \sum\limits_{i\in I^{+}(\boldsymbol{x})}g_i(\boldsymbol{x}), & \boldsymbol{x}\notin\boldsymbol{X}_1\end{cases}$$

引理 2.2.1 $P_1(\boldsymbol{x})$ 是凸函数，对所有的 $\boldsymbol{x}\in\mathbb{R}^n$，$\partial P_1(\boldsymbol{x})$ 都存在，且可表示成

$$\partial P_1(\boldsymbol{x})=\begin{cases}\sum\limits_{i\in I^{0}(\boldsymbol{x})}[0,1]\partial g_i(\boldsymbol{x}), & \boldsymbol{x}\in\mathrm{bd}(\boldsymbol{X}_1)\\ \{0\}, & \boldsymbol{x}\in\mathrm{int}(\boldsymbol{X}_1)\\ \sum\limits_{i\in I^{+}(\boldsymbol{x})}\partial g_i(\boldsymbol{x})+\sum\limits_{i\in I^{0}(\boldsymbol{x})}[0,1]\partial g_i(\boldsymbol{x}), & \boldsymbol{x}\notin\boldsymbol{X}_1\text{ 且 }I^{0}(\boldsymbol{x})\neq\varnothing\\ \sum\limits_{i\in I^{+}(\boldsymbol{x})}\partial g_i(\boldsymbol{x}), & \boldsymbol{x}\notin\boldsymbol{X}_1\text{ 且 }I^{0}(\boldsymbol{x})=\varnothing\end{cases}$$

证 记 $[g_i(\boldsymbol{x})]_+=\max\{0,g_i(\boldsymbol{x})\}$，$i=1,2,\cdots,m$. 由于 $g_i(\boldsymbol{x})$ 是凸函数，$[g_i(\boldsymbol{x})]_+$ 是凸函数，$i=1,2,\cdots,m$. 因此，$P_1(\boldsymbol{x})$ 是凸函数，进而 $P_1(\boldsymbol{x})$ 为 $\mathbb{R}^n$ 上的局部 Lipschitz 函数. 那么，对所有的 $\boldsymbol{x}\in\mathbb{R}^n$，$\partial P_1(\boldsymbol{x})$ 都存在.

应用命题 2

$$\partial[g_i(\boldsymbol{x})]_+=\begin{cases}\partial g_i(\boldsymbol{x}), & g_i(\boldsymbol{x})>0\\ \{0\}, & g_i(\boldsymbol{x})<0\\ \mathrm{co}\{0,\partial g_i(\boldsymbol{x})\}, & g_i(\boldsymbol{x})=0\end{cases}$$

由于 $\partial g_i(\boldsymbol{x})$ 是 $\mathbb{R}^n$ 中的闭凸集，$\mathrm{co}\{0,\partial g_i(\boldsymbol{x})\}=[0,1]\partial g_i(\boldsymbol{x})$. 因此，根据命题 1，可得到此性质中 $\partial P_1(\boldsymbol{x})$ 的表示式.

引理 2.2.2 若 $\mathrm{int}(\boldsymbol{X}_1)\neq\varnothing$，对任意的 $\boldsymbol{x}\notin\boldsymbol{X}_1$，$\tilde{\boldsymbol{x}}\in\mathrm{int}(\boldsymbol{X}_1)$

$$\langle\boldsymbol{p}_1(\boldsymbol{x}),\boldsymbol{x}-\tilde{\boldsymbol{x}}\rangle>-G_m,\ \forall\,\boldsymbol{p}_1(\boldsymbol{x})\in\partial P_1(\boldsymbol{x})$$

其中，$G_m=\max\limits_{1\leqslant i\leqslant m} g_i(\tilde{\boldsymbol{x}})<0$.

证 当 $\boldsymbol{x}\notin \boldsymbol{X}_1$ 时，$I^+(\boldsymbol{x})\neq\varnothing$. 对任意的 $i\in I^+(\boldsymbol{x})\cup I^v(\boldsymbol{x})$，由于 $g_i(\boldsymbol{x})$ 是凸函数，应用凸不等式

$$0<-g_i(\tilde{\boldsymbol{x}})\leqslant -g_i(\tilde{\boldsymbol{x}})+g_i(\boldsymbol{x})\leqslant\langle\xi_i(\boldsymbol{x}),\boldsymbol{x}-\tilde{\boldsymbol{x}}\rangle,\quad \forall\,\xi_i(\boldsymbol{x})\in\partial g_i(\boldsymbol{x})$$

则对任意的 $p_1(\boldsymbol{x})\in\partial P_1(\boldsymbol{x})$，存在 $\xi_i(\boldsymbol{x})\in\partial g_i(\boldsymbol{x})$，$\varepsilon_i\in[0,1]$ 和 $\xi_j(\boldsymbol{x})\in\partial g_j(\boldsymbol{x})$，其中 $i\in I^0(\boldsymbol{x})$，$j\in I^+(\boldsymbol{x})$，使得

$$\begin{aligned}\langle p_1(\boldsymbol{x}),\boldsymbol{x}-\tilde{\boldsymbol{x}}\rangle&=\sum_{j\in I^+(\boldsymbol{x})}\langle\xi_j(\boldsymbol{x}),\boldsymbol{x}-\tilde{\boldsymbol{x}}\rangle+\sum_{i\in I^0(\boldsymbol{x})}\langle\varepsilon_i\xi_i(\boldsymbol{x}),\boldsymbol{x}-\tilde{\boldsymbol{x}}\rangle\\&>\sum_{j\in I^+(\boldsymbol{x})}(-g_j(\tilde{\boldsymbol{x}}))\geqslant -G_m\end{aligned}$$

其次，我们分析 $P_2^\dagger(\boldsymbol{x})$ 的性质.

$P_2^\dagger(\boldsymbol{x})$ 是凸函数，对所有的 $\boldsymbol{x}\in\mathbb{R}^n$，$\partial P_2^\dagger(\boldsymbol{x})$ 都存在，应用命题 4，其可表示成

$$\partial P_2^\dagger(\boldsymbol{x})=\begin{cases}\dfrac{(\boldsymbol{A}^\dagger)^{\mathrm{T}}(\boldsymbol{A}^\dagger\boldsymbol{x}-\boldsymbol{b}^\dagger)}{\|\boldsymbol{A}^\dagger\boldsymbol{x}-\boldsymbol{b}^\dagger\|_2}, & \boldsymbol{x}\notin\boldsymbol{X}_2\\ \{\boldsymbol{A}^\dagger\boldsymbol{\xi}\mid\|\boldsymbol{\xi}\|_2\leqslant 1\}, & \boldsymbol{x}\in\boldsymbol{X}_2\end{cases}$$

引理 2.2.3 对任意的 $\tilde{\boldsymbol{x}}\in\boldsymbol{X}_2$：

(1) $\langle p_2(\boldsymbol{x}),\boldsymbol{x}-\tilde{\boldsymbol{x}}\rangle=\begin{cases}0, & \boldsymbol{x}\in\boldsymbol{X}_2\\ P_2^\dagger(\boldsymbol{x}), & \boldsymbol{x}\notin\boldsymbol{X}_2\end{cases}$，$\forall\, p_2(\boldsymbol{x})\in\partial P_2^\dagger(\boldsymbol{x})$；

(2) 若 $\boldsymbol{x}\notin\boldsymbol{X}_2$，$\|\nabla P_2^\dagger(\boldsymbol{x})\|_2=1$.

证 (1) 当 $\boldsymbol{x}\in\boldsymbol{X}_2$ 时，$\boldsymbol{A}^\dagger\boldsymbol{x}-\boldsymbol{b}^\dagger=0$，且 $\partial P_2(\boldsymbol{x})=\{\boldsymbol{A}^\dagger\boldsymbol{\xi}\mid\|\boldsymbol{\xi}\|_2\leqslant 1\}$. 对于任意的 $\boldsymbol{\xi}\in\mathbb{R}^n$，$\|\boldsymbol{\xi}\|_2\leqslant 1$，有

$$\langle\boldsymbol{A}^\dagger\boldsymbol{\xi},\boldsymbol{x}-\tilde{\boldsymbol{x}}\rangle=\boldsymbol{\xi}^{\mathrm{T}}(\boldsymbol{A}^\dagger\boldsymbol{x}-\boldsymbol{A}^\dagger\tilde{\boldsymbol{x}})=\boldsymbol{\xi}^{\mathrm{T}}(\boldsymbol{A}^\dagger\boldsymbol{x}-\boldsymbol{b}^\dagger)=\boldsymbol{\xi}^{\mathrm{T}}(\boldsymbol{b}^\dagger-\boldsymbol{b}^\dagger)=0$$

另一方面，当 $\boldsymbol{x}\notin\boldsymbol{X}_2$ 时，$\nabla P_2^\dagger(\boldsymbol{x})=\dfrac{(\boldsymbol{A}^\dagger)^{\mathrm{T}}(\boldsymbol{A}^\dagger\boldsymbol{x}-\boldsymbol{b}^\dagger)}{\|\boldsymbol{A}^\dagger\boldsymbol{x}-\boldsymbol{b}^\dagger\|_2}$. 通过简单的计算

$$\begin{aligned}\langle\nabla P_2^\dagger(\boldsymbol{x}),\boldsymbol{x}-\tilde{\boldsymbol{x}}\rangle&=\left\langle\frac{(\boldsymbol{A}^\dagger)^{\mathrm{T}}(\boldsymbol{A}^\dagger\boldsymbol{x}-\boldsymbol{b}^\dagger)}{\|\boldsymbol{A}^\dagger\boldsymbol{x}-\boldsymbol{b}^\dagger\|_2},\boldsymbol{x}-\tilde{\boldsymbol{x}}\right\rangle\\&=\frac{(\boldsymbol{A}^\dagger\boldsymbol{x}-\boldsymbol{b}^\dagger)^{\mathrm{T}}(\boldsymbol{A}^\dagger\boldsymbol{x}-\boldsymbol{A}^\dagger\tilde{\boldsymbol{x}})}{\|\boldsymbol{A}^\dagger\boldsymbol{x}-\boldsymbol{b}^\dagger\|_2}\\&=\frac{\|\boldsymbol{A}^\dagger\boldsymbol{x}-\boldsymbol{b}^\dagger\|_2^2}{\|\boldsymbol{A}^\dagger\boldsymbol{x}-\boldsymbol{b}^\dagger\|_2}=\|\boldsymbol{A}^\dagger\boldsymbol{x}-\boldsymbol{b}^\dagger\|_2\\&=P_2^\dagger(\boldsymbol{x})\end{aligned}$$

(2) 当 $\boldsymbol{x}\notin\boldsymbol{X}_2$ 时，$\nabla P_2^\dagger(\boldsymbol{x})=\dfrac{(\boldsymbol{A}^\dagger)^{\mathrm{T}}(\boldsymbol{A}^\dagger\boldsymbol{x}-\boldsymbol{b}^\dagger)}{\|\boldsymbol{A}^\dagger\boldsymbol{x}-\boldsymbol{b}^\dagger\|_2}$，进而

$$\|\nabla P_2^\dagger(\boldsymbol{x})\|_2^2=\left\langle\frac{(\boldsymbol{A}^\dagger)^{\mathrm{T}}(\boldsymbol{A}^\dagger\boldsymbol{x}-\boldsymbol{b}^\dagger)}{\|\boldsymbol{A}^\dagger\boldsymbol{x}-\boldsymbol{b}^\dagger\|_2},\frac{(\boldsymbol{A}^\dagger)^{\mathrm{T}}(\boldsymbol{A}^\dagger\boldsymbol{x}-\boldsymbol{b}^\dagger)}{\|\boldsymbol{A}^\dagger\boldsymbol{x}-\boldsymbol{b}^\dagger\|_2}\right\rangle=1$$

因此，$\|\nabla P_2^\dagger(\boldsymbol{x})\|_2=1$.

2.2.3　罚函数与法锥的关系

由定义 2.1.2 及应用罚函数方法求解约束优化问题的思想，所构造罚函数与法锥之间的关系直接影响所构造网络的有效性及精确性. 下面这一性质给出了 $P_1(\boldsymbol{x})$ 和 $P_2(\boldsymbol{x})$ 与 $N_{\boldsymbol{X}_1}(\boldsymbol{x})$，$N_{\boldsymbol{X}_2}(\boldsymbol{x})$ 和 $N_{\boldsymbol{X}}(\boldsymbol{x})$ 之间的关系.

引理 2.2.4　(1) 若 $\mathrm{int}(\boldsymbol{X}_1)\neq\varnothing$，则 $N_{\boldsymbol{X}_1}(\boldsymbol{x})=\bigcup_{\lambda\geqslant 0}\lambda\partial P_1(\boldsymbol{x})$，$\forall\,\boldsymbol{x}\in\boldsymbol{X}_1$；

(2) $N_{\boldsymbol{X}_2}(\boldsymbol{x})=\bigcup_{\lambda\geqslant 0}\lambda\partial P_2^{\dagger}(\boldsymbol{x})$，$\forall\,\boldsymbol{x}\in\boldsymbol{X}_2$；

(3) 若 $\mathrm{int}(\boldsymbol{X}_1)\cap\boldsymbol{X}_2\neq\varnothing$，则

$$N_{\boldsymbol{X}}(\boldsymbol{x})=\bigcup_{\lambda\geqslant 0}\lambda(\sigma\partial P_1(\boldsymbol{x})+\mu\partial P_2^{\dagger}(\boldsymbol{x})),\quad \forall\,\sigma>0,\mu>0,\boldsymbol{x}\in\boldsymbol{X}$$

证　若 $\hat{\boldsymbol{x}}\in\mathrm{int}(\boldsymbol{X}_1)$，则 $N_{\boldsymbol{X}_1}(\hat{\boldsymbol{x}})=\{0\}=\bigcup_{\lambda\geqslant 0}\lambda\partial P_1(\hat{\boldsymbol{x}})$ 自然成立.

若 $\hat{\boldsymbol{x}}\in\mathrm{bd}(\boldsymbol{X}_1)$，记 $\boldsymbol{X}_{1i}=\{\boldsymbol{x}\in\mathbb{R}^n\mid g_i(\boldsymbol{x})\leqslant 0\}$，$i=1,2,\cdots,m$. 由于 $\mathrm{int}(\boldsymbol{X}_1)\neq\varnothing$，$0\in\mathrm{int}(\boldsymbol{X}_{11}-\boldsymbol{X}_{12})$，应用命题 5，得到

$$N_{\boldsymbol{X}_{11}\cap\boldsymbol{X}_{12}}(\boldsymbol{x})=N_{\boldsymbol{X}_{11}}(\boldsymbol{x})+N_{\boldsymbol{X}_{12}}(\boldsymbol{x}),\quad \forall\,\boldsymbol{x}\in\boldsymbol{X}_{11}\cap\boldsymbol{X}_{12}$$

同理，对于所有 $\boldsymbol{x}\in\boldsymbol{X}_1$

$$N_{\boldsymbol{X}_1}(\boldsymbol{x})=N_{\boldsymbol{X}_{11}}(\boldsymbol{x})+\cdots+N_{\boldsymbol{X}_{1m}}(\boldsymbol{x})\tag{2.2.3}$$

固定 $j\in\{1,2,\cdots,m\}$，若 $\hat{\boldsymbol{x}}\in\mathrm{int}(\boldsymbol{X}_{1j})$，$N_{\boldsymbol{X}_{1j}}(\hat{\boldsymbol{x}})=\{0\}$. 若 $\hat{\boldsymbol{x}}\in\mathrm{bd}(\boldsymbol{X}_{1j})$，由于 $\mathrm{int}(\boldsymbol{X}_{1j})\neq\varnothing$，$0\notin\partial g_j(\hat{\boldsymbol{x}})$，应用命题 6，得到 $N_{\boldsymbol{X}_{1j}}(\hat{\boldsymbol{x}})=\bigcup_{\lambda\geqslant 0}\lambda\partial g_j(\hat{\boldsymbol{x}})$. 由于 $\partial g_j(\hat{\boldsymbol{x}})$ 是$\mathbb{R}^n$ 中的非空紧凸集，$\bigcup_{\lambda\geqslant 0}\lambda\partial g_j(\hat{\boldsymbol{x}})=[0,+\infty)\partial g_j(\hat{\boldsymbol{x}})$. 应用式(2.2.3)

$$N_{\boldsymbol{X}_1}(\hat{\boldsymbol{x}})=\sum_{i=1}^{m}N_{\boldsymbol{X}_{1i}}(\hat{\boldsymbol{x}})=\sum_{i\in I^0(\hat{\boldsymbol{x}})}[0,+\infty)\partial g_i(\hat{\boldsymbol{x}})$$

结合 $\partial P_1(\boldsymbol{x})$ 的表达式

$$\bigcup_{\lambda\geqslant 0}\lambda\partial P_1(\hat{\boldsymbol{x}})=\bigcup_{\lambda\geqslant 0}\lambda\sum_{i\in I^0(\hat{\boldsymbol{x}})}[0,1]\partial g_i(\hat{\boldsymbol{x}})=\sum_{i\in I^0(\hat{\boldsymbol{x}})}[0,+\infty)\partial g_i(\hat{\boldsymbol{x}})$$

因此，$N_{\boldsymbol{X}_1}(\hat{\boldsymbol{x}})=\bigcup_{\lambda\geqslant 0}\lambda\partial P_1(\hat{\boldsymbol{x}})$.

若 $\hat{\boldsymbol{x}}\in\boldsymbol{X}_2$，$N_{\boldsymbol{X}_2}(\hat{\boldsymbol{x}})=\{\boldsymbol{A\xi}\mid\boldsymbol{\xi}\in\mathbb{R}^n\}$ 且

$$\bigcup_{\lambda\geqslant 0}\lambda\partial P_2^{\dagger}(\hat{\boldsymbol{x}})=\bigcup_{\lambda\geqslant 0}\lambda\{A^{\dagger}\boldsymbol{\xi}\mid\|\boldsymbol{\xi}\|_2\leqslant 1\}=\{A^{\dagger}\boldsymbol{\xi}\mid\boldsymbol{\xi}\in\mathbb{R}^n\}$$

所以，$N_{\boldsymbol{X}_2}(\boldsymbol{x})=\bigcup_{\lambda\geqslant 0}\lambda\partial P_2^{\dagger}(\boldsymbol{x})$.

由于 $\mathrm{int}(\boldsymbol{X}_1)\cap\boldsymbol{X}_2\neq\varnothing$，$0\in\mathrm{int}(\boldsymbol{X}_1-\boldsymbol{X}_2)$，若 $\hat{\boldsymbol{x}}\in\boldsymbol{X}$，应用命题 5 及结论(1) 和(2)

$$\begin{aligned}N_{\boldsymbol{X}}(\hat{\boldsymbol{x}})&=N_{\boldsymbol{X}_1}(\hat{\boldsymbol{x}})+N_{\boldsymbol{X}_2}(\hat{\boldsymbol{x}})\\&=\bigcup_{\lambda\geqslant 0}\lambda\partial P_1(\hat{\boldsymbol{x}})+\bigcup_{\lambda\geqslant 0}\lambda\partial P_2^{\dagger}(\hat{\boldsymbol{x}})\\&=\bigcup_{\lambda\geqslant 0}\lambda\sum_{i\in I^0(\hat{\boldsymbol{x}})}[0,1]\partial g_i(\hat{\boldsymbol{x}})+\bigcup_{\lambda\geqslant 0}\lambda\{\boldsymbol{A}^{\dagger}\boldsymbol{\xi}\mid\|\boldsymbol{\xi}\|_2\leqslant 1\}\end{aligned}$$

$$=\bigcup_{\lambda\geqslant 0}\lambda\sigma\sum_{i\in I^0(\hat{\boldsymbol{x}})}[0,1]\partial g_i(\hat{\boldsymbol{x}})+\bigcup_{\lambda\geqslant 0}\lambda\mu\{\boldsymbol{A}^{\dagger}\boldsymbol{\xi}\mid \|\boldsymbol{\xi}\|_2\leqslant 1\}$$

$$=\bigcup_{\lambda\geqslant 0}\lambda\Big(\sigma\sum_{i\in I^0(\hat{\boldsymbol{x}})}[0,1]\partial g_i(\hat{\boldsymbol{x}})+\mu\{\boldsymbol{A}^{\dagger}\boldsymbol{\xi}\mid \|\boldsymbol{\xi}\|_2\leqslant 1\}\Big)$$

$$=\bigcup_{\lambda\geqslant 0}\lambda(\sigma\partial P_1(\boldsymbol{x})+\mu\partial P_2^{\dagger}(\boldsymbol{x}))$$

2.3 构造网络

通过罚函数方法，我们给出与约束优化问题(2.1.3)等价的无约束优化问题

$$\min_{\boldsymbol{x}\in\mathbb{R}^n} W(\boldsymbol{x})=f(\boldsymbol{x})+P(\boldsymbol{x}) \tag{2.3.1}$$

利用神经网络求解优化问题的实质就是将优化问题的优化解集转化成所构造网络的平衡点集.基于最速下降法的思想，利用(2.3.1)求解(2.1.3)的网络常构造如下

$$\dot{\boldsymbol{x}}(t)\in-\partial W(\boldsymbol{x}(t)) \tag{2.3.2}$$

在论文[15]中，作者们定义 $P_1(\boldsymbol{x})=\sum_{i=1}^{n}\max\{0,\boldsymbol{x}_i\}$，$P_2(\boldsymbol{x})=\|\boldsymbol{Ax}-\boldsymbol{b}\|_q$，其中 $q\geqslant 1$，利用(2.3.2)求解带有如下约束的线性优化问题

$$\boldsymbol{x}\geqslant 0,\quad \boldsymbol{Ax}-\boldsymbol{b}=\boldsymbol{0}$$

并给出了一个 σ 与 μ 的下界，使其网络可有效求解此类优化问题.

在论文[15]中，作者们定义 $P(\boldsymbol{x})=\mu P_2(\boldsymbol{x})+\sigma P_1(\boldsymbol{x})$ 并利用网络(2.3.2)求解优化问题

$$\begin{array}{ll}\min & f(\boldsymbol{x})\\ \text{s.t.} & g_i(x)\leqslant 0, i=1,2,\cdots,m\end{array} \tag{2.3.3}$$

当 $\text{int}(\boldsymbol{X}_1)\neq\varnothing$ 且可行域 $\boldsymbol{X}_1$ 有界时，作者们给出了一个 σ 的充分条件使其网络可有效求解优化问题.

由于优化问题(2.1.3)中带有一系列仿射等式约束，论文[10]中对可行域的假设无法成立.依照 2.2.1 中罚函数的选取法，本章应用如下无约束优化模型求解(2.1.3)

$$\min_{\boldsymbol{x}\in\mathbb{R}^n} W(\boldsymbol{x})=f(\boldsymbol{x})+\sigma P_1(\boldsymbol{x})+\mu P_2^{\dagger}(\boldsymbol{x})$$

根据命题 1，此时，式(2.3.2)可表达成

$$\dot{\boldsymbol{x}}(t)\in-\partial f(\boldsymbol{x}(t))-\sigma\partial P_1(\boldsymbol{x}(t))-\mu\partial P_2^{\dagger}(\boldsymbol{x}(t)) \tag{2.3.4}$$

需要说明的是，网络(2.3.4)可通过电路实现，关于此方面的研究可参见文献[16]和[17].另外，为了使网络(2.3.4)可有效的求解约束非光滑优化问

题(2.1.3),(2.1.3)的可行域需满足如下条件：

$(A_{\boldsymbol{X}})$：存在 $\tilde{\boldsymbol{x}} \in \mathbb{R}^n$ 和 $R > 0$ 使得 $\tilde{\boldsymbol{x}} \in \mathrm{int}(\boldsymbol{X}_1) \cap \boldsymbol{X}_2$ 且 $\boldsymbol{X}_1 \subseteq \boldsymbol{B}(\tilde{\boldsymbol{x}}, R)$.

条件$(A_{\boldsymbol{X}})$与论文[13]中关于可行域的条件一样且包含论文[10]中关于可行域所需要的条件，随后又在论文[18,19]中被应用.

许多优化问题的可行域都是有界的，如目标函数 $f(\boldsymbol{x})$ 是强制的或存在 $i \in \{1,2,\cdots,m\}$ 使得 $g_i(\boldsymbol{x})$ 是强制的. 这里，我们称函数 $\boldsymbol{v}(\boldsymbol{x}):\mathbb{R}^n \to \mathbb{R}$ 是强制的，是指当 $\|\boldsymbol{x}\|_2 \to +\infty$ 时，$\boldsymbol{v}(\boldsymbol{x}) \to +\infty$.

我们将分三部分研究所构造网络(2.3.4)的性质.

在随后四节的理论分析中，记 $\tilde{\boldsymbol{x}} \in \mathrm{int}(\boldsymbol{X}_1) \cap \boldsymbol{X}_2, \boldsymbol{X}_1 \subseteq B(\tilde{\boldsymbol{x}}, R), G_m = \max\limits_{1 \leqslant i \leqslant m} g_i(\tilde{\boldsymbol{x}}) < 0$，$l_f$ 是 $f(\boldsymbol{x})$ 在紧集$\overline{B(\tilde{\boldsymbol{x}}, R)}$上的一个 Lipschitz 常数上界，$l_1$ 是 $P_1(\boldsymbol{x})$ 在紧集$\overline{B(\tilde{\boldsymbol{x}}, R)}$上的一个 Lipschitz 常数上界①，$\boldsymbol{E}$ 为网络(2.3.4)的平衡点集，$\boldsymbol{C}$ 和 $\boldsymbol{M}$ 分别为优化问题(2.1.3)的临界点集与优化点集.

2.4 解的全局存在唯一性

这一节，给出网络(2.3.4)解的全局存在唯一性及其一些基本性质.

首先，当 f 是凸函数时，优化问题(2.1.3)是一个非光滑凸优化问题. 根据文献[20]147页定理1，我们可得到如下结论.

定理 2.4.1 当 f 是凸函数时，对任意的初始点 $\boldsymbol{x}_0 \in \mathbb{R}^n$，网络(2.3.4)存在唯一的以 $\boldsymbol{x}_0$ 为初始点的全局解 $\boldsymbol{x}:[0, +\infty) \to \mathbb{R}^n$. 而且，此解满足如下性质：

(i)$x(t)$ 是网络(2.3.4)的 slow 解；

(ii)$t \to \|\dot{x}(t)\|_2$ 是非增的；

(iii) 若 $x(t)$ 和 $y(t)$ 分别是(2.3.4)的以 $\boldsymbol{x}_0$ 和 $\boldsymbol{y}_0$ 为初始点的解，则

$$\|x(t) - y(t)\|_2 \leqslant \|\boldsymbol{x}_0 - \boldsymbol{y}_0\|_2, \quad \forall t \geqslant 0$$

(iv)$\boldsymbol{W}(x(t))$ 是一个非增函数且几乎处处满足

$$\frac{\mathrm{d}}{\mathrm{d}t}\boldsymbol{W}(x(t)) = -\|\dot{x}(t)\|_2^2 \leqslant 0$$

(v) 若 $x(t) \notin \boldsymbol{E}$，存在 $\delta(t) > 0$ 使得

$$\frac{\mathrm{d}}{\mathrm{d}t}W(x(t)) \leqslant -\delta(t) < 0$$

---

① 若 l_1 是所有 $g_i(\boldsymbol{x})$ 在紧集$\overline{B(\tilde{\boldsymbol{x}}, R)}$上的一个 Lipschitz 常数上界，则 l_1 必是 $P_1(\boldsymbol{x})$ 在紧集$\overline{B(\tilde{\boldsymbol{x}}, R)}$上的一个 Lipschitz 常数上界.

(vi) 若 $x(t) \in E$，$\frac{\mathrm{d}}{\mathrm{d}t}W(x(t)) = 0$.

证 当 $f(\boldsymbol{x})$ 是凸函数时，$W(\boldsymbol{x})$ 是 $\mathbb{R}^n$ 上的凸函数，根据文献[20]159 页命题 1，集值映射 $\boldsymbol{x} \to \partial W(\boldsymbol{x})$ 是极大单调的. 再根据文献[20]147 页定理 1，便可得到微分包含(2.3.4) 轨道的全局存在性、唯一性及此定理中的结论(i)，(ii) 和(iii).

根据命题 3，对几乎所有的 $t \geqslant 0$

$$\frac{\mathrm{d}}{\mathrm{d}t}W(x(t)) = \langle w(t), \dot{x}(t) \rangle, \quad \forall\, w(t) \in \partial W(x(t)) \tag{2.4.1}$$

把微分包含(2.3.4) 代入方程(2.4.1)，对几乎所有的 $t \geqslant 0$ 成立

$$\frac{\mathrm{d}}{\mathrm{d}t}W(x(t)) = \langle -\dot{x}(t), \dot{x}(t) \rangle = -\| \dot{x}(t) \|_2^2 \leqslant 0 \tag{2.4.2}$$

若 $x(t) \notin E$，$0 \notin \partial W(x(t))$. 由于 $\partial W(x(t))$ 是 $\mathbb{R}^n$ 中的非空紧凸集，$m_W(x(t)) = \min\limits_{\xi \in \partial W(x(t))} \| \boldsymbol{\xi} \|_2 > 0$. 因此

$$\frac{\mathrm{d}}{\mathrm{d}t}W(x(t)) \leqslant -m_W^2(x(t)) < 0$$

反之，如果 $x(t) \in E$，$0 \in \partial W(x(t))$. 在(2.4.1) 中，选取 $w(t) = 0$，得到

$$\frac{\mathrm{d}}{\mathrm{d}t}W(x(t)) = 0$$

下面，我们讨论当 $f(\boldsymbol{x})$ 未必为凸函数时，为得到网络(2.3.4) 解的全局存在性，需要下面的命题.

命题 2.4.1[20] 若 $F: \mathbb{R}^n \to \mathbb{R}^n$ 是一个具有非空紧凸值的上半连续集值映射，则对任意的 $\boldsymbol{x}_0 = x(0) \in \mathbb{R}^n$，微分包含

$$\dot{x}(t) \in F(x(t))$$

存在一个以 $\boldsymbol{x}_0$ 为初始点的局部解 $x(t)$，$t \in [0, t_1)$，$t_1 > 0$.

定理 2.4.2 若条件 (A_X) 成立且 $\sigma > \frac{Rl_f}{-G_m}$，则对任意的初始点 $x(0) = \boldsymbol{x}_0 \in B(\tilde{\boldsymbol{x}}, R)$，网络(2.3.4) 存在一个以 $\boldsymbol{x}_0$ 为初始点的解. 而且，任意以 $\boldsymbol{x}_0$ 为初始的解 $x(\boldsymbol{t})$ 都全局存在并满足如下性质：

(i) $x(t) \in B(\tilde{\boldsymbol{x}}, R)$，$\forall\, t \geqslant 0$；

(ii) $W(x(t))$ 是一个非增函数且几乎处处满足

$$\frac{\mathrm{d}}{\mathrm{d}t}W(x(t)) = -\| \dot{x}(t) \|_2^2 \leqslant 0$$

(iii) 若 $x(t) \notin \boldsymbol{E}$，存在 $\delta(t) > 0$ 使得

$$\frac{\mathrm{d}}{\mathrm{d}t}W(x(t)) \leqslant -\delta(t) < 0$$

(iv) 若 $x(t) \in E$，$\frac{\mathrm{d}}{\mathrm{d}t}W(x(t)) = 0$；

(v)$x(t)$ 是网络(2.3.4) 的 slow 解.

证　由于 $W(\boldsymbol{x})$ 是局部 Lipschitz 函数,$\partial W(\boldsymbol{x})$ 是一个具有非空紧凸值的上半连续集值映射. 因此,对于任意的 $\boldsymbol{x}_0 \in B(\tilde{\boldsymbol{x}},R)$,根据命题 2.4.1,网络(2.3.4) 存在一个以 $\boldsymbol{x}_0$ 为初始点的局部解 $x(t), t \in [0,t_1)$,其中 $t_1 > 0$.

下面,证明当 $x(t) \in B(\tilde{\boldsymbol{x}},R)\backslash \boldsymbol{X}_1$ 时,$\frac{\mathrm{d}}{\mathrm{d}t}\| x(t) - \tilde{\boldsymbol{x}} \|_2^2 < 0$.

根据命题 3 和网络(2.3.5) 的表达式,对几乎所有的 $t \geqslant 0$,存在 $\bar{\xi}(t) \in \partial f(x(t)), \bar{p}_1(t) \in \partial P_1(x(t))$ 和 $\bar{p}_2(t) \in \partial P_2^{\dagger}(x(t))$,使得

$$
\begin{aligned}
\frac{1}{2}\cdot\frac{\mathrm{d}}{\mathrm{d}t}\| x(t) - \tilde{\boldsymbol{x}} \|^2 &= \langle x(t) - \tilde{\boldsymbol{x}}, \dot{\boldsymbol{x}}(t)\rangle \\
&= \langle x(t) - \tilde{\boldsymbol{x}}, -\bar{\xi}(t) - \sigma\bar{p}_1(t) - \mu\bar{p}_2(t)\rangle \\
&= \langle x(t) - \tilde{\boldsymbol{x}}, -\bar{\xi}(t)\rangle - \langle \boldsymbol{x}(t) - \tilde{\boldsymbol{x}}, \sigma\bar{p}_1(t) + \mu\bar{p}_2(t)\rangle
\end{aligned}
$$

根据引理 2.2.2 和引理 2.2.3

$$
\frac{1}{2}\cdot\frac{\mathrm{d}}{\mathrm{d}t}\| x(t) - \tilde{\boldsymbol{x}} \|_2^2 \leqslant \| x(t) - \tilde{\boldsymbol{x}} \|_2 \| \bar{\xi}(t) \|_2 + \sigma G_m \leqslant Rl_f + \sigma G_m
$$

所以,当 $\sigma > \frac{Rl_f}{-G_m}$ 时,$\frac{\mathrm{d}}{\mathrm{d}t}\| x(t) - \tilde{\boldsymbol{x}} \|_2^2 < 0$.

因此,以 $\boldsymbol{x}_0 \in B(\tilde{\boldsymbol{x}},R)$ 为初始点的局部解 $x(t)$ 是有界的,且 $x(t) \in B(\tilde{\boldsymbol{x}}, R)$, $\forall t \in [0,t_1)$. 根据解可扩展定理,以 $\boldsymbol{x}_0$ 为初始点,网络(2.3.4) 的解是全局存在的且满足性质(i) ~ (iii).

结合(2.4.1) 和(2.4.2),得到

$$
\| \dot{x}(t) \|^2 = \langle -w(t), \dot{x}(t)\rangle \leqslant \| -w(t) \|_2 \| \dot{x}(t) \|_2, \quad \forall w(t) \in \partial W(x(t))
$$

根据上述不等式及 $\dot{x}(t) \in -\partial W(x(t))$,几乎处处 $t \geqslant 0$,(v) 中结论成立.

定理2.4.2中的性质(iii) 说明能量函数 $W(x(t))$ 沿(2.3.4) 的非稳定解是严格递减的,而性质(iv) 说明能量函数 $W(x(t))$ 在(2.3.4) 的稳定解上不变;性质(v) 给出了集值映射 $\partial W(x(t))$ 中的一个与 $\dot{x}(t)$ 几乎处处相等的选择,这对于网络(2.3.4) 的实现及应用是非常重要的.

以微分包含为模型网络解的唯一性并非普遍存在的,其只有在右端集值映射满足一定条件时才可成立. 首先,当右端集值映射极大单调时,微分包含解是全局存在且唯一的[20];其次,在论文[11] 中,对于 $f(\boldsymbol{x})$ 是二次函数且 $g_i(\boldsymbol{x})$ 是仿射函数的情况,作者们证明了微分包含网络(2.3.4) 解的全局存在性与唯一性. 后面,将给出一个更加宽泛的条件来保证微分包含网络(2.3.4) 解的唯一性.

在集值映射的连续性概念中,一类重要的连续集值映射就是 Lipschitz 集值映射. 单边 Lipschitz 条件是一类比局部 Lipschitz 更弱的 Lipschitz 条件.

定义 2.4.1 若存在 $L>0$ 使得对于任意的 $\boldsymbol{x}_1,\boldsymbol{x}_2\in\boldsymbol{U}$ 成立

$$\langle \boldsymbol{x}_1-\boldsymbol{x}_2, f(\boldsymbol{x}_1)-f(\boldsymbol{x}_2)\rangle \leqslant L\|\boldsymbol{x}_1-\boldsymbol{x}_2\|_2^2$$
$$\forall f(\boldsymbol{x}_1)\in F(\boldsymbol{x}_1),\ \forall f(\boldsymbol{x}_2)\in F(\boldsymbol{x}_2)$$

则称集值映射 $F(\boldsymbol{x}):\boldsymbol{H}\to\boldsymbol{H}$ 在 $\boldsymbol{U}\subseteq\boldsymbol{H}$ 上满足单边 Lipschitz 条件.

论文[14] 中引进了一类比单边 Lipschitz 条件更弱的 Lipschitz 条件,并取名为弱－单边 Lipschitz 条件.

定义 2.4.2 若存在常数 $\zeta>0$,使得对于任意的 $\boldsymbol{x}_1,\boldsymbol{x}_2\in\boldsymbol{U}\subseteq\boldsymbol{H}$,存在 $\tilde{f}(\boldsymbol{x}_1)\in F(\boldsymbol{x}_1)$ 和 $\tilde{f}(\boldsymbol{x}_2)\in F(\boldsymbol{x}_2)$ 使得

$$\langle \boldsymbol{x}_1-\boldsymbol{x}_2, \tilde{f}(\boldsymbol{x}_1)-\tilde{f}(\boldsymbol{x}_2)\rangle \leqslant \zeta\|\boldsymbol{x}_1-\boldsymbol{x}_2\|^2$$

则称集值映射 $F:\boldsymbol{H}\to\boldsymbol{H}$ 在 $\boldsymbol{U}\subseteq\boldsymbol{H}$ 上满足弱－单边 Lipschitz 条件.

如果 $F(\boldsymbol{x})$ 满足下列条件之一,则 $\partial F(\boldsymbol{x})$ 在 $B(\tilde{\boldsymbol{x}},R)$ 上满足弱－单边 Lipschitz 条件:

(i) 对于任意的 $\boldsymbol{x}\in B(\tilde{\boldsymbol{x}},R)$,$\nabla^2 F(\boldsymbol{x})$ 存在且在 $B(\tilde{\boldsymbol{x}},R)$ 上有界.

(ii) 对于任意的 $\boldsymbol{x}\in B(\tilde{\boldsymbol{x}},R)$,$\nabla F(\boldsymbol{x})$ 存在且 $\nabla F(\boldsymbol{x})$ 在 $\boldsymbol{B}(\tilde{\boldsymbol{x}},R)$ 上 Lipschitz,同时可能存在 $x\in B(\tilde{\boldsymbol{x}},R)$ 使得 $\nabla F(x)$ 在 $\boldsymbol{B}(\tilde{x},R)$ 不可微. 例如

$$F(x)=\begin{cases}-\dfrac{1}{2}x^2, & -1\leqslant x<0\\ \dfrac{1}{2}x^2, & 0\leqslant x\leqslant 1\end{cases}$$

是一个属于(ii) 类但不属于(i) 和(iii) 类的函数,这里 $B(\tilde{\boldsymbol{x}},R)=B(0,1)$.

(iii) $F(\boldsymbol{x})$ 在 $B(\tilde{\boldsymbol{x}},R)$ 上不可微,但 $\partial F(\boldsymbol{x})$ 在 $B(\tilde{\boldsymbol{x}},R)$ 上满足单边 Lipschitz 条件.

(iv) 特别的,如果 $\partial F(\boldsymbol{x})$ 在 $B(\tilde{\boldsymbol{x}},R)$ 上不满足单边 Lipschitz 条件,甚至在 $B(\tilde{\boldsymbol{x}},R)$ 上不连续,$\partial F(\boldsymbol{x})$ 依然有可能在 $B(\tilde{\boldsymbol{x}},R)$ 上满足弱－单边 Lipschitz 条件.

例如,$F(\boldsymbol{x})=\mathrm{dist}(\boldsymbol{x},\boldsymbol{C})-\dfrac{1}{2}|x-1|$,其中 $\boldsymbol{x}\in\mathbb{R}$,$\boldsymbol{C}=\{\boldsymbol{x}\in\mathbb{R}\mid -1\leqslant \boldsymbol{x}\leqslant 1\}$,$\mathrm{dist}(\boldsymbol{x},\boldsymbol{C})$ 表示点 $\boldsymbol{x}$ 到闭凸集 $\boldsymbol{C}$ 的欧几里得距离. 对于任意满足 $\{1\}\subsetneqq \boldsymbol{U}\subseteq[-1,+\infty)$ 的开集 $\boldsymbol{U}$,$\partial F(\boldsymbol{x})$ 在开集 $\boldsymbol{U}$ 上不连续,但满足弱－单边 Lipschitz 条件.

基于弱－单边 Lipschitz 条件,我们给出保证(2.3.4) 解唯一的充分条件.

(A_f):存在一个正则函数 $h(\boldsymbol{x}):\mathbb{R}^n\to\mathbb{R}$ 使得 $f(\boldsymbol{x})+h(\boldsymbol{x})$ 是凸的且 $\partial h(\boldsymbol{x})$ 在 $\boldsymbol{B}(\tilde{\boldsymbol{x}},R)$ 上满足弱－单边 Lipschitz 条件.

下面列出了几类满足条件 (A_f) 的非凸函数:

(i)$f(\boldsymbol{x})$ 是 $B(\tilde{\boldsymbol{x}},R)$ 上的半凸函数. 而满足条件(A_f) 的函数未必是半凸函数,如 $f(x)=-|x|+1$,$f(x)$ 在$(-1,1)$ 上虽不满足半凸定义,却满足条件(A_f).

(ii)$\partial(-f(\boldsymbol{x}))$ 在 $B(\tilde{x},R)$ 上满足弱-单边 Lipschitz 条件. 在这种情况下,可选取 $h(\boldsymbol{x})=-f(\boldsymbol{x})+\|x\|^2$.

(iii) 除了(i) 和(ii) 中介绍的两类函数,依然存在非凸函数满足条件(A_f),如 $f(\boldsymbol{x})=\begin{cases}-\boldsymbol{x}, & \boldsymbol{x}\geqslant 0\\ \mathrm{e}^x-1, & \boldsymbol{x}<0\end{cases}$,$B(\tilde{\boldsymbol{x}},R)=B(\boldsymbol{0},\frac{1}{2})$,这时,可选取 $h(\boldsymbol{x})=2\boldsymbol{x}$.

定理 2.4.3 若($\mathrm{A}_{\boldsymbol{X}}$) 和($\mathrm{A}_f$) 成立,则对任意的初始点 $\boldsymbol{x}_0\in B(\tilde{\boldsymbol{x}},R)$,网络(2.3.4) 的解全局存在且唯一.

证 对于初始点 $\boldsymbol{x}_0\in B(\tilde{\boldsymbol{x}},R)$,若网络(2.3.4) 存在两个解 $x^1(t)$ 和 $x^2(t)$. 根据网络(2.3.5) 的表达式,对几乎所有的 $t\geqslant 0$,存在 $\bar{\xi}^1(t)\in\partial f(x^1(t))$,$\bar{\xi}^2(t)\in\partial f(x^2(t))$,$\bar{p}_1^1(t)\in\partial P_1(x^1(t))$,$\bar{p}_1^2(t)\in\partial P_1(x^2(t))$,$\bar{p}_2^1(t)\in\partial P_2^{\dagger}(x^1(t))$,$\bar{p}_2^2(t)\in\partial P_2^{\dagger}(x^2(t))$ 使得

$$
\begin{aligned}
&\frac{\mathrm{d}}{\mathrm{d}t}\left(\frac{1}{2}\|x^1(t)-x^2(t)\|_2^2\right)\\
&=\langle x^1(t)-x^2(t),-\bar{\xi}^1(t)-\sigma\bar{p}_1^1(t)-\mu\bar{p}_2^1(t)+\bar{\xi}^2(t)+\sigma\bar{p}_1^2(t)+\mu\bar{p}_2^2(t)\rangle\\
&=\langle x^1(t)-\boldsymbol{x}^2(t),-\bar{\xi}^1(t)+\bar{\xi}^2(t)\rangle-\langle x^1(t)-x^2(t),(\sigma\bar{p}_1^1(t)+\\
&\quad\mu\bar{p}_2^1(t))-(\sigma\bar{p}_1^2(t)+\mu\bar{p}_2^2(t))\rangle
\end{aligned}
\tag{2.4.3}
$$

由于$\sigma P_1(\boldsymbol{x})+\mu P_2^{\dagger}(\boldsymbol{x})$ 是凸函数,$\sigma\partial P_1(\boldsymbol{x})+\mu\partial P_2^{\dagger}(\boldsymbol{x})$ 在$\mathbb{R}^n$ 上是单调的. 因此,由(2.4.3),得到

$$
\frac{\mathrm{d}}{\mathrm{d}t}\left(\frac{1}{2}\|x^1(t)-x^2(t)\|_2^2\right)\leqslant\langle x^1(t)-x^2(t),-\bar{\xi}^1(t)+\bar{\xi}^2(t)\rangle
\tag{2.4.4}
$$

由于 $f(\boldsymbol{x})$ 满足条件(A_f),即存在一个正则函数 $h(\boldsymbol{x})$ 使得 $f(\boldsymbol{x})+h(\boldsymbol{x})$ 是凸的,且 $\partial f(\boldsymbol{x})$ 在 $B(\tilde{\boldsymbol{x}},R)$ 满足弱-单边 Lipschitz 条件. 则 $\partial f(\boldsymbol{x})+\partial h(\boldsymbol{x})$ 在$\mathbb{R}^n$ 上是单调的,即对于任意的 $\xi^1(t)\in\partial f(x^1(t))$,$\xi^2(t)\in\partial f(x^2(t))$,$\eta^1(t)\in\partial h(x^1(t))$,$\eta^2(t)\in\partial h(x^2(t))$

$$
\langle x^1(t)-x^2(t),\xi^1(t)+\eta^1(t)-\xi^2(t)-\eta^2(t)\rangle\geqslant 0
$$

上式亦可被写成如下形式

$$
\langle x^1(t)-x^2(t),-\xi^1(t)+\xi^2(t)\rangle\leqslant\langle x^1(t)-x^2(t),\eta^1(t)-\eta^2(t)\rangle
\tag{2.4.5}
$$

根据弱-单边 Lipschitz 条件的定义,存在 $\zeta>0$,$\bar{\eta}^1(t)\in\partial h(x^1(t))$ 和 $\bar{\eta}^2(t)\in\partial h(x^2(t))$ 使得

$$
\langle x^1(t)-x^2(t),\bar{\eta}^1(t)-\bar{\eta}^2(t)\rangle\leqslant\zeta\|x^1(t)-x^2(t)\|_2^2
\tag{2.4.6}
$$

结合(2.4.3),(2.4.5)和(2.4.6),对几乎所有的 $t \geqslant 0$,成立

$$\frac{\mathrm{d}}{\mathrm{d}t}\left(\frac{1}{2}\| x^1(t) - x^2(t) \|_2^2\right) \leqslant \zeta \| x^1(t) - x^2(t) \|_2^2 \tag{2.4.7}$$

对(2.4.7)从 0 到 t 积分,得到

$$\| x^1(t) - x^2(t) \|_2^2 \leqslant \int_0^t 2\zeta \| x^1(s) - x^2(s) \|_2^2 \mathrm{d}s, \quad \forall t \geqslant 0$$

应用 Gronwall 不等式[20],不难得到对于任意的 $t \geqslant 0$,$x^1(t) = x^2(t)$.

2.5 可行域的有限时间达到与生存性

这一节,我们应用 Lyapunov 方法研究系统(2.3.2)对可行域 X 的有限时间收敛性.

定义 2.5.1 若对任意的初始点 $\boldsymbol{x}_0 \in \mathbb{R}^n$,存在 $T(\boldsymbol{x}_0) > 0$ 使得 $\boldsymbol{x}(T(\boldsymbol{x}_0)) \in \boldsymbol{X}$,则称系统(2.3.2)可有限时间到达可行域 $\boldsymbol{X}$.

生存性是控制理论中的一个重要领域,控制理论中许多问题本质上都可以利用生存理论这一工具刻画并加以解决,例如系统的可达性(可控性)、Lyapunov 稳定性、微分对策等,另一方面,系统的安全域设计本身就是一个生存性问题,即对给定系统设计一个生存域.

定义 2.5.2 如果对任意的初始点 $\boldsymbol{x}_0 \in \boldsymbol{X}$,系统(2.3.2)存在一个解 $x(t)$ 满足 $x(t) \in \boldsymbol{X}$, $\forall t \geqslant 0$,则称集合 $\boldsymbol{X}$ 关于系统(2.3.2)是生存的,这样的解 $x(t)$ 也称作系统(2.3.2)的一个生存解.

若可行域 $\boldsymbol{X}$ 关于系统(2.3.2)是生存的,由于系统(2.3.2)的解是唯一的,则系统(2.3.2)的解一旦到达可行域 $\boldsymbol{X}$ 必将永驻其中.

若系统(2.3.2)可有限时间到达可行域 $\boldsymbol{X}$ 且可行域 $\boldsymbol{X}$ 关于系统(2.3.2)是生存的,则称系统(2.3.2)是有限时间收敛到可行域 $\boldsymbol{X}$ 的,即:对任意的初始点 $\boldsymbol{x}_0 \in \mathbb{R}^n$,存在 $T(\boldsymbol{x}_0) > 0$,使得 $x(t) \in \boldsymbol{X}$, $\forall t \geqslant T(\boldsymbol{x}_0)$.

下面的命题给出了一个保证系统(2.3.2)有限时间收敛到一个特殊集合的 Lyapunov 型充分条件.

命题 2.5.1[15] 设 $\boldsymbol{x}:[0, +\infty)$ 为系统(2.3.2)的一个全局解.若存在一个函数 $V:\mathbb{R}^n \to \mathbb{R}$ 使得 $V(x(t))$ 在 $[0, +\infty)$ 上绝对连续,且存在 $\varepsilon > 0$ 使得对于几乎所有满足 $x(t) \in \{\boldsymbol{x} \mid V(\boldsymbol{x}) > 0\}$ 的时间点 t,成立

$$\frac{\mathrm{d}}{\mathrm{d}t} V(x(t)) \leqslant -\varepsilon$$

则轨道 $x(\cdot)$ 有限时间达到区域 $\{\boldsymbol{x} \mid V(\boldsymbol{x}) \leqslant 0\}$ 且永驻其中.

理论性结论中的有限时间在实际控制系统中可能是不可达的,因此,是否

可给出一个保证有限时间收敛的时间上界，对于系统的实际应用是非常重要的.

当命题 2.5.1 中的条件成立时，以 $x(0)$ 为初始点的轨道 $x(\cdot)$ 必在 $t \leqslant V(x(0))/\varepsilon$ 的一个时刻进入区域$\{\boldsymbol{x} \mid V(\boldsymbol{x}) \leqslant 0\}$ 并永驻其中.

此部分的想法来源于滑模控制中的分级控制方法. 视 $-\partial P_1(\boldsymbol{x})$ 和 $-\partial P_2^{\dagger}(\boldsymbol{x})$ 为反馈控制输入，σ 和 μ 为控制加权. 当这些权充分大的时候，第二个控制项 $-\mu\partial P_2^{\dagger}(\boldsymbol{x})$ 迫使系统的轨道在有限时间内到达$\{\boldsymbol{x} \in \mathbb{R}^n \mid \boldsymbol{Ax}-\boldsymbol{b}=\boldsymbol{0}\}$ 并永驻其中，随后，第一个控制项 $-\sigma\partial P_1(\boldsymbol{x})$ 迫使系统的轨道有限时间到达$\{\boldsymbol{x} \in \mathbb{R}^n \mid g_i(\boldsymbol{x}) \leqslant 0, i=1,2,\cdots,m\}$，并永驻其中.

首先，证明系统(2.3.4) 可有限时间到达可行域 $\boldsymbol{X}_2$ 并永驻其中.

定理 2.5.1 设条件(A_X) 成立，对任意的初始点 $\boldsymbol{x}_0 \in B(\tilde{\boldsymbol{x}}, R)$，当参数 $\sigma > \dfrac{Rl_f}{-G_m}$，$\mu > l_f + \sigma l_1$ 时，网络(2.3.4) 的轨道必在有限时间内到达可行域 $\boldsymbol{X}_2$ 并永驻其中.

证 当 $\boldsymbol{x} \in \mathbb{R}^n \backslash \boldsymbol{X}_2$ 时，$P_2^{\dagger}(\boldsymbol{x})$ 是严格可微的且

$$\nabla P_2^{\dagger}(\boldsymbol{x}) = \frac{\boldsymbol{A}^{\mathrm{T}}(\boldsymbol{AA}^{\mathrm{T}})^{-1}(\boldsymbol{Ax}-\boldsymbol{b})}{\|\boldsymbol{A}^{\dagger}\boldsymbol{x}-\boldsymbol{b}^{\dagger}\|_2}$$

因此，对于任意的 $\boldsymbol{x} \in \mathbb{R}^n \backslash \boldsymbol{X}_2$

$$\partial W(\boldsymbol{x}) = \partial f(\boldsymbol{x}) + \sigma\partial P_1(\boldsymbol{x}) + \mu\nabla P_2^{\dagger}(\boldsymbol{x}) \tag{2.5.1}$$

对于任意的 $\xi \in \partial f(\boldsymbol{x})$，$\boldsymbol{p}_1 \in \partial P_1(\boldsymbol{x})$

$$\begin{aligned}
&-(\boldsymbol{Ax}-\boldsymbol{b})^{\mathrm{T}}(\boldsymbol{AA}^{\mathrm{T}})^{-1}\boldsymbol{A}(\boldsymbol{\xi}+\sigma\boldsymbol{p}_1+\mu\nabla P_2^{\dagger}(\boldsymbol{x})) \\
=&-(\boldsymbol{Ax}-\boldsymbol{b})^{\mathrm{T}}(\boldsymbol{AA}^{\mathrm{T}})^{-1}\boldsymbol{A\xi}-\sigma(\boldsymbol{Ax}-\boldsymbol{b})^{\mathrm{T}}(\boldsymbol{AA}^{\mathrm{T}})^{-1}\boldsymbol{Ap}_1- \\
&\mu(\boldsymbol{Ax}-\boldsymbol{b})^{\mathrm{T}}(\boldsymbol{AA}^{\mathrm{T}})^{-1}\boldsymbol{A}\nabla P_2^{\dagger}(\boldsymbol{x}) \\
\leqslant&|(\boldsymbol{Ax}-\boldsymbol{b})^{\mathrm{T}}(\boldsymbol{AA}^{\mathrm{T}})^{-1}\boldsymbol{A\xi}|+\sigma|(\boldsymbol{Ax}-\boldsymbol{b})^{\mathrm{T}}(\boldsymbol{AA}^{\mathrm{T}})^{-1}\boldsymbol{Ap}_1|- \\
&\mu(\boldsymbol{Ax}-b)^{\mathrm{T}}(\boldsymbol{AA}^{\mathrm{T}})^{-1}\boldsymbol{A}\nabla P_2^{\dagger}(\boldsymbol{x})
\end{aligned} \tag{2.5.2}$$

对于(2.5.2) 右端的第一项和第二项，应用 Hölder 不等式，得到

$$|(\boldsymbol{Ax}-\boldsymbol{b})^{\mathrm{T}}(\boldsymbol{AA}^{\mathrm{T}})^{-1}\boldsymbol{A\xi}| \leqslant \|\boldsymbol{A}^{\dagger}\boldsymbol{x}-\boldsymbol{b}^{\dagger}\|_2\|\boldsymbol{\xi}\|_2$$

$$\sigma|(\boldsymbol{Ax}-\boldsymbol{b})^{\mathrm{T}}(\boldsymbol{AA}^{\mathrm{T}})^{-1}\boldsymbol{Ap}_1| \leqslant \sigma\|\boldsymbol{A}^{\dagger}\boldsymbol{x}-\boldsymbol{b}^{\dagger}\|_2\|\boldsymbol{p}_1\|_2$$

对于(2.5.2) 右端的第三项，成立

$$\begin{aligned}
&\mu(\boldsymbol{Ax}-\boldsymbol{b})^{\mathrm{T}}(\boldsymbol{AA}^{\mathrm{T}})^{-1}\boldsymbol{A}\nabla P_2^{\dagger}(\boldsymbol{x}) \\
=&\mu(\boldsymbol{Ax}-\boldsymbol{b})^{\mathrm{T}}(\boldsymbol{AA}^{\mathrm{T}})^{-1}\boldsymbol{A}\frac{\boldsymbol{A}^{\mathrm{T}}(\boldsymbol{AA}^{\mathrm{T}})^{-1}(\boldsymbol{Ax}-\boldsymbol{b})}{\|\boldsymbol{A}^{\dagger}\boldsymbol{x}-\boldsymbol{b}^{\dagger}\|} \\
=&\mu\frac{\|\boldsymbol{A}^{\dagger}\boldsymbol{x}-\boldsymbol{b}^{\dagger}\|^2}{\|\boldsymbol{A}^{\dagger}\boldsymbol{x}-\boldsymbol{b}^{\dagger}\|}=\mu\|\boldsymbol{A}^{\dagger}\boldsymbol{x}-\boldsymbol{b}^{\dagger}\|
\end{aligned}$$

所以

$$-(\boldsymbol{Ax}-\boldsymbol{b})^{\mathrm{T}}(\boldsymbol{AA}^{\mathrm{T}})^{-1}\boldsymbol{A}(\boldsymbol{\xi}+\sigma\boldsymbol{p}_1+\mu\nabla P_2^{\dagger}(\boldsymbol{x}))$$

$$\leqslant \| \boldsymbol{A}^{\dagger}\boldsymbol{x}-\boldsymbol{b}^{\dagger}\|_2(\|\boldsymbol{\xi}\|_2+\sigma\|\boldsymbol{p}_1\|_2-\mu)$$

$$\leqslant \| \boldsymbol{A}^{\dagger}\boldsymbol{x}-\boldsymbol{b}^{\dagger}\|_2(l_f+\sigma l_1-\mu)$$

下面,计算 $P_2^{\dagger}(\boldsymbol{x})$ 沿系统(2.3.4)轨道的导数.根据系统(2.3.4),存在 $\bar{\xi}\in\partial f(x(t))$,$\bar{\boldsymbol{p}}_1\in\partial P_1(x(t))$ 使得

$$\begin{aligned}\frac{\mathrm{d}}{\mathrm{d}t}P_2^{\dagger}(x(t)) &= \langle \nabla P_2^{\dagger}(x(t)), \dot{x}(t)\rangle \\ &= \langle -\nabla P_2^{\dagger}(\boldsymbol{x}), \bar{\xi}+\sigma\bar{\boldsymbol{p}}_1+\mu\nabla P_2^{\dagger}(t)\rangle \\ &= \frac{-(\boldsymbol{Ax}-\boldsymbol{b})^{\mathrm{T}}(\boldsymbol{AA}^{\mathrm{T}})^{-1}\boldsymbol{A}(\bar{\boldsymbol{\xi}}+\sigma\bar{\boldsymbol{p}}_1+\mu\nabla P_2^{\dagger}(\boldsymbol{x}))}{\|\boldsymbol{A}^{\dagger}\boldsymbol{x}-\boldsymbol{b}^{\dagger}\|_2} \\ &\leqslant l_f+\sigma l_1-\mu\end{aligned}$$

由于 $\mu>l_f+\sigma l_1$,应用命题 2.5.1 与 $\boldsymbol{X}_2=\{\boldsymbol{x}\mid P_2^{\dagger}(\boldsymbol{x})\leqslant 0\}$,系统(2.3.4)的轨道必在有限时间内到达可行域 $\boldsymbol{X}_2$ 并永驻其中.为了得到进一步的结论,即轨道有限时间到达可行域 $\boldsymbol{X}$,需先证明如下两个引理.

定义矩阵 $\boldsymbol{P}=I_n-\boldsymbol{A}^{\mathrm{T}}(\boldsymbol{AA}^{\mathrm{T}})^{-1}\boldsymbol{A}$.通过简单计算,对任意的 $\boldsymbol{x}\in\mathbb{R}^n$ 和 $\boldsymbol{v}\in N(\boldsymbol{A})=\{\boldsymbol{x}\mid\boldsymbol{Ax}=0\}$,成立 $\boldsymbol{APx}=\boldsymbol{0}$,且 $\langle\boldsymbol{x}-\boldsymbol{Px},\boldsymbol{Px}-\boldsymbol{v}\rangle=0$.因此,矩阵 $\boldsymbol{P}$ 为 $\boldsymbol{A}$ 的核空间 $N(\boldsymbol{A})$ 上的正交投影算子.

引理 2.5.1 网络(2.3.4)的任一轨道当受约束于集合 $\{\boldsymbol{x}\in\mathbb{R}^n\mid\boldsymbol{Ax}-\boldsymbol{b}=0\}$ 时,满足

$$\dot{x}(t)\in -P(\partial f(x(t))+\sigma\partial P_1(x(t)))$$

并且,若 x^* 为 f 在 X 上的一个临界点,那么,$0\in P(\partial f(x^*)+N_{X_1}(x^*))$.

证 由于 $\boldsymbol{A}x(t)-\boldsymbol{b}=0$,则 $\boldsymbol{A}\dot{x}(t)=0$,进而

$$\dot{x}(t)\in -P(\partial f(x(t))+\sigma\partial P_1(x(t))+\mu\partial P_2^{\dagger}(x(t)))$$

通过 $\partial P_2^{\dagger}(x(t))$ 和 $\boldsymbol{P}$ 的表达式,易得到 $\boldsymbol{P}\partial P_2^{\dagger}(x(t))=\{0\}$,从而,便可得到该引理中的第一个结论.

根据定义 2.1.2,若 $\boldsymbol{x}^*$ 为 f 在 $\boldsymbol{X}$ 上的一个临界点,则

$$0\in\partial f(\boldsymbol{x}^*)+N_{\boldsymbol{X}}(\boldsymbol{x}^*)$$

更有

$$0\in P(\partial f(\boldsymbol{x}^*)+N_{\boldsymbol{X}}(\boldsymbol{x}^*))$$

引用引理 2.2.4 中的结论,得到

$$\begin{aligned}\boldsymbol{P}(\partial f(\boldsymbol{x}^*)+N_{\boldsymbol{X}}(\boldsymbol{x}^*)) &= \boldsymbol{P}\partial f(\boldsymbol{x}^*)+\boldsymbol{P}\bigcup_{\lambda\geqslant 0}\lambda\partial(\sigma P_1(\boldsymbol{x}^*))+ \\ &\quad \boldsymbol{P}\bigcup_{\lambda\geqslant 0}\lambda\partial(\mu P_2^{\dagger}(\boldsymbol{x}^*)) \\ &= \boldsymbol{P}\partial f(\boldsymbol{x}^*)+\boldsymbol{P}\bigcup_{\lambda\geqslant 0}\lambda\partial(\sigma P_1(\boldsymbol{x}^*)) \\ &= P(\partial f(\boldsymbol{x}^*)+N_{\boldsymbol{X}_1}(\boldsymbol{x}^*))\end{aligned}$$

引理 2.5.2 假设条件($\boldsymbol{A}_X$)成立,则

$$\|\boldsymbol{Pp}_1\|>\frac{-G_m}{R},\quad \forall\,\boldsymbol{p}_1\in\partial P_1(\boldsymbol{x}),\forall\,\boldsymbol{x}\in(\boldsymbol{X}_2\cap B(\tilde{x},R))\backslash\boldsymbol{X}_1$$

证 任意选定 $\boldsymbol{x} \in (\boldsymbol{X}_2 \cap B(\tilde{\boldsymbol{x}},\boldsymbol{R}))\backslash \boldsymbol{X}_1$，根据引理 2.2.2，对任意的 $p_1(\boldsymbol{x}) \in \partial P_1(\boldsymbol{x})$，$\langle p_1(\boldsymbol{x}), \boldsymbol{x}-\tilde{\boldsymbol{x}}\rangle > -G_m$.

当 $\boldsymbol{x} \in \boldsymbol{X}_2$ 时，由于 $\tilde{\boldsymbol{x}} \in \boldsymbol{X}_2$，$\boldsymbol{P}(\boldsymbol{x}-\tilde{\boldsymbol{x}}) = \boldsymbol{x}-\tilde{\boldsymbol{x}}$. 进而

$$\|\boldsymbol{P}\boldsymbol{p}_1\| \, \|\boldsymbol{x}-\tilde{\boldsymbol{x}}\| \geqslant \langle \boldsymbol{P}\boldsymbol{p}_1, \boldsymbol{x}-\tilde{\boldsymbol{x}}\rangle = \langle \boldsymbol{p}_1, \boldsymbol{P}(\boldsymbol{x}-\tilde{\boldsymbol{x}})\rangle = \langle \boldsymbol{p}_1, \boldsymbol{x}-\tilde{\boldsymbol{x}}\rangle > -G_m$$

所以

$$\|\boldsymbol{P}\boldsymbol{p}_1\| > \frac{-G_m}{\|\boldsymbol{x}-\tilde{\boldsymbol{x}}\|} \geqslant \frac{-G_m}{R}$$

定理 2.5.2 假设条件($\boldsymbol{A_X}$)成立，则对任意的 $\boldsymbol{x}_0 \in B(\tilde{\boldsymbol{x}},R)$，当 $\sigma > \dfrac{Rl_f}{-G_m}$，$\mu > l_f + \sigma l_1$ 时，网络(2.3.4)的轨道必在有限时间内到达可行域 X 并永驻其中.

证 设 $\boldsymbol{x}(t)$ 为网络(2.3.4)以 $\boldsymbol{x}_0$ 为初始点的轨道. 根据定理 2.5.1，轨道会在有限时间内到达 $\boldsymbol{X}_2 = \{\boldsymbol{x} \in \mathbb{R}^n \mid A\boldsymbol{x}-\boldsymbol{b}=\boldsymbol{0}\}$ 并永驻其中. 因此，我们假定 $\boldsymbol{x}_0 \in \boldsymbol{X}_2$，且 $x(t) \in \boldsymbol{X}_2$，$\forall t \in [0,+\infty)$.

根据引理 2.5.1，轨道 $\boldsymbol{x}(t)$ 满足

$$\dot{x}(t) \in -P(\partial f(x(t)) + \sigma \partial P_1(x(t))) \tag{2.5.3}$$

根据命题 3，对几乎所有的 $t \geqslant 0$，成立

$$\frac{\mathrm{d}}{\mathrm{d}t}P_1(x(t)) = \langle \boldsymbol{p}_1, \dot{x}(t)\rangle, \quad \forall \boldsymbol{p}_1 \in \partial P_1(x(t)) \tag{2.5.4}$$

当 $\boldsymbol{x} \in \boldsymbol{X}_2\backslash \boldsymbol{X}_1$ 时，由于 $\boldsymbol{P}=\boldsymbol{P}^{\mathrm{T}}=\boldsymbol{P}^2$，对 $\forall \xi \in \partial f(\boldsymbol{x})$，$\forall \boldsymbol{p}_1 \in \partial P_1(\boldsymbol{x})$，得到

$$\begin{aligned}\langle \boldsymbol{p}_1, -\boldsymbol{P}(\boldsymbol{\xi}+\sigma\boldsymbol{p}_1)\rangle &\leqslant |\boldsymbol{p}_1^{\mathrm{T}}\boldsymbol{P}\boldsymbol{\xi}| - \sigma \boldsymbol{p}_1^{\mathrm{T}}\boldsymbol{P}\boldsymbol{p}_1 \\ &\leqslant \|\xi\| \, \|\boldsymbol{P}\boldsymbol{p}_1\| - \sigma \|\boldsymbol{P}\boldsymbol{p}_1\|^2 \\ &= -(\sigma\|\boldsymbol{P}\boldsymbol{p}_1\| - \|\xi\|)\|\boldsymbol{P}\boldsymbol{p}_1\| \end{aligned} \tag{2.5.5}$$

结合(2.5.3)，(2.5.4)和(2.5.5)，存在 $\bar{\boldsymbol{p}}_1 \in \partial P_1(\boldsymbol{x}(t))$，$\bar{\xi} \in \partial f(\boldsymbol{x}(t))$ 使得

$$\frac{\mathrm{d}}{\mathrm{d}t}P_1(\boldsymbol{x}(t)) \leqslant -(\sigma\|\boldsymbol{P}\bar{\boldsymbol{p}}_1\| - \|\bar{\xi}\|)\|\boldsymbol{P}\bar{\boldsymbol{p}}_1\|, \quad \text{几乎处处 } t \geqslant 0 \tag{2.5.6}$$

根据定理 2.4.2(i)，以 $\boldsymbol{x}_0$ 为初始点网络(2.3.4)的轨道 $\boldsymbol{x}(t)$ 满足：$\|x(t)-\tilde{\boldsymbol{x}}\| \leqslant R$，$\forall t \geqslant 0$. 根据引理 2.5.2，得到 $\|\boldsymbol{P}\boldsymbol{p}_1\| > \dfrac{-G_m}{R}$，$\forall \boldsymbol{p}_1 \in \partial P_1(\boldsymbol{x})$，$x \in B(\tilde{x},R)\backslash X_1$. 又由于 $\|\boldsymbol{\xi}\| \leqslant l_f$，$\forall \boldsymbol{\xi} \in \partial f(\boldsymbol{x})$，$\forall \boldsymbol{x} \in \partial B(\tilde{\boldsymbol{x}},R)$. 则当 $\sigma > \dfrac{Rl_f}{-G_m}$ 时，根据(2.5.6)，对几乎所有的 $t \geqslant 0$，成立

$$\frac{\mathrm{d}}{\mathrm{d}t}P_1(\boldsymbol{x}(t)) \leqslant -\left(\frac{-G_m}{R}\right)\left(\sigma\frac{-G_m}{R} - l_f\right) < 0 \tag{2.5.7}$$

应用命题 2.5.1 与 $\boldsymbol{X}_1=\{\boldsymbol{x} \mid P_1(\boldsymbol{x})\leqslant 0\}$，我们得知系统(2.3.4) 的轨道必在有限时间内到达可行域 $\boldsymbol{X}_1$ 并永驻其中.

注 2.5.1 这里，参数 σ 与 R，l_f 和 G_m 有关，这些数据都严格依赖于 $f(\boldsymbol{x})$ 和 $P_1(\boldsymbol{x})$ 的性质. 在一些现有的工作，如在文献[10] 和[11] 中，这些值对于使网络轨道有限时间到达可行域都是必需的. 因此，在此部分的几个定理中，对参数 σ 附加的条件是合理的. 即使 $f(\boldsymbol{x})$ 和 $P_1(\boldsymbol{x})$ 的结构非常复杂，无法通过简单地观察或者计算得到 R，l_f 或 G_m 的值，我们也可以应用 MATLAB 或者其他数学软件来得到这些数值，此问题并不属于本书研究的内容.

2.6 收敛于临界点集

定理 2.6.1 假设条件(A_X) 成立，则对任意的 $\boldsymbol{x}_0\in B(\tilde{\boldsymbol{x}},R)$，当 $\sigma>\dfrac{Rl_f}{-G_m}$，$\mu>l_f+\sigma l_1$ 时，以 $\boldsymbol{x}_0$ 为初始点网络(2.3.4) 的轨道 $\boldsymbol{x}(t)$ 满足

$$\lim_{t\to+\infty}\operatorname{dist}(\boldsymbol{x}(t),\boldsymbol{C})=0 \tag{2.6.1}$$

证 首先，我们证明

$$\lim_{t\to+\infty}\operatorname{dist}(\boldsymbol{x}(t),\boldsymbol{E})=0$$

根据定理 2.5.1 和定理 2.5.2，我们假定 $\boldsymbol{x}_0\in\boldsymbol{X}$ 且 $\|\boldsymbol{x}(t)-\tilde{\boldsymbol{x}}\|\leqslant R$. 此处，运用反证法，假设

$$\lim_{t\to+\infty}\operatorname{dist}(\boldsymbol{x}(t),\boldsymbol{E})=d>0 \tag{2.6.2}$$

令 $\boldsymbol{N}=\overline{\boldsymbol{X}\setminus(\boldsymbol{E}+\frac{1}{4}dB(0,1))}$，其中 $B(0,1)$ 是以 0 为球心，1 为半径的开球. 根据(2.6.2)，存在一个时间序列 $t_n\to+\infty$，使得

$$\operatorname{dist}(\boldsymbol{x}(t_n),\boldsymbol{E})>\frac{d}{2} \text{ 且 } \lim_{n\to+\infty}\operatorname{dist}(\boldsymbol{x}(t_n),\boldsymbol{E})=d$$

根据定理 2.4.2，对几乎所有的 $t\geqslant 0$，$\boldsymbol{x}(t)\notin E$，有

$$\frac{\mathrm{d}}{\mathrm{d}t}W(\boldsymbol{x}(t))\leqslant -m_W^2(\boldsymbol{x}(t)) \tag{2.6.3}$$

由于 $0\notin\partial W(\boldsymbol{x}(t))$ 且 $\partial W(\boldsymbol{x}(t))$ 是$\mathbb{R}^n$ 中的紧凸集，令

$$m_{\boldsymbol{N}}=\min_{\boldsymbol{x}\in\boldsymbol{N},\boldsymbol{\xi}\in\partial W(\boldsymbol{x})}\|\boldsymbol{\xi}\|>0,\quad M_W=\max_{\boldsymbol{x}\in\boldsymbol{N}}W(\boldsymbol{x})<+\infty$$

对任意的 $t>s\geqslant 0$

$$\boldsymbol{x}(t)-\boldsymbol{x}(s)\in\int_s^t-\partial W(\boldsymbol{x}(r))\mathrm{d}r\subseteq l\mid t-s\mid B(0,1)$$

其中，l 是 W 在紧集$\overline{B(\tilde{\boldsymbol{x}},R)}$ 上的一个 Lipschitz 常数上界. 因此

$$\| \boldsymbol{x}(t) - \boldsymbol{x}(s) \| \leqslant l \mid t - s \mid$$

令 $s = t_n, t = t_n + \dfrac{d}{4l}$

$$\operatorname{dist}(\boldsymbol{x}(t), E) \geqslant \operatorname{dist}(\boldsymbol{x}(s), E) - \| \boldsymbol{x}(t) - \boldsymbol{x}(s) \| \geqslant \frac{d}{2} - l \mid t - s \mid = \frac{d}{4}$$

由式(2.6.3)，当 $t \geqslant 0$ 时，$t \to W(\boldsymbol{x}(t))$ 是非增的且

$$\frac{\mathrm{d}}{\mathrm{d}t} W(\boldsymbol{x}(t)) \leqslant -m_N^2, \quad \text{几乎处处 } t \geqslant 0, \boldsymbol{x}(t) \in \boldsymbol{N}$$

进而，得到

$$W(\boldsymbol{x}(t)) \leqslant M_W - m_N^2 t, \quad \forall t \in [t_n, t_n + \frac{d}{4l}], n \in \mathbb{N}$$

结合上式与 $t \to W(\boldsymbol{x}(t))$ 的非增性，得到

$$\lim_{t \to +\infty} W(\boldsymbol{x}(t)) = -\infty$$

而这与凸函数 $W(\boldsymbol{x})$ 可达到 N 上的最小值相矛盾.

根据引理 2.2.4，若 $\boldsymbol{x} \in \boldsymbol{E}$，则

$$0 \in \partial W(\boldsymbol{x}) = \partial f(\boldsymbol{x}) + \sigma \partial P_1(\boldsymbol{x}) + \mu \partial P_2^{\dagger}(\boldsymbol{x}) \subseteq \partial f(\boldsymbol{x}) + N_{\boldsymbol{X}}(\boldsymbol{x})$$

即 $\boldsymbol{x} \in \boldsymbol{C}$，则 $\boldsymbol{E} \subseteq \boldsymbol{C}$. 所以，此定理结论成立.

在条件(A_X) 成立的条件下，给出一个使轨道有限时间收敛于临界点集 $\boldsymbol{C}$ 的条件.

(A_1)：存在 $\gamma > 0$ 使得

$$\inf_{x \in \boldsymbol{X} \setminus \boldsymbol{C}} \{ \min_{\xi \in \partial W(x)} \| \xi \|_2 \} > \gamma$$

成立.

定理 2.6.2 假设条件(A_X) 和(A_1) 成立，则对任意的 $\boldsymbol{x}_0 \in B(\tilde{\boldsymbol{x}}, R)$，当 $\sigma > \dfrac{R l_f}{-G_m}, \mu > l_f + \sigma l_1$ 时，以 $\boldsymbol{x}_0$ 为初始点网络(2.3.4) 的轨道有限时间内收敛于(2.3.4) 的临界点集 $\boldsymbol{C}$.

证 基于以上定理，我们可假定 $x_0 \in \boldsymbol{X}$ 且以 $\boldsymbol{x}_0$ 为初始点网络(2.3.4) 的轨道 $x(t)$ 满足：

(1) $x(t) \in \boldsymbol{X}, \forall t \geqslant 0$；

(2) 当 $t \to +\infty$ 时，$\boldsymbol{x}(t) \to \boldsymbol{C}$；

(3) $\dfrac{\mathrm{d}}{\mathrm{d}t} W(x(t)) \leqslant 0$，几乎处处 $t \in [0, +\infty)$.

由于 $W(\boldsymbol{x})$ 是$\mathbb{R}^n$ 上的连续函数，应用定理 2.6.1，得到

$$\lim_{t \to +\infty} W(x(t)) = \lim_{t \to +\infty} f(x(t)) \geqslant \min_X f$$

当 $x(t) \in \boldsymbol{X} \setminus \boldsymbol{E}$ 时，$x(t) \in \boldsymbol{X} \setminus \boldsymbol{C}$，进而根据定理 2.4.2 中结论(iii) 与条件(A_1)，成立

$$\frac{\mathrm{d}}{\mathrm{d}t}W(x(t)) \leqslant -\gamma^2 \tag{2.6.4}$$

对(2.6.4) 从 0 到 t 积分,得到

$$W(x(t)) \leqslant W(x(0)) - \gamma^2 t$$

然而,$W(x(0)) = f(x(0)) \leqslant \max\limits_{x\in \boldsymbol{X}} f$. 因此

$$\min_{x\in \boldsymbol{X}} f \leqslant \max_{x\in \boldsymbol{X}} f - \gamma^2 t, \quad \forall\, t \geqslant 0$$

根据命题 2.5.1,网络(2.3.4) 的轨道在有限时间内收敛于网络(2.3.4) 的平衡点集 E. 由于 $C \subseteq E$, 网络(2.3.4) 的轨道在有限时间内收敛于优化问题(2.1.3) 的临界点集 C.

2.7 网络的精确性

在给出这部分的主要结论之前,依然需要先证明一个引理.

引理 2.7.1 假设条件(A_X) 成立,若 $\sigma > \frac{Rl_f}{-G_m}$ 且 $\mu > l_f + \sigma l_1$,则

$$\{\boldsymbol{u} \mid \boldsymbol{u} \in N_{\boldsymbol{X}}(\boldsymbol{x}) \text{ 且 } \|\boldsymbol{u}\|_2 \leqslant l_f\} \subseteq \sigma\partial P_1(\boldsymbol{x}) + \mu\partial P_2^{\dagger}(\boldsymbol{x})$$

证 设 $\boldsymbol{u} \in \{\boldsymbol{u} \mid \boldsymbol{u} \in N_{\boldsymbol{X}}(\boldsymbol{x}),\ \|\boldsymbol{u}\|_2 \leqslant l_f\}$. 当 $\boldsymbol{x} \in \mathrm{bd}(\boldsymbol{X}_1) \cap \boldsymbol{X}_2$ 时,根据引理 2.2.4 中结论(3)

$$\begin{aligned} N_{\mathrm{X}}(\boldsymbol{x}) = &\sum_{i\in I^0(\boldsymbol{x})} [0, +\infty)\partial g_i(\boldsymbol{x}) + \\ &[0, +\infty)\{\boldsymbol{A}^{\mathrm{T}}(\boldsymbol{A}\boldsymbol{A}^{\mathrm{T}})^{-1}\boldsymbol{A}\boldsymbol{\xi} \mid \|\boldsymbol{A}^{\mathrm{T}}(\boldsymbol{A}\boldsymbol{A}^{\mathrm{T}})^{-1}\boldsymbol{A}\boldsymbol{\xi}\|_2 = 1\} \end{aligned}$$

且

$$\begin{aligned} &\sigma\partial P_1(\boldsymbol{x}) + \mu\partial P_2^{\dagger}(\boldsymbol{x}) \\ = &\sum_{i\in I^0(\boldsymbol{x})} [0,\sigma]\partial g_i(\boldsymbol{x}) + [0,\mu]\{\boldsymbol{A}^{\mathrm{T}}(\boldsymbol{A}\boldsymbol{A}^{\mathrm{T}})^{-1}\boldsymbol{A}\boldsymbol{\xi} \mid \|\boldsymbol{A}^{\mathrm{T}}(\boldsymbol{A}\boldsymbol{A}^{\mathrm{T}})^{-1}\boldsymbol{A}\boldsymbol{\xi}\|_2 = 1\} \end{aligned}$$

所以,对于 $i \in I^0(\boldsymbol{x})$,存在 $\alpha_i \in [0, +\infty)$, $\eta_i \in \partial g_i(\boldsymbol{x})$, $\gamma \in [0, +\infty]$ 和 $\eta \in \mathbb{R}^n$ 使得 $\|\boldsymbol{A}^{\mathrm{T}}(\boldsymbol{A}\boldsymbol{A}^{\mathrm{T}})^{-1}\boldsymbol{A}\eta\|_2 = 1$ 且 $u = \sum\limits_{i\in I^0(\boldsymbol{x})} \alpha_i\eta_i + \gamma\boldsymbol{A}^{\mathrm{T}}(\boldsymbol{A}\boldsymbol{A}^{\mathrm{T}})^{-1}\boldsymbol{A}\boldsymbol{\eta}$.

进而,为了证明此引理中的结论,我们仅需证明下面两条:

第 1 条:$\alpha_i \leqslant \sigma, \forall\, i \in I^0(\boldsymbol{x})$.

应用反证法,若上面结论不成立,则存在 $\hat{i} \in I^0(\boldsymbol{x})$ 使得 $\alpha_{\hat{i}} > \sigma$. 类似于引理 2.2.2 和引理 2.2.3 的证明方法,易得到

$$\langle \sum_{i\in I^0(\boldsymbol{x})} \alpha_i\eta_i + \gamma\boldsymbol{A}^{\mathrm{T}}(\boldsymbol{A}\boldsymbol{A}^{\mathrm{T}})^{-1}\boldsymbol{A}\eta, \boldsymbol{x} - \tilde{\boldsymbol{x}}\rangle \geqslant \alpha_{\hat{i}}(-G_m) > \sigma(-G_m)$$

因此,$\|\boldsymbol{u}\|_2 > \frac{\sigma(-G_m)}{R}$. 由于 $\sigma > \frac{Rl_f}{-G_m}$,所以,$\|\boldsymbol{u}\|_2 > l_f$,与前面提到的

$\|\boldsymbol{u}\|_2 \leqslant l_f$ 相矛盾.

第 2 条:$\gamma \leqslant \mu$.

依然应用反证法,假设 $\gamma > \mu$.

根据前面证明的第 1 条,成立

$$\sum_{i \in I^0(\boldsymbol{x})} \alpha_i \boldsymbol{\eta}_i \in \sigma \sum_{i \in I^0(\boldsymbol{x})} [0,1] \partial g_i(\boldsymbol{x}) = \sigma \partial P_1(\boldsymbol{x})$$

进而,$\|\sum_{i \in I^0(\boldsymbol{x})} \alpha_i \boldsymbol{\eta}_i\|_2 \leqslant \sigma l_1$.

应用 $\gamma > \mu > l_f + \sigma l_1$,得到

$$\|\boldsymbol{u}\|_2 \geqslant \gamma \|\boldsymbol{A}^{\mathrm{T}}(\boldsymbol{A}\boldsymbol{A}^{\mathrm{T}})^{-1}\boldsymbol{A}\boldsymbol{\eta}\|_2 - \|\sum_{i \in I^0(\boldsymbol{x})} \alpha_i \boldsymbol{\eta}_i\|_2 \geqslant \gamma - \sigma l_1 > l_f$$

也与前面提到的 $\|\boldsymbol{u}\|_2 \leqslant l_f$ 相矛盾.

因此,当 $\boldsymbol{x} \in \mathrm{bd}(\boldsymbol{X}_1) \cap \boldsymbol{X}_2$ 时,此引理中结论成立. 同理,当 $\boldsymbol{x} \in \mathrm{int}(\boldsymbol{X}_1) \cap \boldsymbol{X}_2$ 时,此结论依然成立.

定理 2.7.1 假设条件(A_X)成立,若 $\boldsymbol{x}_0 \in B(\tilde{\boldsymbol{x}}, R)$,$\sigma > \dfrac{Rl_f}{-G_m}$ 且 $\mu > l_f + \sigma l_1$,则

$$\boldsymbol{C} = \boldsymbol{E}$$

证 一方面,若 $\hat{\boldsymbol{x}} \in \boldsymbol{E}$,则

$$0 \in \partial W(\hat{\boldsymbol{x}}) = \partial f(\hat{\boldsymbol{x}}) + \sigma \partial P_1(\hat{\boldsymbol{x}}) + \mu \partial P_2^{\dagger}(\boldsymbol{x}) \subseteq \partial f(\hat{\boldsymbol{x}}) + N_{\boldsymbol{X}}(\hat{\boldsymbol{x}})$$

即 $\hat{\boldsymbol{x}} \in \boldsymbol{C}$. 因此 $\boldsymbol{E} \subseteq \boldsymbol{C}$.

另一方面,若 $\hat{\boldsymbol{x}} \in \boldsymbol{C}$,显然 $\hat{\boldsymbol{x}} \in \boldsymbol{X}$,且

$$0 \in \partial f(\hat{\boldsymbol{x}}) + N_{\boldsymbol{X}}(\hat{\boldsymbol{x}})$$

即存在 $\boldsymbol{u} \in N_{\boldsymbol{X}}(\hat{\boldsymbol{x}})$ 使得 $\boldsymbol{u} \in -\partial f(\hat{\boldsymbol{x}})$,进而,$\|\boldsymbol{u}\|_2 \leqslant l_f$. 根据引理 2.7.1,得到

$$\boldsymbol{u} \in \sigma \partial P_1(\hat{\boldsymbol{x}}) + \mu \partial P_2^{\dagger}(\hat{\boldsymbol{x}})$$

所以

$$0 \in \partial f(\hat{\boldsymbol{x}}) + \sigma \partial P_1(\hat{\boldsymbol{x}}) + \mu \partial P_2^{\dagger}(\hat{\boldsymbol{x}})$$

即 $\hat{\boldsymbol{x}} \in \boldsymbol{E}$. 因此 $\boldsymbol{C} \subseteq \boldsymbol{E}$.

注 2.7.1 网络的精确性对于评价网络的实际应用能力是非常重要的. 同前面的讨论,对于一个大维数或结构复杂的问题,应用 MATLAB 或其他数学软件来得到 R, l_f, l_1 与 $-G_m$ 需要较长的时间,而这直接影响了网络的应用价值,那么,是否可以得到关于参数 σ 和 μ 一个更简单的条件将是未来研究工作的一个重点. 然而,通过定理 2.7.1,我们可得到评价参数 σ 与 μ 取值是否正确的另一个条件,即当 $\sigma = \bar{\sigma}$ 且 $\mu = \bar{\mu}$,如果以 $\boldsymbol{x}_0$ 为初始点网络(2.3.4)的轨道收敛于一个平衡点 $\boldsymbol{x}^*$,且 $\boldsymbol{x}^* \in \boldsymbol{X}$,则参数 $\bar{\sigma}$ 和 $\bar{\mu}$ 对于以 $\boldsymbol{x}_0$ 为初始点的网络是正确的. 这里,我们称参数 σ 和 μ 的取值对 $\boldsymbol{x}_0$ 是正确的,是指当 σ 和 μ 取此值时,以

x_0 为初始点，网络(2.3.4) 的任意平衡点为优化问题(2.1.3) 的临界点.

2.8　数值实现方法与数值算例

应用神经网络求解优化的一个首要优点就是其可基于电路实时实现，故本章所构造的网络不仅可应用软件 MATLAB 来实现，还可基于电路实现. 本书中给出的数值试验均是由 MATLAB 实现的，而基于电路实现神经网络并非本书讲述的重点，此节我们仅对应用电路实现神经网络做简短的说明.

2.8.1　电路实现

基于非光滑优化的广泛应用领域与 NPC(非线性规划电路) 的自然延伸，Forti，Nistri 和 Quincampoix[10] 引进了一个广义非线性规划电路(G-NPC) 用于求解非光滑优化问题. 对应于非光滑罚方法，假设所应用原件中的二级管是理想的且在导通区域有无限的斜率. G-NPC 有神经般的结构且以实时求解目标和约束函数为正则函数的优化问题为目的. 当函数 $f,g_i(i=1,2,\cdots,m)$ 是凸函数时，目标函数 f 与本章所构造的罚函数 P_1 和 $P_2^{\dagger}$ 自然都是凸函数. 为了求解非光滑优化，Forti，Nistri 和 Quincampoix[10] 引进了包含线性电容，可控的电流和电压源及非线性电阻器 d. 算子 ∂P_1 和 $\partial P_2^{\dagger}$ 的实现依赖于论文[10] 中引进的非线性电阻 d，定义如下

$$d(\rho)=\begin{cases}1, & \rho>0\\ [0,1], & \rho=0\\ 0, & \rho<0\end{cases}$$

其中 ρ 代表电路中的电压.

除了正态饱和水平 1，非线性电阻 d 可被理解为论文[16] 中的二极管函数 κ 取斜率的极限形式，即 $\frac{1}{r}\to+\infty$，其中非线性电阻 κ 被表征如下

$$\kappa(\rho)=\begin{cases}\frac{1}{r}\rho, & \rho>0\\ 0, & \rho\leqslant 0\end{cases}$$

其中 $\frac{1}{r}$ 表示在导通区域 $\rho>0$ 处的斜率. $d(\rho)$ 的实现依赖于 $\kappa(\rho)$. 当 $\rho\neq 0$ 时，当前的流入电阻 $d(\rho)$ 是单值的，然而，当 $\rho=0$ 时，$d(0)$ 可能为 0 和正饱和值 1 之间的任意数值. 非线性电阻 d 对应于熟知的正阈值为 1 的硬盘比较器的输入输出，并可由运算放大器和电池的组合来实现，详见图 1.

基于非线性电阻 d，我们也可以制造出表征一个正则函数广义梯度的电

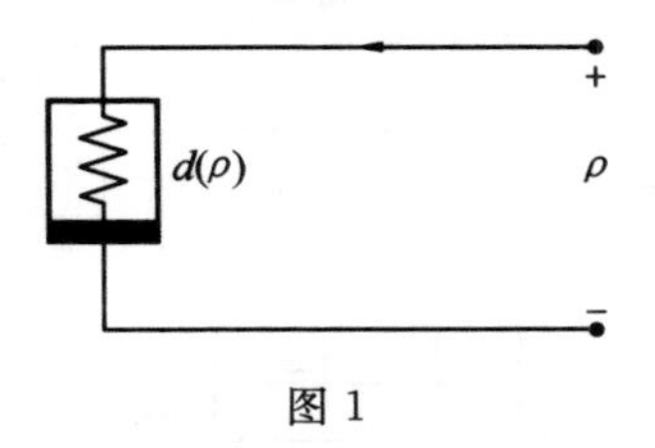

图 1

路.而且,对于一个定义在$\mathbb{R}$上实值函数$\phi(x)=|x|$,它的广义梯度可表示成

$$\partial\phi(x)=\begin{cases}1, & x>0\\ [-1,1], & x=0\\ -1, & x<0\end{cases}$$

那么,$\partial\phi(x)$也对应于一个硬盘比较器且实现方法与$d(\rho)$的类似.对于更加复杂正则函数广义梯度的实现方法,需要求助于更一般的非线性电阻网络[17].

通过上述分析,我们可应用电路实现以下元件

$$\vartheta_{[l,h]}(\rho)=\begin{cases}l, & \rho<0\\ [l,h], & \rho=0\\ h, & \rho>0\end{cases}$$

其中$l,h\in\mathbb{R}$满足$l<h$.在电路框图中,我们经常应用图 2(a) 代表$\vartheta_{[-1,1]}$.特别地,我们应用图 2(b) 代表$\vartheta_{[0,1]}$.

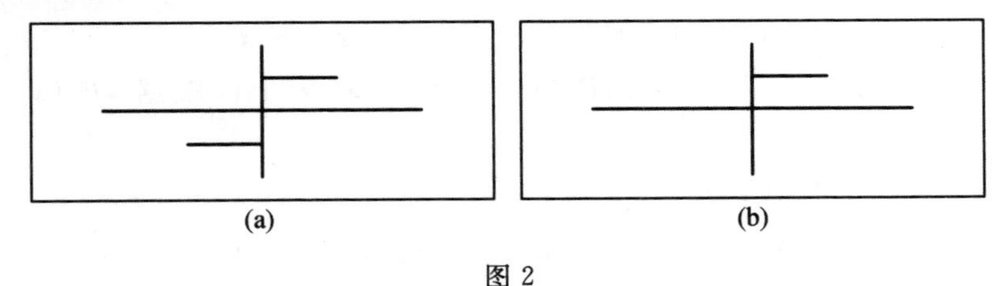

图 2

为了更加清楚的说明应用电路实现广义梯度,一个简单的例子来加以说明.

当$\phi:\mathbb{R}^2\to\mathbb{R}$定义为

$$\phi(x_1,x_2)=\max\{|x_1|+x_2,0\}$$

$\partial\phi$可参照电路框图 3 来实现.

2.8.2 MATLAB 实现

虽然本章所研究的神经网络是以微分包含为模型的,但定理 2.4.2(v) 指出了网络(2.3.4) 左端$\dot{x}(t)$几乎处处取值于其右端集值映射中的范数最小元.因此,我们可视网络(2.3.4) 为一个常微分方程并基于 MATLAB 中微分方程的实现方法来实现网络(2.3.4),如命令 ode23,ode45 等.

下面,我们将通过四个数值算例来验证本章所构造网络求解非光滑优化问

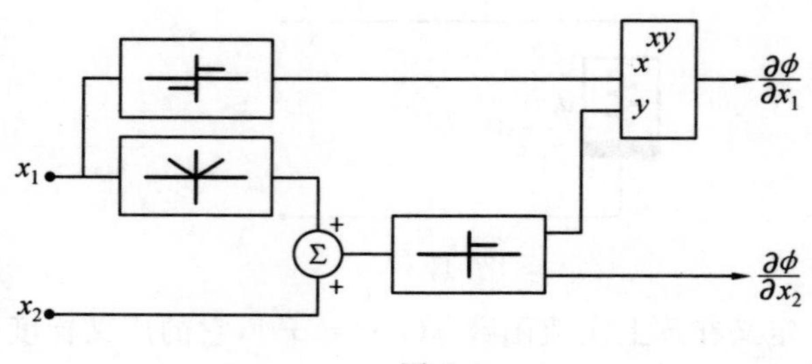

图 3

题的有效性，其中例 2.8.1 为非光滑凸最小值点问题，例 2.8.2 是光滑非凸优化问题，例 2.8.3 和例 2.8.4 是非光滑非凸优化问题.

例 2.8.1 考虑下面非光滑凸优化问题

$$\begin{aligned} \min \quad & f(x)=|2x_1-x_2| \\ \text{s.t.} \quad & x_1^2+x_2^2\leqslant 1, x_2+x_3=1 \end{aligned} \tag{2.8.1}$$

首先，通过计算，知道优化问题(2.8.1) 的优化解集 $M=\{(\boldsymbol{x}_1,\boldsymbol{x}_2,\boldsymbol{x}_3) \mid 2\boldsymbol{x}_1-\boldsymbol{x}_2=0, \boldsymbol{x}_1^2+\boldsymbol{x}_2^2\leqslant 1, \boldsymbol{x}_2+\boldsymbol{x}_3-1=0\}$，最优值于 $f(\boldsymbol{x}^*)=0$. 然后，用此节给出的网络(2.3.4) 求解优化问题(2.8.1). 其中，$f(\boldsymbol{x})$ 的 Clarke 广义次微分为

$$\partial f(\boldsymbol{x})=\begin{cases}\{(2,-1,0)^{\mathrm{T}}\}, & 2\boldsymbol{x}_1-\boldsymbol{x}_2>0\\ \{(2\xi,-\xi,0)^{\mathrm{T}} \mid |\xi|\leqslant 1\}, & 2\boldsymbol{x}_1-\boldsymbol{x}_2=0\\ \{(-2,1,0)^{\mathrm{T}}\}, & 2\boldsymbol{x}_1-\boldsymbol{x}_2<0\end{cases}$$

令 $P_1(\boldsymbol{x})=\max\{x_1^2+x_2^2-1,0\}$，$P_2^{\dagger}(\boldsymbol{x})=|\boldsymbol{x}_2+\boldsymbol{x}_3-1|$，根据 $\partial P_1(\boldsymbol{x})$ 和 $\partial P_2^{\dagger}(\boldsymbol{x})$ 的定义，有

$$\partial P_1(\boldsymbol{x})=\begin{cases}\{(0,0,0)^{\mathrm{T}}\}, & \boldsymbol{x}_1^2+\boldsymbol{x}_2^2-1<0\\ \{(2\boldsymbol{x}_1\xi,2\boldsymbol{x}_2\xi,0)^{\mathrm{T}} \mid \xi\in[0,1]\}, & \boldsymbol{x}_1^2+\boldsymbol{x}_2^2-1=0\\ \{(2\boldsymbol{x}_1,2\boldsymbol{x}_2,0)^{\mathrm{T}}\}, & \boldsymbol{x}_1^2+\boldsymbol{x}_2^2-1>0\end{cases}$$

$$\partial P_2^{\dagger}(\boldsymbol{x})=\begin{cases}\{(0,-1,-1)^{\mathrm{T}}\}, & \boldsymbol{x}_2+\boldsymbol{x}_3-1<0\\ \{(0,\xi,\xi)^{\mathrm{T}} \mid |\xi|\leqslant 1\}, & \boldsymbol{x}_2+\boldsymbol{x}_3-1=0\\ \{(0,1,1)^{\mathrm{T}}\}, & \boldsymbol{x}_2+\boldsymbol{x}_3-1>0\end{cases}$$

取 $\tilde{\boldsymbol{x}}=(0,0,1)$，$X\subseteq B((0,0,1),3)$，所以，选取 $\boldsymbol{x}_0\in B((0,0,1),3)$，根据定理 2.4.2，$\|x(t)-\tilde{x}\|_2\leqslant 9$. 按照定理 2.5.1 中 σ 和 μ 的条件，选取 $\sigma=54$，$\mu=234$. 选取初始点为(1,1,1) 和(−5,−5,−5)，图 4 和表 1 展示的是：分别以这两个点为初始点，网络(2.3.4) 轨道的收敛情况.

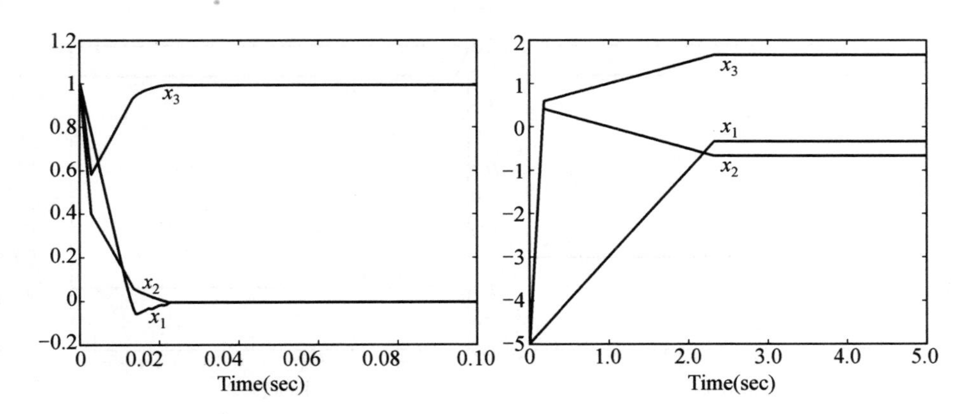

图 4

表 1　例 2.8.1 中,网络(2.3.5) 轨道的收敛情况

初始点	极限点	收敛时间 /sec
(1,1,1)	(0.00,0.00,1.00)	0.62
(−5,−5,−5)	(−0.34,−0.68,1.68)	0.54

例 2.8.2　考虑下面光滑非凸优化问题

$$\min \quad f(\boldsymbol{x})=\boldsymbol{x}_1-\boldsymbol{x}_2^2$$
$$\text{s. t.} \quad \boldsymbol{x}_1^2+\boldsymbol{x}_2^2\leqslant 5, \quad \boldsymbol{x}_1+\boldsymbol{x}_2=1$$

选取 $\tilde{\boldsymbol{x}}=(1,0)^{\mathrm{T}}, R=4$, 则 $G_m=-4, l_f=11, l_1=10$. 所以 $\bar{\sigma}=\max\left\{\frac{Rl_f}{-G_{\mathrm{m}}}, l_f\right\}=11$,这里取 $\sigma=12$. 根据定理 2.4.2,可选取初始点 $\boldsymbol{x}_0\in B((1,0),4)\cap\{(x_{0_1},x_{0_2})\mid x_{0_1}+x_{0_2}=1\}$. 图 5 展示的是:分别以 $(\frac{7}{2},-\frac{5}{2})^{\mathrm{T}}$ 和 $(-\frac{3}{2},\frac{5}{2})^{\mathrm{T}}$ 为初始点,网络(2.3.4) 的轨道分别收敛于 $(2,-1)^{\mathrm{T}}$ 和 $(-1,2)^{\mathrm{T}}$. 而且,$(2,-1)^{\mathrm{T}}$ 和 $(-1,2)^{\mathrm{T}}$ 都为 $f(\boldsymbol{x})$ 在可行域上的临界点,特别地,$f(\boldsymbol{x})$ 在点 $(-1,2)$ 达到其在可行域上的最小值.

例 2.8.3　考虑下面非光滑非凸优化问题

$$\min \quad f(\boldsymbol{x})=|\boldsymbol{x}_1|-\boldsymbol{x}_2^2$$
$$\text{s. t.} \quad |\boldsymbol{x}_1|\leqslant 5, 2\boldsymbol{x}_2+\boldsymbol{x}_2^2\leqslant 5, \boldsymbol{x}_1+\boldsymbol{x}_2-1=0$$

对于任意的 $\tilde{\boldsymbol{x}}\in\{(-1,1)\times(-3,1)\}$,都可令 $R=7$,那么 $G_m\geqslant -5, l_f\leqslant 21$ 且 $l_1<19$. 所以,$\bar{\sigma}=\max\left\{\frac{Rl_f}{-G_{\mathrm{m}}}, l_f\right\}\leqslant\frac{147}{5}$,进而,对于任意的 $\tilde{\boldsymbol{x}}\in\{(-1,1)\times(-3,1)\}$,均可取 $\sigma=30$. 构造网络如下

$$\dot{x}(t)\in-\partial f(x(t))-30\partial P_1(\boldsymbol{x}(t))-600\partial P_2^{\dagger}(x(t)) \tag{2.8.2}$$

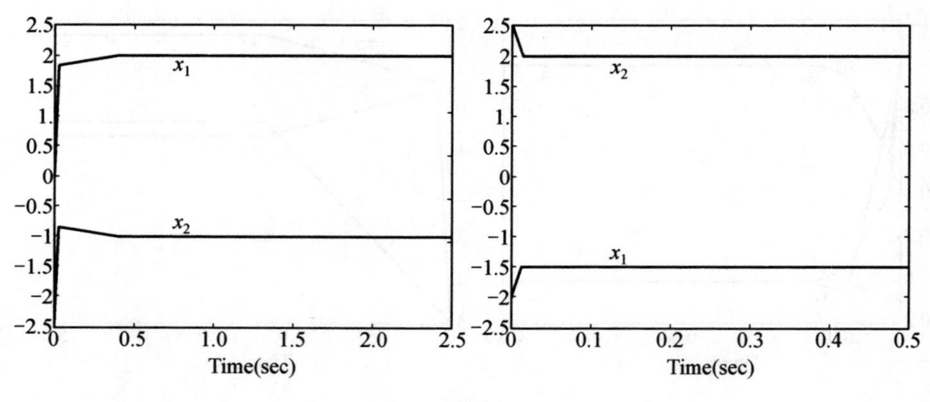

图 5

表 2　例 2.8.4 中,网络(2.3.4)的收敛情况与参数 σ 取值的关系

初始点	σ 的取值	极限点	是否属于 X	是否属于 C
(3,4,−1)	1	$(-0.5671,0,1)^{\mathrm{T}}$	否	否
(3,4,−1)	10	$(-0.4262,-0.5204,1)^{\mathrm{T}}$	是	是
(1,2,0)	1	$(-0.5672,0,1)^{\mathrm{T}}$	否	否
(1,2,0)	6	$(-0.4264,-0.5202,1)^{\mathrm{T}}$	是	是

根据定理 2.4.2,可选取初始点 $\boldsymbol{x}_0\in\{(\boldsymbol{x}_{0_1},\boldsymbol{x}_{0_2})\in B(\tilde{\boldsymbol{x}},6)\mid\tilde{\boldsymbol{x}}\in\{(-1,1)\times(-3,1)\},\boldsymbol{x}_{0_2}\in(-3,1)\}$. 图 6 显示出以$(6,-2)^{\mathrm{T}}$,$(-6,-1)^{\mathrm{T}}$,$(7,0)^{\mathrm{T}}$和$(-7,\frac{1}{2})^{\mathrm{T}}$为初始点,网络(2.8.2)的轨道均收敛到该优化问题的一个临界点$(-0.4486,1.4490)^{\mathrm{T}}$.

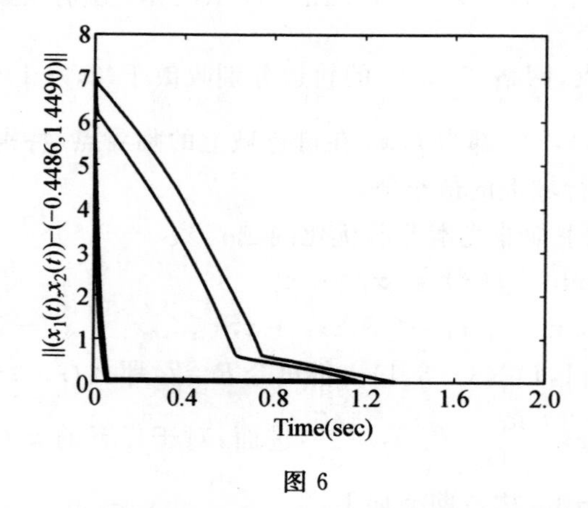

图 6

另外,为了更好地显示本节所构造网络的实用价值及优越性,后面给出一个较复杂的例子，在这个例子中，我们无法通过观察或简单地计算选取出可行点 $\tilde{x}$，进而，无法得到$\dfrac{Rl_f}{-G_m}$ 的一个上界. 所以，我们将应用注解 2.7.1 的手段来判断参数 σ 的选取正确与否.

例 2.8.4 考虑下面非光滑非凸优化问题

$$\min \quad f(\boldsymbol{x}) = \mathrm{e}^{x_1} + |\boldsymbol{x}_2| - \mathrm{e}^{x_3}$$

$$\text{s.t.} \quad \mathrm{e}^{x_1} + 2\mathrm{e}^{x_2} + \boldsymbol{x}_1^2 + |\boldsymbol{x}_2| \leqslant 2 + \frac{\mathrm{e}}{5}, \boldsymbol{x}_3^2 + \boldsymbol{x}_3 - 2 \leqslant 0$$

以 $\boldsymbol{x}_0 = (3, 4, -1)^{\mathrm{T}}$ 为初始点，图 7 给出了当 $\sigma = 1$ 和 $\sigma = 10$ 时，网络(2.3.4)轨道的走向. 另外，图 8 给出的是以 $\boldsymbol{x}_0 = (1, 2, 0)^{\mathrm{T}}$ 为初始点，当 $\sigma = 1$ 和 $\sigma = 6$ 时，网络(2.3.4)的走向. 表 2 说明在网络(2.3.4)中参数 σ 取值的重要性及注解 2.7.1 中结论的正确性.

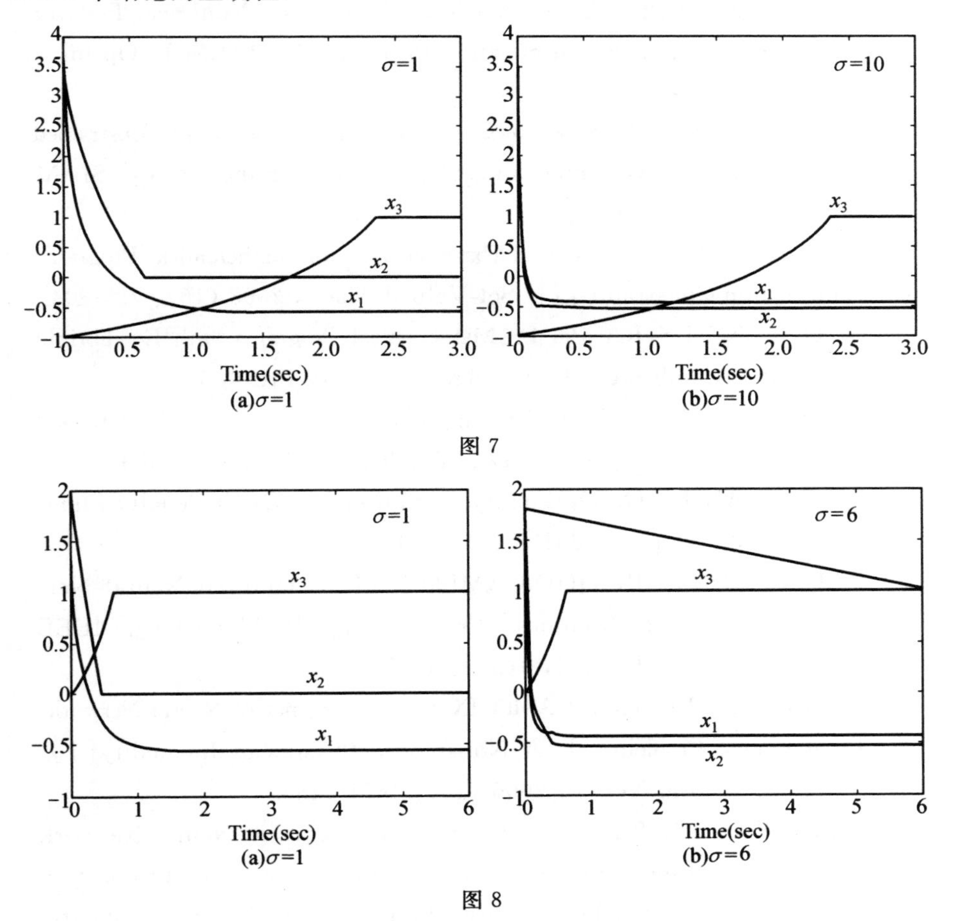

图 7

图 8

参考文献

[1] FLOUDAS C A, PARDALOS P M. Recent Advances in Global Optimization[M]. Princeton: Princeton University Press, 1992.

[2] SUN W Y, YUAN Y X. Optimization Theory and Methods: Nonlinear Programming[M]. Berlin: Springer, 2006.

[3] YANG Y Q, CAO J D. The Optimization Technique for Solving A Class of Non-differentiable Programming Based on Neural Network Method [J]. Nonlinear Anal. Real World Appl., 2010 (11): 1108-1114.

[4] PINAR M C, ZENIOS S A, YANG X Q. Smoothing Nonlinear Penalty Functions for Constrained Optimization Problems[J]. SIAM J. Optim., 1994(4): 486-511.

[5] LIUZZI G, LUCIDI S. A Derivative-free Algorithm for Inequality Constrained Nonlinear Programming via Smoothing of An Penalty Function[J]. SIAM J. Optim., 2009 (20): 1-29.

[6] LIU G S, YE J, ZHU J P. Partial Exact Penalty for Mathematical Programs with Equilibrium Constraints[J]. Set-Valued Anal., 2008 (16): 785-804.

[7] LUO Z Q, PANG J S, RALPH D. Mathematical Programs with Equilibrium Constraints[M]. Cambridge :Cambridge University Press, 1996.

[8] RUBINOV A, YANG X Q. Lagrange-type Functions in Constrained Nonconvex Optimization[M]. Kluwer Academic Publishers, 2003.

[9] MEN K W, YANG X Q. Optimality Conditions via Exact Penalty Functions[J]. SIAM J. Optim. 2010 (20): 3208-3231.

[10] FORTI M, NISTRI P, QUINCAMPOIX M. Generalized Neural Network for Nonsmooth Nonlinear Programming Problems [J]. IEEE Trans. Circuits Syst. I, 2004, 9(51): 1741-1754.

[11] FORTI M, NISTRI P, QUINCAMPOIX M. Convergence of Neural Networks for Programming Problems via A Nonsmooth Ojasiewicz Inequality[J]. IEEE Trans. Neural Netw., 2006 (17): 1471-1486.

[12] LIU Q S, WANG J. Finite-time Convergent Recurrent Neural Network with A Hard-Limiting Activation Function for Constrained Optimization with Piecewise-Linear Objective Functions [J]. IEEE Trans. Neural Netw., 2011 (22): 601-613.

[13] XUE X P ,BIAN W. Subgradient-based Neural Networks for Nonsmooth Convex Optimization Problems[J]. IEEE Trans. Circuits Syst. I, 2008 (55): 2378-2391.

[14] BIAN W,XUE X P. Subgradient-based Neural Networks for Nonsmooth Nonconvex Optimization Problems[J]. IEEE Trans. Neural Netw. , 2009 (20): 1024-1038.

[15] CHONG E K P,HUI S,ZAK H S. An Analysis of A Class of Neural Networks for Solving Linear Programming Problems[J]. IEEE Trans. Automat. Contr. , 1999 (44): 1995-2006.

[16] KENNEDY M P,CHUA L O. Neural Networks for Nonlinear Programming[J]. IEEE Trans. Circuits Syst. I, 1988 (35): 554-562.

[17] CHUA L O, DESOER C A , KUH E S. Linear and Nonlinear Circuits[M]. New York :McGraw-Hill , 1987.

[18] LIU Q S, GUO Z S, WANG J. A One-layer Recurrent Neural Network for Constrained Pseudoconvex Optimization and Its Application for Portfolio Optimization[J]. Neural Networks, 2012(26):99-109.

[19] LIU Q S, WANG J. A One-layer Recurrent Neural Network for Constrained Nonsmooth Optimization[J]. IEEE Trans. Syst. Man Cybern. Part B, 2011 (41): 1323-1333.

[20] AUBIN J P,CELLINA A. Differential Inclusions[M]. Berlin: Heidelberg,1984.

第3章 无限维空间中的非光滑凸优化

3.1 前言

Hilbert 空间作为 Banach 空间的特例，也是有限维空间 $\mathbb{R}^n$ 向无穷维空间的推广. 基于第二章对有限维空间中优化问题的研究，本章研究 Hilbert 空间 $\boldsymbol{H}$ 中由两个最小值问题组成的二层非光滑凸优化问题模型

$$
\begin{aligned}
&\min \quad \psi(\boldsymbol{x}) \\
&\text{s.t.} \quad \boldsymbol{x} \in \arg\min_{\boldsymbol{C}} \phi
\end{aligned}
\tag{3.1.1}
$$

其中 $\boldsymbol{x} \in \boldsymbol{H}$，$\boldsymbol{C}$ 是 $\boldsymbol{H}$ 中的闭凸集，$\psi, \phi : \boldsymbol{H} \to \mathbb{R}$ 是正常、闭、凸函数（未必光滑）且在 $\boldsymbol{C}$ 下有界. $\boldsymbol{x}^*$ 是(3.1.1) 的一个解当且仅当 $\boldsymbol{x}^*$ 是下面变分不等式问题的一个解.

存在 $v(\boldsymbol{x}^*) \in \partial\phi(\boldsymbol{x}^*)$ 和 $u(\boldsymbol{x}^*) \in \partial\psi(\boldsymbol{x}^*)$ 使得

$$
\begin{cases}
\langle v(\boldsymbol{x}^*), \boldsymbol{x} - \boldsymbol{x}^* \rangle \geqslant 0, & \forall \boldsymbol{x} \in \boldsymbol{C} \\
\langle u(\boldsymbol{x}^*), \boldsymbol{x} - \boldsymbol{x}^* \rangle \geqslant 0, & \forall \boldsymbol{x} \in \arg\min_{\boldsymbol{C}} \phi
\end{cases}
$$

在本章所研究的优化问题中，由于我们没有要求 ψ 和 ϕ 的可微性，动态次梯度方法是求此类问题的一个经典方法，即基于 $\boldsymbol{x}^*$ 是优化问题(3.1.1) 的一个最小值点当且仅当 $\boldsymbol{x}^*$ 满足

$$\begin{cases} \boldsymbol{x}^* \in \boldsymbol{C} \\ 0 \in \partial\phi(\boldsymbol{x}^*) + N_C(\boldsymbol{x}^*) \\ 0 \in \partial\psi(\boldsymbol{x}^*) + N_S(\boldsymbol{x}^*) \end{cases} \tag{3.1.2}$$

其中 $N_C(\boldsymbol{x}^*)$ 和 $N_S(\boldsymbol{x}^*)$ 表示 $\boldsymbol{C}$ 和 $\boldsymbol{S} = \arg\min\limits_{\boldsymbol{C}} \phi$ 在 $\boldsymbol{x}^*$ 点的法锥.

Hilbert 空间中的优化问题具有广泛的应用领域. 尤其,无穷维 Hilbert 空间中的优化问题在 ODE 和 PDE 中的优化控制问题中也有重要的应用[28,36,37,42,47]. 一个 ODE 或者 PDE 问题可以表示成无限维空间中带有一个几何结构的目标函数和约束函数的非线性规划问题[14,24,42]. 关于求解无限维空间中的约束优化问题及其在 PDE 问题中的应用,目前已有一些非常好的结果.

Ulbrich 和 Blbrich[47] 应用对偶方法分析了如下 PDE 优化问题

$$\begin{aligned} \min_{\boldsymbol{y}\in \boldsymbol{Y}, \boldsymbol{u}\in U} \quad & J(\boldsymbol{y}, \boldsymbol{u}) \\ \text{s. t.} \quad & c(\boldsymbol{y}, \boldsymbol{u}) = 0, \quad \boldsymbol{a} \leqslant \boldsymbol{u} \leqslant \boldsymbol{b} \end{aligned}$$

其中 $U = L^p(\Omega)$, $\boldsymbol{p} = [2, +\infty)$, $a, b \in L^\infty$, $\boldsymbol{Y}$ 是一个 Banach 空间. 当 J 和 c 二次局部 Lipschitz 连续可微时,作者们给出了其所构造算法的一些收敛性估计. Rees, Dollars 和 Wathen 在论文[42] 中针对 2D 和 3D 泊松问题构造了一个离散算法. 为了推广论文[36] 中所提出的带有端点约束的发展微分包含系统在动态优化问题中的应用, Mordukhovich[37] 对 Banach 空间中带有一系列等式和不等式端点约束的 Bolza 微分包含问题做了一系列的变分分析.

在求解约束优化问题的不同方法中,投影方法几乎是最容易理解且最简单的一种方法. 而且,对于 Hilbert 空间中的约束优化问题,投影算子有时是必要的. 例如,当约束为 $\boldsymbol{H}$ 的一个子空间时,其他处理约束的方法,如 Lagrange 方法和罚函数方法都很难对其进行处理. 而此类约束优化问题恰恰经常出现,尤其当其用于解决 PDE 问题的时候.

为了求解约束优化问题

$$\min_{\boldsymbol{x}\in \boldsymbol{C}} \quad \phi(\boldsymbol{x}) \tag{3.1.3}$$

其中 $\phi: \boldsymbol{H} \to \mathbb{R}$ 是凸函数, $\boldsymbol{C} \subseteq \boldsymbol{H}$ 是一个闭凸集,在 $\partial\phi$ 局部有界或线性有界的条件下,论文[1,12] 提出了一些离散优化算法并得到了一些弱收敛性结果. 当 ϕ 连续可微且 $\boldsymbol{H}$ 是有限维空间时, Antipin[4] 应用一阶和二阶自治连续投影梯度方法求解(3.1.3),并在 ϕ 强凸且系统中的参数满足一定条件时对这两个系统得到了指数收敛. 当 $\nabla\phi$ 在有界集上 Lipschitz 连续时,论文[43] 对于连续投影梯度方法的二阶形式也做了一些非常有价值的分析. 对于二层优化问题,当(3.1.1) 中的 ψ 定义为 $\psi(\boldsymbol{x}) = \dfrac{1}{2}\|\boldsymbol{x}\|^2$ 时, Bolte[15] 研究了用如下连续投影梯度系统求解(3.1.3)

$$\dot{x}(t) = -x(t) + P_C[x(t) - \nabla\phi(x(t)) - \varepsilon(t)x(t)] \tag{3.1.4}$$

并 $\nabla\phi$ 在有界集上 Lipschitz 连续且 $\varepsilon(\cdot)$ 满足

$$\int_0^{+\infty}\varepsilon(t)\mathrm{d}t=+\infty,\quad \dot{\varepsilon}\text{ 有界且收敛于 }0$$

时,得到了系统(3.1.4)的强收敛性结果.

为了求解光滑凸函数 $\phi_1:\boldsymbol{H}\to\mathbb{R}$ 在凸集 $\boldsymbol{S}$ 上的最小值点,Cabot[18] 设计了一个称作"Steepest Descent and Control"系统

$$\dot{x}(t)=\nabla\phi_0(x(t))+\varepsilon(t)\nabla\phi_1(x(t))$$

其中 $\phi_0:\boldsymbol{H}\to\mathbb{R}$ 是一个光滑凸函数且其临界点集为集合 S,$\varepsilon:\mathbb{R}_+\to\mathbb{R}_{++}$ 趋向于 0 并满足 $\int_0^{+\infty}\varepsilon(t)\mathrm{d}t=+\infty$. 当 $\nabla\phi_0$ 和 $\nabla\phi_1$ 在 $\boldsymbol{H}$ 中的有界集上 Lipschitz 连续,ϕ_0 和 ϕ_1 下有界,$\varepsilon(t)$ 非增且 Lipschitz 连续时,文献[18]中的系统满足

$$\lim_{t\to+\infty}\operatorname{dist}(x(t),\arg\min_{\boldsymbol{S}}\phi_1)=0$$

并在 $\boldsymbol{H}$ 是有限维空间的时候,作者还提出可保证

$$\lim_{t\to+\infty}x(t)=\bar{\boldsymbol{x}}\in\arg\min_{\boldsymbol{S}}\phi_1$$

的一些充分条件. 同时,论文[2,7,8,17,19,21,45]也对应用非自治系统求解最小值点问题做了一定的研究. 对于如上提到的非自治系统,为了保证系统收敛于二层优化问题的一个优化解,一个重要的条件就是 $\varepsilon(t)$ 一定要充分慢的收敛于 0,即 $\varepsilon(\cdot)$ 在 $[0,+\infty)$ 上是非可积的. 关于此类研究的最一般性结果可参见论文[45]. 在 $\varepsilon(\cdot)$ 非增且 $\lim\limits_{t\to+\infty}\varepsilon(t)=0$ 时,Reich[45] 研究了如下系统解的性质

$$0\in\dot{x}(t)+A(x(t))+\varepsilon(t)x(t)\tag{3.1.5}$$

其中 A 是 Hilbert 空间中的一个极大单调算子. Reich 证明了系统(3.1.5)的解轨线 $x(t)$ 强收敛于集合 $\{\boldsymbol{x}\in\boldsymbol{H}\mid 0\in A(\boldsymbol{x})\}$ 中的范数最小元. 最近,Cominetti,Peyouquet 和 Sorin 在论文[21]中分析了当 $A=\partial f$ 的情形,其中 $f:\boldsymbol{H}\to\mathbb{R}\cup\{\infty\}$ 是闭凸函数. 不需 $\varepsilon(\cdot)$ 的非增性,仅在条件

$$\int_0^{+\infty}\varepsilon(t)\mathrm{d}t=+\infty\text{ 和 }\lim_{t\to+\infty}\varepsilon(t)=0$$

成立时,论文[21]针对系统(3.1.5)证出了同样的强收敛性结果. 随后,在论文[7]中,Attouch 和 Czarnecki 考虑了如下微分包含的渐近行为

$$0\in\dot{x}(t)+\partial\phi(x(t))+\varepsilon(t)\partial\psi(x(t))\tag{3.1.6}$$

其中 $\phi:\boldsymbol{H}\to\mathbb{R}$ 和 $\psi:\boldsymbol{H}\to\mathbb{R}$ 都是闭凸函数. 当集合 $\arg\min\phi$ 的法锥满足一个有界性条件,且 $\varepsilon(t)\in C^1[0,+\infty)$ 满足下列条件时:

非增性;

$\lim\limits_{t\to+\infty}\varepsilon(t)=0$;

$\int_0^{+\infty}\varepsilon(t)\mathrm{d}t=+\infty$;

存在 $\kappa\geqslant 0$ 使得 $-\kappa\varepsilon^2\leqslant\dot{\varepsilon}$;

文献[7] 得到了系统(3.1.6) 的弱收敛性,并在不需要 ϕ 和 ψ 的其他任何条件下,得到了(3.1.6) 关于目标函数值的一些渐近性质.

3.2 投影发展微分包含系统

基于投影算子在求解无限维 Hilbert 空间优化问题中的重要性及 Tikhonov 正则项在网络收敛性中的重要作用,本章我们研究带有投影算子的发展微分包含系统

$$\begin{aligned} &\dot{x}(t) \in -x(t) + P_C[x(t) - \partial\phi(x(t)) - \varepsilon(t)\partial\psi(x(t))] \\ &x(0) = x_0 \end{aligned} \tag{3.2.1}$$

其中 P_C 是集合 $\boldsymbol{C}$ 上的投影算子,$\varepsilon:[0,+\infty) \to \mathbb{R}_{++}$ 是控制函数且满足如下条件:

$\varepsilon(t) > 0, \forall t \geqslant 0$;

绝对连续且非增;

$\lim\limits_{t\to+\infty} \varepsilon(t) = 0.$

如上所应用的优化方法是一种典型的 Tikhonov-like 正则化方法,也称作"粘性"正则化方法.论文[9] 及其文献中的工作对应用粘性正则化方法求解优化问题发挥了重要的作用.基于微分系统在求解约束优化问题上的良好表现及 Tikhonov 正则项 ε 在系统收敛方面的重要作用,本章重点研究系统(3.2.1) 在求解约束优化问题(3.1.1) 上的表现.

3.3 解的存在唯一性

首先,系统(3.2.1) 解的存在性问题是至关重要的.近年来,关于形如 $\dot{\boldsymbol{x}}(t) \in F(t,\boldsymbol{x}(t))$ 的微分包含系统解的存在性问题已有许多经典的研究成果,可见 Aubin-Cellina[10],Filippov[26],Tolstonogov[46],等等.(3.2.1) 的右端项既不具有凸性也不具有紧性,而此两条性质是[10,26,46] 中关于微分包含解存在性的结论中所必需的.论文[7,8,21] 中的结果也无法蕴涵系统(3.2.1) 解的存在性.本小节,我们将依赖于关于右端极大单调自治微分包含系统解存在性结果的证明方法,给出系统(3.2.1) 解的存在性.

3.3.1 Moreau-Yosida 逼近

若 $\varphi:\boldsymbol{H} \to \mathbb{R}$ 是正常的、闭的、凸的,那么,φ 的 Moreau-Yosida 逼近定义为

$$\varphi_\lambda(\boldsymbol{x})=\inf_{\boldsymbol{y}\in \boldsymbol{H}}\{\varphi(\boldsymbol{y})+\frac{1}{2\lambda}\|\boldsymbol{x}-\boldsymbol{y}\|^2\}$$

命题 3.3.1[10,25] φ_λ 满足下述性质:

(1) 对于任意的 $\lambda>0$,φ_λ 是凸函数且属于函数类 $C^1(\boldsymbol{H};\mathbb{R})$,$\nabla\varphi_\lambda$ 是单调的 Lipschitz 函数且 Lipschitz 常数为$\frac{1}{\lambda}$;

(2) 对于任意的 $\boldsymbol{x}\in\boldsymbol{H}$,$\varphi_\lambda(\boldsymbol{x})$ 关于 λ 是单调的,$\|\nabla\varphi_\lambda(\boldsymbol{x})\|\leqslant m(\partial\varphi(\boldsymbol{x}))$ 且

$$\sup_{\lambda\geqslant 0}\varphi_\lambda(\boldsymbol{x})=\lim_{\lambda\to 0}\varphi_\lambda(\boldsymbol{x})=\varphi(\boldsymbol{x}),\quad \lim_{\lambda\to 0}\nabla\varphi_\lambda(\boldsymbol{x})=m(\partial\varphi(\boldsymbol{x}))$$

(3)$J_\lambda=(1+\lambda\partial\varphi)^{-1}$ 是由 $\boldsymbol{H}$ 到 $\boldsymbol{H}$ 的非扩张单值映射且满足 $\nabla\varphi_\lambda=\frac{1}{\lambda}(1-J_\lambda)\in\partial\varphi(J_\lambda)$.

由于 ϕ 和 ψ 都是连续凸函数,我们引进如下带有正参数 λ 的逼近系统

$$\dot{x}_\lambda(t)=-x_\lambda(t)+P_C[x_\lambda(t)-\nabla\phi_\lambda(x_\lambda(t))-\varepsilon(t)\nabla\psi_\lambda(x_\lambda(t))]$$

$$x_\lambda(0)=\boldsymbol{x}_0 \tag{3.3.1}$$

其中 ϕ_λ 和 ψ_λ 分别是 ϕ 和 ψ 的 Moreau-Yosida 逼近.

命题 3.3.2 设 $\boldsymbol{C}$ 是 $\boldsymbol{H}$ 中的闭凸集,那么

$$\langle \boldsymbol{v}-P_C(\boldsymbol{v}),P_C(\boldsymbol{v})-\boldsymbol{u}\rangle\geqslant 0,\quad \forall\,\boldsymbol{v}\in\boldsymbol{H},\boldsymbol{u}\in\boldsymbol{C}$$

$$\|P_C(\boldsymbol{u})-P_C(\boldsymbol{v})\|\leqslant\|\boldsymbol{u}-\boldsymbol{v}\|,\quad \forall\,\boldsymbol{u},\boldsymbol{v}\in\boldsymbol{H}$$

引理 3.3.1 对于任意的 $\boldsymbol{x}_0\in\boldsymbol{C}$ 和 $\lambda>0$,(3.3.1) 有唯一解 $x_\lambda(t)\in C^1([0,+\infty);\boldsymbol{H})$ 且满足如下性质:

(1)$x_\lambda(t)\in\boldsymbol{C},\forall\,t\geqslant 0$;

(2) 存在$\Gamma>0$使得$\int_0^{+\infty}\|\dot{x}_\lambda(t)\|^2\mathrm{d}t\leqslant\Gamma$,其中$\Gamma$是与$\lambda$ 无关的一个常数.

证 根据命题 3.3.1,系统(3.3.1) 的右端关于 $\boldsymbol{x}$ 是 Lipschitz 连续的且关于 t 连续,则对于任意的初始点,(3.3.1) 具有唯一的解 $x_\lambda(t)\in C^1([0,+\infty);\boldsymbol{H})$.

(1) 系统(3.3.1) 还可被表示成

$$\dot{x}_\lambda(t)+x_\lambda(t)=k(t)$$

其中 $k(t)=P_C[x_\lambda(t)-\nabla\phi_\lambda(x_\lambda(t))-\varepsilon(t)\nabla\psi_\lambda(x_\lambda(t))]$ 是一个取值于 $\boldsymbol{C}$ 的连续函数. 通过对上式两端积分,得到

$$x_\lambda(t)=\mathrm{e}^{-t}\boldsymbol{x}_0+\mathrm{e}^{-t}\int_0^t k(s)\mathrm{e}^s\mathrm{d}s$$

即

$$x_\lambda(t)=\mathrm{e}^{-t}\boldsymbol{x}_0+(1-\mathrm{e}^{-t})\int_0^t k(s)\,\frac{\mathrm{e}^s}{\mathrm{e}^t-1}\mathrm{d}s$$

由于 $\boldsymbol{x}_0 \in \boldsymbol{C}, k(s) \in \boldsymbol{C}, \forall 0 \leqslant s \leqslant t, \int_0^t \frac{\mathrm{e}^s}{\mathrm{e}^t - 1}\mathrm{d}s = 1$，得到

$$x_\lambda(t) \in \boldsymbol{C}, \quad \forall t \geqslant 0$$

(2) 由于 ϕ 在 $\boldsymbol{H}$ 下有界，我们可得到

$$\phi_\lambda(\boldsymbol{x}_\lambda) = \inf_{\boldsymbol{y} \in \boldsymbol{H}} \{\phi(\boldsymbol{y}) + \frac{1}{2\lambda} \| \boldsymbol{x}_\lambda - \boldsymbol{y} \|^2\} \geqslant \inf_{\boldsymbol{H}} \phi$$

那么，存在 m_ϕ 和 m_ψ 使得

$$\phi_\lambda(x_\lambda(t)) \geqslant m_\phi, \quad \psi_\lambda(x_\lambda(t)) \geqslant m_\psi, \quad \forall t \geqslant 0 \tag{3.3.2}$$

定义函数

$$E_\lambda(t) = \phi_\lambda(x_\lambda(t)) + \varepsilon(t)(\psi_\lambda(x_\lambda(t)) - m_\psi)$$

根据(3.3.2)，$E_\lambda(t)$ 在$[0, +\infty)$ 下有界.

对 $E_\lambda(t)$ 沿着(3.3.1) 的解轨线求微分，得到

$$\frac{\mathrm{d}}{\mathrm{d}t}E_\lambda(t) = \langle \nabla \phi_\lambda(x_\lambda(t)) + \varepsilon(t) \nabla \psi_\lambda(x_\lambda(t)), \dot{x}_\lambda(t) \rangle + \dot{\varepsilon}(t)(\psi_\lambda(x_\lambda(t)) - m_\psi) \tag{3.3.3}$$

定义

$$\xi(t) = x_\lambda(t) - \nabla \phi_\lambda(x_\lambda(t)) - \varepsilon(t) \nabla \psi_\lambda(x_\lambda(t))$$

应用命题 3.3.2 及 $x_\lambda(t) \in \boldsymbol{C}, \forall t \geqslant 0$，可推断出

$$\langle x_\lambda(t) - P_{\boldsymbol{C}}(\xi(t)), \xi(t) - P_{\boldsymbol{C}}(\xi(t)) \rangle \leqslant 0, \quad \forall t \in [0, +\infty)$$

基于(3.3.1) 和上述不等式，得到

$$\langle \nabla \phi_\lambda(x_\lambda(t)) + \varepsilon(t) \nabla \psi_\lambda(x_\lambda(t)), \dot{x}_\lambda(t) \rangle \leqslant - \| \dot{x}_\lambda(t) \|^2, \quad \forall t \in [0, +\infty) \tag{3.3.4}$$

结合(3.3.3) 和(3.3.4)，可推断出

$$\begin{aligned}\frac{\mathrm{d}}{\mathrm{d}t}E_\lambda(t) &\leqslant - \| \dot{x}_\lambda(t) \|^2 + \dot{\varepsilon}(t)(\psi_\lambda(x_\lambda(t)) - m_\psi) \\ &\leqslant - \| \dot{x}_\lambda(t) \|^2, \quad \forall t \in [0, +\infty)\end{aligned} \tag{3.3.5}$$

由于

$$E_\lambda(0) = \phi_\lambda(\boldsymbol{x}_0) + \varepsilon(0)(\psi_\lambda(\boldsymbol{x}_0) - m_\psi) \leqslant \phi(\boldsymbol{x}_0) + \varepsilon(0)(\psi(\boldsymbol{x}_0) - m_\psi)$$

对(3.3.5) 从 0 到 t 求积分，得到

$$\int_0^t \| \dot{x}_\lambda(s) \|^2 \mathrm{d}s \leqslant E_\lambda(0) - E_\lambda(t)$$

因此，存在 $\Gamma > 0$ 使得

$$\int_0^{+\infty} \| \dot{x}_\lambda(t) \|^2 \mathrm{d}t \leqslant \Gamma$$

注 3.3.1 一般情况下，当 $\boldsymbol{x}_0 \notin \boldsymbol{C}$ 时，(3.3.1) 的解轨线不属于集合 $\boldsymbol{C}$，然而从引理 3.3.1 的证明过程中，我们可看到

$$\{ \lim_{t \to +\infty} x_\lambda(t) \} \subseteq \boldsymbol{C}, \quad \forall \lambda > 0$$

3.3.2 本节主要结论

在本节的讲述中,如果存在一个绝对连续函数 $\boldsymbol{x}:[0,+\infty)\to\boldsymbol{H}$ 使得 $x(\cdot)$ 在任意有界集上绝对连续,$\dot{\boldsymbol{x}}$ 局部二次可积,且存在两个局部二次可积函数 $h(\cdot)$ 和 $p(\cdot)$ 满足

$$\dot{x}(t)=x(t)+P_C[x(t)-h(t)-\varepsilon(t)p(t)]$$

则我们称系统(3.2.1) 存在一个全局解.

首先,我们假设 $\boldsymbol{C}$ 是可定义成下列形式的集合

$$\boldsymbol{C}=\{\boldsymbol{x}\in\boldsymbol{H}\mid f(\boldsymbol{x})=\boldsymbol{b}\} \tag{3.3.6}$$

其中 $f:\boldsymbol{H}\to\mathbb{X}$ 是一个由 $\boldsymbol{H}$ 到 Banach 空间 $\mathbb{X}$ 的连续线性泛函且 $\boldsymbol{b}\in\mathbb{X}$. $\boldsymbol{C}=\boldsymbol{H}$ 可看作是本章所研究问题的一个特例.

根据集合 $\boldsymbol{C}$ 的定义,其上的投影算子满足如下性质

$$\langle\boldsymbol{x}-P_C(\boldsymbol{x}),\boldsymbol{v}-\boldsymbol{w}\rangle=0,\quad\forall\,\boldsymbol{x}\in\boldsymbol{H},\boldsymbol{v},\boldsymbol{w}\in\boldsymbol{C} \tag{3.3.7}$$

定理 3.3.1 假定 ϕ 和 ψ 在 $\boldsymbol{C}$ 的任意有界集上 Lipschitz 连续且在 $\boldsymbol{H}$ 下有界. 当集合 $\boldsymbol{C}$ 如(3.3.6) 中定义时,对于任意的初始点 $\boldsymbol{x}_0\in\boldsymbol{C}$,系统(3.2.1) 存在唯一的全局解且满足如下性质:

(1) 对于任意的 $t\in[0,+\infty)$,$x(t)\in\boldsymbol{C}$;

(2)(3.2.1) 的解恰为其"弱解",即满足

$$\dot{x}(t)=m(-x(t)+P_C[x(t)-\partial\phi(x(t))-\varepsilon(t)\partial\psi(x(t))])$$

几乎处处 $t\geqslant 0$;

(3)$t\to\|\dot{x}(t)\|$ 是非增的;

(4)$\dot{\boldsymbol{x}}\in\boldsymbol{L}^2([0,+\infty);\boldsymbol{H})$ 且 $\lim\limits_{t\to+\infty}\|\dot{\boldsymbol{x}}\|=0$.

证 (1) 第一步:证明系统(3.2.1) 存在一个全局解.

为了简单起见,我们记$\{\boldsymbol{x}_\lambda\}$,$\{\dot{\boldsymbol{x}}_\lambda\}$,… 的所有子序列为其本身,且在无混淆时,忽略 t,$\to$ 表示强收敛,$\to_w$ 表示弱收敛.

假定 $\lambda\in(0,\bar{\lambda})$ 且 $T>0$.

(a) 首先,我们证明存在一个子序列$\{\boldsymbol{x}_\lambda\}$ 和一个绝对连续函数 $\boldsymbol{x}$ 使得

$$\begin{aligned}&x_\lambda(\cdot)\to x(\cdot),\quad\text{在 }\boldsymbol{C}([0,T];\boldsymbol{H})\text{ 中}\\&\dot{x}_\lambda(\cdot)\to_w\dot{x}(\cdot),\quad\text{在 }\boldsymbol{L}^1([0,T];\boldsymbol{H})\text{ 中}\end{aligned} \tag{3.3.8}$$

首先,我们证$\{\boldsymbol{x}_\lambda\}$ 是空间 $\boldsymbol{C}([0,T];\boldsymbol{H})$ 中的一个 Cauchy 序列.

因为 $\|x_\lambda(t)-x_0\|_2=\left\|\int_0^t\dot{x}_\lambda(s)\mathrm{d}s\right\|_2\leqslant\sqrt{T}\sqrt{\int_0^t\|\dot{x}_\lambda(s)\|_2^2\mathrm{d}s}\leqslant\sqrt{T\Gamma}$,其中 Γ 如引理 3.3.1 中定义. 那么

$$\|x_\lambda(t)\|_2\leqslant\|\boldsymbol{x}_0\|_2+\sqrt{T\Gamma},\quad\forall\,t\in[0,T] \tag{3.3.9}$$

因此,$\{\boldsymbol{x}_\lambda\}$ 为空间 $\boldsymbol{C}([0,T];\boldsymbol{H})$ 中的一致有界序列,即存在 $R>0$ 使得

$$\sup_{0<\lambda\leqslant\bar{\lambda},0\leqslant t\leqslant T}\|x_\lambda(t)\|\leqslant R$$

记 l_ϕ 和 l_ψ 为 ϕ 和 ψ 在有界集合 $\{x\in\boldsymbol{C}\mid\|x\|\leqslant R\}$ 上的 Lipschitz 常数.

取 $\lambda,\mu\in(0,\bar{\lambda})$，记

$$\alpha(t)=\frac{1}{2}\|x_\lambda(t)-x_\mu(t)\|^2$$

$$f_\lambda(t)=x_\lambda(t)-\nabla\phi_\lambda(x_\lambda(t))-\varepsilon(t)\nabla\psi_\lambda(x_\lambda(t))$$

$$f_\mu(t)=x_\mu(t)-\nabla\phi_\mu(x_\mu(t))-\varepsilon(t)\nabla\psi_\mu(x_\mu(t))$$

那么

$$\begin{aligned}\alpha(t)&=\frac{1}{2}\|x_\lambda(t)-x_\mu(t)\|^2\\&=\frac{1}{2}\int_0^t\frac{\mathrm{d}}{\mathrm{d}s}\|x_\lambda(s)-x_\mu(s)\|^2\mathrm{d}s\\&=\int_0^t\langle x_\lambda(s)-x_\mu(s),\dot{x}_\lambda(s)-\dot{x}_\mu(s)\rangle\mathrm{d}s\\&=\int_0^t-\|x_\lambda(s)-x_\mu(s)\|^2+\\&\qquad\langle x_\lambda(s)-x_\mu(s),P_C[f_\lambda(s)]-P_C[f_\mu(s)]\rangle\mathrm{d}s\end{aligned}$$

根据 $x_\lambda(t)\in\boldsymbol{C},x_\mu(t)\in\boldsymbol{C},\forall t\geqslant0$ 和(3.3.7)，我们得到

$$\langle x_\lambda(t)-x_\mu(t),P_{\boldsymbol{C}}[f_\lambda(t)]\rangle=\langle x_\lambda(t)-x_\mu(t),f_\lambda(t)\rangle,\quad\forall t\geqslant0$$

$$\langle x_\lambda(t)-x_\mu(t),P_{\boldsymbol{C}}[f_\mu(t)]\rangle=\langle x_\lambda(t)-x_\mu(t),f_\mu(t)\rangle,\quad\forall t\geqslant0$$

因此

$$\begin{aligned}\alpha(t)=&-\int_0^t\langle x_\lambda(s)-x_\mu(s),\nabla\phi_\lambda(x_\lambda(s))-\nabla\phi_\mu(x_\mu(s))\rangle+\\&\varepsilon(s)\langle x_\lambda(s)-x_\mu(s),\nabla\psi_\lambda(x_\lambda(s))-\nabla\psi_\mu(x_\mu(s))\rangle\mathrm{d}s\end{aligned}$$

应用命题 3.3.1 和 $\partial\phi$ 的单调性，得到

$$\begin{aligned}&-\int_0^t\langle\nabla\phi_\lambda(x_\lambda(s))-\nabla\phi_\mu(x_\mu(s)),x_\lambda(s)-x_\mu(s)\rangle\mathrm{d}s\\&=-\int_0^t\langle\nabla\phi_\lambda(x_\lambda(s))-\nabla\phi_\mu(x_\mu(s)),\lambda\nabla\phi_\lambda(x_\lambda(s))-\mu\nabla\phi_\mu(x_\mu(s))\rangle\mathrm{d}s-\\&\int_0^t\langle\nabla\phi_\lambda(x_\lambda(s))-\nabla\phi_\mu(x_\mu(s)),J_\lambda(x_\lambda(s))-J_\mu(x_\mu(s))\rangle\mathrm{d}s\\&\leqslant-\int_0^t\langle\nabla\phi_\lambda(x_\lambda(s))-\nabla\phi_\mu(x_\mu(s)),\lambda\nabla\phi_\lambda(x_\lambda(s))-\mu\nabla\phi_\mu(x_\mu(s))\rangle\mathrm{d}s\\&=(\lambda+\mu)\int_0^t\langle\nabla\phi_\lambda(x_\lambda(s)),\nabla\phi_\mu(x_\mu(s))\rangle\mathrm{d}s-\\&\int_0^t(\lambda\|\nabla\phi_\lambda(x_\lambda(s))\|^2+\mu\|\nabla\phi_\mu(x_\mu(s))\|^2)\mathrm{d}s\end{aligned}\tag{3.3.10}$$

另外，有如下关系

$$
\begin{cases}
\lambda\langle \nabla\phi_\lambda(x_\lambda(s)),\nabla\phi_\mu(x_\mu(s))\rangle \leqslant \lambda\|\nabla\phi_\lambda(x_\lambda(s))\|^2+\dfrac{\lambda}{4}\|\nabla\phi_\mu(x_\mu(s))\|^2 \\
\mu\langle \nabla\phi_\lambda(x_\lambda(s)),\nabla\phi_\mu(x_\mu(s))\rangle \leqslant \mu\|\nabla\phi_\mu(x_\mu(s))\|^2+\dfrac{\mu}{4}\|\nabla\phi_\lambda(x_\lambda(s))\|^2
\end{cases}
\tag{3.3.11}
$$

结合(3.3.10)和(3.3.11),得到

$$
\begin{aligned}
&-\int_0^t\langle \nabla\phi_\lambda(x_\lambda(s))-\nabla\phi_\mu(x_\mu(s)),x_\lambda(s)-x_\mu(s)\rangle \mathrm{d}s \\
\leqslant\ &\frac{1}{4}\int_0^t(\lambda\|\nabla\phi_\mu(x_\mu(s))\|^2+\mu\|\nabla\phi_\lambda(x_\lambda(s))\|^2)\leqslant \frac{t(\lambda+\mu)}{4}l_\phi^2
\end{aligned}
\tag{3.3.12}
$$

同理,我们可得到

$$
-\int_0^t\varepsilon(s)\langle x_\lambda(s)-x_\mu(s),\nabla\psi_\lambda(x_\lambda(s))-\nabla\psi_\mu(x_\mu(s))\rangle \mathrm{d}s\leqslant \frac{t(\lambda+\mu)}{4}\varepsilon(0)l_\psi^2
\tag{3.3.13}
$$

因此

$$
\alpha(t)\leqslant \frac{T(\lambda+\mu)}{4}(l_\phi^2+\varepsilon(0)l_\psi^2)
\tag{3.3.14}
$$

即推断出 $x_\lambda(\cdot)$ 为空间 $\boldsymbol{C}([0,T];\boldsymbol{H})$ 的 Cauchy 序列.

那么,存在一个绝对连续函数 $\boldsymbol{x}:[0,T]\to\boldsymbol{H}$ 使得

$$
\boldsymbol{x}_\lambda\to\boldsymbol{x},\quad 在\ \boldsymbol{C}([0,T];\boldsymbol{H})\ 中
$$

根据 P_C 的 Lipschitz 性质,得到

$$
\|P_C[f_\lambda(t)]-P_C[x_\lambda(t)]\|\leqslant\|\nabla\phi_\lambda(x_\lambda(t))+\varepsilon(t)\nabla\psi_\lambda(x_\lambda(t))\|
$$

即

$$
\|P_C[f_\lambda(t)]\|\leqslant\|x_\lambda(t)\|+\varepsilon(0)l_\psi+l_\phi
\tag{3.3.15}
$$

应用(3.3.9)和(3.3.15),存在 $\rho>0$

$$
\|\dot{x}_\lambda(t)\|\leqslant\rho,\quad \forall t\in[0,T]
$$

这里 ρ 与 λ 无关.由于$\{\dot{\boldsymbol{x}}_\lambda\}\subseteq \boldsymbol{L}^1([0,T];\boldsymbol{H})$ 是一致有界且绝对连续的,所以 $\{\dot{\boldsymbol{x}}_\lambda\}\subseteq \boldsymbol{L}^1([0,T];\boldsymbol{H})$ 是一致可积的.根据 $\boldsymbol{H}$ 的自反性和文献[22]中的结论,$\{\dot{\boldsymbol{x}}_\lambda\}\subseteq \boldsymbol{L}^1([0,T];\boldsymbol{H})$ 在空间 $\boldsymbol{L}^1([0,T];\boldsymbol{H})$ 中是相对弱紧序列.所以,$\{\dot{\boldsymbol{x}}_\lambda\}$ 存在子序列使得

$$
\dot{\boldsymbol{x}}_\lambda\to_w\boldsymbol{v},\quad 在\ \boldsymbol{L}^1([0,T];\boldsymbol{H})\ 中
$$

由于 $x_\lambda(t)-x_\lambda(s)=\int_s^t\dot{x}_\lambda(\tau)\mathrm{d}\tau$,成立

$$
x(t)-x(s)=\int_s^t v(\tau)\mathrm{d}\tau
$$

那么,对几乎所有的 $t\in[0,T]$,$\dot{x}(t)=v(t)$.因此,式(3.3.8)中结论成立.

(b) 应用命题 3.3.1,得到

$$\| \nabla \phi_\lambda(x_\lambda(t)) \| \leqslant \| m(\partial \phi(x_\lambda(t))) \| \leqslant l_\phi, \quad \forall t \in [0,T]$$

那么,类似于(a)中对序列$\{\dot{\boldsymbol{x}}_\lambda\}$的分析,$\{\nabla \phi_\lambda(\boldsymbol{x}_\lambda)\}$在空间$\boldsymbol{L}^1([0,T];\boldsymbol{H})$中是相对弱紧的,即其至少存在一个聚点,记为$h \in \boldsymbol{L}^1([0,T];\boldsymbol{H})$. 因此,对此序列进行抽取后,得到

$$\nabla \phi_\lambda(x_\lambda(\cdot)) \rightarrow_w h, \quad 在\ \boldsymbol{L}^1([0,T];\boldsymbol{H})\ 中 \tag{3.3.16}$$

类似的,对(3.3.16)中的序列抽取后,存在$\boldsymbol{p} \in \boldsymbol{L}^1([0,T];\boldsymbol{H})$和$\{\nabla \psi_\lambda(\boldsymbol{x}_\lambda)\}$的一个子序列使得

$$\nabla \psi_\lambda(x_\lambda(\cdot)) \rightarrow_w \boldsymbol{p}, \quad 在\ \boldsymbol{L}^1([0,T];\boldsymbol{H})\ 中 \tag{3.3.17}$$

(c) 此部分,我们研究序列$\{\phi_\lambda(\boldsymbol{x}_\lambda)\}$的性质. 对于$[0,T]$中所有的$t \geqslant s$,成立

$$\begin{aligned} | \phi_\lambda(x_\lambda(t)) - \phi_\lambda(x_\lambda(s)) | &\leqslant \int_s^t | \langle \nabla \phi_\lambda(x_\lambda(\tau)), \dot{x}_\lambda(\tau) \rangle | \mathrm{d}\tau \\ &\leqslant l_\phi \sqrt{t-s} \sqrt{\int_s^t \| \dot{x}_\lambda(\tau) \|^2 \mathrm{d}\tau} \\ &\leqslant l_\phi \sqrt{\Gamma} \sqrt{t-s} \end{aligned} \tag{3.3.18}$$

因此,$\{\phi_\lambda(x_\lambda)\}$在$[0,T]$上是等度连续的.

如引理 3.3.1 中定义函数$E_\lambda(t)$. 由于函数$E_\lambda(t)$在区间$[0,T]$上是非增的,$E_\lambda(t) \leqslant E_\lambda(0)$, $\forall t \in [0,T]$,推导出

$$\phi_\lambda(x_\lambda(t)) \leqslant E_\lambda(x_\lambda(0)) \leqslant \phi(\boldsymbol{x}_0) + \varepsilon(0)(\psi(\boldsymbol{x}_0) - m_\psi), \quad \forall t \in [0,T] \tag{3.3.19}$$

另一方面,类似于引理 3.3.1 的证明方法,$\{\phi_\lambda(\boldsymbol{x}_\lambda)\}$在区间$[0,T]$一致下有界. 因此,$\{\phi_\lambda(\boldsymbol{x}_\lambda)\}$为空间$\boldsymbol{C}([0,T];\mathbb{R})$中一致有界序列. 根据 Arzela-Ascoli 定理,$\{\phi_\lambda(\boldsymbol{x}_\lambda)\}$中存在子序列使得

$$\phi_\lambda(x_\lambda(t)) \rightarrow \varphi(t), \quad 在\ \boldsymbol{C}([0,T];\mathbb{R})\ 中 \tag{3.3.20}$$

下面,我们证明

$$\phi(x(t)) = \varphi(t), \quad \forall t \in [0,T]$$

选取$t \in [0,T]$. 如果$\mu > \lambda > 0$,根据命题 3.3.1 得到

$$\phi_\mu(x_\lambda(t)) \leqslant \phi_\lambda(x_\lambda(t)), \quad \forall t \in [0,T]$$

令$\lambda \rightarrow 0$,由(3.3.8),(3.3.20)及上面的不等式,得到

$$\phi_\mu(x(t)) \leqslant \varphi(t), \quad \forall t \in [0,T]$$

在上式中令$\mu \rightarrow 0$,得到

$$\phi(x(t)) \leqslant \varphi(t), \quad \forall t \in [0,T]$$

ϕ_λ的凸性蕴涵

$$\phi_\lambda(x(t)) \geqslant \phi_\lambda(x_\lambda(t)) - l_\phi \| x_\lambda(t) - x(t) \|, \quad \forall t \in [0,T]$$

即

$$\phi(x(t)) \geqslant \varphi(t), \quad \forall t \in [0,T]$$

因此,$\phi(x(t))=\varphi(t)$,$\forall t \in [0,T]$,即

$$\phi_\lambda(x_\lambda(t)) \to \phi(x(t)), \quad 在\ \boldsymbol{C}([0,T];\mathbb{R})\ 中 \tag{3.3.21}$$

类似于对结论(3.3.21)的证明,我们得到

$$\psi_\lambda(x_\lambda(t)) \to \psi(x(t)), \quad 在\ \boldsymbol{C}([0,T];\mathbb{R})\ 中 \tag{3.3.22}$$

(d) 此部分,我们将证明对几乎所有的 $t \in [0,T]$,下式成立

$$h(t) \in \partial\phi(x(t)) \quad 且 \quad p(t) \in \partial\psi(x(t))$$

固定 $\theta \geqslant 0, \theta \in \boldsymbol{C}_0^\infty([0,T];\mathbb{R})$. 对 ϕ_λ 的凸不等式两边积分得到

$$\int_0^T \theta[\phi_\lambda(\boldsymbol{y}) - \phi_\lambda(\boldsymbol{x}_\lambda) - \langle \nabla\phi_\lambda(\boldsymbol{x}_\lambda), \boldsymbol{y} - \boldsymbol{x}_\lambda \rangle]\mathrm{d}t \geqslant 0, \quad \forall \boldsymbol{y} \in \boldsymbol{H} \tag{3.3.23}$$

由于:

在空间 $\boldsymbol{C}([0,T];\mathbb{R})$ 中,成立 $\phi_\lambda(\boldsymbol{y}) \to \phi(\boldsymbol{y})$, $\phi_\lambda(x_\lambda(t)) \to \phi(x(t))$;

在空间 $\boldsymbol{L}^1([0,T];\boldsymbol{H})$ 中,成立 $\nabla\phi_\lambda(x_\lambda(t)) \to_w h(t)$;

在空间 $\boldsymbol{C}([0,T];\boldsymbol{H})$ 中,成立 $x_\lambda(t) \to x(t)$.

式(3.3.23) 蕴涵

$$\int_0^T \theta[\phi(\boldsymbol{y}) - \phi(\boldsymbol{x}) - \langle h, \boldsymbol{y} - \boldsymbol{x} \rangle]\mathrm{d}t \geqslant 0 \tag{3.3.24}$$

由于上述不等式对于 $\boldsymbol{C}_0^\infty([0,T];\mathbb{R})$ 中所有的 $\theta \geqslant 0$ 都成立,得到

$$\phi(\boldsymbol{y}) - \phi(x(t)) - \langle h(t), y - \boldsymbol{x}(t) \rangle \geqslant 0, \quad 几乎处处\ t \in [0,T]$$

根据凸函数次微分的定义,上述不等式蕴涵

$$h(t) \in \partial\phi(x(t)), \quad 几乎处处\ t \in [0,T] \tag{3.3.25}$$

类似的,我们还可得到

$$p(t) \in \partial\psi(x(t)), \quad 几乎处处\ t \in [0,T] \tag{3.3.26}$$

(e) 根据(3.3.1)和命题 3.3.2,得到

$$\langle \nabla\phi_\lambda(\boldsymbol{x}_\lambda) + \varepsilon\nabla\psi_\lambda(\boldsymbol{x}_\lambda) + \dot{\boldsymbol{x}}_\lambda, \dot{\boldsymbol{x}}_\lambda + \boldsymbol{x}_\lambda - \eta \rangle \leqslant 0, \quad \forall \eta \in \boldsymbol{C}, t \in [0,T]$$

因此

$$\int_0^T \theta \langle \nabla\phi_\lambda(\boldsymbol{x}_\lambda) + \varepsilon\nabla\psi_\lambda(\boldsymbol{x}_\lambda) + \dot{\boldsymbol{x}}_\lambda, \dot{\boldsymbol{x}}_\lambda + \boldsymbol{x}_\lambda - \eta \rangle \mathrm{d}t \leqslant 0$$

即

$$\int_0^T \theta \left[\frac{\mathrm{d}}{\mathrm{d}t}\phi_\lambda(\boldsymbol{x}_\lambda) + \|\dot{\boldsymbol{x}}_\lambda\|^2 + \langle \nabla\phi_\lambda(\boldsymbol{x}_\lambda) + \varepsilon\nabla\psi_\lambda(\boldsymbol{x}_\lambda) + \dot{\boldsymbol{x}}_\lambda, \boldsymbol{x}_\lambda - \eta \rangle + \varepsilon(t)\frac{\mathrm{d}}{\mathrm{d}t}\psi_\lambda(\boldsymbol{x}_\lambda) \right] \mathrm{d}t \leqslant 0, \quad \forall \theta \geqslant 0, \theta \in \boldsymbol{C}_0^\infty([0,T];\mathbb{R}), \eta \in \boldsymbol{C} \tag{3.3.27}$$

固定 $\theta \geqslant 0$ 和 $\eta \in \boldsymbol{C}$.

由于在空间 $\boldsymbol{L}^1([0,T];\boldsymbol{H})$ 中成立 $\dot{\boldsymbol{x}}_\lambda \rightarrow_w \dot{\boldsymbol{x}}$（当然在空间 $\boldsymbol{L}^2([0,T];\boldsymbol{H})$ 中也成立），根据半范 $\int_0^T \|\cdot\|^2\theta \mathrm{d}t$ 的弱下半连续性，得到

$$\int_0^T \|\dot{\boldsymbol{x}}\|^2\theta \mathrm{d}t \leqslant \liminf_{\lambda\to 0}\int_0^T \|\dot{\boldsymbol{x}}_\lambda\|^2\theta \mathrm{d}t \tag{3.3.28}$$

结合(3.3.8)，(3.3.16) 和(3.3.17)，可推断出

$$\lim_{\lambda\to 0}\int_0^T \theta[\langle \nabla\phi_\lambda(\boldsymbol{x}_\lambda)+\varepsilon\nabla\psi_\lambda(\boldsymbol{x}_\lambda)+\dot{\boldsymbol{x}}_\lambda,\boldsymbol{x}_\lambda-\eta\rangle]\mathrm{d}t$$
$$=\int_0^T \theta[\langle \boldsymbol{h}+\varepsilon\boldsymbol{p}+\dot{\boldsymbol{x}},\boldsymbol{x}-\eta\rangle]\mathrm{d}t \tag{3.3.29}$$

根据积分变换，成立

$$\int_0^T \theta(t)\,\frac{\mathrm{d}}{\mathrm{d}t}\phi_\lambda(x_\lambda(t))\mathrm{d}t=\theta(t)\phi_\lambda(x_\lambda(t))\Big|_0^T-\int_0^T\phi_\lambda(x_\lambda(t))\mathrm{d}\theta(t)$$
$$=-\int_0^T\phi_\lambda(x_\lambda(t))\mathrm{d}\theta(t)$$

结合式(3.3.21)，得到

$$\lim_{\lambda\to 0}\int_0^T\phi_\lambda(x_\lambda(t))\mathrm{d}\theta(t)=\int_0^T\phi(x(t))\mathrm{d}\theta(t)=-\int_0^T\theta(t)\,\frac{\mathrm{d}}{\mathrm{d}t}\phi(x(t))$$

因此

$$\int_0^T\theta(t)\,\frac{\mathrm{d}}{\mathrm{d}t}\phi_\lambda(x_\lambda(t))\mathrm{d}t\rightarrow\int_0^T\theta(t)\,\frac{\mathrm{d}}{\mathrm{d}t}\phi(x(t)) \tag{3.3.30}$$

类似的，成立

$$\int_0^T\theta(t)\varepsilon(t)\,\frac{\mathrm{d}}{\mathrm{d}t}\psi_\lambda(x_\lambda(t))\mathrm{d}t\rightarrow\int_0^T\theta(t)\varepsilon(t)\,\frac{\mathrm{d}}{\mathrm{d}t}\psi(x(t)) \tag{3.3.31}$$

结合式(3.3.27) ~ (3.3.31)，得到

$$\int_0^T\theta\langle\dot{\boldsymbol{x}}+\boldsymbol{h}+\varepsilon\boldsymbol{p},\dot{\boldsymbol{x}}+\boldsymbol{x}-\eta\rangle\mathrm{d}t\leqslant 0 \tag{3.3.32}$$

由于上述不等式对所有的 $\theta\geqslant 0$ 和 $\theta\in \boldsymbol{C}_0^\infty([0,T];\mathbb{R})$ 都成立，那么

$$\langle\dot{\boldsymbol{x}}+\boldsymbol{h}+\varepsilon\boldsymbol{p},\dot{\boldsymbol{x}}+\boldsymbol{x}-\eta\rangle\leqslant 0,\quad \text{几乎处处 } t\in[0,T] \tag{3.3.33}$$

定义空间 $\boldsymbol{L}^2(T,\boldsymbol{H})$ 中的一个子集

$$\mathscr{X}=\{f\in \boldsymbol{L}^2([0,T];\boldsymbol{H})\mid f(t)\in \boldsymbol{C},\quad \text{几乎处 } t\in[0,T]\}$$

根据集合 C 的闭性与凸性，$\mathscr{X}$ 是空间 $\boldsymbol{L}^2([0,T],\boldsymbol{H})$ 中的一个闭凸集，则集合 $\mathscr{X}$ 在空间 $\boldsymbol{L}^2([0,T];\boldsymbol{H})$ 的弱拓扑意义下也是闭的.

基于系统(3.3.1) 的形式，有

$$\dot{x}_\lambda(t)+x_\lambda(t)\in\mathscr{X},\quad \forall\, t\in[0,T]$$

根据(3.3.8) 和集合 $\mathscr{X}$ 的弱闭性，成立

$$\dot{x}(t)+x(t)\in\mathscr{X},\quad \text{几乎处处 } t\in[0,T] \tag{3.3.34}$$

结合(3.3.33) 和(3.3.34)，得到

$$\dot{x}(t) = -x(t) + P_C[x(t) - h(t) - \varepsilon(t)p(t)], \quad \text{几乎处处 } t \in [0,T]$$

应用(3.3.25)和(3.3.26),$\boldsymbol{x}:[0,T] \to \boldsymbol{H}$ 为系统(3.2.1)的一个解.再根据 $T>0$ 的任意性,系统(3.2.1)存在一个定义在全空间$[0,+\infty)$上的一个解.

第二步:证明系统(3.2.1)解的唯一性.

假设系统(3.2.1)存在以 $\boldsymbol{x}_0$ 为初始点的两个解 $\boldsymbol{x}:[0,+\infty) \to \boldsymbol{H}$ 和 $\boldsymbol{y}:[0,+\infty) \to \boldsymbol{H}$.那么,存在 $\eta_1(t) \in \partial\phi(x(t))$,$\eta_2(t) \in \partial\phi(y(t))$,$\xi_1(t) \in \partial\psi(x(t))$ 和 $\xi_2(t) \in \partial\psi(y(t))$ 使得

$$\dot{x}(t) = -x(t) + P_C[x(t) - \eta_1(t) - \varepsilon(t)\xi_1(t)], \quad \text{几乎处处 } t \geqslant 0$$
$$\dot{y}(t) = -y(t) + P_C[y(t) - \eta_1(t) - \varepsilon(t)\xi_1(t)], \quad \text{几乎处处 } t \geqslant 0$$

定义 $\mu_1(t) = x(t) - \eta_1(t) - \varepsilon(t)\xi_1(t)$ 和 $\mu_2(t) = y(t) - \eta_2(t) - \varepsilon(t)\xi_2(t)$,则

$$\begin{aligned}
&\frac{\mathrm{d}}{\mathrm{d}t} \cdot \frac{1}{2} \| x(t) - y(t) \|^2 \\
&= \langle x(t) - y(t), \dot{x}(t) - \dot{y}(t) \rangle \\
&= -\| x(t) - y(t) \|^2 + \langle x(t) - y(t), P_C[\mu_1(t)] - P_C[\mu_2(t)] \rangle
\end{aligned} \tag{3.3.35}$$

根据(3.3.7),得到

$$\begin{aligned}
&\langle \mu_1(t) - P_C[\mu_1(t)], x(t) - y(t) \rangle = 0, \quad \forall t \geqslant 0 \\
&\langle \mu_2(t) - P_C[\mu_2(t)], x(t) - y(t) \rangle = 0, \quad \forall t \geqslant 0
\end{aligned} \tag{3.3.36}$$

由于 ϕ 和 ψ 是凸函数,成立

$$\begin{aligned}
&\langle x(t) - y(t), \eta_1(t) - \eta_2(t) \rangle \geqslant 0 \\
&\langle x(t) - y(t), \xi_1(t) - \xi_2(t) \rangle \geqslant 0, \quad \forall t \geqslant 0
\end{aligned} \tag{3.3.37}$$

在(3.3.35)中应用关系(3.3.36)和(3.3.37),得到

$$\begin{aligned}
&\frac{\mathrm{d}}{\mathrm{d}t} \cdot \frac{1}{2} \| x(t) - y(t) \|^2 \\
&\leqslant -\langle x(t) - y(t), \eta_1(t) - \eta_2(t) \rangle - \varepsilon(t) \langle x(t) - y(t), \xi_1(t) - \xi_2(t) \rangle \leqslant 0
\end{aligned} \tag{3.3.38}$$

因此,$x(t) = y(t)$,$\forall t \geqslant 0$,即系统(3.2.1)以 $\boldsymbol{x}_0$ 为初始点的解是唯一的.

类似于引理 3.3.1 中的证明,我们可得到此定理命题(1)中的结论.

(2) 对(3.3.38)两边从 0 到 t 取积分,得到

$$\sup_{t \geqslant 0} \| x(t) - y(t) \| \leqslant \| \boldsymbol{x}_0 - \boldsymbol{y}_0 \| \tag{3.3.39}$$

令 $y(t) = x(t+h)$,其中 $h > 0$,式(3.3.39)蕴涵

$$\| x(t+h) - x(t) \| \leqslant \| x(h) - x(0) \|, \quad \forall t \geqslant 0$$

因此,$t \to \| \dot{x}(t) \|$ 是非增的.

(3) 下面,我们证系统(3.2.1)的解恰为其"弱解".

固定 $\eta(t) \in \partial\phi(x(t))$ 和 $\xi(t) \in \partial\psi(x(t))$,根据式(3.3.7),$\dot{x}(t) + x(t) \in$

$\boldsymbol{C}$，$\boldsymbol{x}(t)\in\boldsymbol{C}$，几乎处处 $t\geqslant 0$，得到

$$\langle\dot{x}(t),P_C[x(t)-\eta(t)-\varepsilon(t)\xi(t)]-x(t)+\eta(t)+\varepsilon(t)\xi(t)\rangle=0 \quad \text{几乎处处 } t\geqslant 0 \tag{3.3.40}$$

即

$$\begin{aligned}&\langle\dot{x}(t),-x(t)+P_C[x(t)-\eta(t)-\varepsilon(t)\xi(t)]\rangle\\ =&\langle\dot{x}(t),-\eta(t)-\varepsilon(t)\xi(t)\rangle,\quad \text{几乎处处 } t\geqslant 0\end{aligned} \tag{3.3.41}$$

应用(3.2.1)，存在 $\bar{\eta}(t)\in\partial\phi(x(t))$ 和 $\bar{\xi}(t)\in\partial\psi(x(t))$ 使得

$$\dot{x}(t)=-x(t)+P_C[x(t)-\bar{\eta}(t)-\varepsilon(t)\bar{\xi}(t)],\quad \text{几乎处处 } t\geqslant 0 \tag{3.3.42}$$

应用命题 3.3.2 和上述不等式，我们得到

$$\langle\bar{\eta}(t)+\varepsilon(t)\bar{\xi}(t),\dot{x}(t)\rangle\leqslant-\|\dot{x}(t)\|^2,\quad \text{几乎处处 } t\geqslant 0 \tag{3.3.43}$$

即

$$\begin{aligned}\|\dot{x}(t)\|^2&\leqslant\langle\dot{x}(t),-\bar{\eta}(t)-\varepsilon(t)\bar{\xi}(t)\rangle\\ &=-\frac{\mathrm{d}}{\mathrm{d}t}\phi(x(t))-\varepsilon(t)\frac{\mathrm{d}}{\mathrm{d}t}\psi(x(t))\\ &=\langle\dot{x}(t),-\eta(t)-\varepsilon(t)\xi(t)\rangle,\quad \text{几乎处处 } t\geqslant 0\end{aligned} \tag{3.3.44}$$

结合(3.3.41) 和(3.3.44)，成立

$$\begin{aligned}&\|\dot{x}(t)\|^2\leqslant\langle\dot{x}(t),-x(t)+P_C[x(t)-\eta(t)-\varepsilon(t)\xi(t)]\rangle\\ \leqslant&\|\dot{x}(t)\|\cdot\|-x(t)+P_C[x(t)-\eta(t)-\varepsilon(t)\xi(t)]\|,\text{几乎处处 } t\geqslant 0\end{aligned} \tag{3.3.45}$$

不失一般性，我们假设 $\|\dot{x}(t)\|>0$，几乎处处 $t\geqslant 0$. 根据上述不等式，成立

$$\|\dot{x}(t)\|\leqslant\|-x(t)+P_C[x(t)-\eta(t)-\varepsilon(t)\xi(t)]\|,\text{几乎处处 } t\geqslant 0$$

再根据 $\eta(t)\in\partial\phi(x(t))$ 和 $\xi(t)\in\partial\psi(x(t))$ 的任意性，成立

$$\dot{x}(t)=m(-x(t)+P_C[x(t)-\partial\phi(x(t))-\varepsilon(t)\partial\psi(x(t))]),\text{几乎处处 } t\geqslant 0$$

(4) 根据(3.3.44)，成立

$$\begin{aligned}&\frac{\mathrm{d}}{\mathrm{d}t}[\phi(x(t))+\varepsilon(t)(\psi(x(t))-\inf_C\psi)]\\ \leqslant&-\|\dot{x}(t)\|^2+\dot{\varepsilon}(t)(\psi(x(t))-\inf_C\psi)\leqslant-\|\dot{x}(t)\|^2\end{aligned} \tag{3.3.46}$$

那么，$\phi(x(t))+\varepsilon(t)(\psi(x(t))-\inf_C\psi)$ 沿着系统(3.2.1) 的解是非增的，再由

$$\phi(x(t))+\varepsilon(t)(\psi(x(t))-\inf_C\psi)\geqslant\inf_C\phi$$

得到 $\dot{\boldsymbol{x}}\in L^2([0,+\infty);\boldsymbol{H})$ 且

$$\lim_{t\to+\infty}[\phi(x(t))+\varepsilon(t)(\psi(x(t))-\inf_C\psi)]$$

存在. 因此

$$\lim_{t\to+\infty}\frac{\mathrm{d}}{\mathrm{d}t}[\phi(x(t))+\varepsilon(t)(\psi(x(t))-\inf_{C}\psi)]=0 \tag{3.3.47}$$

式(3.3.46)还可被表示成

$$\|\dot{x}(t)\|^2\leqslant-\frac{\mathrm{d}}{\mathrm{d}t}[\phi(x(t))+\varepsilon(t)(\psi(x(t))-\inf_{C}\psi)]$$

应用(3.3.47),可推断出

$$\lim_{t\to+\infty}\|\dot{x}(t)\|=0$$

注 3.3.2 由于在无限维空间 $\boldsymbol{H}$ 中仅有少数函数满足下紧性条件,在定理3.3.1中我们提出了关于约束集合 $\boldsymbol{C}$ 的另一条件来保证系统(3.2.1)解的全局存在性与唯一性.虽然定理3.3.1中关于集合 $\boldsymbol{C}$ 的定义是一种特殊情况,然而,在此条件下,我们不再需要关于函数的其他紧性条件来保证系统(3.2.1)解的全局存在性,且在此条件下,系统(3.2.1)的解还满足定理3.3.1中所涉及到的所有性质,其中定理3.3.1中系统解的全局存在性,唯一性及性质(2)和(3)都依赖于 $\boldsymbol{C}$ 的特殊性质(3.3.7).当集合 $\boldsymbol{C}$ 如(3.3.6)中定义时,我们应用此特殊性质得到:在空间 $\boldsymbol{C}([0,T];\boldsymbol{H})$ 中,$\{\boldsymbol{x}_\lambda\}$ 存在一个收敛的子序列,而这正是关于系统(3.2.1)解存在性证明的一部分.我们需要说明的是,关于系统(3.2.1)解存在性证明的其他部分与集合 $\boldsymbol{C}$ 的此性质无关,因此,如果通过其他条件可保证序列 $\{\boldsymbol{x}_\lambda\}$ 在空间 $\boldsymbol{C}([0,T];\boldsymbol{H})$ 中存在一个收敛的子序列,则在此条件下也得到系统(3.2.1)解的全局存在性.

如一些文献中所说,如[15,20],带有投影算子微分包含系统解的唯一性是一个公开问题.即使 ϕ 在 $\boldsymbol{H}$ 上是可微的,我们依然很难得到带有投影算子系统解的唯一性.在定理3.3.1中的条件下,我们证明了系统(3.2.1)的解是唯一的且此解恰为其"弱解".此结论不仅对于无限维 Hilbert 空间中带有投影算子的发展微分包含是新的结论,对于有限维空间中带有投影算子自治微分包含解的唯一性研究也具有很大的意义.在约束集满足一种特殊结构时,定理3.3.1证明了系统(3.2.1)解的全局存在性与唯一性.为了进一步说明本章系统(3.2.1)在无限维空间中的PDE与控制问题中的应用,下面给出另一个可保证系统(3.2.1)解全局存在的条件.

定义 3.3.1 称映射 $f:\boldsymbol{H}\to\mathbb{R}$ 在集合 $\boldsymbol{C}$ 上是下紧的,如果对于所有的 $\mu\in\mathbb{R}$,集合 $L(\mu)(f)=\{\boldsymbol{x}\in\boldsymbol{C}\mid f(\boldsymbol{x})\leqslant\mu\}$ 为空间 $\boldsymbol{H}$ 中在强拓扑意义下的一个紧集.

下紧性质经常用于证明微分包含系统解的存在性.一些经典的结果可见文献[7,33,40,41,44].

命题 3.3.3 [文献[10],13页,定理4] 设 $\boldsymbol{x}_k(\cdot)$ 为由区间 $I\subseteq\mathbb{R}$ 到 Banach 空间 $\mathbb{X}$ 的连续函数并满足如下条件:

$\forall t \in I, \{x_k(t)\}_k$ 为$\mathbb{X}$中的相对紧集；

存在一个取正值的函数 $c(\cdot) \in L^1(I)$ 使得对几乎所有的 $t \in I$ 成立 $\| \dot{x}_k(t) \| \leqslant c(t)$.

则$\{x_k(\cdot)\}$存在一个子序列(仍记做$\{x_k(\cdot)\}$)和一个由 I 到$\mathbb{X}$的绝对连续函数 $x(\cdot)$ 满足：

$x_k(\cdot)$ 在 I 的任意紧集上一致收敛到 $x(\cdot)$；

$\dot{x}_k(\cdot)$ 在空间 $L^1(I,\boldsymbol{x})$ 中弱收敛于 $\dot{x}(\cdot)$.

定理 3.3.2 假定 ϕ 和 ψ 都至少满足如下条件之一：

(1) 在 $\boldsymbol{H}$ 上全局 Lipschitz 连续且在 $\boldsymbol{C}$ 下有界；

(2) 在 $\boldsymbol{C}$ 上 Lipschitz 连续且在 $\boldsymbol{H}$ 下有界.

当 ϕ 或者 ψ 是下紧时，以 $x_0 \in \boldsymbol{C}$ 为初始点，系统(3.2.1)存在唯一的全局解.

证 第一步：对任意的 $\lambda > 0$，估计系统(3.3.1)的解.

根据论文[10,25]中的结果，系统(3.3.1)的右端关于 $\boldsymbol{x}$Lipschitz 连续，关于 t 连续，则对任意的初始点 $\boldsymbol{x}_0$，系统(3.3.1)存在唯一的解 $x_\lambda(t) \in \boldsymbol{C}^1([0,+\infty);\boldsymbol{H})$，类似于引理 3.3.1 中的分析，可得到 $x_\lambda(t) \in \boldsymbol{C}, \forall t \geqslant 0$.

若 ψ 在 $\boldsymbol{H}$ 上 Lipschitz 连续，记 Lipschitz 常数为 l_ψ，那么

$$\psi(\boldsymbol{y}) \geqslant \psi(x_\lambda(t)) - l_\psi \| x_\lambda(t) - \boldsymbol{y} \|^2$$

即

$$\psi(\boldsymbol{y}) + \frac{1}{2\lambda} \| x_\lambda(t) - \boldsymbol{y} \|^2 \geqslant \psi(x_\lambda(t)) + \left(\frac{1}{2\lambda} - l_\psi\right) \| x_\lambda(t) - \boldsymbol{y} \|^2$$

因此

$$\psi_\lambda(x_\lambda(t)) = \inf_{\boldsymbol{y}\in \boldsymbol{H}}\{\psi(\boldsymbol{y}) + \frac{1}{2\lambda} \| x_\lambda(t) - \boldsymbol{y} \|^2\} \geqslant \psi(x_\lambda(t)) \geqslant 0$$

$$\forall 0 < \lambda < \frac{1}{2l_\psi}$$

定义

$$E_\lambda(t) = \phi_\lambda(x_\lambda(t)) + \varepsilon(t)\psi_\lambda(x_\lambda(t))$$

对 $E_\lambda(t)$ 沿系统(3.3.1)的轨道求导，得到

$$\frac{\mathrm{d}}{\mathrm{d}t}E_\lambda(t) = \langle \nabla \phi_\lambda(x_\lambda(t)), \dot{x}_\lambda(t) \rangle + \dot{\varepsilon}(t)\psi_\lambda(x_\lambda(t)) + \langle \varepsilon(t) \nabla \psi_\lambda(x_\lambda(t)), \dot{x}_\lambda(t) \rangle \tag{3.3.48}$$

定义

$$\xi(t) = x_\lambda(t) - \nabla \phi_\lambda(x_\lambda(t)) - \varepsilon(t) \nabla \psi_\lambda(x_\lambda(t))$$

应用命题 3.3.2 和 $x_\lambda(t) \in \boldsymbol{C}, \forall t \geqslant 0$，可得到

$$\langle x_\lambda(t) - P_{\boldsymbol{C}}(\xi(t)), \xi(t) - P_{\boldsymbol{C}}(\xi(t)) \rangle \leqslant 0$$

根据(3.3.1)和上述不等式,可推得

$$\langle \nabla \phi_\lambda(\boldsymbol{x}_\lambda) + \varepsilon \nabla \psi_\lambda(x_\lambda), \dot{\boldsymbol{x}}_\lambda \rangle \leqslant - \| \dot{\boldsymbol{x}}_\lambda \|^2 \tag{3.3.49}$$

结合(3.3.48)和(3.3.49),得到

$$\frac{\mathrm{d}}{\mathrm{d}t} E_\lambda(t) \leqslant - \| \dot{x}_\lambda(t) \|^2 + \dot{\varepsilon}(t) \psi_\lambda(x_\lambda(t)) \leqslant - \| \dot{x}_\lambda(t) \|^2 \tag{3.3.50}$$

即 $E_\lambda(t)$ 在$[0, +\infty)$ 上非增.

类似的,若 ϕ 满足条件(1),则

$$\phi_\lambda(x_\lambda(t)) \geqslant 0$$

由于 $E_\lambda(t) \geqslant \phi_\lambda(x_\lambda(t)), \forall t \geqslant 0, E_\lambda(t)$ 在$[0, +\infty)$ 下有界.

另一方面,若 ϕ 满足条件(2),$E_\lambda(t) \geqslant \phi_\lambda(x_\lambda(t)) \geqslant \inf\limits_{\boldsymbol{H}} \phi, \forall t \geqslant 0$,即 $E_\lambda(t)$ 在$[0, +\infty)$ 下有界.

同时,$E_\lambda(0) = \phi_\lambda(\boldsymbol{x}_0) + \varepsilon(0)\psi_\lambda(\boldsymbol{x}_0) \leqslant \phi(\boldsymbol{x}_0) + \varepsilon(0)\psi(\boldsymbol{x}_0)$

对(3.3.50)从 0 到 t 取积分,得到

$$\int_0^t \| \dot{x}_\lambda(s) \|^2 \mathrm{d}s \leqslant E_\lambda(0) - E_\lambda(t)$$

因此,$\dot{\boldsymbol{x}}_\lambda \in L^2(0, +\infty; \boldsymbol{H})$ 且 $\| \dot{\boldsymbol{x}}_\lambda \|_{L^2(0,+\infty;\boldsymbol{H})} \leqslant \sqrt{M_1}$,这里当 ϕ 满足条件(1)时,$M_1 = \phi(\boldsymbol{x}_0) + \varepsilon(0)\psi(\boldsymbol{x}_0)$,当 ϕ 满足条件(2) 时,$M_1 = \phi(\boldsymbol{x}_0) + \varepsilon(0)\psi(\boldsymbol{x}_0) - \inf\limits_{x \in \boldsymbol{H}} \phi$.

同理,当 ψ 满足条件(2) 时,我们定义

$$E_\lambda(t) = \phi_\lambda(x_\lambda(t)) + \varepsilon(t)(\psi_\lambda(x_\lambda(t) - \inf_{\boldsymbol{H}} \psi))$$

也可得到上述结论.

因此,存在 $M_1 > 0$ 使得

$$\| \dot{\boldsymbol{x}}_\lambda \|_{L^2(0,+\infty;\boldsymbol{H})} \leqslant \sqrt{M_1} \tag{3.3.51}$$

第二步:从序列$\{\boldsymbol{x}_\lambda \mid \lambda > 0\}$ 中抽取出子序列收敛于系统(3.2.1) 的一个解.

根据(3.3.51),我们有

$$\| x_\lambda(t) - \boldsymbol{x}_0 \| = \| \int_0^t \dot{x}_\lambda(s) \mathrm{d}s \| \leqslant \sqrt{T} \| \dot{\boldsymbol{x}}_\lambda \|_{L^2(0,+\infty;\boldsymbol{H})} \leqslant \sqrt{TM_1}, \forall t \in [0, T]$$

应用 ϕ 在 $\boldsymbol{C}$ 上 Lipschitz 连续,得到 $\phi(\boldsymbol{x}_\lambda(t)) \leqslant \phi(\boldsymbol{x}_0) + l_\phi \sqrt{TM_1}, \forall t \in [0, T]$,其中 l_ϕ 为 ϕ 在 $\boldsymbol{C}$ 上的 Lipschitz 常数. 由于 ϕ 在 $\boldsymbol{C}$ 下紧且 $x_\lambda(t) \in \boldsymbol{C}, \forall t \geqslant 0$,可得到

$$\forall t \in [0, T], \{x_\lambda(t)\}_\lambda \text{ 为 } \boldsymbol{H} \text{ 中的相对紧集} \tag{3.3.52}$$

根据命题 3.3.3,序列$\{\boldsymbol{x}_\lambda\}$ 中存在一个子序列(仍记作$\{\boldsymbol{x}_\lambda\}$) 和一个绝对连续函数 $x(\cdot)$ 使得

$$x_\lambda(\cdot) \to x(\cdot), \quad \text{在 } \boldsymbol{C}(T, \boldsymbol{H}) \text{ 中}$$

$$\dot{x}_\lambda(\cdot) \to_w \dot{x}(\cdot), \quad 在 \boldsymbol{L}^1(T,\boldsymbol{H}) 中 \tag{3.3.53}$$

类似于定理 3.3.1 的证明,我们可得到下述命题:

(1) 存在 $h(t) \in \partial\phi(t)$ 使得

$$\nabla \phi_\lambda(x_\lambda(t)) \to_w h, 在 \boldsymbol{L}^1(T,\boldsymbol{H}) 中$$

(2) 存在 $p(t) \in \partial\psi(t)$ 使得

$$\nabla \psi_\lambda(x_\lambda(t)) \to_w p, 在 \boldsymbol{L}^1(T,\boldsymbol{H}) 中$$

(3) $\dot{x}(t) = x(t) + P_C[x(t) - h(t) - \varepsilon(t)p(t)]$,几乎处处 $t \in [0,T]$.

因此,我们可得到系统(3.2.1) 的一个全局解 $\boldsymbol{x}:[0,+\infty) \to \boldsymbol{H}$.

同理,当 ψ 在 $\boldsymbol{C}$ 下紧时,系统(3.2.1) 也存在一个全局解.

注 3.3.3 微分包含系统解的存在性多是在极大单调性或紧性的条件下得到的.类似于定理3.3.1的证明,定理3.3.2证明了:当函数 ϕ 或 ψ 在集合 $\boldsymbol{C}$ 下紧时,我们依然可得到系统(3.2.1) 解的全局存在性,然而在此条件下,我们不可得到系统(3.2.1) 解的唯一性及定理 3.3.1 中的性质(2) 和(3).

注 3.3.4 如果 $\boldsymbol{C}=\boldsymbol{H}$,那么系统(3.2.1) 表示成

$$\dot{x}(t) \in -\partial\phi(x(t)) - \varepsilon(t)\partial\psi(x(t)) \tag{3.3.54}$$

在此情况下,根据定理 3.3.1,系统(3.2.1) 存在唯一的全局解,这推广了非自治系统关于解存在性的一些现有结果.

类似于上述分析,定理3.3.1中的所有结论对于论文[15] 中的系统都是成立的,论文[15] 中的系统为

$$\dot{x}(t) \in -x(t) + P_C[x(t) - \mu\partial\phi(x(t))] \tag{3.3.55}$$

3.4 解的收敛性

为了在更广的范围内研究系统(3.2.1) 解的渐近性质,使系统(3.2.1) 解的收敛性研究不局限于 3.3 节中保证系统(3.2.1) 解全局存在的几个条件,本部分的研究中均假定系统(3.2.1) 存在一个全局解,即存在一个连续函数 $\boldsymbol{x}$:$[0,+\infty) \to \boldsymbol{H}$ 使得 $x(\cdot)$ 在任意有界集上绝对连续,$\dot{\boldsymbol{x}}$ 局部二次可积,且存在两个局部二次可积函数 $h(\cdot)$ 和 $p(\cdot)$ 满足

$$\dot{x}(t) = x(t) + P_C[x(t) - h(t) - \varepsilon(t)p(t)]$$

首先,我们先给出一个重要的关系式.

命题 3.4.1 [文献[16],73 页,引理 4] 设 $\Phi:\boldsymbol{H} \to \mathbb{R} \cup \{+\infty\}$ 是正常闭凸函数,$\boldsymbol{x} \in L^2(0,T;\boldsymbol{H})$ 满足 $\dot{\boldsymbol{x}} \in L^2(0,T;\boldsymbol{H})$ 且 $x(t) \in \mathrm{Dom}(\partial\Phi)$,几乎处处 $t \geqslant 0$,若存在 $\boldsymbol{\xi} \in L^2(0,T;\boldsymbol{H})$ 使得 $\xi(t) \in \partial\Phi(\boldsymbol{x}(t))$,几乎处处 $t \geqslant 0$,则函数 $t \to \Phi(x(t))$ 是局部绝对连续的,且对几乎所有的 $t \in [0,T)$

$$\frac{\mathrm{d}}{\mathrm{d}t}\Phi(x(t))=\langle\dot{x}(t),h\rangle,\quad \forall h\in\partial\Phi(x(t))$$

在此部分，我们将基于 Lyapunov 方法研究系统(3.2.1) 的渐近性质.

对于固定的 $\boldsymbol{x}^*\in\boldsymbol{H}$，定义

$$E(\boldsymbol{x},t)=\Phi(\boldsymbol{x})+\varepsilon(t)\psi(\boldsymbol{x})\tag{3.4.1a}$$

$$G(\boldsymbol{x},t)=\frac{1}{2}\|\boldsymbol{x}-\boldsymbol{x}^*\|^2+\Phi(\boldsymbol{x})+\varepsilon(t)\psi(\boldsymbol{x})\tag{3.4.1b}$$

3.4.1 一般性结果

引理 3.4.1 (1) $\frac{\mathrm{d}}{\mathrm{d}t}E(x(t),t)\leqslant-\|\dot{x}(t)\|^2+\dot{\varepsilon}(t)\psi(x(t))\leqslant 0$；

(2) 存在 $\bar{\eta}(t)\in\partial\phi(x(t))$ 和 $\bar{\xi}(t)\in\partial\psi(x(t))$ 使得

$$\frac{\mathrm{d}}{\mathrm{d}t}G(x(t),t)\leqslant-\langle\bar{\eta}(t),x(t)-\boldsymbol{x}^*\rangle-\varepsilon(t)\langle\bar{\xi}(t),x(t)-\boldsymbol{x}^*\rangle-\|\dot{x}(t)\|^2+\dot{\varepsilon}(t)\psi(x(t))$$

其中，$\boldsymbol{x}^*\in\arg\min_{\boldsymbol{c}}\phi$.

证 (1) 根据系统(3.2.1) 解的定义，$t\to E(x(t),t)$ 是局部绝对连续的. 根据命题 3.4.1，沿(3.2.1) 的轨道对函数 $E(x(t),t)$ 求导，得到

$$\frac{\mathrm{d}}{\mathrm{d}t}E(x(t),t)=\langle\eta(t)+\varepsilon(t)\xi(t),\dot{x}(t)\rangle+\dot{\varepsilon}(t)\psi(x(t))$$
$$\forall\eta(t)\in\partial\phi(x(t)),\xi(t)\in\partial\psi(x(t)),\text{几乎处处 }t\geqslant 0\tag{3.4.2}$$

根据(3.2.1)，存在 $\bar{\eta}(t)\in\partial\phi(x(t))$ 和 $\bar{\xi}(t)\in\partial\psi(x(t))$ 使得

$$\dot{x}(t)=-x(t)+P_{\boldsymbol{C}}[x(t)-\bar{\eta}(t)-\varepsilon(t)\bar{\xi}(t)],\text{几乎处处 }t\geqslant 0$$

即

$$\dot{x}(t)+x(t)=P_{\boldsymbol{C}}[x(t)-\bar{\eta}(t)-\varepsilon(t)\bar{\xi}(t)],\text{几乎处处 }t\geqslant 0\tag{3.4.3}$$

令 $v=x(t)-\bar{\eta}(t)-\varepsilon(t)\bar{\xi}(t)$，$u=x(t)$，根据(3.4.3) 和命题 3.3.2，得到

$$\langle x(t)-\bar{\eta}(t)-\varepsilon(t)\bar{\xi}(t)-\dot{x}(t)-x(t),\dot{x}(t)+x(t)-x(t)\rangle\geqslant 0$$
$$\text{几乎处处 }t\geqslant 0$$

进而

$$\langle\bar{\eta}(t)+\varepsilon(t)\bar{\xi}(t),\dot{\boldsymbol{x}}(t)\rangle\leqslant-\|\dot{\boldsymbol{x}}(t)\|^2,\text{几乎处处 }t\geqslant 0\tag{3.4.4}$$

结合(3.4.2) 和(3.4.4)，得到

$$\frac{\mathrm{d}}{\mathrm{d}t}E(x(t),t)\leqslant-\|\dot{x}(t)\|^2+\dot{\varepsilon}(t)\psi(x(t))\leqslant 0,\text{几乎处处 }t\geqslant 0\tag{3.4.5}$$

(2) 根据命题 3.4.1，沿系统(3.2.1) 对函数 $G(x(t),t)$ 求导，得到

$$\frac{\mathrm{d}}{\mathrm{d}t}G(x(t),t)=\langle x(t)-\boldsymbol{x}^*,\dot{x}(t)\rangle+\langle\eta(t),\dot{x}(t)\rangle+$$

$$\langle \varepsilon(t)\xi(t), \dot{x}(t)\rangle + \dot{\varepsilon}(t)\psi(x(t))$$
$$\forall \eta(t) \in \partial\phi(x(t)), \quad \forall \xi(t) \in \partial\psi(x(t)) \tag{3.4.6}$$

令 $\boldsymbol{v} = x(t) - \bar{\eta}(t) - \varepsilon(t)\bar{\xi}(t), u = \boldsymbol{x}^*$，根据命题 3.3.2 和(3.4.3)，我们得到

$$\langle \bar{\eta}(t) + \varepsilon(t)\bar{\xi}(t) + \dot{x}(t), \dot{x}(t) + x(t) - \boldsymbol{x}^*\rangle \leqslant 0, \quad \text{几乎处处 } t \geqslant 0$$

即

$$\begin{aligned}&\langle \bar{\eta}(t), \dot{x}(t)\rangle + \varepsilon(t)\langle \bar{\xi}(t), \dot{x}(t)\rangle + \langle \dot{x}(t), x(t) - \boldsymbol{x}^*\rangle \\ &\leqslant -\langle \bar{\eta}(t), x(t) - \boldsymbol{x}^*\rangle - \varepsilon(t)\langle \bar{\xi}(t), x(t) - \boldsymbol{x}^*\rangle - \|\dot{x}(t)\|^2\end{aligned} \tag{3.4.7}$$

结合(3.4.6) 和(3.4.7)，得到

$$\begin{aligned}\frac{\mathrm{d}}{\mathrm{d}t}G(x(t), t) \leqslant &-\langle \bar{\eta}(t), x(t) - \boldsymbol{x}^*\rangle - \varepsilon(t)\langle \bar{\xi}(t), x(t) - \boldsymbol{x}^*\rangle \\ &- \|\dot{x}(t)\|^2 + \dot{\varepsilon}(t)\psi(x(t))\end{aligned} \tag{3.4.8}$$

由于 ϕ 和 ψ 在 $\boldsymbol{C}$ 下有界，不失一般性，我们假定 $\min\limits_{C}\phi = \min\limits_{C}\psi = 0$.

定理 3.4.1 若 $\arg\min\limits_{C}\phi \neq \varnothing$，则下述结论成立：

(1) 对于任意的 $\boldsymbol{y} \in \arg\min\limits_{C}\phi$

$$\int_0^{+\infty} \varepsilon(t)[\psi(x(t)) - \psi(\boldsymbol{y})]\mathrm{d}t \leqslant \frac{1}{2}\|\boldsymbol{x}_0 - \boldsymbol{y}\|^2 + E(\boldsymbol{x}_0, 0)$$

(2) 存在常数 $\alpha_1 > 0$ 和 $\alpha_2 > 0$ 使得

$$\phi(x(t)) \leqslant \frac{\alpha_1}{t+1} + \frac{\alpha_2\int_0^t \varepsilon(s)\mathrm{d}s}{t+1}, \quad \forall t \geqslant 0$$

(3) 若 ϕ 和 ψ 连续可微，$\nabla\phi(\boldsymbol{x}), \nabla\psi(\boldsymbol{x})$ 和 $\varepsilon(t)$ 是 Lipschitz 连续的，则

$$\lim_{t\to+\infty}\|\dot{x}(t)\| = 0$$

(4) $\lim\limits_{t\to+\infty}\phi(x(t)) = 0$;

(5) 当 ϕ 连续时，$x(t)$ 的所有弱聚点属于 $\arg\min\limits_{C}\phi$.

证 (1) 对固定的 $t, E(\boldsymbol{x}, t)$ 关于 $\boldsymbol{x}$ 是凸的，根据凸不等式，我们得到

$$E(\boldsymbol{x}, t) - E(\boldsymbol{y}, t) \leqslant \langle \eta + \varepsilon\xi, \boldsymbol{x} - \boldsymbol{y}\rangle, \quad \forall \eta \in \partial\phi(\boldsymbol{x}), \forall \xi \in \partial\psi(\boldsymbol{x}) \tag{3.4.9}$$

根据式(3.4.3) 和命题 3.3.2，得到

$$\langle x(t) - \bar{\eta}(t) - \varepsilon(t)\bar{\xi}(t) - \dot{x}(t) - x(t), \dot{x}(t) + x(t) - \boldsymbol{y}\rangle \geqslant 0,$$
$$\forall \boldsymbol{y} \in \boldsymbol{C}, \text{几乎处处 } t \geqslant 0$$

进而

$$\begin{aligned}&\|\dot{x}(t)\|^2 + \langle \dot{x}(t), x(t) - \boldsymbol{y}\rangle + \langle \bar{\eta}(t) + \varepsilon(t)\bar{\xi}(t), x(t) - \boldsymbol{y}\rangle + \\ &\langle \bar{\eta}(t) + \varepsilon(t)\bar{\xi}(t), \dot{x}(t)\rangle \leqslant 0\end{aligned} \tag{3.4.10}$$

结合式(3.4.9) 和(3.4.10)，得到

$$E(x(t), t) - E(\boldsymbol{y}, t)$$

$$\leqslant -\|\dot{x}(t)\|^2 - \langle \dot{x}(t), x(t)-\boldsymbol{y}\rangle - \langle \bar{\eta}(t)+\varepsilon(t)\bar{\xi}(t), \dot{x}(t)\rangle$$
$$= -\|\dot{x}(t)\|^2 - \frac{1}{2}\cdot\frac{\mathrm{d}}{\mathrm{d}t}\|x(t)-\boldsymbol{y}\|^2 - \frac{\mathrm{d}}{\mathrm{d}t}[\phi(x(t))+\varepsilon(t)\psi(x(t))] + \dot{\varepsilon}(t)\psi(x(t))$$

在上述不等式中忽略 $-\|\dot{x}(t)\|^2+\dot{\varepsilon}(t)\psi(x(t))$，并对其从 0 到 t 取积分，对任意的 $t\geqslant 0$，我们得到

$$\begin{aligned}&\|x(t)-\boldsymbol{y}\|^2+2\int_0^t[E(x(s),s)-E(\boldsymbol{y},s)]\mathrm{d}s\\&\leqslant \|\boldsymbol{x}_0-\boldsymbol{y}\|^2-2[E((\boldsymbol{x},t),t)-E(\boldsymbol{x}_0,0)]\end{aligned}\tag{3.4.11}$$

在式(3.4.11)中选取 $\boldsymbol{y}\in\arg\min\limits_{\boldsymbol{C}}\phi$，则

$$\begin{aligned}&2\int_0^t\varepsilon(s)[\psi(x(s))-\psi(\boldsymbol{y})]\mathrm{d}s\\&\leqslant\|\boldsymbol{x}_0-\boldsymbol{y}\|^2-2E(x(t),t)+2E(\boldsymbol{x}_0,0)-\|x(t)-\boldsymbol{y}\|^2-\\&\quad 2\int_0^t\phi(x(s))\mathrm{d}s+2\int_0^t\phi(\boldsymbol{y})\mathrm{d}s\\&\leqslant\|\boldsymbol{x}_0-\boldsymbol{y}\|^2+2\phi(\boldsymbol{x}_0)+2\varepsilon(0)\psi(\boldsymbol{x}_0)\end{aligned}\tag{3.4.12}$$

(2) 另一方面，根据 $t\to E(x(t),t)$ 的非增性，我们得到

$$\int_0^t E(x(s),s)\mathrm{d}s\geqslant tE(x(t),t)\tag{3.4.13}$$

由于

$$E(\boldsymbol{y},t)=\phi(\boldsymbol{y})+\varepsilon(t)\psi(\boldsymbol{y})\tag{3.4.14}$$

根据式(3.4.11)，(3.4.13) 和(3.4.14)，得到

$$\begin{aligned}&\|x(t)-\boldsymbol{y}\|^2+2tE(x(t),t)-2t\phi(\boldsymbol{y})-2\int_0^t\varepsilon(s)\psi(\boldsymbol{y})\mathrm{d}s\\&\leqslant\|\boldsymbol{x}_0-\boldsymbol{y}\|^2-2E(x(t),t)+2E(\boldsymbol{x}_0,0)\end{aligned}\tag{3.4.15}$$

即

$$\begin{aligned}&E(x(t),t)-\phi(\boldsymbol{y})\\&\leqslant\frac{\|\boldsymbol{x}_0-\boldsymbol{y}\|^2}{2(t+1)}+\frac{E(\boldsymbol{x}_0,0)}{t+1}-\frac{\|x(t)-\boldsymbol{y}\|^2}{2(t+1)}-\frac{\phi(\boldsymbol{y})}{t+1}+\frac{\int_0^t\varepsilon(s)\psi(\boldsymbol{y})\mathrm{d}s}{t+1}\end{aligned}\tag{3.4.16}$$

应用 $E(x(t),t)$ 的定义，式(3.4.16) 可被重新写成

$$\phi(x(t))\leqslant\frac{\|\boldsymbol{x}_0-\boldsymbol{y}\|^2+2E(\boldsymbol{x}_0,0)}{2(t+1)}+\frac{\psi(\boldsymbol{y})\int_0^t\varepsilon(s)\mathrm{d}s}{t+1}$$

(3) 根据 $P_{\boldsymbol{C}}$，$\nabla\phi$，$\nabla\psi$ 和 ε 的 Lipschitz 连续性，$\dot{x}(t)$ 在$[0,+\infty)$ 上是 Lipschitz 连续的. 再由于 $\dot{x}(t)\in L^2(0,+\infty;\boldsymbol{H})$，我们可得到

$$\lim_{t\to+\infty}\|\dot{x}(t)\|=0$$

$$\lim_{t\to+\infty} \| \sup \phi(t) \leqslant 0$$

(4) 若$\int_0^{+\infty} \varepsilon(t)\mathrm{d}t < +\infty$，得到

$$\lim_{t\to+\infty} \sup \phi(x(t)) \leqslant 0$$

若$\int_0^{+\infty} \varepsilon(t)\mathrm{d}t = +\infty$，可得到

$$\lim_{t\to+\infty} \sup \phi(x(t)) \leqslant \alpha_2 \lim_{t\to+\infty} \varepsilon(t) = 0$$

因此，$\lim\limits_{t\to+\infty} \phi(x(t)) = 0$.

(5) 令 $\boldsymbol{x}_\infty$ 为 $x(t)$ 的一个弱聚点，即存在正实数序列 t_n 使得 $x(t_n)$ 弱收敛于 $\boldsymbol{x}_\infty$. 应用 ϕ 的连续性和凸性，我们得到

$$\phi(\boldsymbol{x}_\infty) \leqslant \lim_{n\to+\infty} \inf \phi(x(t_n)) = 0 \tag{3.4.17}$$

再应用 $\boldsymbol{C}$ 的闭凸性，我们得到 $\boldsymbol{x}_\infty \in \boldsymbol{C}$. 因此，$\boldsymbol{x}_\infty \in \arg\min\limits_{C} \phi$.

注 3.4.1 特别地，若存在 $C > 0$ 和 $m > 0$ 使得

$$\phi(\boldsymbol{x}) - \phi(\boldsymbol{x}^*) \geqslant C \| \boldsymbol{x} - \boldsymbol{x}^* \|^m$$

成立，这里 $\boldsymbol{x}^*$ 为 ϕ 在 $\boldsymbol{C}$ 上的唯一最小值点，根据定理 3.4.1 中的结论(5)，系统(3.2.1) 以 $\boldsymbol{x}_0 \in \boldsymbol{C}$ 为初始点的任意解都强收敛于 $\boldsymbol{x}^*$.

显然地，若 $\boldsymbol{C}$ 有界，则系统(3.2.1) 的任意解轨线都一致有界，下面我们给出另外两个可保证系统(3.2.1) 解轨线一致有界的充分条件.

定义 3.4.1 若对于任意的 $R > 0$，集合$\{\boldsymbol{x} \in \boldsymbol{C} \mid f(\boldsymbol{x}) \leqslant R\}$ 是有界的，则我们称函数 f 在集合 $\boldsymbol{C}$ 上是强制的.

引理 3.4.2 若下述条件之一成立：

(1)ψ 在集合 $\boldsymbol{C}$ 上是强制的且 $\arg\min\limits_{C} \phi \neq \varnothing$；

(2)ϕ 在集合 $\boldsymbol{C}$ 上是强制的且 $\arg\min\limits_{C} \psi \neq \varnothing$，

则存在 $M > 0$ 使得 $\| x(t) \| \leqslant M, \forall t \geqslant 0$.

证 (1) 在 $G(\boldsymbol{x}, t)$ 的定义中选取 $\boldsymbol{x}^* \in \arg\min\limits_{C} \phi$ 并记

$$\boldsymbol{\Omega} = \{\boldsymbol{x} \in \boldsymbol{C} \mid \psi(\boldsymbol{x}) - \psi(\boldsymbol{x}^*) \leqslant 0\}$$

根据 ψ 在集合 $\boldsymbol{C}$ 上的强制性和 $\boldsymbol{x}(t) \in \boldsymbol{C}, \forall t \geqslant 0$，$\boldsymbol{\Omega}$ 为 $\boldsymbol{H}$ 中的有界集. 我们仅需考虑 $\boldsymbol{x}(t) \notin \boldsymbol{\Omega}$.

根据凸不等式，对任意的 $\boldsymbol{x} \in \boldsymbol{H}$，我们得到

$$\langle \eta(\boldsymbol{x}), \boldsymbol{x} - \boldsymbol{x}^* \rangle \geqslant \phi(\boldsymbol{x}) - \phi(\boldsymbol{x}^*), \quad \forall \eta(\boldsymbol{x}) \in \partial\phi(\boldsymbol{x})$$
$$\langle \xi(\boldsymbol{x}), \boldsymbol{x} - \boldsymbol{x}^* \rangle \geqslant \psi(\boldsymbol{x}) - \psi(\boldsymbol{x}^*), \quad \forall \xi(\boldsymbol{x}) \in \partial\psi(\boldsymbol{x}) \tag{3.4.18}$$

则根据引理 3.4.1(2)，当 $x(t) \notin \Omega$ 时

$$\frac{\mathrm{d}}{\mathrm{d}t} G(x(t), t) \leqslant 0 \tag{3.4.19}$$

由于$\{x \mid x \in \Omega\}$是有界的，根据$G(x,t)$的定义，存在$G_{\max} > 0$使得当$x(t) \in \Omega$时

$$G(x(t),t) \leqslant G_{\max} \tag{3.4.20}$$

结合式(3.4.19)和(3.4.20)，我们得到

$$G(x(t),t) \leqslant \max\{G_{\max}, G(x_0,0)\}, \quad \forall t \geqslant 0$$

再由于

$$G(x,t) \geqslant \frac{1}{2}\| x - x^* \|^2, \quad \forall x \in C, \quad t \in [0, +\infty)$$

可断定$x(t)$在$[0,+\infty)$上是一致有界的.

(2) 当ϕ在集合C上强制时，由$E(x(t),t)$沿(3.2.1)的解轨线是非增的，我们可得到$x(t)$的一致有界性.

3.4.2 当$\int_0^{+\infty} \varepsilon(t)\mathrm{d}t < +\infty$时

为了给出系统(3.2.1)在ε为快速控制时的收敛性结果，我们需先介绍如下引理.

引理 3.4.3 (Opial 引理) 设$x:[0,+\infty) \to H$为一个泛函且存在一个非空集合$S \subseteq H$使得

(1) 对于任意的$z \in S$，$\lim\limits_{t \to +\infty} \| x(t) - z \|$存在；

(2) x的所有弱聚点属于S.

则当$t \to +\infty$时，$x(t)$弱收敛于集合S中一个元素.

定理 3.4.2 若$\arg\min\limits_{C}\phi \neq \varnothing$，$\int_0^{+\infty} \varepsilon(t)\mathrm{d}t < +\infty$且$\phi$连续，则当$t \to +\infty$时，$x(t)$弱收敛于$\arg\min\limits_{C}\phi$中的一个元素.

证 在$G(x,t)$中选取$x^* \in \arg\min\limits_{C}\phi$. 根据引理 3.4.1(2)，我们得到

$$\frac{\mathrm{d}}{\mathrm{d}t}G(x(t),t) \leqslant \varepsilon(t)(\psi(x^*) - \psi(x(t))) \leqslant \varepsilon(t)\psi(x^*)$$

即

$$\frac{\mathrm{d}}{\mathrm{d}t}\left[G(x(t),t) - \psi(x^*)\int_0^t \varepsilon(s)\mathrm{d}s\right] \leqslant 0$$

由于$\int_0^{+\infty}\varepsilon(t)\mathrm{d}t < +\infty$，$G(x(t),t) - \psi(x^*)\int_0^t \varepsilon(s)\mathrm{d}s$在$[0,+\infty)$下有界. 因此

$$\lim_{t \to +\infty} G(x(t),t) - \psi(x^*)\int_0^t \varepsilon(s)\mathrm{d}s$$

存在. 所以，$\lim\limits_{t \to +\infty} G(x(t),t)$存在. 由于$\lim\limits_{t \to +\infty} E(x(t),t)$存在，$\lim\limits_{t \to +\infty} \| x(t) - x^* \|$存在.

根据定理 3.4.1(5)，$x(t)$的所有弱聚点属于$\arg\min\limits_{C}\phi$. 应用 Opial 引理，

$x(t)$ 弱收敛于 $\arg\min\limits_{C}\phi$ 中一个元素.

注 3.4.2 当 $\boldsymbol{H}=\mathbb{R}^n$ 且定理 3.4.2 中条件成立时,以 $\boldsymbol{x}_0\in\boldsymbol{C}$ 为初始点,系统(3.2.1)的轨线在强拓扑意义下收敛于 ϕ 在 $\boldsymbol{C}$ 上的一个最小值点.

3.4.3 当 $\int_0^{+\infty}\varepsilon(t)\mathrm{d}t=+\infty$ 时

例如,选取 $\varepsilon(t)=\dfrac{1}{t+1}$ 时,$\int_0^{+\infty}\varepsilon(t)\mathrm{d}t=+\infty$ 成立. 下面,我们将分四部分给出此种情况下,系统(3.2.1)解轨线的渐近收敛性.

3.4.3.1 ψ 是强凸的

定义 3.4.2 若存在 $\beta>0$ 使得对于任意的 $\boldsymbol{x},\boldsymbol{y}\in\boldsymbol{C}$,成立

$$\varphi(\boldsymbol{x})-\varphi(\boldsymbol{y})\geqslant\langle\eta(\boldsymbol{y}),\boldsymbol{x}-\boldsymbol{y}\rangle+\beta\|\boldsymbol{x}-\boldsymbol{y}\|^2,\quad\forall\,\eta(\boldsymbol{y})\in\partial\varphi(\boldsymbol{y})$$

则称 φ 在集合 $\boldsymbol{C}$ 上 $\beta-$强凸.

定理 3.4.3 若 $\arg\min\limits_{C}\phi\neq\varnothing$,$\int_0^{+\infty}\varepsilon(t)\mathrm{d}t=+\infty$ 且 ψ 在集合 $\boldsymbol{C}$ 上强凸,则系统(3.2.1)以 $x_0\in\boldsymbol{C}$ 为初始点的任意解轨线强收敛于 ψ 在 $\arg\min\limits_{C}\phi$ 的唯一最小值点.

证 选取 $\boldsymbol{x}^*$ 为 ψ 在 $\arg\min\limits_{C}\phi$ 的最小值点,定义 $G(\boldsymbol{x},t)$ 如(3.4.1b)中形式. 根据引理 3.4.1(2) 和 ψ 的凸性,我们得到

$$\begin{aligned}\frac{\mathrm{d}}{\mathrm{d}t}G(x(t),t)&\leqslant-\varepsilon(t)\langle\bar{\xi}(t),x(t)-\boldsymbol{x}^*\rangle-\|\dot{x}(t)\|^2+\dot{\varepsilon}(t)\psi(x(t))\\&\leqslant-\varepsilon(t)[\psi(x(t))-\psi(\boldsymbol{x}^*)]\end{aligned}\tag{3.4.21}$$

根据 $\varepsilon(t)$ 在 $[0,+\infty)$ 上的非负性,函数 $G(x(t),t)$ 关于 t 的单调性取决于 $\psi(x(t))-\psi(x^*)$.

记

$$\boldsymbol{\Gamma}=\{\boldsymbol{y}\in\boldsymbol{C}\mid\psi(\boldsymbol{y})-\psi(\boldsymbol{x}^*)\leqslant0\}$$

我们将证明 $\boldsymbol{\Gamma}\cap\arg\min\limits_{C}\phi=\{\boldsymbol{x}^*\}$.

首先,$\boldsymbol{x}^*\in\Gamma\cap\arg\min\limits_{C}\phi$. 其次,我们将说明集合 $\boldsymbol{\Gamma}\cap\arg\min\limits_{C}\phi$ 中只有一个元素. 应用反证法,假设集合 $\boldsymbol{\Gamma}\cap\arg\min\limits_{C}\phi$ 中有两个元素 $\boldsymbol{x}^*$ 和 $\boldsymbol{s}$. 由于 $\boldsymbol{s}\in\boldsymbol{\Gamma}$,$\psi(\boldsymbol{s})-\psi(\boldsymbol{x}^*)\leqslant0$,根据 $\boldsymbol{s}\in\arg\min\limits_{C}\phi$ 和 ψ 在集合 $\boldsymbol{C}$ 上的强凸性,我们得到 $\boldsymbol{s}=\boldsymbol{x}^*$.

记

$$I=\{t\in[0,+\infty)\mid x(t)\in\boldsymbol{\Gamma}\}\quad 和\quad J=\{t\in[0,+\infty)\mid x(t)\notin\boldsymbol{\Gamma}\}$$

情况 1:在这种情况下,我们假定存在 $t_1\geqslant0$ 使得 $x(t)\in J$,$\forall\,t\geqslant t_1$,即

$$\psi(x(t))-\psi(\boldsymbol{x}^*)>0,\quad \forall t\geqslant t_1$$

因此,$G(x(t),t)$ 在区间$[t_1,+\infty)$上单调递减. 由于$G(x(t),t)$ 在$[0,+\infty)$下有界,$\lim\limits_{t\to+\infty}G(x(t),t)$ 存在. 进而,当 $t\to+\infty$ 时,$\|x(t)-\boldsymbol{x}^*\|$ 的极限存在.

下面,我们将证明

$$\lim_{t\to+\infty}\|x(t)-\boldsymbol{x}^*\|=0$$

依然应用反证法,假设$\lim\limits_{t\to+\infty}\|x(t)-\boldsymbol{x}^*\|=l$.

由于 $\boldsymbol{x}^*=\arg\min_{\arg\min_{\boldsymbol{C}}\phi}\psi$,存在 $\bar{\xi}(\boldsymbol{x}^*)\in\partial\psi(\boldsymbol{x}^*)$ 使得

$$\boldsymbol{x}^*=P_{\arg\min_{\boldsymbol{C}}\phi}[\boldsymbol{x}^*-\bar{\xi}(\boldsymbol{x}^*)]\tag{3.4.22}$$

由于 ψ 在集合 $\boldsymbol{C}$ 上强凸,存在 $\alpha>0$ 使得对于所有的 $\boldsymbol{x}\in\boldsymbol{C}$,成立

$$\psi(\boldsymbol{x})-\psi(\boldsymbol{x}^*)\geqslant\langle\xi(\boldsymbol{x}^*),\boldsymbol{x}-\boldsymbol{x}^*\rangle+\alpha\|\boldsymbol{x}-\boldsymbol{x}^*\|^2$$
$$\forall\xi(\boldsymbol{x}^*)\in\partial\psi(\boldsymbol{x}^*)$$

即

$$\langle\xi(\boldsymbol{x})-\xi(\boldsymbol{x}^*),\boldsymbol{x}-\boldsymbol{x}^*\rangle\geqslant\alpha\|\boldsymbol{x}-\boldsymbol{x}^*\|^2$$
$$\forall\xi(\boldsymbol{x})\in\partial\psi(\boldsymbol{x}),\quad \xi(\boldsymbol{x}^*)\in\partial\psi(\boldsymbol{x}^*)$$

因此

$$\begin{aligned}\langle\bar{\xi}(t),x(t)-\boldsymbol{x}^*\rangle&=\langle\bar{\xi}(t)-\bar{\xi}(\boldsymbol{x}^*),x(t)-\boldsymbol{x}^*\rangle+\langle\bar{\xi}(\boldsymbol{x}^*),x(t)-\boldsymbol{x}^*\rangle\\&\geqslant\alpha\|x(t)-\boldsymbol{x}^*\|^2+\langle\bar{\xi}(\boldsymbol{x}^*),x(t)-\boldsymbol{x}^*\rangle\end{aligned}\tag{3.4.23}$$

其中,$\bar{\xi}(\boldsymbol{x}^*)\in\partial\psi(\boldsymbol{x}^*)$.

首先,我们证明如下结论成立

$$\lim_{t\to+\infty}\inf\langle\bar{\xi}(\boldsymbol{x}^*),x(t)-\boldsymbol{x}^*\rangle\geqslant0$$

设 t_n 为使上述极限 lim inf 成立的正序列,由于 $\boldsymbol{x}:[0,+\infty)\to\boldsymbol{H}$ 的有界性和定理 3.4.1(5),$\{x(t_n)\}$ 存在子序列(仍记作$\{x(t_n)\}$)在弱拓扑意义下

$$x(t_n)\to\boldsymbol{y}^*\in\arg\min_{\boldsymbol{C}}\phi$$

取 $\boldsymbol{v}=\boldsymbol{x}^*-\bar{\xi}(\boldsymbol{x}^*)$ 和 $\boldsymbol{u}=\boldsymbol{y}^*$,应用命题 3.3.2 和(3.4.22),得到

$$\langle\bar{\xi}(\boldsymbol{x}^*),\boldsymbol{x}^*-\boldsymbol{y}^*\rangle\leqslant0$$

因此

$$\lim_{t\to+\infty}\inf\langle\bar{\xi}(\boldsymbol{x}^*),x(t)-\boldsymbol{x}^*\rangle=\langle\bar{\xi}(\boldsymbol{x}^*),\boldsymbol{y}^*-\boldsymbol{x}^*\rangle\geqslant0\tag{3.4.24}$$

由(3.4.23)和(3.4.24),存在 $T>t_1$ 使得

$$\langle\bar{\xi}(t),x(t)-\boldsymbol{x}^*\rangle\geqslant\frac{\alpha l^2}{2},\quad\forall t\geqslant T$$

根据(3.4.21)

$$\frac{\mathrm{d}}{\mathrm{d}t}G(x(t),t)\leqslant-\varepsilon(t)\langle\bar{\xi}(t),x(t)-\boldsymbol{x}^*\rangle\leqslant-\varepsilon(t)\frac{\alpha l^2}{2},\quad\forall t\geqslant T\tag{3.4.25}$$

对上式从 T 到 t 取积分，得到

$$G(x(t),t)-G(x(T),T)\leqslant -\frac{\alpha l^2}{2}\int_T^t \varepsilon(s)\mathrm{d}s$$

则 $\lim\limits_{t\to+\infty}G(x(t),t)=-\infty$，与 $G(x(t),t)$ 在$[0,+\infty)$ 下有界矛盾. 因此，$x(t)$ 在强拓扑意义下收敛于 $\boldsymbol{x}^*$.

情况 2：在这种情况下，我们假定存在 $t_2\geqslant 0$ 使得 $\boldsymbol{x}(t)\in \boldsymbol{I}$，$\forall\, t\geqslant t_2$，即

$$\psi(x(t))-\psi(\boldsymbol{x}^*)\leqslant 0,\quad \forall\, t\geqslant t_2$$

根据定理 3.4.1，$x(t)$ 的所有弱聚点属于 $\arg\min\limits_{\boldsymbol{C}}\phi$，则当 $t\to+\infty$，$x(t)$ 弱收敛于 $\boldsymbol{x}^*$.

应用凸不等式和 ψ 的强凸性，我们得到

$$\psi(\boldsymbol{x})-\psi(\boldsymbol{x}^*)\geqslant \alpha\,\|\,\boldsymbol{x}-\boldsymbol{x}^*\,\|^2+\langle \boldsymbol{\xi}(\boldsymbol{x}^*),\boldsymbol{x}-\boldsymbol{x}^*\rangle$$

这里，$\boldsymbol{\xi}(\boldsymbol{x}^*)\in\partial\psi(\boldsymbol{x}^*)$. 那么，当 $x(t)\in\boldsymbol{\Gamma}$ 时

$$\|\,x(t)-\boldsymbol{x}^*\,\|^2\leqslant -\frac{1}{\alpha}\langle \boldsymbol{\xi}(\boldsymbol{x}^*),\boldsymbol{x}-\boldsymbol{x}^*\rangle$$

因此

$$\limsup_{t\to+\infty}\|\,x(t)-\boldsymbol{x}^*\,\|^2\leqslant -\frac{1}{\alpha}\lim_{t\to+\infty}\langle \boldsymbol{\xi}(\boldsymbol{x}^*),x(t)-\boldsymbol{x}^*\rangle=0 \tag{3.4.26}$$

即，当 $t\to+\infty$ 时，$x(t)$ 在强拓扑意义下收敛于 $\boldsymbol{x}^*$.

情况 3：在这种情况下，我们假定 I 和 J 都为无界的. 类似于情况 2 中的分析，当 $t\to+\infty$ 时，$x(t)\,|_I$ 在强拓扑意义下收敛于 $\boldsymbol{x}^*$.

下面，我们将证明此结论对 $x(t)\,|_J$ 依然成立. 首先，存在 $T_1\geqslant 0$ 使得 $x(T_1)\in\Gamma$.

对于 $t\in J$ 和 $t\geqslant T_1$，存在 $\tau(t)\in[T_1,+\infty)$ 使得 $\tau(t)\in I$ 且$(\tau(t),t]\in J$. 根据 I 和 J 的无界性，我们得到

$$\lim_{t\to+\infty,t\in J}\tau(t)=+\infty$$

由于 $\tau(t)\in I$，$x(\tau(t))$ 在强拓扑意义下收敛于 $\boldsymbol{x}^*$. 另外，由于

$$G(x(t),t)\leqslant G(x(\tau(t)),\tau(t))$$

则

$$\begin{aligned}&\phi(x(t))+\varepsilon(t)\psi(x(t))+\frac{1}{2}\|\,x(t)-\boldsymbol{x}^*\,\|^2\\ \leqslant\ &\phi(x(\tau(t)))+\varepsilon(\tau(t))\psi(x(\tau(t)))+\frac{1}{2}\|\,x(\tau(t))-\boldsymbol{x}^*\,\|^2\end{aligned}$$

对上式两端取上极限，根据 $\lim\limits_{t\to+\infty}\|\,x(\tau(t))-\boldsymbol{x}^*\,\|^2=0$，$\lim\limits_{t\to+\infty}\phi(x(t))=0$，$\lim\limits_{t\to+\infty}\varepsilon(t)=0$ 和 $\boldsymbol{x}$ 在全区间$[0,+\infty)$ 上的有界性，我们得到

$$\limsup_{t\to+\infty}\| x(t)-\boldsymbol{x}^{*}\|^{2}\leqslant 0 \tag{3.4.27}$$

所以,从式(3.4.27),我们可推断出当 $t\to+\infty$ 时,$x(t)|_J$ 在强拓扑意义下收敛于 $\boldsymbol{x}^*$.

因此,当 $t\to+\infty$ 时,$x(t)$ 强收敛于 $\boldsymbol{x}^*$.

注 3.4.3 当 $\psi(\boldsymbol{x})=\frac{1}{2}\|\boldsymbol{x}-\boldsymbol{z}\|^2$ 时,系统(3.2.1)强收敛于 $\boldsymbol{z}$ 在 $\arg\min\limits_{C}\phi$ 上的投影.特别地,若 $z=0$,则系统(3.2.1)强收敛于 $\arg\min\limits_{C}\phi$ 中具有最小范数的元素.

3.4.3.2 ϕ 是强凸的

在一般条件下,很难估计出系统(3.2.1)的收敛速率.然而,当 ϕ 在集合 $\boldsymbol{C}$ 上强凸时,我们可在关于 ε 较弱的条件下得到系统(3.2.1)的强收敛性和其收敛速率.

定理 3.4.4 假设 ϕ 在集合 $\boldsymbol{C}$ 上 $\beta-$强凸,则下述结论成立:

(1) 系统(3.2.1)的任意解轨线都在强拓扑意义下收敛于 $\boldsymbol{x}^*$,这里 $\boldsymbol{x}^*$ 为 ϕ 在 $\boldsymbol{C}$ 的最小值点.

(2) 若 $\frac{|\dot{\varepsilon}(t)|}{\varepsilon(t)}\leqslant\min\left\{\frac{1}{2},\beta\right\}$,$\forall t\geqslant 0$,则

$$\| x(t)-\boldsymbol{x}^{*}\|^{2}\leqslant 2G(\boldsymbol{x}_0,0)\mathrm{e}^{-\min\{1,2\beta\}t}+\frac{4\psi(\boldsymbol{x}^*)}{\min\{1,2\beta\}}\varepsilon(t),\quad\forall t\geqslant 0 \tag{3.4.28}$$

这里 $\boldsymbol{x}^*$ 为集合 $\arg\min\limits_{C}\phi$ 中的唯一元素.

证 (1) 记 $\boldsymbol{x}^*$ 为 ϕ 在 $\boldsymbol{C}$ 上唯一最小值点,若 ϕ 在 $\boldsymbol{C}$ 上 $\beta-$强凸,我们得到

$$\langle\xi(\boldsymbol{x}),\boldsymbol{x}-\boldsymbol{x}^*\rangle\geqslant\phi(\boldsymbol{x})-\phi(\boldsymbol{x}^*)+\beta\|\boldsymbol{x}-\boldsymbol{x}^*\|,\quad\forall\xi(\boldsymbol{x})\in\partial\phi(\boldsymbol{x}) \tag{3.4.29}$$

根据引理 3.4.1(2) 和式(3.4.29),成立

$$\begin{aligned}\frac{\mathrm{d}}{\mathrm{d}t}G(x(t),t)\leqslant&-(\phi(x(t))-\phi(\boldsymbol{x}^*))-\beta\| x(t)-\boldsymbol{x}^*\|^2-\\&\varepsilon(t)\psi(x(t))+\varepsilon(t)\psi(\boldsymbol{x}^*)\\\leqslant&-\min\{1,2\beta\}G(x(t),t)+\varepsilon(t)\psi(\boldsymbol{x}^*)\end{aligned}$$

所以

$$\dot{G}(x(t),t)+\theta G(x(t),t)\leqslant\psi(\boldsymbol{x}^*)\varepsilon(t)$$

这里 $\theta=\min\{1,2\beta\}$,那么

$$\frac{\mathrm{d}}{\mathrm{d}t}\mathrm{e}^{\theta t}G(x(t),t)\leqslant\psi(\boldsymbol{x}^*)\varepsilon(t)\mathrm{e}^{\theta t}$$

对上式从 0 到 t 取积分,我们得到

$$G(x(t),t) \leqslant e^{-\theta t}G(\boldsymbol{x}_0,0)+\psi(\boldsymbol{x}^*)e^{-\theta t}\int_0^t \varepsilon(s)e^{\theta s}ds \tag{3.4.30}$$

若$\int_0^{+\infty}\varepsilon(t)e^{\theta t}dt<+\infty$，根据(3.4.30)，我们得到

$$\lim_{t\to+\infty}G(x(t),t)=0$$

若$\int_0^{+\infty}\varepsilon(t)e^{\theta t}dt=+\infty$，根据(3.4.30)，我们得到

$$\lim_{t\to+\infty}G(x(t),t)=\psi(\boldsymbol{x}^*)\lim_{t\to+\infty}\frac{\varepsilon(t)}{\theta}=0$$

因此，$\lim\limits_{t\to+\infty}\|x(t)-x^*\|=0$.

进而，若$\frac{|\dot{\varepsilon}(t)|}{\varepsilon(t)}\leqslant\frac{\theta}{2}$，$\varepsilon(t)\geqslant-\frac{2}{\theta}\dot{\varepsilon}(t)$，$\forall t\geqslant 0$，则

$$\begin{aligned}\int_0^t\varepsilon(s)e^{\theta s}ds &\geqslant -\frac{2}{\theta}\int_0^t\dot{\varepsilon}(s)e^{\theta s}ds\\ &=-\frac{2}{\theta}e^{\theta t}\varepsilon(t)+\frac{2}{\theta}\varepsilon(0)+2\int_0^t\varepsilon(s)e^{\theta s}ds\end{aligned}$$

所以

$$\int_0^t\varepsilon(s)e^{\theta s}ds\leqslant\frac{2}{\theta}e^{\theta t}\varepsilon(t) \tag{3.4.31}$$

结合式(3.4.30)和(3.4.31)，得到

$$G(x(t),t)\leqslant e^{-\theta t}G(\boldsymbol{x}_0,0)+\frac{2\psi(\boldsymbol{x}^*)}{\theta}\varepsilon(t) \tag{3.4.32}$$

由于$G(x(t),t)\geqslant\frac{1}{2}\|x(t)-\boldsymbol{x}^*\|^2$，我们可得到式(3.4.28)中的估计.

注 3.4.4 根据上述定理中的叙述，我们可定义$\varepsilon(t)=\left(t+\max\left\{2a,\frac{a}{\beta}\right\}\right)^{-a}$，则系统(3.2.1)的收敛速率为$O(t^{-\frac{a}{2}})$. 另一方面，$\varepsilon(t)=e^{-\min\{1,2\beta\}t}$也满足定理3.4.4(2)的条件，且此时的收敛速率为$O(e^{-\min\{\frac{1}{2},\beta\}t})$.

注 3.4.5 若$\int_0^{+\infty}e^{\min\{\frac{1}{2},\beta\}t}\varepsilon(t)dt<+\infty$，根据(3.4.32)，系统(3.2.1)的解指数收敛于优化问题(3.1.1)的唯一优化解. 另外，根据(3.4.32)，系统(3.2.1)解轨线的收敛速率近似于$O(\sqrt{\varepsilon(t)})$.

另外，如果对于初始点$\boldsymbol{x}_0\notin \boldsymbol{C}$，系统(3.2.1)存在一个局部解在有限时间内进入集合$\boldsymbol{C}$，则如上收敛结果对于此初始点$\boldsymbol{x}_0\notin\boldsymbol{C}$依然成立.

本节我们证明了当函数ϕ或ψ强凸时，系统(3.2.1)以$\boldsymbol{x}_0\in\boldsymbol{C}$为初始点的解轨线强收敛于优化问题(3.1.1)的唯一优化解. 然而，函数的强凸性与初始点的可行性在一定程度上限制了系统(3.2.1)的应用领域. 在论文[7]中，Attouch和Czarnecki证明了系统(3.1.6)的弱收敛性并在一定条件下证明了

函数 ϕ 和 ψ 是渐近取最小值的. 在论文[15]中, Bolte 证明了系统(3.1.4)的解弱收敛于集合 $\arg\min_C \phi$ 的一个元素且函数 ϕ 也是渐近取最小值的. 是否可在较弱条件下证明系统(3.2.1)的解轨线是弱收敛于优化问题(3.1.1)一个优化解且函数 ϕ 和 ψ 相对于系统(3.2.1)满足渐近最小值性质是一个有意义的工作.

3.4.3.3 当 $\arg\min_C \phi \cap \arg\min_C \psi \neq \varnothing$ 时

定理 3.4.5 假设 $\int_0^{+\infty} \varepsilon(t)\mathrm{d}t = +\infty$ 且 $\arg\min_C \phi \cap \arg\min_C \psi \neq \varnothing$, 当 ϕ 和 ψ 连续时, 下述结论成立.

(1) $x(t)$ 在弱拓扑意义下收敛于 $\arg\min_C \phi \cap \arg\min_C \psi$ 中一个元素;

(2) 若 ϕ 在集合 $\boldsymbol{C}$ 上 β-强凸, 且 $\frac{|\dot{\varepsilon}(t)|}{\varepsilon(t)} \leqslant \min\{\frac{1}{2}, \beta\}$, $\forall t \geqslant 0$, 则 $\boldsymbol{x}(t)$ 在强拓扑意义下指数收敛于集合 $\arg\min_C \phi \cap \arg\min_C \psi$ 中的唯一元素.

证 选取 $\boldsymbol{x}^* \in \arg\min_C \phi \cap \arg\min_C \psi$, 并定义 $G(\boldsymbol{x},t)$. 根据定理 3.4.1(2), 得到

$$\frac{\mathrm{d}}{\mathrm{d}t}G(x(t),t) \leqslant -\phi(x(t)) - \varepsilon(t)\psi(x(t)) - \|\dot{x}(t)\|^2 + \dot{\varepsilon}(t)\psi(x(t)) \leqslant 0$$

那么

$$\lim_{t\to+\infty} G(x(t),t) \text{ 存在} \tag{3.4.33}$$

所以, $x(t)$ 在 $[0, +\infty)$ 上一致有界. 因此

$$\lim_{t\to+\infty} \varepsilon(t)\psi(x(t)) = 0 \tag{3.4.34}$$

根据定理 3.4.1(4), 式(3.4.33)和(3.4.34), 我们得到

$$\lim_{t\to+\infty} \|x(t) - \boldsymbol{x}^*\| \text{ 存在} \tag{3.4.35}$$

随后, 我们将证明 $x(t)$ 的所有弱聚点都属于 $\arg\min_C \phi \cap \arg\min_C \psi$.

记 $\bar{\boldsymbol{x}}$ 为 $x(t)$ 的一个弱聚点, 则存在正序列 t_n 使得 $x(t_n)$ 在弱拓扑意义下收敛于 $\bar{\boldsymbol{x}}$. 由于 $\int_0^{+\infty} \varepsilon(t)\mathrm{d}t = +\infty$, $\varepsilon(t)\psi(x(t)) \in L^1(0, +\infty)$ 和 $\psi(\boldsymbol{x}(t)) \geqslant 0$, $\forall t \geqslant 0$, 我们可断定

$$\lim_{t\to+\infty} \inf \psi(x(t)) = 0 \tag{3.4.36}$$

根据 ψ 的连续性和凸性, ψ 是弱下半连续的. 根据(3.4.36), 我们得到 $\psi(\bar{\boldsymbol{x}}) = 0$, 即 $\bar{\boldsymbol{x}} \in \arg\min_C \psi$. 再应用定理 3.4.1(5) 中的结果, $x(t)$ 的所有弱聚点属于

$$\arg\min_C \phi \cap \arg\min_C \psi$$

由于式(3.4.35)对任意的$\boldsymbol{x}^* \in \arg\min_C \phi \cap \arg\min_C \psi$都成立，基于 Opial 引理，我们得到 $x(t)$ 在弱拓扑意义下收敛于 $\arg\min_C \phi \cap \arg\min_C \psi$ 中一个元素.

再根据(3.4.32)，当 ϕ 在$\boldsymbol{C}$ 上的最小值点恰为ψ 在$\boldsymbol{C}$ 上的最小值点，系统(3.2.1) 的解轨线为指数收敛的.

注 3.4.6 当$\boldsymbol{H}=\mathbb{R}^n$ 且 $\arg\min_C \phi \cap \arg\min_C \psi \neq \varnothing$ 时，$x(t)$ 在强拓扑意义下收敛于 $\arg\min_C \phi \cap \arg\min_C \psi$ 中一个元素，在论文[18] 中，Cabot 在条件($\mathscr{H}$) 和

$$\arg\min_C \phi \cap \arg\min_C \psi \neq \varnothing$$

下，得到了其系统(SDC) 在空间$\mathbb{R}^n$的收敛性. 然而，为了得到系统(SDC) 的解轨线在空间 $\boldsymbol{H}$ 的弱收敛性，Cabot 需要另一个条件：存在 $m>0$ 使得当 t 充分大时，$\varepsilon(t) \geqslant \dfrac{m}{t}$.

3.4.4 当 $\boldsymbol{H}=\mathbb{R}^n$时

记

$$\boldsymbol{M}=\arg\min_C \phi$$

$$\boldsymbol{S}=\arg\min_M \psi$$

$$\boldsymbol{\Gamma}=\{\boldsymbol{x} \in \mathbb{C} \mid \psi(P_S(\boldsymbol{x}))-\psi(\boldsymbol{x}) \geqslant 0\}$$

这里，$P_S(\boldsymbol{x})$ 为点 $\boldsymbol{x}$ 到集合$\boldsymbol{S}$ 上的投影. 在此部分，我们假设 $\boldsymbol{S} \neq \varnothing$.

引理 3.4.4 $\boldsymbol{\Gamma} \cap \boldsymbol{M}=\boldsymbol{S}$.

证 首先，$\boldsymbol{S} \subset \boldsymbol{\Gamma} \cap \boldsymbol{M}$. 下面，我们证明$\boldsymbol{M} \cap \boldsymbol{\Gamma} \subseteq \boldsymbol{S}$. 若$\hat{\boldsymbol{x}} \in \boldsymbol{M} \cap \boldsymbol{\Gamma}$，根据集合$\boldsymbol{\Gamma}$ 的定义，我们得到 $\psi(P_S(\hat{\boldsymbol{x}}))-\psi(\hat{\boldsymbol{x}}) \geqslant 0$，即 $\min_M \psi \geqslant \psi(\hat{\boldsymbol{x}})$. 再应用$\hat{\boldsymbol{x}} \in \boldsymbol{M}$，我们得到$\hat{\boldsymbol{x}} \in \boldsymbol{S}$.

定理 3.4.6 假设$\int_0^{+\infty} \varepsilon(t)\mathrm{d}t=+\infty$，且 $\boldsymbol{H}=\mathbb{R}^n$. 若系统(3.2.1) 的解轨线 $\boldsymbol{x}$ 是有界的，则下述结论成立：

(1) $\lim_{t \to +\infty} \operatorname{dist}(x(t), S)=0$；

(2) $\lim_{t \to +\infty} \psi(x(t))=\min_{\arg\min_C \phi} \psi$.

这里，$\operatorname{dist}(\boldsymbol{x}, \boldsymbol{S})$ 为点 $\boldsymbol{x}$ 到集合$\boldsymbol{S}$ 的距离. 进而，若集合 $\boldsymbol{S}=\arg\min_{\arg\min_C \phi} \psi$ 退化为一个点集$\{\boldsymbol{p}\}$，则 $x(t)$ 收敛于 $\boldsymbol{p}$.

证明 (1) 根据 ϕ 和 ψ 的凸性，$\boldsymbol{S}$ 为 $\boldsymbol{H}$ 中的闭凸集. 定义 $h(\boldsymbol{x}, t)=\frac{1}{2}\operatorname{dist}^2(\boldsymbol{x}, \boldsymbol{S})+\phi(\boldsymbol{x})+\varepsilon(t)\psi(\boldsymbol{x})$. 对函数$h(x(t), t)$沿系统(3.2.1) 的解轨线求

导，我们得到

$$\frac{\mathrm{d}}{\mathrm{d}t}h(x(t),t)=\langle x(t)-P_S(x(t)),\dot{x}(t)\rangle+$$
$$\langle \eta(t)+\varepsilon(t)\xi(t),\dot{x}(t)\rangle+\dot{\varepsilon}(t)\psi(x(t))$$
$$\forall\,\eta(t)\in\partial\phi(x(t)),\forall\,\xi(t)\in\partial\psi(x(t))$$

类似于引理 3.4.1(2) 的证明，我们得到

$$\frac{\mathrm{d}}{\mathrm{d}t}h(x(t),t)\leqslant-\|\dot{x}(t)\|^2-\langle\bar{\eta}(t)+\varepsilon(t)\bar{\xi}(t),x(t)-P_S(x(t))\rangle+$$
$$\dot{\varepsilon}(t)\psi(x(t))$$
$$\leqslant\varepsilon(t)(\psi(P_S(x(t)))-\psi(x(t)))\tag{3.4.37}$$

下面我们根据 $\psi(P_S(\boldsymbol{x}))-\psi(\boldsymbol{x})$ 的取值对$[0,+\infty)$分类. 令

$$I=\{t\in[0,+\infty)\mid x(t)\in\boldsymbol{\Gamma}\},J=\{t\in[0,+\infty)\mid x(t)\notin\boldsymbol{\Gamma}\}$$

情况 1：若 I 是有界的，则存在 $T>0$ 使得 $t\in J,\forall\,t\geqslant T$，即

$$\psi(P_S(x(t)))-\psi(x(t))<0,\forall\,t\geqslant T$$

那么，$\frac{\mathrm{d}}{\mathrm{d}t}h(x(t),t)<0,\forall\,t\geqslant T$. 由于 $h(x(t),t)$ 在$[0,+\infty)$下有界，得到 $\lim\limits_{t\to+\infty}h(x(t),t)$ 存在. 由于 $\lim\limits_{t\to+\infty}E(x(t),t)$ 存在，得到

$$\lim_{t\to+\infty}\mathrm{dist}(x(t),\boldsymbol{S})$$

下面，我们证明 $\lim\limits_{t\to+\infty}\mathrm{dist}(x(t),\boldsymbol{S})=0$. 应用反证法，假设

$$\lim_{t\to+\infty}\mathrm{dist}(x(t),\boldsymbol{S})>0$$

首先，我们证明 $\lim\limits_{t\to+\infty}\sup\psi(P_S(x(t)))-\psi(x(t))<0$. 反之，则存在时间序列 $t_n\to+\infty$ 使得

$$\psi(P_S(x(t_n)))-\psi(x(t_n))\geqslant0$$

由于 $x(t)$ 在$[0,+\infty)$上有界，我们可假定存在 $\bar{\boldsymbol{x}}\in\boldsymbol{H}$ 使得 $\lim\limits_{n\to+\infty}x(t_n)=\bar{\boldsymbol{x}}$. 那么

$$\psi(P_S(\bar{\boldsymbol{x}}))-\psi(\bar{\boldsymbol{x}})\geqslant0$$

即 $\bar{\boldsymbol{x}}\in\boldsymbol{\Gamma}$. 根据定理 3.4.1 中的结论(5)，得到 $\bar{\boldsymbol{x}}\in\boldsymbol{M}$，进而，$\bar{\boldsymbol{x}}\in\boldsymbol{S}$. 然而，$0=\mathrm{dist}(\bar{\boldsymbol{x}},\boldsymbol{S})=\lim\limits_{t\to+\infty}\mathrm{dist}(\boldsymbol{x}(t),\boldsymbol{S})>0$，产生矛盾. 因此

$$\lim_{t\to+\infty}\sup\psi(P_S(x(t)))-\psi(x(t))<0$$

即存在 $l>0$ 和 $T_1\geqslant T$ 使得

$$\psi(P_S(x(t)))-\psi(x(t))\leqslant-l,\quad\forall\,t\geqslant T_1$$

那么

$$\frac{\mathrm{d}}{\mathrm{d}t}h(x(t),t)\leqslant-\varepsilon(t)l,\quad\forall\,t\geqslant T_1\tag{3.4.38}$$

对式(3.4.38) 从 T_1 到 t 取积分并令 $t\to+\infty$，我们得到

$$\lim_{t\to+\infty} h(x(t),t)+l\int_{T_1}^{+\infty}\varepsilon(s)\mathrm{d}s<h(x(T_1),T_1)$$

与 $\varepsilon(t)\notin L^1(0,+\infty)$ 产生矛盾. 因此 $\lim\limits_{t\to+\infty}\operatorname{dist}(x(t),\boldsymbol{S})=0$.

情形 2:若 J 有界,则存在 $T>0$ 使得 $t\in I,\forall t\geqslant T$,即 $\psi(P_{\boldsymbol{S}}(x(t)))-\psi(x(t))\geqslant 0,\forall t\geqslant T$.

根据定理 3.4.1 中的结论(5),$x(t)$ 的所有弱聚点属于集合 $\boldsymbol{M}$. 因此 $x(t)$ 的所有弱聚点属于 $\boldsymbol{S}$,即 $\lim\limits_{t\to+\infty}\operatorname{dist}(x(t),\boldsymbol{S})=0$.

情形 3:若 I 和 J 都无界,类似于情形 2 中的分析,我们得到

$$\lim_{t\to+\infty}\operatorname{dist}(x(t)\mid_I,\boldsymbol{S})=0$$

下面,我们将证明此结论对 $x(t)\mid_J$ 依然成立.

由于 I 和 J 都为无界的,存在 $T_1>0$ 使得 $T_1\in I$. 对于 $t\in J$ 且 $t\geqslant T_1$,存在 $\tau_t\in[T_1,+\infty)$ 使得 $x(\tau_t)\in\Gamma$ 且 $(\tau_t,t]\in J$. 再次应用 I 和 J 的无界性,我们得到

$$\lim_{t\to+\infty,t\in J}\tau_t=+\infty$$

由于 $\tau_t\in I$,得到 $\lim\limits_{t\to+\infty,t\in J}\operatorname{dist}(x(\tau_t),\boldsymbol{S})=0$. 另外,根据(3.4.37),我们得到 $h(x(t),t)\leqslant h(x(\tau_t),\tau_t)$,所以

$$\begin{aligned}&\frac{1}{2}\operatorname{dist}^2(x(t),S)+\phi(x(t))+\varepsilon(t)\psi(x(t))\\ \leqslant&\frac{1}{2}\operatorname{dist}^2(x(\tau_t),S)+\phi(x(\tau_t))+\varepsilon(\tau_t)\psi(x(\tau_t))\end{aligned}$$

对上式两端取上极限,由 $\lim\limits_{t\to+\infty}\operatorname{dist}(x(t)\mid_I,\boldsymbol{S})=0$, $\lim\limits_{t\to+\infty}\phi(x(t))=0$, $\lim\limits_{t\to+\infty}\varepsilon(t)=0$ 和 $\boldsymbol{x}$ 在$[0,+\infty)$ 上的一致有界性,我们得到

$$\limsup_{t\to+\infty,t\in J}\operatorname{dist}(x(t),\boldsymbol{S})=0$$

因此, $\lim\limits_{t\to+\infty}\operatorname{dist}(x(t),\boldsymbol{S})=0$.

(2) 设$(\psi(x(t_n)))_{n\in\mathbb{N}^*}$ 为有界映射$(\psi(x(t)))_{t\geqslant 0}$ 上的一个收敛子序列. 由于 $x(t_n)$ 有界,$\{x(t_n)\}$ 存在一个子序列(仍记作$\{x(t_n)\}$) 和 $\bar{\boldsymbol{x}}\in\boldsymbol{H}$ 使得 $x(t_n)\to\bar{\boldsymbol{x}}$. 根据此定理中的结论(1),我们得到 $\bar{\boldsymbol{x}}\in\boldsymbol{S}=\arg\min_{\arg\min\limits_{\boldsymbol{C}}\phi}\psi$. 因此

$$\lim_{t\to+\infty}\psi(x(t))=\min_{\arg\min\limits_{\boldsymbol{C}}\phi}\psi$$

3.5 一些特殊情形

3.5.1 特殊情形一

优化问题(3.3.1) 的优化解显然为下面优化问题的优化解

$$\begin{array}{ll}\min & \phi(\boldsymbol{x}) \\ \text{s.t.} & \boldsymbol{x} \in \boldsymbol{C}\end{array} \tag{3.5.1}$$

通过选取适当的函数 ψ,例如令 $\psi(\boldsymbol{x})=\frac{1}{2}\|\boldsymbol{x}-\boldsymbol{a}\|^2$,系统(3.2.1)的解轨线强收敛于优化问题(3.5.1)的优化解集中离 $\boldsymbol{a}$ 最近的优化解. 特别地,当定义 $\psi(\boldsymbol{x})=\frac{1}{2}\|\boldsymbol{x}\|^2$ 时,系统(3.2.1)的解轨线强收敛于优化问题(3.5.1)中具有最小范数的元素.

3.5.2 特殊情形二

若 $F(\boldsymbol{x},\boldsymbol{y}):\boldsymbol{H}_1\times\boldsymbol{H}_2\rightarrow\mathbb{R}$ 是一个关于 $\boldsymbol{x}$ 凸关于 $\boldsymbol{y}$ 凹的二元泛函,$\boldsymbol{C}_1$ 和 $\boldsymbol{C}_2$ 分别是 Hilbert 空间 $\boldsymbol{H}_1$ 和 $\boldsymbol{H}_2$ 的闭凸集,考虑如下鞍点问题:寻找 $(\boldsymbol{x}^*,\boldsymbol{y}^*)\in\boldsymbol{C}_1\times\boldsymbol{C}_2$ 使得

$$F(\boldsymbol{x}^*,\boldsymbol{y})\leqslant F(\boldsymbol{x}^*,\boldsymbol{y}^*)\leqslant F(\boldsymbol{x},\boldsymbol{y}^*),\quad \forall\,\boldsymbol{x}\in\boldsymbol{C}_1,\forall\,\boldsymbol{y}\in\boldsymbol{C}_2$$

构造如下系统

$$\begin{cases}\dot{x}(t)=-x(t)+P_{C_1}[x(t)-\partial_x F(x(t),y(t))-\varepsilon(t)\partial_x\psi(x(t),y(t))] \\ \dot{y}(t)=-y(t)+P_{C_2}[y(t)-\partial_y F(x(t),y(t))-\varepsilon(t)\partial_y\psi(x(t),y(t))]\end{cases} \tag{3.5.2}$$

其中 $\psi(\boldsymbol{x},\boldsymbol{y})=\frac{1}{2}\|\boldsymbol{x}\|^2+\frac{1}{2}\|\boldsymbol{y}\|^2$. 那么,系统(3.5.2)的解轨线强收敛于泛函 F 在集合 $\boldsymbol{C}_1\times\boldsymbol{C}_2$ 上的具有最小范数的鞍点.

3.5.3 特殊情形三

基于罚函数方法,系统(3.2.1)可用于求解如下约束非光滑凸优化问题

$$\begin{array}{ll}\min & f(\boldsymbol{x}) \\ \text{s.t.} & g_i(\boldsymbol{x})\leqslant 0,\quad i=1,2,\cdots,m\end{array} \tag{3.5.3}$$

其中 $f:\boldsymbol{H}\rightarrow\mathbb{R}$ 和 $g_i(i=1,2,\cdots,m):\boldsymbol{H}\rightarrow\mathbb{R}$ 都是凸函数.

关于精确罚函数的一些研究可参见文献[5,27,32,34,35]. 定义可行域和罚函数

$$\boldsymbol{X}=\{\boldsymbol{x}\mid g_i(\boldsymbol{x})\leqslant 0,i=1,2,\cdots,m\}$$

$$P_1(\boldsymbol{x})=\sum_{i=1}^{m}\max\{0,g_i(\boldsymbol{x})\}$$

那么 $P_1(\boldsymbol{x})$ 是凸函数且是局部 Lipschitz 的. 对所有的 $\boldsymbol{x}\in\boldsymbol{H}$,$\partial P_1(\boldsymbol{x})$ 存在,且

$$\partial P_1(\boldsymbol{x})=\begin{cases}\sum\limits_{i\in I^0(\boldsymbol{x})}[0,1]\partial g_i(\boldsymbol{x}), & \boldsymbol{x}\in \mathrm{bd}(\boldsymbol{X}_1)\\ \{0\}, & \boldsymbol{x}\in \mathrm{int}(\boldsymbol{X}_1)\\ \sum\limits_{i\in I^+(\boldsymbol{x})}\partial g_i(\boldsymbol{x})+\sum\limits_{i\in I^0(\boldsymbol{x})}[0,1]\partial G_i(\boldsymbol{x}), & \boldsymbol{x}\notin \boldsymbol{X}_1\end{cases}$$

其中，$I_0(\boldsymbol{x})=\{i\mid g_i(\boldsymbol{x})=0\}$，$I^+(\boldsymbol{x})=\{i\mid g_i(\boldsymbol{x})>0\}$.

此部分，研究的约束优化问题(3.5.3)需满足下列条件：

$(\mathrm{H}_1)\mathrm{int}(\boldsymbol{X})\neq\varnothing$ 且 $\boldsymbol{X}$ 有界；

$(\mathrm{H}_2)f(\boldsymbol{x})$ 和 $g_i(\boldsymbol{x})(i=1,2,\cdots,m)$ 在包含可行域 $\boldsymbol{X}$ 的一个开球内满足 Lipschitz 条件.

若条件(H_1)和条件(H_2)成立，则存在$\tilde{\boldsymbol{x}}\in\mathrm{int}(\boldsymbol{X})$和$R>0$使得$\boldsymbol{X}\subseteq B(\tilde{\boldsymbol{x}},R)$，$f(\boldsymbol{x})$ 和 $g_i(\boldsymbol{x})(i=1,2,\cdots,m)$ 在 $B(\tilde{\boldsymbol{x}},R)$ 上满足 Lipschitz 条件，记 Lipschitz 常数分别为 l_f 和 l_{P_1}，而且记 $G_m=\max\limits_{1\leqslant i\leqslant m}g_i(\tilde{\boldsymbol{x}})$.

构造网络如下

$$\dot{x}(t)\in-\partial \boldsymbol{W}(x(t)) \tag{3.5.4}$$

其中，$\boldsymbol{W}(\boldsymbol{x})=f(\boldsymbol{x})+\sigma P_1(\boldsymbol{x})$，$\sigma>0$ 是参数. 式(3.5.4)亦可被写成

$$\dot{x}(t)\in-\partial f(\boldsymbol{x}(t))-\sigma\partial P_1(x(t)) \tag{3.5.5}$$

类似于第二章定理 3.4.1 的证明方法，可得到如下结论.

定理 3.5.1 对于任意的初始点 $\boldsymbol{x}_0\in B(\tilde{\boldsymbol{x}},R)$，系统(3.5.4)存在唯一的以 $\boldsymbol{x}_0$ 为初始点的全局解，且其满足如下性质：

(1) 微分包含(3.5.4)的解恰为其"弱解"；

(2)$t\to\|\dot{\boldsymbol{x}}(t)\|$ 是非增的；

(3) 若 $\boldsymbol{x}(\cdot)$ 和 $\boldsymbol{y}(\cdot)$ 分别是以 $\boldsymbol{x}_0$ 和 $\boldsymbol{y}_0$ 为初始点的解，则

$$\|x(t)-y(t)\|\leqslant\|\boldsymbol{x}_0-\boldsymbol{y}_0\|,\quad \forall t\geqslant 0$$

(4)$\boldsymbol{W}(x(t))$ 是非增函数，且对几乎所有的 $t\in[0,+\infty)$ 成立

$$\frac{\mathrm{d}}{\mathrm{d}t}\boldsymbol{W}(x(t))=-\|\dot{x}(t)\|^2\leqslant 0$$

(5) 当 $\sigma>\dfrac{Rl_f}{-G_m}$ 时，对任意的 $\boldsymbol{x}_0\in B(\tilde{\boldsymbol{x}},R)$，以 $\boldsymbol{x}_0$ 为初始点网络(3.5.4)的解 $x(t)$ 满足：$x(t)\in B(\tilde{\boldsymbol{x}},R)$，$\forall t\geqslant 0$，且必在有限时间内到达可行域 X 并永驻其中；

(6) 若 $\sigma>\dfrac{Rl_f}{-G_m}$，则 $M=E\cap X$，其中 M 为优化问题(3.5.3)的最优点集，E 为系统(3.5.4)的平衡点集.

3.5.3.1 收敛性

定理 3.5.2 对任意的 $\boldsymbol{x}_0 \in B(\tilde{\boldsymbol{x}}, R)$，当参数 $\sigma > \dfrac{Rl_f}{-G_m}$ 时，网络(3.5.4)的轨道满足：

(1) $\dot{x}(t) \in \boldsymbol{L}^2(0, +\infty; \boldsymbol{H})$，$\lim\limits_{t \to +\infty} \| \dot{x}(t) \| = 0$；

(2) $\lim\limits_{t \to +\infty} f(x(t)) = \min\limits_{\boldsymbol{X}} f$ 且 $f(\boldsymbol{x}(t)) - \min\limits_{\boldsymbol{X}} f \leqslant \dfrac{R^2}{2t}$，$\forall t \geqslant 0$；

(3) 当 $t \to +\infty$ 时，$\boldsymbol{x}(t)$ 弱收敛于 f 在 X 上的一个最小值点.

证 (1) 根据定理 3.5.1，对几乎所有的 $t \in [0, +\infty)$. 成立

$$\frac{\mathrm{d}}{\mathrm{d}t} \boldsymbol{W}(x(t)) = - \| \dot{x}(t) \|^2 \leqslant 0$$

由于 $f(\boldsymbol{x})$ 和 $P_1(\boldsymbol{x})$ 都是 $B(\tilde{\boldsymbol{x}}, R)$ 上的 Lipschitz 函数，$W(\boldsymbol{x})$ 也是 $B(\tilde{\boldsymbol{x}}, R)$ 上的 Lipschitz 函数，又由 $\boldsymbol{x}(t)$ 的绝对连续性，$W(\boldsymbol{x}(t))$ 也是 $[0, +\infty)$ 上的绝对连续函数，所以

$$\boldsymbol{W}(x(t)) - \boldsymbol{W}(x(0)) = \int_0^t \frac{\mathrm{d}}{\mathrm{d}\tau} \boldsymbol{W}(x(\tau)) \mathrm{d}\tau = -\int_0^t \| \dot{x}(\tau) \|^2 \mathrm{d}\tau, \quad \forall t \geqslant 0$$

即

$$\int_0^t \| \dot{x}(\tau) \|^2 \mathrm{d}\tau = \boldsymbol{W}(x(0)) - \boldsymbol{W}(x(t)) \leqslant \boldsymbol{W}(x(0)) - f(x(t)), \quad \forall t \geqslant 0$$

由于网络(3.5.4)的轨道 $x(t)$ 有限时间进入可行域 X 且 $f(\boldsymbol{x})$ 在 X 下方有界，$\int_0^{+\infty} \| \dot{x}(\tau) \|^2 \mathrm{d}\tau < +\infty$，即 $\dot{x}(t) \in L^2(0, +\infty; \boldsymbol{H})$.

根据定理 3.5.1 中结论，$\lim\limits_{t \to +\infty} \| \dot{x}(t) \|$ 存在.

再由 $\dot{x}(t) \in L^2(0, +\infty; \boldsymbol{H})$，自然可得到 $\lim\limits_{t \to +\infty} \| \dot{x}(t) \| = 0$.

(2) 由于 $\boldsymbol{W}(\boldsymbol{x})$ 是凸函数

$$\begin{gathered} W(z) \geqslant W(x(t)) + \langle \xi(t), \boldsymbol{z} - x(t) \rangle \\ \forall t \geqslant 0, \quad \xi(t) \in \partial \boldsymbol{W}(x(t)), \quad \boldsymbol{z} \in \boldsymbol{H} \end{gathered}$$

即

$$\begin{gathered} W(x(t)) - W(z) \leqslant \langle \xi(t), x(t) - z \rangle \\ \forall t \geqslant 0, \quad \xi(t) \in \partial \boldsymbol{W}(x(t)), \quad \boldsymbol{z} \in \boldsymbol{H} \end{gathered}$$

结合网络(3.5.4)，对几乎所有的 $t \geqslant 0$，$\dot{x}(t) \in -\partial \boldsymbol{W}(x(t))$，所以

$$W(x(t)) - W(z) \leqslant \langle -\dot{x}(t), x(t) - z \rangle$$

$$\text{几乎处处 } t \geqslant 0$$

$$\forall \xi(t) \in \partial \boldsymbol{W}(x(t)), \boldsymbol{z} \in \boldsymbol{H}$$

进而

$$\frac{\mathrm{d}}{\mathrm{d}t}\| x(t)-\boldsymbol{z}\|^2 \leqslant 2(\boldsymbol{W}(\boldsymbol{z})-\boldsymbol{W}(x(t))),\quad \text{几乎处处 } t\geqslant 0,\forall z\in \boldsymbol{H} \tag{3.5.6}$$

由于 $x(t)$ 为绝对连续的，对上式从 0 到 t 积分，得到

$$\| x(t)-z\|^2+2\int_0^t[\boldsymbol{W}(x(\tau))-\boldsymbol{W}(\boldsymbol{z})]\mathrm{d}\tau \leqslant \|\boldsymbol{x}_0-\boldsymbol{z}\|^2,\quad \forall t\geqslant 0 \tag{3.5.7}$$

由于 $t\to \boldsymbol{W}(x(t))$ 是非增的，由(3.5.7)可推得

$$\| x(t)-z\|^2+2t[\boldsymbol{W}(x(t))-\boldsymbol{W}(\boldsymbol{z})]\leqslant \|\boldsymbol{x}_0-\boldsymbol{z}\|^2,\quad \forall t\geqslant 0 \tag{3.5.8}$$

所以，$2t\boldsymbol{W}(x(t))-2t\boldsymbol{W}(\boldsymbol{z})\leqslant \|\boldsymbol{x}_0-\boldsymbol{z}\|^2,\forall t\geqslant 0$. 根据 $\boldsymbol{W}(\boldsymbol{x})$ 的定义

$$2tf(x(t))\leqslant 2t\boldsymbol{W}(x(t))\leqslant 2tf(\boldsymbol{z})+\|\boldsymbol{x}_0-\boldsymbol{z}\|^2$$

因此，$f(x(t))\leqslant f(\boldsymbol{z})+\frac{1}{2t}\|\boldsymbol{x}_0-\boldsymbol{z}\|^2,\forall t>0,\boldsymbol{z}\in \boldsymbol{X}$.

由于上面的不等式对于任意的 $\boldsymbol{z}\in \boldsymbol{X}$ 都成立且 $\boldsymbol{X}\subseteq B(\tilde{\boldsymbol{x}},R)$，所以

$$f(\boldsymbol{x}(t))-\min_X f\leqslant \frac{R^2}{2t},\quad \forall t\geqslant t_0$$

因此，$\lim\limits_{t\to+\infty} f(x(t))=\min\limits_{\boldsymbol{X}} f$.

(3) 应用式(3.5.6)，对于任意的 $\boldsymbol{x}^*\in \boldsymbol{M}$

$$\frac{\mathrm{d}}{\mathrm{d}t}\| x(t)-\boldsymbol{x}^*\|^2$$

$$\leqslant 2(\boldsymbol{W}(\boldsymbol{x}^*)-\boldsymbol{W}(x(t)))\leqslant 2(f(\boldsymbol{x}^*)-f(x(t))),\quad \text{几乎处处 } t\geqslant 0$$

根据定理 3.5.1，可假定 $\boldsymbol{x}_0\in \boldsymbol{X}$ 且 $x(t)\in B(\tilde{\boldsymbol{x}},R),\forall t\geqslant t_0$. 由上面的不等式，得到$\frac{\mathrm{d}}{\mathrm{d}t}\| x(t)-\boldsymbol{x}^*\|^2\leqslant 0$. 所以 $t\to \| x(t)-\boldsymbol{x}^*\|^2$ 是非增的. 结合 $\| x(t)-\boldsymbol{x}^*\|^2\geqslant 0$，可得到：对于任意的 $\boldsymbol{x}^*\in \boldsymbol{M}$，$\lim\limits_{t\to+\infty}\| x(t)-\boldsymbol{x}^*\|^2$ 存在.

为了应用 Opial 引理，需证明 $x(t)$ 的所有弱极限 $\boldsymbol{x}_\infty$ 都属于 $\boldsymbol{M}$.

若 t_n 为一时间序列使得 $\lim\limits_{n\to+\infty} t_n=+\infty$ 且当 $n\to+\infty$ 时，$\boldsymbol{x}(t_n)$ 弱收敛于 $\boldsymbol{x}_\infty$，根据 $f(\boldsymbol{x})$ 的凸性及连续性，得到

$$f(\boldsymbol{x}_\infty)\leqslant \liminf_{n\to+\infty} f(\boldsymbol{x}(t_n))$$

结合上面的不等式与此定理中的结论(2)，成立

$$f(\boldsymbol{x}_\infty)\leqslant \min_{\boldsymbol{X}} f$$

由于可行域 $\boldsymbol{X}$ 是有界闭凸集，且网络(3.5.4)的轨道有限时间到达 $\boldsymbol{X}$ 并永驻其中，可断定 $\boldsymbol{x}_\infty\in \boldsymbol{X}$. 因此，$\boldsymbol{x}_\infty\in \boldsymbol{M}$. 应用引理 3.4.3，网络(3.5.4)的轨道 $\boldsymbol{x}(t)$ 弱收敛于 $f(\boldsymbol{x})$ 在 $\boldsymbol{X}$ 上的一个最小值点.

下面，给出关于网络(3.5.4)轨道的一些强收敛性结论.

定理 3.5.3 若 $\partial f(\boldsymbol{x})$ 在任一有界集上强单调，则对任意的初始点 $\boldsymbol{x}_0 \in B(\tilde{\boldsymbol{x}},R)$，当 $\sigma > \dfrac{Rl_f}{-G_m}$ 时，以 $\boldsymbol{x}_0$ 为初始点网络(3.5.4) 的轨道在强拓扑意义下指数收敛于优化问题(3.5.3) 的唯一优化解.

证 由于 $\partial f(\boldsymbol{x})$ 在 $B(\tilde{\boldsymbol{x}},R)$ 上强单调且 $\boldsymbol{X} \subseteq B(\tilde{\boldsymbol{x}},R)$ 是非空有界闭凸集，优化问题(3.5.3) 的优化解必唯一，记此优化解为 $\boldsymbol{x}^*$，根据定理 3.5.1，可假定 $\boldsymbol{x}_0 \in \boldsymbol{X}$.

根据定理 3.5.1，$\boldsymbol{x}^* \in E$，即

$$0 \in \partial W(\boldsymbol{x}^*)$$

由于 $\partial f(\boldsymbol{x})$ 在 $B(\tilde{\boldsymbol{x}},R)$ 上强单调，即存在 $\beta_R > 0$ 使得

$$\langle v(\boldsymbol{x}) - v(\boldsymbol{y}), \boldsymbol{x} - \boldsymbol{y} \rangle \geqslant \beta_R \| \boldsymbol{x} - \boldsymbol{y} \|^2$$

$$\forall \boldsymbol{x}, \boldsymbol{y} \in B(\tilde{\boldsymbol{x}},R), \quad v(\boldsymbol{x}) \in \partial f(\boldsymbol{x}), \quad v(\boldsymbol{y}) \in \partial f(\boldsymbol{y})$$

由于 $P_1(\boldsymbol{x})$ 在 $B(\tilde{\boldsymbol{x}},R)$ 上是凸的，$\partial P_1(\boldsymbol{x})$ 在 $B(\tilde{\boldsymbol{x}},R)$ 上单调，所以

$$\begin{aligned} &\langle v(\boldsymbol{x}) + \sigma\beta(\boldsymbol{x}) - v(\boldsymbol{y}) - \sigma\beta(\boldsymbol{y}), \boldsymbol{x} - \boldsymbol{y} \rangle \\ &= \langle v(\boldsymbol{x}) - v(\boldsymbol{y}), \boldsymbol{x} - \boldsymbol{y} \rangle + \sigma \langle \beta(\boldsymbol{x}) - \beta(\boldsymbol{y}), \boldsymbol{x} - \boldsymbol{y} \rangle \\ &\geqslant \langle v(\boldsymbol{x}) - v(\boldsymbol{y}), \boldsymbol{x} - \boldsymbol{y} \rangle \\ &\geqslant \beta_R \| \boldsymbol{x} - \boldsymbol{y} \|^2, \quad \forall \boldsymbol{x}, \boldsymbol{y} \in B(\tilde{\boldsymbol{x}},R) \end{aligned}$$

$$\forall \boldsymbol{v}(\boldsymbol{x}) \in \partial f(\boldsymbol{x}), v(\boldsymbol{y}) \in \partial f(\boldsymbol{y}), \beta(\boldsymbol{x}) \in \partial P_1(\boldsymbol{x}), \beta(\boldsymbol{y}) \in \partial P_1(\boldsymbol{y})$$

根据网络(3.5.4) 的表达形式与上式，成立

$$\langle \xi(\boldsymbol{x}) - \xi(\boldsymbol{y}), \boldsymbol{x} - \boldsymbol{y} \rangle \geqslant \beta_R \| \boldsymbol{x} - \boldsymbol{y} \|^2$$

$$\forall \xi(\boldsymbol{x}) \in \partial W(\boldsymbol{x}), \xi(\boldsymbol{y}) \in \partial W(\boldsymbol{y}), \boldsymbol{x}, \boldsymbol{y} \in B(\tilde{\boldsymbol{x}},R)$$

结合

$$\begin{cases} x(t) \in B(\tilde{\boldsymbol{x}},R), & \forall t \geqslant 0 \\ -\dot{x}(t) \in \partial W(\boldsymbol{x}(t)), & \text{几乎处处 } t \in [0,+\infty) \\ 0 \in \partial W(\boldsymbol{x}^*) \end{cases}$$

与上面的不等式，成立

$$\langle -\dot{x}(t), x(t) - \boldsymbol{x}^* \rangle \geqslant \beta_R \| x(t) - \boldsymbol{x}^* \|^2, \quad \text{几乎处处 } t \in [0,+\infty)$$

所以

$$\begin{aligned} &\frac{1}{2} \cdot \frac{\mathrm{d}}{\mathrm{d}t} \| x(t) - \boldsymbol{x}^* \|^2 = \langle x(t) - \boldsymbol{x}^*, \dot{x}(t) \rangle \\ &\leqslant -\beta_R \| x(t) - \boldsymbol{x}^* \|^2, \quad \text{几乎处处 } t \in [0,+\infty) \end{aligned}$$

即

$$\frac{\mathrm{d}}{\mathrm{d}t} \| x(t) - \boldsymbol{x}^* \|^2 + 2\beta_R \| x(t) - \boldsymbol{x}^* \|^2 \leqslant 0, \quad \text{几乎处处 } t \in [0,+\infty)$$

进而

$$e^{2\beta_R t}\frac{d}{dt}\| x(t)-\boldsymbol{x}^*\|^2+2\beta_R e^{2\beta_R t}\| x(t)-\boldsymbol{x}^*\|^2\leqslant 0,$$

$$\text{几乎处处 } t\in[0,+\infty)$$

所以

$$\frac{d}{dt}(e^{2\beta_R t}\| x(t)-\boldsymbol{x}^*\|^2)\leqslant 0,\quad \text{几乎处处 } t\in[0,+\infty)$$

对上式从 0 到 t 积分,得到

$$e^{2\beta_R t}\| x(t)-\boldsymbol{x}^*\|^2\leqslant \|\boldsymbol{x}_0-\boldsymbol{x}^*\|^2,\quad \forall t\in[0,+\infty)$$

即

$$\| x(t)-\boldsymbol{x}^*\|^2\leqslant e^{-2\beta_R t}\|\boldsymbol{x}_0-\boldsymbol{x}^*\|^2,\quad \forall t\in[0,+\infty)$$

故网络(3.5.4)的轨道 $x(t)$ 在强拓扑意义下指数收敛于优化问题(3.5.3)的唯一优化解 $\boldsymbol{x}^*$.

定理 3.5.4 若 $\text{int}(\arg\min_{X} f)\neq\varnothing$,则对任意的初始点 $\boldsymbol{x}_0\in B(\tilde{\boldsymbol{x}},R)$,当 $\sigma>\dfrac{Rl_f}{-G_m}$ 时,以 $\boldsymbol{x}_0$ 为初始点网络(3.5.4)的轨道在强拓扑意义下收敛于优化问题(3.5.3)的一个优化解.

证 选取 $\boldsymbol{x}^*\in\text{int}(\arg\min_{X} f)$,存在 $\rho>0$ 使得

$$B(\boldsymbol{x}^*,\rho)\subseteq\text{int}(\arg\min_{X} f)$$

由于 $\boldsymbol{W}(\boldsymbol{x})$ 为凸函数,$0\in\partial \boldsymbol{W}(\boldsymbol{x}')$,$\forall\boldsymbol{x}'\in B(\boldsymbol{x}^*,\rho)$. 再根据 $\partial\boldsymbol{W}(\boldsymbol{x})$ 的单调性,对任意的 $\boldsymbol{y}\in\boldsymbol{H}$,任意的 $\boldsymbol{x}'\in B(\boldsymbol{x}^*,\rho)$,成立

$$\langle\xi_y-\xi_{x'},\boldsymbol{y}-\boldsymbol{x}'\rangle\geqslant 0,\quad\forall\xi_y\in\partial\boldsymbol{W}(\boldsymbol{y}),\quad \xi_{x'}\in\partial\boldsymbol{W}(\boldsymbol{x}')$$

即

$$\langle\xi_y,\boldsymbol{y}-\boldsymbol{x}'\rangle\geqslant 0,\quad\forall\xi_y\in\partial\boldsymbol{W}(\boldsymbol{y})$$

所以

$$\langle\xi_y,\boldsymbol{y}-\boldsymbol{x}^*\rangle\geqslant\langle\xi_y,\boldsymbol{x}^*-\boldsymbol{x}'\rangle$$

由于上式对所有的 $\boldsymbol{x}'\in B(\boldsymbol{x}^*,\rho)$ 都成立,所以

$$\langle m(\partial\boldsymbol{W}(\boldsymbol{y})),\boldsymbol{y}-\boldsymbol{x}^*\rangle\geqslant\rho m(\partial\boldsymbol{W}(\boldsymbol{y}))$$

在上式中令 $x(t)$ 代替 $\boldsymbol{y}$,则

$$\langle m(\partial\boldsymbol{W}(x(t))),x(t)-\boldsymbol{x}^*\rangle\geqslant\rho m(\partial\boldsymbol{W}(x(t))),\quad\forall t\geqslant 0\quad(3.5.9)$$

结合上式与定理 3.5.1

$$\frac{1}{2}\cdot\frac{d}{dt}\| x(t)-\boldsymbol{x}^*\|^2=\langle x(t)-\boldsymbol{x}^*,\dot{x}(t)\rangle$$

$$=\langle x(t)-\boldsymbol{x}^*,-m(\partial\boldsymbol{W}(x(t)))\rangle,\quad\text{几乎处处 } t\geqslant 0$$

进而

$$\langle x(t)-\boldsymbol{x}^*,m(\partial\boldsymbol{W}(x(t)))\rangle=-\frac{1}{2}\cdot\frac{d}{dt}\| x(t)-\boldsymbol{x}^*\|^2,\quad\text{几乎处处 } t\geqslant 0$$

对上式从 0 到 t 积分,成立

$$\int_0^t \langle x(s)-\boldsymbol{x}^*, m(\partial W(x(s)))\rangle \mathrm{d}s = -\int_0^t \frac{1}{2}\cdot\frac{\mathrm{d}}{\mathrm{d}s}\| x(s)-\boldsymbol{x}^*\|^2 \mathrm{d}s$$

$$= \frac{1}{2}\|\boldsymbol{x}_0-\boldsymbol{x}^*\|^2 - \frac{1}{2}\|x(t)-\boldsymbol{x}^*\|^2$$

$$\leqslant \frac{1}{2}\|\boldsymbol{x}_0-\boldsymbol{x}^*\|^2, \quad \forall t \geqslant 0$$

因此,$\langle x(t)-\boldsymbol{x}^*, m(\partial W(x(t)))\rangle \in \boldsymbol{L}^1(0,+\infty)$. 根据(3.5.9),得知 $m(\partial W(x(t))) \in \boldsymbol{L}^1(0,+\infty)$,从而 $\dot{x}(t) \in \boldsymbol{L}^1(0,+\infty)$,因此,$\lim\limits_{t\to+\infty} x(t)$ 存在.

定理 3.5.5 若 $\boldsymbol{x}_0 \in B(\tilde{x}, R)$,$\sigma > \dfrac{Rl_f}{-G_m}$,且以 $\boldsymbol{x}_0$ 为初始点网络(3.5.4)的轨道有限时间收敛于其平衡点集 E,则网络(3.5.4)的轨道在强拓扑意义下收敛于优化问题(3.5.3)的一个优化解.

证 根据条件,若网络(3.5.4)的轨道 $x(t)$ 有限时间收敛于平衡点集 E,则存在 $t_1 \geqslant 0$ 使得 $x(t) \in E, \forall t \geqslant t_1$,所以

$$\int_0^{+\infty} \|\dot{x}(t)\| \mathrm{d}t = \int_0^{t_1} \|\dot{x}(t)\| \mathrm{d}t < +\infty$$

即 $\dot{x}(t) \in \boldsymbol{L}^1(0,+\infty)$. 因此 $\lim\limits_{t\to+\infty} x(t)$ 存在,再由定理 3.5.2(3),$x(t)$ 强收敛于优化问题(3.5.3)的一个优化解.

注 3.5.1 若优化问题(3.5.3)再满足第二章中的条件(A_x),类似于定理 2.5.2 的证明方法,可得到网络(3.5.4)的轨道 $x(t)$ 必有限时间收敛于其平衡点集 E.

3.5.3.2 渐近控制结果

对 $\varepsilon > 0$,考虑下面初值问题的解

$$\dot{x}_\varepsilon(t) \in -\partial W(x_\varepsilon(t)) - \varepsilon x_\varepsilon(t) \tag{3.5.10}$$

其中 ∂W 同(3.5.4)中的定义. 由于 $W(x_\varepsilon(t)) + \dfrac{\boldsymbol{\varepsilon}}{2}x_\varepsilon^2(t)$ 是凸函数,与定理 3.5.1 的证明方法类似,网络(3.5.10)的解是全局存在且唯一的.

由于网络(3.5.10)可看做是网络(3.5.4)的一个奇异扰动,所以,研究当 $\boldsymbol{\varepsilon} \to \mathbf{0}$ 时,网络(3.5.10)轨道 $\boldsymbol{x}_\varepsilon$ 的渐进行为是有意义的.

定理 3.5.6 若 W 在 $\boldsymbol{H}$ 上为强制的且 $\partial f(\boldsymbol{x})$ 在任一有界集上强单调,则在 $[0,+\infty)$ 上,$\boldsymbol{x}_\varepsilon \to \boldsymbol{x}$ 为一致收敛的.

证 对网络(3.5.10)定义能量函数

$$U_\varepsilon(t) = \frac{\boldsymbol{\varepsilon}}{2}\|\boldsymbol{x}_\varepsilon\|^2 + W(\boldsymbol{x}_\varepsilon)$$

则 $U_\varepsilon(t)$ 沿网络(3.5.10)轨道的导数为

$$\frac{\mathrm{d}}{\mathrm{d}t}U_{\varepsilon}(t)=\langle \varepsilon \boldsymbol{x}_{\varepsilon},\dot{\boldsymbol{x}}_{\varepsilon}\rangle+\langle \boldsymbol{\xi},\dot{\boldsymbol{x}}_{\varepsilon}\rangle$$

$$=\langle \dot{\boldsymbol{x}}_{\varepsilon},-\dot{\boldsymbol{x}}_{\varepsilon}\rangle=-\|\dot{\boldsymbol{x}}_{\varepsilon}\|^{2}\leqslant 0,\quad 几乎处处\ t\geqslant 0$$

所以,$U_{\varepsilon}(t)\leqslant U_{\varepsilon}(t\to 0),\ \forall t\geqslant 0$,即

$$\frac{\varepsilon}{2}\|\boldsymbol{x}_{\varepsilon}\|^{2}+W(\boldsymbol{x}_{\varepsilon})\leqslant \frac{\varepsilon}{2}\|\boldsymbol{x}_{0}\|^{2}+W(\boldsymbol{x}_{0}),\quad \forall t\geqslant 0$$

进而

$$W(\boldsymbol{x}_{\varepsilon})\leqslant \frac{\varepsilon}{2}\|\boldsymbol{x}_{0}\|^{2}+W(\boldsymbol{x}_{0}),\quad \forall t\geqslant 0$$

由于 W 为强制的,令 $\alpha=\frac{\varepsilon}{2}\|\boldsymbol{x}_{0}\|^{2}+W(\boldsymbol{x}_{0})$,则 $\Gamma=\{\boldsymbol{x}\in \boldsymbol{H}\mid W(\boldsymbol{x})\leqslant \alpha\}$ 是有界集,即存在 $\widetilde{R}>0$ 使得

$$\sup_{0<\varepsilon\leqslant 1}\sup_{t\geqslant 0}\|x_{\varepsilon}(t)\|\leqslant \widetilde{R}$$

对网络(3.5.10)的轨道 $\boldsymbol{x}_{\varepsilon}(t)$ 与网络(3.5.4)的轨道 $\boldsymbol{x}(t)$,成立

$$\begin{aligned}
&\frac{\mathrm{d}}{\mathrm{d}t}\|\boldsymbol{x}_{\varepsilon}(t)-\boldsymbol{x}(t)\|^{2}\\
&=\langle \boldsymbol{x}_{\varepsilon}(t)-\boldsymbol{x}(t),\dot{\boldsymbol{x}}_{\varepsilon}-\dot{\boldsymbol{x}}\rangle\\
&=\langle \boldsymbol{x}_{\varepsilon}-\boldsymbol{x},-\partial W(\boldsymbol{x}_{\varepsilon})+\partial W(\boldsymbol{x})-\varepsilon \boldsymbol{x}_{\varepsilon}\rangle\\
&\leqslant \langle \boldsymbol{x}_{\varepsilon}-\boldsymbol{x},-\partial W(\boldsymbol{x}_{\varepsilon})+\partial W(\boldsymbol{x})\rangle+\varepsilon\|\boldsymbol{x}_{\varepsilon}\|\,\|\boldsymbol{x}_{\varepsilon}-\boldsymbol{x}\|
\end{aligned}$$

由于对网络(3.5.4)的轨道 $\boldsymbol{x}(t)$ 满足 $\sup_{t\geqslant 0}\|\boldsymbol{x}(t)\|\leqslant R+\|\tilde{\boldsymbol{x}}\|$. 记 $R'=\max\{R+\|\tilde{\boldsymbol{x}}\|,\widetilde{R}\}$,由于 $\partial f(\boldsymbol{x})$ 在 $B(0,R')$ 上是强单调的,即存在 $\beta_{R'}>0$ 使得

$$\langle v(\boldsymbol{x})-v(\boldsymbol{y}),\boldsymbol{x}-\boldsymbol{y}\rangle\geqslant \beta_{R'}\|\boldsymbol{x}-\boldsymbol{y}\|^{2}$$

$$\forall \boldsymbol{x},\boldsymbol{y}\in B(0,R'),v(\boldsymbol{x})\in \partial f(\boldsymbol{x}),v(\boldsymbol{y})\in \partial f(\boldsymbol{y})$$

所以

$$\frac{\mathrm{d}}{\mathrm{d}t}\|x_{\varepsilon}(t)-\boldsymbol{x}(t)\|^{2}\leqslant -\beta_{R'}\|\boldsymbol{x}_{\varepsilon}-\boldsymbol{x}\|^{2}+\varepsilon\|\boldsymbol{x}_{\varepsilon}\|\,\|\boldsymbol{x}_{\varepsilon}-\boldsymbol{x}\|$$

即

$$\frac{\mathrm{d}}{\mathrm{d}t}\|x_{\varepsilon}(t)-x(t)\|^{2}+\beta_{R'}\|\boldsymbol{x}_{\varepsilon}-\boldsymbol{x}\|^{2}\leqslant 2\boldsymbol{\varepsilon}R'^{2}$$

由于 $x_{\varepsilon}(0)=x(0)$,所以

$$\|x_{\varepsilon}(t)-x(t)\|^{2}\leqslant 2\boldsymbol{\varepsilon}\int_{0}^{t}\mathrm{e}^{-\beta_{R'}(t-\tau)}R'^{2}\mathrm{d}\tau\leqslant \boldsymbol{\varepsilon}R'^{2}\frac{2}{\beta_{R'}}$$

因此,对于任意的 $t\in[0,+\infty)$,当 $\boldsymbol{\varepsilon}\to\boldsymbol{0}$ 时,$\boldsymbol{x}_{\varepsilon}(t)$ 一致收敛于 $\boldsymbol{x}(t)$.

注 3.5.2 若 $f(\boldsymbol{x})$ 或存在一个 $g_{i}(\boldsymbol{x})(i=1,2,\cdots,m)$ 是强制的,则 $W(\boldsymbol{x})$ 自然是强制的.

3.5.3.3 发展微分包含系统

定义 $\phi(\boldsymbol{x})=f(\boldsymbol{x})+\sigma P(\boldsymbol{x})$ 和 $\psi(\boldsymbol{x})=\frac{1}{2}\|\boldsymbol{x}-\boldsymbol{a}\|^2$，构造系统

$$\dot{x}(t)\in -x(t)+P_C[x(t)-\partial\phi(x(t))-\varepsilon(t)\partial\psi(x(t))] \tag{3.5.11}$$

那么式(3.5.11)强收敛于优化问题

$$\begin{aligned}&\min\quad f(\boldsymbol{x})\\&\text{s.t.}\quad g_i(\boldsymbol{x})\leqslant 0,\quad i=1,2,\cdots,m,\quad \boldsymbol{x}\in\boldsymbol{C}\end{aligned} \tag{3.5.12}$$

优化解集中离 $\boldsymbol{a}$ 距离最近的优化解. 特别地，若 $\boldsymbol{C}=\boldsymbol{H}$，则系统(3.5.11)的轨道强收敛于优化问题(3.5.3)的优化解集中离 $\boldsymbol{a}$ 最近的优化解.

3.5.4 特殊情形四

在 PDE 中的优化问题，目标函数多数为可微的[29,31,32,43].

记 $\boldsymbol{\Omega}$ 为 $\mathbb{R}^n$ 中具有光滑边界 $\boldsymbol{\Gamma}$ 的有界开集，$f\in\boldsymbol{L}^2(\boldsymbol{\Omega})$，$z(s)\in\boldsymbol{L}^2(\boldsymbol{\Omega})$，$\mu>0$ 且 $\beta>0$.

(1) 在 Obstacle 问题中，目标函数 $\phi(\boldsymbol{x})$ 定义如下

$$\phi(\boldsymbol{x})=\int_{\boldsymbol{\Omega}}\left(\frac{\mu}{2}\|\nabla x(s)\|^2-f(s)x(s)\right)\mathrm{d}s$$

其中，$\boldsymbol{H}=H_0^1(\boldsymbol{\Omega})$.

(2) 在 Bingham Flow 问题中，目标函数 $\phi(\boldsymbol{x})$ 定义如下

$$\phi(\boldsymbol{x})=\int_{\boldsymbol{\Omega}}\left(\frac{\mu}{2}\|\nabla x(s)\|^2-f(s)x(s)\right)\mathrm{d}s+\beta\int_{\boldsymbol{\Omega}}\|\nabla x(s)\|\mathrm{d}s$$

其中，$\boldsymbol{H}=H_0^1(\Omega)$.

(3) 在 Image Restoration 问题中，目标函数 $\phi(\boldsymbol{x})$ 定义如下

$$\begin{aligned}\phi(\boldsymbol{x})=&\int_{\boldsymbol{\Omega}}\frac{\mu}{2}(\|\nabla x(s)\|^2+|x(s)|^2)+\beta\|\nabla x(s)\|\mathrm{d}s+\\&\frac{1}{2}\int_{\boldsymbol{\Omega}}|x(s)-z(s)|^2\mathrm{d}s\end{aligned}$$

其中，$\boldsymbol{H}=H(\boldsymbol{\Omega})$.

(4) 在 Friction 问题中，目标函数 $\phi(\boldsymbol{x})$ 定义如下

$$\phi(\boldsymbol{x})=\int_{\boldsymbol{\Omega}}\frac{1}{2}(\|\nabla x(s)\|^2+|x(s)|^2)-f(s)x(s)\mathrm{d}s+\beta\int_{\boldsymbol{\Gamma}}|x(s)|\mathrm{d}s$$

其中，$\boldsymbol{H}=H^1(\boldsymbol{\Omega})$.

(5) 在 $\boldsymbol{L}^1$-Fitting 问题中，目标函数 $\phi(\boldsymbol{x})$ 定义如下

$$\phi(\boldsymbol{x})=\int_{\boldsymbol{\Omega}}|x(s)-z(s)|\mathrm{d}s+\frac{\mu}{2}\int_{\boldsymbol{\Omega}}\|\nabla x(s)\|^2\mathrm{d}s$$

其中，$\boldsymbol{H}=H_0^1(\Omega)z$ 表示噪音.

例 3.5.1

$$\min \quad \int_{\boldsymbol{\Omega}} |x(s)|^2 \mathrm{d}s + \int_{\boldsymbol{\Omega}} f(s)x(s)\mathrm{d}s + \alpha \int_{\boldsymbol{\Omega}} |\nabla x(s)| \mathrm{d}s + \beta \|\boldsymbol{x}\|^2$$

$$\text{s.t.} \quad \int_{\boldsymbol{\Omega}} |\nabla x(s)|^2 \mathrm{d}s + \int_{\boldsymbol{\Omega}} |x(s)| \mathrm{d}s \leqslant 1, \quad \|\boldsymbol{x}\|^2 \leqslant 1$$

$$\boldsymbol{C} = \{\boldsymbol{x} \in \boldsymbol{H} \mid \int_{\boldsymbol{\Omega}} x(s)\mathrm{d}s = 1, \int_{\boldsymbol{\Omega}} \nabla x(s)\mathrm{d}s = 1\} \tag{3.5.13}$$

其中 $\boldsymbol{\Omega}$ 是$\mathbb{R}^n$ 中具有光滑边界的有界开集，$f \in \boldsymbol{L}^2(\boldsymbol{\Omega};\mathbb{R})$ 且 $\alpha,\beta \geqslant 0$.

记 $\psi(\boldsymbol{x}) = \int_{\boldsymbol{\Omega}} |x(s)|^2 \mathrm{d}s + \int_{\boldsymbol{\Omega}} f(s)x(s)\mathrm{d}s + \alpha \int_{\boldsymbol{\Omega}} |\nabla x(s)| \mathrm{d}s + \beta \|\boldsymbol{x}\|^2$ 且 $\phi(\boldsymbol{x}) = \max\{\int_{\boldsymbol{\Omega}} |\nabla x(s)|^2 \mathrm{d}s + \int_{\Omega} |x(s)| \mathrm{d}s - 1, 0\} + \max\{\|\boldsymbol{x}\|^2 - 1, 0\}$.

显然，ψ 和 ϕ 都是凸函数，在 $\boldsymbol{C}$ 的任意有界集上 Lipschitz 且在 $\boldsymbol{H}$ 下有界.

根据定理 3.3.1，对于任意的初始点 $\boldsymbol{x}_0 \in \boldsymbol{C}$，系统(3.2.1) 存在唯一的全局解. 另外，由于 ψ 是强凸的，根据定理 3.4.2，以 $\boldsymbol{x}_0 \in \boldsymbol{C}$ 为初始点，系统(3.2.1) 的解轨线强收敛于此算例的唯一优化解.

3.6 实现方法

系统(3.2.1) 可通过如下离散方法实现

$$\boldsymbol{x}_{k+1} \in (1 - \triangle t_k)\boldsymbol{x}_k + \triangle t_k P_{\boldsymbol{C}}[\boldsymbol{x}_k - \partial\phi(\boldsymbol{x}_k) - \boldsymbol{\varepsilon}(\sum_{i=1}^{k} \triangle t_i)\partial\psi(\boldsymbol{x}_k)]$$
$$k = 0,1,2,\cdots \tag{3.6.1}$$

其中 $\triangle t_k > 0$ 是迭代步长. 而且，根据定理 3.3.1，系统(3.6.1) 可被改进如下

$$\boldsymbol{x}_{k+1} = \boldsymbol{x}_k - m(\triangle t_k \boldsymbol{x}_k - \triangle t_k P_{\boldsymbol{C}}[\boldsymbol{x}_k - \partial\phi(\boldsymbol{x}_k) - \boldsymbol{\varepsilon}(\sum_{i=1}^{k} \triangle t_i)\partial\psi(\boldsymbol{x}_k)])$$
$$k = 0,1,2,\cdots \tag{3.6.2}$$

目前，有许多构造离散算法实现 Hilbert 空间中微分方程的方法[1,3,11,23,30,48]. 通过选取适当的参数和实现方案，由微分方程所衍生出来的数值算法经常具备更好的性质.

参考文献

[1] ALBER Y I, IUSEM A N, SOLODOV M V. On the Projected Subgradi-

ent Method for Nonsmooth Convex Optimization in A Hilbert Ppace[J]. Math. Program, 1998 (81): 23-35.

[2] ALVAREZ F, CABOT A. Asymptotic Selection of Viscosity Equilibria of Semilinear Evolution Equations by The Introduction of A Slowly Vanishing Term[J]. Discret. Contin. Dyn. Syst, 2006 (15): 921-938.

[3]ALVAREZ F. Weak Convergence of A Relaxed and Inertial Hybrid Projection-Proximal Point Algorithm for Maximal Monotone Operators in Hilbert Space[J]. SIAM J. Optim, 2004 (14): 773-382.

[4] ANTIPIN A S. Minimization of Convex Functions on Convex Sets by Means of Differential Equations[J]. J. Differ. Equ, 1994 (30): 1365-1375.

[5]ANKHILI Z, MANSOURI A. An Exact Penalty on Bilevel Programs with Linear Vector Optimization Lower Level[J]. Eur. J. Oper. Rre, 2009 (197): 36-41.

[6]ATTOUCH H, COMINETTI R. A Dynamical Approach to Convex Minimization Coupling Approximation with The Steepest Descent Method [J]. J. Differ. Equ, 1996 (128): 519-540.

[7]ATTOUCH H, CZARNECKI M O. Asymptotic Behavior of Coupled Dynamical Systems with Multiscale Aspects[J]. J. Differ. Equ, 2010 (248): 1315-1344.

[8] ZHANG C, CHEN X J. Smoothing Projected Gradient Method and Its Application to Stochastic Linear Complementarity Problems[J]. SIAM J. Optim, 2009 (20): 627-649.

[9] ATTOUCH H. Viscosity Solutions of Minimization Problems[J]. SIAM J. Optim, 1996 (6): 769-806.

[10] AUBIN J P, CELLINA A. Differential Inclusion: Set-Valued Maps and Viability Theory[M]. Berlin:Springer-Verlag, 1984.

[11] AUSLENDER A, TEBOULLE M. Interior Projection-like Methods for Monotone Variational Inequalities[J]. Math. Program, 2005 (104): 39-68.

[12] BARTY K, ROY J S. Hilbert-valued Perturbed Subgradient Algorithms[J]. Math. Oper. Res, 2007 (32): 551-562.

[13] BIAN W, XUE X P. Subgradient-based Neural Networks for Nonsmooth Nonconvex Optimization Problems[J]. IEEE Trans. Neural Netw, 2009(20): 1024-1038.

[14] BOCHEV P B, RIDZAL D. An Optimization-based Approach for The Design of PDE Solution Algorithms[J]. SIAM J. Numer. Anal. , 2009 (47): 3938-3955.

[15] BOLTE J. Continuous Gradient Projection Method in Hilbert Spaces [J]. J. Optim. Theory Appl, 2003 (119): 235-259.

[16] BRÉZIS H. Opérateurs Maximaux Monotones Dans Les Espaces de Hilbert et Equations d'éVolution[M]. North Holland ; Lecture Notes 5, 1972.

[17] BROWDER F E. Nonlinear Operators and Nonlinear Equations of Evolution in Banach Spaces[M]. Rhode Island: American Mathematical Society, 1976.

[18] CABOT A. The Steepest Descent Dynamical System with Control. Applications to Constrained Minimization [J]. ESAIM-Control Optim. Calc. Var, 2004 (10): 243-258.

[19] CABOT A. Inertial Gradient-Like Dynamical System Controlled by A Stabilizing Term[J]. J. Optim. Theory Appl, 2004 (120): 275-303.

[20] COLLI P, VISINTIN A. On A Class of Doubly Nonlinear Evolution Problems[J]. Commun. Partial Differ. Equ, 1990 (15): 737-756.

[21] COMINETTI R, PEYOUQUET J, SORIN S. Strong Asymptotic Convergence of Evolution Equations Governed By Maximal Monotone Operators with Tikhonov Regularization[J]. J. Differ. Equ, 2008 (245): 3753-3763.

[22] DIESTEL J. Remarks on Weak Compactness in $L_1(\mu, X)$[J]. Glasgow Math. J, 1977 (18): 87-91.

[23] DONCHEV T, FARKHI E, MORDUKHOVICH B S. Discrete Approximations, Relaxation, and Optimization of One-sided Lipschitzian Differential Inclusions in Hilbert Spaces [J]. J. Differ. Equ, 2007 (243): 301-328.

[24] DUNN J C. On State Constraint Representations and Mesh-dependent Gradient Projection Convergence Rates for Optimal Control Problems [J]. SIAM J. Control Optm, 2000 (39): 1082-1111.

[25] EKELAND I, TEMAM R. Convex Analysis and Variational Problems [M]. Philadelphia: SIAM, 1999.

[26] FILIPPOV A F. Differential Equations with Discontinuous Right-hand Side[M]. Boston: Kluwer Academic, 1988.

[27] FLETCHER R. An Exact Penalty Function for Nonlinear Programming with Inequalities[J]. Math. Program, 1973 (5): 129-150.

[28] GILBARG D, NDINGER N S. Elliptic Partial Differential Equations of Second Order[M]. New York :Springer-Verlag, 1983.

[29] GLOWINSKI R. Numerical Methods for Nonlinear Variational Problems[M]. Berlin :Springer, 1984.

[30] HINTERMULLER M, KOPACKA I. Mathematical Programs with Complementarity Constraints in Functional Space: C-and Strong Stationarity and a Path-following Algorithm[J]. SIAM J. Optim, 2009 (20): 868-902.

[31] ITO K, KUNISCH K. Augmented Lagrangian-SQP-methods in Hilbert Spaces and Application to Control in the Coefficient Problems[J]. SIAM J. Control Optim, 1996(6): 96-125.

[32] ITO K, KUNISCH K. Augmented Lagrangian Methods for Nonsmooth, Convex Optimization in Hilbert Spaces[J]. Nonlinear Anal.-Real World Appl, 2000 (41): 591-616.

[33] KRAVVARITIS D, PAPAGEORGIOU N S. Multivalued Perturbations of Subdifferential Type Evolution Equations in Hilbert Spaces[J]. J. Differ. Equ, 1988 (76): 238-255.

[34] LIU G S, YE J, ZHU J P. Partial Exact Penalty for Mthematical Programs with Equilibrium Constraints[J]. Set-Valued Anal, 2008 (16): 785-804.

[35] LUCIDI S, RINALDI F. Exact Penalty Functions for Nonlinear Integer Programming Problems[J]. J. Optim. Theory Appl, 2010 (145): 479-488.

[36] MORDUKHOVICH B S. Variational Analysis and Generalized Differentiation II[M]. New York :Springer-Verlag, 2006.

[37] MORDUKHOVICH B S. Variational Analysis of Evolution Inclusion [J]. SIAM J. Optim., 2007 (18): 752-777.

[38] PAPAGEORGIOU N S. On the Solution Set of Nonconvex Subdifferential Evolution Inclusions[J]. Czech. Math. J., 1994 (44): 481-500.

[39] OPTIAL Z. Weak Convergence of The Sequence of Successive Approximations for Nonexpensive Mappings [J]. Bulletin of the American Mathematical Society, 1967 (73): 591-597.

[40] PAPAGEORGIOU N S. On The Solution Set of Nonconvex Subdiffer-

ential Evolution Inclusions[J]. Czech. Math. J, 1994 (44): 481-500.

[41] PAPAGEORGIOU N S. On Parametric Evolution Inclusions of The Subdifferential Type with Applications to Optimal Control Problems [J]. Trans. Am. Math. Soc, 1995 (347): 203-231.

[42] REES T, DOLLAR H S, WATHEN A J. Optimal Solvers for PDE-constrained Optimization[J]. SIAM J. Sci. Comput, 2010 (32): 271-298.

[43] RUDIN L I, OSHER S, FATERMI E. Nonlinear Total Variation Based Noise Removal Algorithms[J]. Physica D, 1992 (60): 259-268.

[44] QIN S T , XUE X P. Evolution Inclusions with Clarke Subdifferential Type in Hilbert Space[J]. Math. Comput. Model, 2010 (51): 550-561.

[45] REICH S. Nonlinear Evolution Equations and Nonlinear Ergodic Theorems[J]. Nonlinear Anal, 9761(1): 319-330.

[46] TOLSTONGOV A. Differential Inclusions in A Banach Space[M]. Boston Kluwer: Academic, 1988.

[47] ULBRICH M, BLBRICH S. Primal-dual Interior Point Methods for PDE-constrained Optimization[J]. Math. Program, 2009 (117): 435-485.

非光滑神经网络的动力学行为

第4章

以往，人们在研究神经网络的时候总是假定激励函数满足 Lipschitz 连续或者光滑等较保守的条件，而这些条件往往与网络描述的真实系统具备的条件不相符. 事实上，在神经网络产生的初期，人们就已经发现不连续系统频繁的出现在各种情况中. 例如，在具有分层反应神经元的 Hopfield 神经网络中就有一条假设：在激励函数的不连续点处，应该用一个在该点导数尽可能大的函数逼近激励函数(见文献[1]). 在本章，我们将重点阐述带有不连续激励函数的神经网络的动力学性质，如全局解的存在稳定性，周期解的存在稳定性等，其主要结论来自文献[5,6,13,24,31].

4.1 非光滑 Hopfield 神经网络的稳定性

非光滑 Hopfield 神经网络(即带有不连续激励函数的 Hopfield 神经网络)可以归结为

$$\dot{\boldsymbol{x}} = f(\boldsymbol{x}) = -\boldsymbol{B}\boldsymbol{x} + \boldsymbol{T}g(\boldsymbol{x}) + \boldsymbol{I} \tag{4.1.1}$$

其中，$x(t) = (x_1(t), x_2(t), \cdots, x_n(t))^{\mathrm{T}} \in \mathbb{R}^n$ 是神经网络在 t 时刻的神经元状态向量；$\boldsymbol{B} = \operatorname{diag}\{d_1, d_2, \cdots, d_n\}$ 是一个正定对角矩阵，d_i 表示第 i 个神经元的自抑制；$\boldsymbol{T} = (a_{ij})_{n\times n}$ 是连接矩阵，表示神经元之间的内连接. $g(\boldsymbol{x}) = (g_1(\boldsymbol{x}_1), g_2(\boldsymbol{x}_2), \cdots, g_n(\boldsymbol{x}_n))^{\mathrm{T}} : \mathbb{R}^n \to \mathbb{R}^n$ 表示神经元激励函数，$\boldsymbol{I} \in \mathbb{R}^n$ 表示神经网络的外部输入向量.

由于激励函数 $g(\boldsymbol{x})$ 不连续，因此普通意义的常微分方程解的定义已经不能严格用于神经网络(4.1.1)中. 鉴于此，意大利学者 Forti 等人在文献[5]将 Filippov 有关右边不连续微分方程解的定义(见文献[2])运用到了神经网络(4.1.1)中：

定义 4.1.1 定义集值映射 ϕ 为

$$\phi(\boldsymbol{x})=\bigcap_{\varepsilon>0}\bigcap_{\mu(\boldsymbol{N})=0}\overline{\text{conv}}\{f(B(\boldsymbol{x},\varepsilon))\backslash \boldsymbol{N}\} \tag{4.1.2}$$

这里 $\boldsymbol{N}\subseteq\mathbb{R}^n$，$\mu(\boldsymbol{N})$ 是指 $\boldsymbol{N}$ 的 Lebesgue 测度，$\overline{\text{conv}}$ 表示集合的闭凸包. 绝对连续函数 $x(t)$ 称为是神经网络(4.1.1)过初始点 $x(0)=\boldsymbol{x}_0$ 的解，如果对于几乎所有的 $t\in[0,T]$ 都有 $\dot{x}(t)\in\varphi(\boldsymbol{x}(t))$. □

如果对于每一个 $i\in\{1,\cdots,n\}$，$g_i:\mathbb{R}\to\mathbb{R}$ 都是一个非减分段连续函数，那么

$$\phi(\boldsymbol{x})=\bigcap_{\varepsilon>0}\bigcap_{\mu(\boldsymbol{N})=0}\overline{\text{conv}}\{f(\boldsymbol{B}(\boldsymbol{x},\boldsymbol{\varepsilon}))\backslash \boldsymbol{N}\}=\boldsymbol{B}\boldsymbol{x}+\boldsymbol{T}K[g(\boldsymbol{x})]+\boldsymbol{I} \tag{4.1.3}$$

其中 $K[g(\boldsymbol{x})]=(K[g_1(\boldsymbol{x}_1)],K[g_2(\boldsymbol{x}_2)],\cdots,K[g_n(\boldsymbol{x}_n)])^{\mathrm{T}}:\ \mathbb{R}^n\to\mathbb{R}^n$，$K[g_i(\boldsymbol{x}_i)]=[g_i(\boldsymbol{x}_i^-),g_i(\boldsymbol{x}_i^+)]$，$i=1,2,\cdots n$. 根据可测选择定理(见文献[3])，$x(t)$ 是神经网络(4.1.1)的解当且仅当存在可测函数 $\gamma=(\gamma_1,\gamma_2,\cdots,\gamma_n)^{\mathrm{T}}:[0,T]\to\mathbb{R}^n$ 使得对于几乎处处 $t\in[0,T]$ 都有 $\gamma(t)\in K[g(\boldsymbol{x}(t))]$ 和

$$\dot{x}(t)=-\boldsymbol{B}x(t)+\boldsymbol{T}\gamma(t)+\boldsymbol{I} \tag{4.1.4}$$

由此不难发现，微分包含的 Filippov 意义下解可以说是微分方程解定义的直接推广.

定义 4.1.2 称激励函数 $g\in G_D$，如果对于每一个 $i\in\{1,\cdots,n\}$，$g_i:\mathbb{R}\to\mathbb{R}$ 都是一个非减、分段连续、有界函数. 这里的分段连续函数是指该函数在 $\mathbb{R}$ 上至多有可数个第一类间断点，而且在 $\mathbb{R}$ 的任意有界闭区间上至多存在有限个间断点.

定理 4.1.1 设 $g\in G_D$，则过任意初始点 $\boldsymbol{x}_0\in\mathbb{R}^n$，神经网络(4.1.1)至少存在一个全局解 $\boldsymbol{x}(t)$，而且这个解是有界的.

证 根据参考文献[2]中第77页定理1可知，过任意初始点 $\boldsymbol{x}_0\in\mathbb{R}^n$，神经网络(4.1.1)至少存在一个局部解 $x(t)$，$x(0)=\boldsymbol{x}_0$. 由于激励函数 $g\in G_D$，$K[g(\boldsymbol{x})]$ 在 $\mathbb{R}^n$ 上也是有界的. 记 $d_{\min}=\min d_i$，于是，必存在充分大的正常数 $\tilde{R}>0$，使得对于任意的 $|\boldsymbol{x}(t)|>\tilde{R}$ 必有

$$\begin{aligned}\frac{\mathrm{d}}{\mathrm{d}t}|x(t)|^2&=2\langle x(t),\dot{x}(t)\rangle=2\langle x(t),-\boldsymbol{B}x(t)+\boldsymbol{T\gamma}(t)+\boldsymbol{I}\rangle\\&=-2\langle x(t),\boldsymbol{B}x(t)\rangle+2\langle x(t),\boldsymbol{T\gamma}(t)+\boldsymbol{I}\rangle\\&\leqslant-2d_{\min}|x(t)|^2+2M|x(t)|\leqslant0\end{aligned}$$

所以，当 $|\boldsymbol{x}_0|>\tilde{R}$ 时，神经网络(4.1.1)的解 $x(t)$ 必在有限时间内到达 $B(0,\tilde{R})$，故这个解是有界的. □

定义 4.1.3 称 $\boldsymbol{e}\in\mathbb{R}^n$ 为神经网络(4.1.1)的平衡点,如果

$$\mathbf{0}\in-\boldsymbol{B}\boldsymbol{e}+\boldsymbol{T}K[g(\boldsymbol{e})]+\boldsymbol{I} \tag{4.1.5}$$

即存在 $\eta\in K[g(\boldsymbol{e})]$,满足 $0=-\boldsymbol{B}\boldsymbol{e}+\boldsymbol{T}\eta+\boldsymbol{I}$. 此时,称 $\boldsymbol{\eta}$ 为神经网络(4.1.1)关于平衡点 e 的输出平衡点.

定义 4.1.4 称神经网络(4.1.1)的平衡点 $\boldsymbol{e}$ 是全局吸引的,如果从任意初始点 $\boldsymbol{x}_0\in\mathbb{R}^n$ 出发的解 $\boldsymbol{x}(t)$ 都满足 $\lim\limits_{t\to+\infty}x(t)=\boldsymbol{e}$. 称神经网络(4.1.1)是有限时间收敛的,如果对于任意 $\boldsymbol{x}_0\in\mathbb{R}^n$,必存在 $\bar{t}>0$,使得神经网络(4.1.1)过 $\boldsymbol{x}_0$ 的解 $x(t)$ 满足

$$\boldsymbol{x}(t)=\boldsymbol{e},\quad \forall\, t\geqslant\bar{t} \tag{4.1.6}$$

命题 4.1.1 设 $g\in G_D$,则神经网络(4.1.1)至少存在一个平衡点 $\boldsymbol{e}$ 和相应的输出平衡点 $\boldsymbol{\eta}$.

证 要证神经网络(4.1.1)存在平衡点,仅需证明下列集值映射存在不动点

$$\Phi(\boldsymbol{x})=\boldsymbol{B}^{-1}(\boldsymbol{T}K[g(\boldsymbol{x})]+\boldsymbol{I}):\mathbb{R}^n\to\mathbb{R}^n \tag{4.1.7}$$

首先,$\Phi(\boldsymbol{x})$ 是带有非空紧凸值的上半连续集值映射. 另外,由 g 的有界性可知,必存在 $R>0$,使得 $\Phi(\boldsymbol{x}):\mathbb{R}^n\to B(0,R)$. 特别地,$\Phi(\boldsymbol{x}):B(0,R)\to B(0,R)$. 所以,由 Kakutani 不动点定理可知,$\Phi(\boldsymbol{x})$ 必存在不动点 $\boldsymbol{e}\in B(0,R)$. 由输出平衡点的定义显然可知其存在性. □

下面介绍神经网络(4.1.1)的平衡点的唯一性. 称矩阵 $\boldsymbol{A}\in\mathbb{R}^{n\times n}$ 属于 $\boldsymbol{P}$ 类,记为 $\boldsymbol{A}\in\boldsymbol{P}$,如果矩阵 $\boldsymbol{A}$ 的所有主子式都大于零.

定理 4.1.2 假设 $-\boldsymbol{T}\in\boldsymbol{P}$. 则对于任意的激励函数 $g\in G_D$,任意的正定对角矩阵 $\boldsymbol{B}$ 和任意的输入向量 $\boldsymbol{I}\in\mathbb{R}^n$,神经网络(4.1.1)存在唯一的平衡点 e 和唯一的输出平衡点 $\boldsymbol{\eta}$.

证 如果神经网络(4.1.1)的输出平衡点 $\boldsymbol{\eta}$ 唯一存在,则向量 $\boldsymbol{e}=\boldsymbol{B}^{-1}(\boldsymbol{T}\boldsymbol{\eta}+\boldsymbol{I})$ 显然就是神经网络(4.1.1)的平衡点. 所以仅需证明神经网络(4.1.1)存在唯一输出平衡点 $\boldsymbol{\eta}$. 假设神经网络(4.1.1)存在两个不同的输出平衡点 $\boldsymbol{\eta}^1$ 和 $\boldsymbol{\eta}^2$. 则由定义 4.1.3,存在两个平衡点 $\boldsymbol{e}^1$ 和 $\boldsymbol{e}^2$ 使得 $\boldsymbol{\eta}^1\in K[g(\boldsymbol{e}^1)]$,$\boldsymbol{\eta}^2\in K[g(\boldsymbol{e}^2)]$,而且

$$\mathbf{0}=-\boldsymbol{B}\boldsymbol{e}^1+\boldsymbol{T}\boldsymbol{\eta}^1+\boldsymbol{I},\quad 0=-\boldsymbol{B}\boldsymbol{e}^2+\boldsymbol{T}\boldsymbol{\eta}^2+\boldsymbol{I}$$

因此

$$\boldsymbol{B}(\boldsymbol{e}^1-\boldsymbol{e}^2)-\boldsymbol{T}(\boldsymbol{\eta}^1-\boldsymbol{\eta}^2)=0 \tag{4.1.8}$$

不失一般性,我们不妨假设当 $i=1,2,\cdots,m$ 时 $\boldsymbol{\eta}_i^1\neq\boldsymbol{\eta}_i^2$,当 $i=m+1,\cdots,n$ 时 $\boldsymbol{\eta}_i^1=\boldsymbol{\eta}_i^2$.

下面引入新的向量,具体如下

$$\boldsymbol{\eta}^{ja}=(\eta_1{}^j,\cdots,\eta_m{}^j)^{\mathrm{T}}\in\mathbb{R}^m,\quad \boldsymbol{\eta}^{jb}=(\eta_{m+1}{}^1,\cdots,\eta_{j=n}{}^j)^{\mathrm{T}}\in\mathbb{R}^{n-m},j=1,2$$

$$e^{ja}=(e_1{}^j,\cdots,e_m{}^j)^{\mathrm T}\in\mathbb{R}^m,\quad e^{jb}=(e_{m+1}{}^1,\cdots,e_{j=n}{}^j)^{\mathrm T}\in\mathbb{R}^{n-m},j=1,2$$

定义分块矩阵$\boldsymbol{B}^{aa}=\mathrm{diag}(b_1,\cdots,b_m)$,$\boldsymbol{B}^{bb}=\mathrm{diag}(b_{m+1},\cdots,b_n)$. 利用同样的分块方式可以将 $\boldsymbol{T}$ 分成四个小的矩阵:$\boldsymbol{T}^{aa}\in\mathbb{R}^{m\times m}$,$\boldsymbol{T}^{ab}\in\mathbb{R}^{m\times(n-m)}$,$\boldsymbol{T}^{ba}\in\mathbb{R}^{(n-m)\times m}$,$\boldsymbol{T}^{bb}\in\mathbb{R}^{(n-m)\times(n-m)}$. 根据上面的分块方法,等式(4.1.8)可以写成

$$\begin{cases}\boldsymbol{B}^{aa}(\boldsymbol{e}^{1a}-\boldsymbol{e}^{2a})-\boldsymbol{T}^{aa}(\boldsymbol{\eta}^{1a}-\boldsymbol{\eta}^{2a})=0\\\boldsymbol{B}^{bb}(\boldsymbol{e}^{1b}-\boldsymbol{e}^{2b})-\boldsymbol{T}^{bb}(\boldsymbol{\eta}^{1b}-\boldsymbol{\eta}^{2b})=0\end{cases}\tag{4.1.9}$$

显然,由前面的假设,当 $i=1,2,\cdots,m$ 时 $\boldsymbol{\eta}_i{}^{1a}\neq\boldsymbol{\eta}_i{}^{2a}$. 又因为 g_i 为单调递增函数,所以 $\boldsymbol{H}_i=(\boldsymbol{e}_i{}^{1a}-\boldsymbol{e}_i{}^{2a})/(\boldsymbol{\eta}_i{}^{1a}-\boldsymbol{\eta}_i{}^{2a})\geqslant 0$. 故由式(4.1.9)可得

$$(\boldsymbol{B}^{aa}\boldsymbol{H}^{aa}-\boldsymbol{T}^{aa})(\boldsymbol{\eta}^{1a}-\boldsymbol{\eta}^{2a})=0\tag{4.1.10}$$

其中,$\boldsymbol{H}^{aa}=\mathrm{diag}(H_1,\cdots,H_m)$. 但是,因为 $-\boldsymbol{T}\in\boldsymbol{P}$,$\boldsymbol{B}^{aa}\boldsymbol{H}^{aa}$ 是正定对角矩阵,所以 $\boldsymbol{B}^{aa}\boldsymbol{H}^{aa}+\boldsymbol{T}^{aa}\in\boldsymbol{P}$. 特别地,$\det(\boldsymbol{B}^{aa}\boldsymbol{H}^{aa}+\boldsymbol{T}^{aa})\neq 0$. 于是,由式(4.1.10)可知 $\boldsymbol{\eta}^{1a}=\boldsymbol{\eta}^{2a}$. 这显然与前面的定义矛盾. □

下面介绍神经网络(4.1.1)的全局渐近稳定性. 设 $\boldsymbol{A}\in\mathbb{R}^{n\times n}$,我们称矩阵 $\boldsymbol{A}\in LDS$,如果存在一个正定对角矩阵 $\boldsymbol{\alpha}\in\mathbb{R}^{n\times n}$,使得 $\boldsymbol{\alpha A}$ 的对称部分$[\boldsymbol{\alpha A}]^S=\frac{1}{2}(\boldsymbol{\alpha A}+\boldsymbol{A}^{\mathrm T}\boldsymbol{\alpha})$ 是正定的.

定理 4.1.3 假设矩阵 $-\boldsymbol{T}\in LDS$,则对于任意的激励函数 $g\in G_D$,正定对角矩阵 $\boldsymbol{B}$ 和输入向量 $\boldsymbol{I}\in\mathbb{R}^n$,神经网络(4.1.1)存在唯一的平衡点 $\boldsymbol{e}$,而且平衡点 $\boldsymbol{e}$ 是全局吸引的.

证 $-\boldsymbol{T}\in LDS$ 意味着 $-\boldsymbol{T}\in\boldsymbol{P}$. 故由定理 4.1.2 可知,神经网络(4.1.1)存在唯一的平衡点 $\boldsymbol{e}$ 和唯一的输出平衡点 $\boldsymbol{\eta}$,即 $\boldsymbol{\eta}\in K[g(\boldsymbol{e})]$,$\boldsymbol{0}=-\boldsymbol{Be}+\boldsymbol{T\eta}+\boldsymbol{I}$. 为了方便下面的证明,我们将平衡点 $\boldsymbol{e}$ 平移到零点,即作变换:$\boldsymbol{z}=\boldsymbol{x}-\boldsymbol{e}$. 于是

$$\dot{\boldsymbol{z}}\in-\boldsymbol{Bz}+\boldsymbol{T}K[g(\boldsymbol{z}+\boldsymbol{e})]+\boldsymbol{Be}+\boldsymbol{I}=-\boldsymbol{Bz}+\boldsymbol{T}K[g(\boldsymbol{z}+\boldsymbol{e})]-\boldsymbol{T\eta}$$

令 $G(\boldsymbol{z})=g(\boldsymbol{z}+\boldsymbol{e})-\eta$,则神经网络(4.1.1)转化为

$$\dot{\boldsymbol{z}}\in-\boldsymbol{Bz}+\boldsymbol{TK}[G(\boldsymbol{z})]\tag{4.1.11}$$

因为 $g\in G_D$,所以易证 $G(\boldsymbol{z})$ 具有以下性质:

(1)$G\in G_D$;

(2)$0\in\boldsymbol{K}[G(0)]$;

(3)设 $\boldsymbol{\Gamma}$ 为任意的正定对角矩阵,则 $\boldsymbol{z}^{\mathrm T}\boldsymbol{\Gamma}\tilde{\boldsymbol{\gamma}}\geqslant 0$,$\forall\tilde{\boldsymbol{\gamma}}\in K[G(\boldsymbol{z})]$.

显然,神经网络(4.1.11)存在唯一的平衡点 $\tilde{\boldsymbol{e}}=\boldsymbol{0}$ 和唯一的输出平衡点 $\tilde{\boldsymbol{\eta}}=0$. 设 $z(t)$ 是神经网络(4.1.11)定义在区间$[t_0,t_1]$的解,由定义 4.1.1,存在有界可测函数 $\boldsymbol{\gamma}(t):[t_0,t_1]\to\mathbb{R}^n$ 使得对于几乎处处 $t\in[t_0,t_1]$ 都有

$$\tilde{\gamma}(t)\in K[G(z(t))]\text{ 和 }\dot{z}(t)=-\boldsymbol{B}z(t)+\boldsymbol{T}\tilde{\gamma}(t)\tag{4.1.12}$$

由已知条件 $-\boldsymbol{T}\in LDS$,存在正定对角矩阵 $\boldsymbol{\alpha}=\mathrm{diag}(\alpha_1,\cdots,\alpha_n)\in\mathbb{R}^{n\times n}$,使得$[\boldsymbol{\alpha}(-\boldsymbol{T})]^S$ 是正定的. 构造 Lyapunov 函数如下

$$V(\boldsymbol{z}) = \boldsymbol{z}^{\mathrm{T}} \boldsymbol{B}^{-1} \boldsymbol{z} + 2c \sum_{i=1}^{n} \alpha_i \int_0^{z_i} G_i(\rho) \mathrm{d}\rho \tag{4.1.13}$$

其中

$$c > \frac{1}{2\lambda_m} \| \boldsymbol{B}^{-1} \boldsymbol{T} \|_2^2, \quad \lambda_m = \Lambda_m \{ [\alpha(-\boldsymbol{T})]^S \} > 0 \tag{4.1.14}$$

由上式可知

$$\lambda = \Lambda_m \{ 2c [\alpha(-\boldsymbol{T})]^S - (\boldsymbol{B}^{-1}\boldsymbol{T})^{\mathrm{T}} \boldsymbol{B}^{-1} \boldsymbol{T} \} > 0 \tag{4.1.15}$$

显然，Lyapunov 函数 $V(\boldsymbol{z})$ 是正定的，即 $V(0)=0, V(z)>0$，若 $z \neq 0$. 下面我们将证明 $\dot{V}(z(t)) \leqslant 0$. 首先，$\partial V(\boldsymbol{z}) = 2\boldsymbol{B}^{-1}\boldsymbol{z} + 2c\alpha \boldsymbol{K}[G(\boldsymbol{z})]$. 于是，根据链式法则（见文献[2]），有

$$\dot{V}(z(t)) = \boldsymbol{\xi}^{\mathrm{T}}(t) \dot{z}(t), \quad \forall \boldsymbol{\xi}(t) \in \partial V(z(t)) \tag{4.1.16}$$

特别地，我们选取 $\boldsymbol{\xi}(t) = 2B^{-1}z(t) + 2c\alpha\tilde{\gamma}(t) \in \partial V(z(t))$，其中 $\tilde{\gamma}$ 来自式(4.1.12). 于是

$$\dot{V}(z(t)) = [2\boldsymbol{B}^{-1}z(t) + 2c\alpha\tilde{\gamma}(t)]^{\mathrm{T}} [-Bz(t) + T\tilde{\gamma}(t)]$$

因此

$$\begin{aligned}
\dot{V}(z(t)) &= -2\boldsymbol{z}^{\mathrm{T}}(t)\boldsymbol{z}(t) + 2\boldsymbol{z}^{\mathrm{T}}(t)[\boldsymbol{B}^{-1}\boldsymbol{T} - c\alpha\boldsymbol{B}]\tilde{\gamma}(t) - \\
&\quad 2\boldsymbol{c}\tilde{\boldsymbol{\gamma}}^{\mathrm{T}}(t)[\alpha(-\boldsymbol{T})]\boldsymbol{S}\tilde{\gamma}(t) \\
&= -2\boldsymbol{z}^{\mathrm{T}}(t)\boldsymbol{z}(t) + 2\boldsymbol{z}^{\mathrm{T}}(t)\boldsymbol{B}^{-1}\boldsymbol{T}\tilde{\gamma}(t) - 2c\tilde{\boldsymbol{\gamma}}^{\mathrm{T}}(t)[\alpha(-\boldsymbol{T})]^S\tilde{\gamma}(t) - \\
&\quad 2\boldsymbol{cz}^{\mathrm{T}}(t)\alpha\boldsymbol{B}\tilde{\gamma}(t) \\
&= -2\boldsymbol{z}^{\mathrm{T}}(t)\boldsymbol{z}(t) + 2\boldsymbol{z}^{\mathrm{T}}(t)\boldsymbol{B}^{-1}\boldsymbol{T}\tilde{\gamma}(t) - \tilde{\gamma}^{\mathrm{T}}(t)[(\boldsymbol{B}^{-1}T)^{\mathrm{T}}\boldsymbol{B}^{-1}T]\tilde{\gamma}(t) - \\
&\quad \tilde{\boldsymbol{\gamma}}^{\mathrm{T}}(t)\{2c[\alpha(-\boldsymbol{T})]^S - (\boldsymbol{B}^{-1}\boldsymbol{T})^{\mathrm{T}}\boldsymbol{B}^{-1}\boldsymbol{T}\}\tilde{\gamma}(t) - 2cz^{\mathrm{T}}(t)\alpha B\tilde{\gamma}(t) \\
&= -| z(t) |^2 - | z(t) + \boldsymbol{B}^{-1}\boldsymbol{T}\tilde{\gamma}(t) |^2 - \\
&\quad \tilde{\boldsymbol{\gamma}}^{\mathrm{T}}(t)\{2c[\alpha(-\boldsymbol{T})]^S - (\boldsymbol{B}^{-1}\boldsymbol{T})^{\mathrm{T}}\boldsymbol{B}^{-1}\boldsymbol{T}\}\tilde{\gamma}(t) - 2cz^{\mathrm{T}}(t)\alpha B\tilde{\gamma}(t) \\
&\leqslant -| z(t) |^2 - | z(t) + B^{-1}T\tilde{\gamma}(t) |^2 - \lambda | \tilde{\gamma}(t) |^2 \\
&= -| z(t) |^2 - | B^{-1}\dot{z}(t) |^2 - \lambda | \tilde{\gamma}(t) |^2 \leqslant 0
\end{aligned}$$

综上所述，根据 Lyapunov 稳定性定理可知，神经网络(4.1.11)的平衡点是全局吸引的，即全局渐近稳定的. □

4.2 非光滑 Cohen-Grossberg 型神经网络的稳定性

本节主要介绍非光滑 Cohen-Grossberg 型神经网络的指数稳定性与有限时间收敛. 非光滑 Cohen-Grossberg 型神经网络可以归结为

$$\frac{\mathrm{d}\boldsymbol{x}}{\mathrm{d}t} = A(\boldsymbol{x})[-d(\boldsymbol{x}) + \boldsymbol{T}g(\boldsymbol{x}) + \boldsymbol{J}] \tag{4.2.1}$$

其中 $\boldsymbol{x}=(\boldsymbol{x}_1,\boldsymbol{x}_2,\cdots,\boldsymbol{x}_n)^{\mathrm{T}}\in\mathbb{R}^n$ 是神经网络的状态变量,$A(\boldsymbol{x})=\operatorname{diag}\{a_1(\boldsymbol{x}_1),\cdots,a_n(\boldsymbol{x}_n)\}^{\mathrm{T}}$,$a_i(\boldsymbol{x}_i)$ 表示第 i 个神经元的权重函数;$d(\boldsymbol{x})=\operatorname{diag}\{d_1(\boldsymbol{x}_1),\cdots,d_n(\boldsymbol{x}_n)\}^{\mathrm{T}}$,$d_i(\boldsymbol{x}_i)$ 表示第 i 个神经元的自抑制;$\boldsymbol{T}=(\boldsymbol{t}_{ij})\in\mathbb{R}^{n\times n}$ 表示连接矩阵;$\boldsymbol{J}=(J_1,J_2,\cdots,J_n)^{\mathrm{T}}\in\mathbb{R}^n$ 为外部输入向量;$g(\boldsymbol{x})=(g_1(\boldsymbol{x}_1),g_2(\boldsymbol{x}_2),\cdots,g_n(\boldsymbol{x}_n))^{\mathrm{T}}:\mathbb{R}^n\to\mathbb{R}^n$ 表示神经元激励函数.

我们首先对神经网络(4.2.1)的系数矩阵引入假设:

定义 4.2.1 设 $A(\boldsymbol{x})=\operatorname{diag}\{a_1(\boldsymbol{x}_1),\cdots,a_n(\boldsymbol{x}_n)\}^{\mathrm{T}}$.

(1) 我们称 $A(\boldsymbol{x})\in\overline{A}$,如果对于任意的 $i\in\{1,\cdots,n\}$,$a_i(s)>0$ 是连续函数,而且满足

$$\int_0^{+\infty}\frac{s\mathrm{d}s}{a_i(s)}=\int_0^{-\infty}\frac{s\mathrm{d}s}{a_i(s)}=+\infty$$

(2) 我们称 $A(\boldsymbol{x})\in\overline{A}_1$,如果 $A(\boldsymbol{x})\in\overline{A}$,而且对于任意的 $i=1,\cdots,n$,存在 $\underline{\alpha}>0$,使得对于任意的 $s\in\mathbb{R}$ 都有 $a_i(s)>\underline{\alpha}$.

定义 4.2.2 设 $\boldsymbol{D}=\operatorname{diag}\{D_1,\cdots,D_n\}^{\mathrm{T}}$ 为正定对角矩阵,称 $d(\boldsymbol{x})=\operatorname{diag}\{d_1(\boldsymbol{x}_1),\cdots,d_n(\boldsymbol{x}_n)\}^{\mathrm{T}}\in\overline{\boldsymbol{D}}$,如果 d_i 连续,而且满足下列条件

$$\frac{d_i(\boldsymbol{\xi})-d_i(\boldsymbol{\zeta})}{\boldsymbol{\xi}-\boldsymbol{\zeta}}\geqslant D_i$$

其中 $\boldsymbol{\xi},\boldsymbol{\zeta}\in\mathbb{R}$,$\boldsymbol{\xi}\neq\boldsymbol{\zeta}$.

定义 4.2.3 称激励函数 $g\in\Xi$,如果对于每一个 $i\in\{1,\cdots,n\}$,$g_i:\mathbb{R}\to\mathbb{R}$ 都是一个非减分段连续函数.这里的分段连续函数是指该函数在 $\mathbb{R}$ 上至多有可数个第一类间断点,而且在 $\mathbb{R}$ 的任意有界闭区间上至多存在有限个间断点.

经过适当的变量替换,我们可以作以下假设:

假设 4.2.1

(1) $d_i(0)=0$;

(2) $0\in K[g_i(0)]$;

(3) $g_i(\cdot)$ 为非奇异函数,即对任意的 $s_1>0$,$s_2<0$ 都有 $g_i(s_1)>0$,$g_i(s_2)<0$.

事实上,任取 $\boldsymbol{x}_0=(\boldsymbol{x}_{01},\boldsymbol{x}_{02},\cdots,\boldsymbol{x}_{0n})^{\mathrm{T}}\in\mathbb{R}^n$,做变量替换 $\boldsymbol{y}=\boldsymbol{x}-\boldsymbol{x}_0$.则神经网络(4.2.1)变为

$$\frac{\mathrm{d}\boldsymbol{y}_i}{\mathrm{d}t}=\bar{a}_i(\boldsymbol{y}_i)[-\bar{d}_i(\boldsymbol{x}_i)+\sum_{j=1}^n t_{ij}\bar{g}_j(\boldsymbol{y}_j)+\bar{J}_i] \tag{4.2.2}$$

其中,$\bar{a}_i(s)=a_i(s+\boldsymbol{x}_{0i})$,$\bar{d}_i(s)=d_i(s+\boldsymbol{x}_{0i})-d_i(\boldsymbol{x}_{0i})$,$\bar{g}_i(s)=g_i(s+\boldsymbol{x}_{0i})-g_i(\boldsymbol{x}_{0i})$,$\bar{J}_i=-d_i(\boldsymbol{x}_{0i})+\sum_{j=1}^n t_{ij}g_j(\boldsymbol{x}_{0j})+J_i$,$i=1,\cdots,n$.于是,神经网络(4.2.2)显然满足假设 4.2.1.因此,不失一般性,在本节中,我们总是认为假设 4.2.1 成

立.

由于激励函数 $g \in \Xi$ 为不连续函数,故神经网络(4.2.1) 为非光滑动力系统. 因此,类似于定义 4.1.1,我们采用微分包含的 Filippov 意义下的解来定义非光滑神经网络(4.2.1) 的初始解,在此我们就不再赘述. 下面我们将要介绍神经网络(4.2.1) 平衡点的存在性定理. 首先引入下列定义.

定义 4.2.4 (1) 设 $\boldsymbol{K} \subseteq \mathbb{R}^n$ 为凸集,$\boldsymbol{x} \in \boldsymbol{K}$. 定义 $\boldsymbol{x}$ 点处的切锥 $T_{\boldsymbol{K}}(\boldsymbol{x}) = cl\left(\bigcup_{h>0} \frac{\boldsymbol{K}-\boldsymbol{x}}{h}\right)$,其中 $cl(\cdot)$ 表示集合的闭包.

(2) 设 $F: X \to X$ 为集值映射. 称集合 $\boldsymbol{K} \subseteq \mathrm{Dom}(F)$ 为映射 F 的生存域,如果对于 $\forall \boldsymbol{x} \in \boldsymbol{K}$ 都有

$$F(\boldsymbol{x}) \cap T_{\boldsymbol{K}}(\boldsymbol{x}) \neq \varnothing$$

其中 $\mathrm{Dom}(\boldsymbol{F})$ 表示 F 的有效域.

命题 4.2.1 $\boldsymbol{v} \in T_{\boldsymbol{K}}(\boldsymbol{x})$ 当且仅当存在 $h_n \to 0^+$,$\boldsymbol{v}_n \to \boldsymbol{v}$,使得对于任意的 n 都有 $\boldsymbol{x} + h_n \boldsymbol{v}_n \in \boldsymbol{K}$. 特别地,如果 $\boldsymbol{x} \in \mathrm{int}(\boldsymbol{K})$(集合 $\boldsymbol{K}$ 的内部),则 $T_{\boldsymbol{K}}(\boldsymbol{x}) = \mathbb{R}^n$.

我们将利用下面的引理来证明神经网络(4.2.1) 平衡点的存在性.

定理 4.2.1 设 $\boldsymbol{X}$ 为 Banach 空间,$F: \boldsymbol{X} \to \boldsymbol{X}$ 为闭凸值上半连续的集值映射. 如果集值映射 F 存在一个紧凸的生存域 $\boldsymbol{K}$,则必存在 $\boldsymbol{x}^* \in K$ 满足 $0 \in F(\boldsymbol{x}^*)$.

引理 4.2.1 假设 $A(\boldsymbol{x}) \in \bar{A}$,$d(\boldsymbol{x}) \in \bar{\boldsymbol{D}}$,$g \in \Xi$ 为非奇异函数. 定义

$$\bar{V}(\boldsymbol{x}) = \sum_{i=1}^{n} P_i \int_0^{x_i} g_i(\rho)\mathrm{d}\rho \tag{4.2.3}$$

对于任意的 $M > 0$,令 $\Omega_M = \{\boldsymbol{x} \mid \bar{V}(\boldsymbol{x}) \leqslant M\}$,$\partial\Omega_M = \{\boldsymbol{x} \mid \bar{V}(\boldsymbol{x}) = M\}$

$$\boldsymbol{K}_1 = \{\boldsymbol{v} = (v_1, v_2, \cdots, v_n)^{\mathrm{T}} \in \mathbb{R}^n \mid \sum_{i=1}^{n} v_i P_i \gamma_i \leqslant 0, \text{其中 } \gamma_i \in K[g_i(\boldsymbol{x}_i)]\}$$

则当 $\boldsymbol{x} \in \partial\Omega_M$ 时 $\boldsymbol{K}_1 \subseteq T_{\Omega_M}(\boldsymbol{x})$.

证 任取 $\boldsymbol{x} \in \partial\Omega_M$,即 $\bar{V}(\boldsymbol{x}) = M$. 任取 $\boldsymbol{v} \in \mathrm{int}(\boldsymbol{K}_1)$,则 $\sum_{i=1}^{n} \boldsymbol{v}_i P_i \gamma_i \leqslant 0$,对于任意的 $\gamma_i \in K[g_i(\boldsymbol{x}_i)]$ 都成立. 令 $\boldsymbol{y}_n = \boldsymbol{x} + h_n \boldsymbol{v}$,其中 $0 < h_n \to 0$.

下证 $\bar{V}(\boldsymbol{y}_n) \leqslant M$,从而 $\boldsymbol{y}_n \in \Omega_M$. 令

$$\gamma_i^e = \begin{cases} g_i(\boldsymbol{x}_i^{+}), & v_i > 0 \\ g_i(\boldsymbol{x}_i^{-}), & v_i < 0 \\ \text{任意}, & v_i = 0 \end{cases}$$

则对于任意的 $\gamma_i \in K[g_i(\boldsymbol{x}_i)]$,我们有 $\sum_{i=1}^{n} v_i P_i \gamma_i \leqslant \sum_{i=1}^{n} v_i P_i \gamma_i^{e}$. 因此,取

$$\varepsilon = -\sum_{i=1}^{n} \boldsymbol{v}_i P_i \gamma_i^{e} > 0$$

我们有

$$\overline{V}(\boldsymbol{y}_n)-\overline{V}(\boldsymbol{x})=\sum_{i=1}^{n}P_i\int_{x_i}^{y_{ni}}g_i(\rho)\mathrm{d}\rho=\sum_{i=1}^{n}P_i\int_{x_i}^{x_i+h_nv_i}g_i(\rho)\mathrm{d}\rho$$
$$=(\sum_{i=1}^{n}\boldsymbol{v}_iP_i\gamma_i^{e})h_n+o(h_n)$$
$$=-\varepsilon h_n+o(h_n)$$

因此，对于充分大的n，我们有$\overline{V}(\boldsymbol{y}_n)<\overline{V}(\boldsymbol{x})=M$，这说明$\boldsymbol{v}\in T_{\Omega_M}(\boldsymbol{x})$. 于是，由$\boldsymbol{v}$的任意性可知，$\mathrm{int}(\boldsymbol{K}_1)\subseteq T_{\Omega_M}(\boldsymbol{x})$. 又因为$T_{\Omega_M}(\boldsymbol{x})$是闭集，故$\boldsymbol{K}_1\subseteq T_{\Omega_M}(\boldsymbol{x})$.

□

引理 4.2.2 （Ky-Fan不等式）设$\boldsymbol{K}$为Banach空间$\boldsymbol{X}$中的一个紧凸集，映射$\varphi:\boldsymbol{X}\times\boldsymbol{X}\to\mathbb{R}$满足下列条件：

(1) 对于任意的$\boldsymbol{y}\in\boldsymbol{K}$，$\boldsymbol{x}\to\varphi(\boldsymbol{x},\boldsymbol{y})$是下半连续的；

(2) 对于任意的$\boldsymbol{x}\in\boldsymbol{K}$，$\boldsymbol{y}\to\varphi(\boldsymbol{x},\boldsymbol{y})$是凹的；

(3) 对于任意的$\boldsymbol{y}\in\boldsymbol{K}$，$\varphi(\boldsymbol{y},\boldsymbol{y})\leqslant 0$；

那么，存在$\bar{\boldsymbol{x}}\in\boldsymbol{K}$满足$\varphi(\bar{\boldsymbol{x}},\boldsymbol{y})\leqslant 0$，$\forall\,\boldsymbol{y}\in\boldsymbol{K}$.

下面引入神经网络(4.2.1)平衡点的存在性定理.

定理 4.2.2 假设$A(\boldsymbol{x})\in\overline{\boldsymbol{A}}$，$d(\boldsymbol{x})\in\overline{\boldsymbol{D}}$，$g\in\Xi$为非奇异函数. 如果$-\boldsymbol{T}\in LDS$，那么神经网络(4.2.1)至少存在一个平衡点.

证 由$-\boldsymbol{T}\in LDS$可知，存在正定对角矩阵$\boldsymbol{P}=\mathrm{diag}\{P_1,\cdots,P_n\}$使得$\frac{1}{2}(\boldsymbol{PT}+\boldsymbol{T}^{\mathrm{T}}\boldsymbol{P})$是负定的. 令$\overline{V}(\boldsymbol{x})=\sum_{i=1}^{n}P_i\int_0^{x_i}g_i(\rho)\mathrm{d}\rho$. 以下分成两种情况证明神经网络(4.2.1)平衡点的存在性.

情形 1. 所有的g_i都是非奇异的，$i=1,\cdots,n$.

情形 2. 存在指标i，使$g_i(\boldsymbol{s})=0$，$\forall\,\boldsymbol{s}\in\mathbb{R}$.

首先讨论情形 1. 显然，$\Omega_M=\{\boldsymbol{x}\mid\overline{V}(\boldsymbol{x})\leqslant M\}$是$\mathbb{R}^n$中的紧凸集. 令$\alpha=\min\lambda(\{-PT\}^S)>0$，$I=\sum_{i=1}^{n}(\frac{1}{2}\alpha)P_i^2J_i^2$，$l=\min_i D_i$，$M_0=\frac{I}{l}$. 下面证明若$M>M_0$，则$\Omega_M=\{\boldsymbol{x}\mid\overline{V}(\boldsymbol{x})\leqslant M\}$必是$F(\boldsymbol{x})=-d(\boldsymbol{x})+TK[g(\boldsymbol{x})]+J$的一个生存域.

事实上，如果$\boldsymbol{x}\in\mathrm{int}\,\Omega_M$，则$T_{\Omega_M}(\boldsymbol{x})=\mathbb{R}^n$，进而$F(\boldsymbol{x})\cap T_{\Omega_M}(\boldsymbol{x})\neq\varnothing$. 来证若$\boldsymbol{x}\in\partial\Omega_M$，同样有$F(\boldsymbol{x})\cap T_{\Omega_M}(\boldsymbol{x})\neq\varnothing$. 首先定义函数$\varphi(g_1,g_2)$：$K[g(\boldsymbol{x})]\times K[g(\boldsymbol{x})]\to\mathbb{R}$如下

$$\varphi(g_1,g_2)=\sum_{i=1}^{n}g_{1,i}P_i[-d_i(\boldsymbol{x}_i)+\sum_{j=1}^{n}t_{ij}g_{2j}(\boldsymbol{x})+J_i]$$

这里，$g_1=(g_{1,1},g_{1,2},\cdots,g_{1,n})^{\mathrm{T}}$，$g_2=(g_{2,1},g_{2,2},\cdots,g_{2,n})^{\mathrm{T}}$. 由引理 4.2.1，要证$F(\boldsymbol{x})\cap T_{\Omega_M}(\boldsymbol{x})\neq\varnothing$，仅需证明存在$g_2\in K[g(\boldsymbol{x})]$，使得$\varphi(g_1,g_2)\leqslant 0$，对于

任意的 $g_1 \in K[g(\boldsymbol{x})]$ 都成立. 利用 Ky-Fan 不等式，我们来证明这个结论. 显然，对于任意的 $g_1 \in K[g(\boldsymbol{x})]$，$g_2 \to \varphi(g_1, g_2)$ 是连续的；对于任意的 $g_2 \in K[g(\boldsymbol{x})]$，$g_1 \to \varphi(g_1, g_2)$ 是凹的. 另外，设 $f=(f_1,\cdots,f_n)^{\mathrm{T}}$，其中 $f_i \in K[g_i(\boldsymbol{x})]$. 易证 $f_i\boldsymbol{x}_i \geqslant \int_0^{\boldsymbol{x}_i} g_i(\rho)\mathrm{d}\rho$. 故

$$\begin{aligned}\varphi(f,f) &= -\sum_{i=1}^{n} f_i P_i \frac{\mathrm{d}_i(\boldsymbol{x}_i)}{\boldsymbol{x}_i}\boldsymbol{x}_i + f^{\mathrm{T}}\boldsymbol{PTf} + \boldsymbol{f}^{\mathrm{T}}\boldsymbol{PJ} \\ &\leqslant -l\boldsymbol{f}^{\mathrm{T}}\boldsymbol{Px} - \alpha\boldsymbol{f}^{\mathrm{T}}\boldsymbol{f} + \boldsymbol{f}^{\mathrm{T}}\boldsymbol{PJ} \\ &= -l\boldsymbol{f}^{\mathrm{T}}\boldsymbol{Px} - \alpha\boldsymbol{f}^{\mathrm{T}}\boldsymbol{f} + \sqrt{\boldsymbol{f}^{\mathrm{T}}\boldsymbol{f}\,(\boldsymbol{PJ})^{\mathrm{T}}\boldsymbol{PJ}} \\ &\leqslant -l\boldsymbol{f}^{\mathrm{T}}\boldsymbol{Px} - \alpha\boldsymbol{f}^{\mathrm{T}}\boldsymbol{f} + \frac{\alpha\boldsymbol{f}^{\mathrm{T}}\boldsymbol{f}}{2} + \frac{(\boldsymbol{PJ})^{\mathrm{T}}\boldsymbol{PJ}}{2\alpha} \\ &\leqslant -l\boldsymbol{f}^{\mathrm{T}}\boldsymbol{Px} - \frac{\alpha}{2}\boldsymbol{f}^{\mathrm{T}}\boldsymbol{f} + I \leqslant -lM + I \leqslant 0\end{aligned}$$

所以，根据 Ky-Fan 不等式可得上述结论.

下面讨论情形 2. 不失一般性，假设 $g_n(\boldsymbol{s})=0, \forall \boldsymbol{s} \in \mathbb{R}$；其余 $g_1,\cdots,g_{n-1}$ 为非奇异函数. 令 $\tilde{\boldsymbol{x}}=(\boldsymbol{x}_1,\cdots,\boldsymbol{x}_{n-1})^{\mathrm{T}}$，类似于情形 1 的证明可知存在平衡点 $\tilde{\boldsymbol{x}}^*=(\boldsymbol{x}_1^*,\cdots,\boldsymbol{x}_{n-1}^*)^{\mathrm{T}}$，使得

$$0 \in -d_i(\boldsymbol{x}_i^*) + \sum_{j=1}^{n-1} t_{ij} K[g_j(\boldsymbol{x}_j^*)] + J_i, \quad i=1,\cdots,n-1$$

即，存在 $\gamma_i \in K[g_i(\boldsymbol{x}_i^*)]$，使得

$$0 = -d_i(\boldsymbol{x}_i^*) + \sum_{j=1}^{n-1} t_{ij}\gamma_j + J_i, \quad i=1,\cdots,n-1$$

显然，存在 $\boldsymbol{x}_n^*$，满足 $-d_n(\boldsymbol{x}_n^*) + \sum_{j=1}^{n-1} t_{nj}\gamma_j + J_n = 0$. 因此，$\boldsymbol{x}^* = (\bar{\boldsymbol{x}}^*, \boldsymbol{x}_n^*)^{\mathrm{T}}$ 是神经网络(4.2.1) 的一个平衡点. □

注 4.2.1 在定理 4.2.2 的前提下，设 $\boldsymbol{x}^*$ 是神经网络(4.2.1) 的一个平衡点，即存在 $\gamma_i \in K[g_i(\boldsymbol{x}_i^*)]$，使得

$$0 = -d_i(\boldsymbol{x}_i^*) + \sum_{j=1}^{n-1} t_{ij}\gamma_j + J_i, \quad i=1,\cdots,n$$

此时，做变换 $u(t)=\boldsymbol{x}(t)-\boldsymbol{x}^*$ 并带入上式可得

$$\frac{\mathrm{d}u_i(t)}{\mathrm{d}t} \in a_i(u_i(t)+\boldsymbol{x}_i^*)\Big[-d_i^*(u_i(t)) + \sum_{j=1}^{n} t_{ij} K[g_i^*(u_j(t))\Big], \quad i=1,\cdots,n$$

其中，$d_i^*(s)=d_i(s+\boldsymbol{x}_i^*)-d_i(\boldsymbol{x}_i^*)$，$g_i^*(s)=g_i(s+\boldsymbol{x}_i^*)-\gamma_i$. 为了简单起见，我们将 d_i^*, g_i^* 仍记为 d_i, g_i. 于是，上述方程可写为

$$\frac{\mathrm{d}u_i(t)}{\mathrm{d}t} \in a_i(u_i(t)+\boldsymbol{x}_i^*)\Big[-d_i(u_i(t)) + \sum_{j=1}^{n} t_{ij} K[g_i(u_j(t))\Big], \quad i=1,\cdots,n \tag{4.2.4}$$

下面,将重点研究神经网络(4.2.4).首先研究它的全局解的存在性与有界性.为此,引入几个引理.

定理 4.2.3 (Viablity Theorem) 设 $\boldsymbol{X}$ 为 Banach 空间,$F:\boldsymbol{X}\to\boldsymbol{X}$ 为紧凸值上半连续的集值映射,闭集 $\boldsymbol{K}\subseteq \mathrm{Dom}(\boldsymbol{F})$. 如果 $\boldsymbol{K}$ 是一个生存域,则对于任意的 $\boldsymbol{x}_0\in\boldsymbol{K}$,存在 $L\in(0,+\infty]$ 和一个绝对连续的函数 $\boldsymbol{x}(t)\in\boldsymbol{K}$ 满足 $\boldsymbol{x}(0)=\boldsymbol{x}_0$,$\dot{\boldsymbol{x}}(t)\in F(\boldsymbol{x})$,几乎处处 $t\in[0,L)$. 同时,常数 L 必满足下列条件之一:

(1)$L=+\infty$;

(2)$L<+\infty$,$\lim\limits_{t\to L^-}\sup\|\boldsymbol{x}(t)\|=\infty$.

定义 4.2.5 (1) 称函数 $V(\boldsymbol{x}):\mathbb{R}^n\to\mathbb{R}$ 是 $C-$ 正则的,如果对于任意的 $\boldsymbol{x}\in\mathbb{R}^n$,$\boldsymbol{v}\in\mathbb{R}^n$:

① 存在一般意义下的右方向导数 $D^+V(\boldsymbol{x},\boldsymbol{v})=\lim\limits_{h\to 0^+}\dfrac{V(\boldsymbol{x}+h\boldsymbol{v})-V(\boldsymbol{x})}{h}$;

②$D^+V(\boldsymbol{x},\boldsymbol{v})=\overline{D}_cV(\boldsymbol{x},\boldsymbol{v})$,其中

$$\overline{D}_cV(\boldsymbol{x},\boldsymbol{v})=\lim_{h\to 0}\sup_{\boldsymbol{y}\to\boldsymbol{x}}\frac{V(\boldsymbol{y}+h\boldsymbol{v})-V(\boldsymbol{y})}{h}$$

(2)Clarke 广义次微分 $\partial_cV(\boldsymbol{x})$ 定义如下

$$\partial_cV(\boldsymbol{x})=\{\boldsymbol{p}\in\mathbb{R}^n\mid \underline{D}_cV(\boldsymbol{x},\boldsymbol{v})\leqslant\boldsymbol{P}^{\mathrm{T}}\boldsymbol{v}\leqslant\overline{D}_cV(\boldsymbol{x},\boldsymbol{v}),\forall\,\boldsymbol{v}\in\mathbb{R}^n\}$$

其中 $\underline{D}_cV(\boldsymbol{x},\boldsymbol{v})=\lim\limits_{h\to 0}\inf\limits_{\boldsymbol{y}\to\boldsymbol{x}}\dfrac{V(\boldsymbol{y}+h\boldsymbol{v})-V(\boldsymbol{y})}{h}$.

定理 4.2.4 (链式法则)假设函数 $V(\boldsymbol{x}):\mathbb{R}^n\to\mathbb{R}$ 是 $C-$ 正则的,$\varphi(t):\mathbb{R}\to\mathbb{R}^n$ 是绝对连续的,则对于几乎处处的 $t\in\mathbb{R}$ 都有

$$\frac{\mathrm{d}V(\varphi(\boldsymbol{t}))}{\mathrm{d}t}=\gamma^{\mathrm{T}}(t)\dot{\varphi}(t),\quad \forall\,\gamma(\boldsymbol{t})\in\partial_cV(\varphi(\boldsymbol{t}))$$

下面引入神经网络(4.2.4)全局解的存在性定理.

定理 4.2.5 假设 $A(\boldsymbol{x})\in\overline{\boldsymbol{A}}$,$d(\boldsymbol{x})\in\overline{\boldsymbol{D}}$,$g\in\Xi$ 为非奇异函数. 如果 $-\boldsymbol{T}\in LDS$,那么过任意初始点 $\boldsymbol{u}_0\in\mathbb{R}^n$,神经网络(4.2.4)存在一个有界的绝对连续解 $u(t)$,$t\in[0,+\infty)$.

证 由定理 4.2.3 可知,过任意初始点 $\boldsymbol{u}_0\in\mathbb{R}^n$,神经网络(4.2.4)存在绝对连续解 $u(t)$,$t\in[0,L)$. 要证明 $L=+\infty$,仅需证明 $u(t)$ 是有界的. 由 $-\boldsymbol{T}\in LDS$ 可知,存在正定对角矩阵 $\boldsymbol{P}=\mathrm{diag}\{P_1,\cdots,P_n\}$ 使得 $\dfrac{1}{2}(\boldsymbol{PT}+\boldsymbol{T}^{\mathrm{T}}\boldsymbol{P})$ 是负定的. 定义 Lyapunov 函数如下

$$V_k(u)=\sum_{i=1}^{n}\int_0^{u_i}\frac{\rho\mathrm{d}\rho}{a_i(\rho+\boldsymbol{x}_i^*)}+k\sum_{i=1}^{n}P_i\int_0^{u_i}\frac{g_i(\rho)\mathrm{d}\rho}{a_i(\rho+\boldsymbol{x}_i^*)}\tag{4.2.5}$$

显然,$V_k(u)$ 是 $C-$ 正则的. 令

$$\gamma(t)=(\gamma_1(t),\cdots,\gamma_n(t))^{\mathrm{T}}=\boldsymbol{T}^{-1}[d(u(t))+A(u+\boldsymbol{x}^*)^{-1}\dot{u}(t)]$$

则 $\gamma(t)\in K[g(u(t))]$，而且 $\dot{u}(t)=A(u+\boldsymbol{x}^*)[-d(u)+\boldsymbol{T}\gamma(t)]$，故由链式法则可知，对于几乎处处 $t\in[0,L)$

$$\begin{aligned}\frac{\mathrm{d}}{\mathrm{d}t}V_k(u(t))&=\sum_{i=1}^n u_i[-d_i(u_i)+\sum_{j=1}^n t_{ij}\gamma_j(t)]+\\&\quad k\sum_{i=1}^n P_i\gamma_i(t)[-d_i(u_i)+\sum_{j=1}^n t_{ij}\gamma_j(t)]\\&\leqslant -l\boldsymbol{u}^{\mathrm{T}}\boldsymbol{u}+\boldsymbol{u}^{\mathrm{T}}\boldsymbol{T}\gamma(t)-k\alpha\gamma(t)^{\mathrm{T}}\gamma(t)-k\gamma(t)^{\mathrm{T}}Pd(u)\\&\leqslant -l\boldsymbol{u}^{\mathrm{T}}\boldsymbol{u}+\boldsymbol{u}^{\mathrm{T}}\mathrm{T}\gamma(\mathrm{t})-\frac{1}{4\mathrm{l}}\gamma(\mathrm{t})^{\mathrm{T}}\boldsymbol{T}^{\mathrm{T}}\boldsymbol{T}\gamma(t)+\\&\quad\frac{1}{4l}\gamma(t)^{\mathrm{T}}\boldsymbol{T}^{\mathrm{T}}\boldsymbol{T}\gamma(t)-k\alpha\gamma(t)^{\mathrm{T}}\gamma(t)\\&\leqslant -(u-\boldsymbol{T}\gamma(t))^{\mathrm{T}}(\sqrt{l}u-\frac{1}{2\sqrt{l}}\boldsymbol{T}\gamma(t))+\\&\quad\frac{1}{4l}\gamma(t)^{\mathrm{T}}\boldsymbol{T}^{\mathrm{T}}\boldsymbol{T}\gamma(t)-k\alpha\gamma(t)^{\mathrm{T}}\gamma(t)\end{aligned}$$

其中，$l=\min\limits_i D_i$，$\alpha=\min\lambda([-TP]^S)$. 我们取 $k\geqslant\frac{\|\boldsymbol{T}\|_2^2}{4l\alpha}$，则$\frac{\mathrm{d}}{\mathrm{d}t}V_k(u(t))\leqslant 0$，几乎处处 $t\in[0,L)$. 所以

$$\sum_{i=1}^n\int_0^{u_i}\frac{\rho\mathrm{d}\rho}{a_i(\rho+\boldsymbol{x}_i^*)}\leqslant V_k(\boldsymbol{x}(0))<+\infty$$

又因为 $\boldsymbol{A}\in\bar{\boldsymbol{A}}$，故由上式可推出 $u(t)$ 是有界的. 所以，根据定理 4.2.3 可知对于任意初始点 $u_0\in\mathbb{R}^n$，神经网络(4.2.4) 存在一个有界的绝对连续解 $u(t)$，$t\in[0,+\infty)$. □

下面研究神经网络(4.2.4) 的全局渐近稳定性. 首先引入下列引理.

引理 4.2.3 考虑自治系统

$$\frac{\mathrm{d}\boldsymbol{x}}{\mathrm{d}t}=f(\boldsymbol{x}) \tag{4.2.6}$$

如果存在一个连续可微、正定、径向无界的函数 $L:\mathbb{R}^n\to\mathbb{R}$，使得：

(1) $\frac{\mathrm{d}L(\boldsymbol{x})}{\mathrm{d}t}\leqslant 0$，$\forall\boldsymbol{x}\in\mathbb{R}^n$；

(2) 零点是集合 $E=\{\boldsymbol{x}\in\mathbb{R}^n\mid\frac{\mathrm{d}L(\boldsymbol{x})}{\mathrm{d}t}=0\}$ 的唯一不变子集.

则系统(4.2.6) 的平衡点 $\boldsymbol{x}=\boldsymbol{0}$ 是全局渐近稳定的.

定理 4.2.6 假设 $\boldsymbol{A}(\boldsymbol{x})\in\bar{\boldsymbol{A}}$，$d(\boldsymbol{x})\in\bar{\boldsymbol{D}}$，$g\in\varXi$ 为非奇异函数. 如果 $-\boldsymbol{T}\in LDS$，那么神经网络(4.2.1) 是全局渐近稳定的，即存在唯一的平衡点

$\boldsymbol{x}^* \in \mathbb{R}^n$,使得对于神经网络(4.2.1)任意的解 $\boldsymbol{x}(t)$ 都有 $\lim\limits_{t\to+\infty} \boldsymbol{x}(t)=\boldsymbol{x}^*$.

证 仅需证明神经网络(4.2.4)任意的解 $u(t)$ 都有 $\lim\limits_{t\to+\infty} u(t)=0$. 定义

$$V_k(u)=\sum_{i=1}^{n}\int_0^{u_i}\frac{\rho \mathrm{d}\rho}{a_i(\rho+\boldsymbol{x}_i^*)}+k\sum_{i=1}^{n}P_i\int_0^{u_i}\frac{g_i(\rho)\mathrm{d}\rho}{a_i(\rho+\boldsymbol{x}_i^*)}$$

显然,$V_k(u)$ 是连续可微、正定、径向无界的. 另一方面,任取 $\varepsilon\in(0,l)$,$k\geqslant\frac{\|\boldsymbol{T}\|_2^2}{4(l-\varepsilon)\alpha}$,几乎处处 $t\in[0,+\infty)$

$$\begin{aligned}\frac{\mathrm{d}}{\mathrm{d}t}V_k(u(t))=&\sum_{i=1}^{n}u_i[-d_i(u_i)+\sum_{j=1}^{n}t_{ij}\gamma_j(t)]+\\&k\sum_{i=1}^{n}P_i\gamma_i(t)[-d_i(u_i)+\sum_{j=1}^{n}t_{ij}\gamma_j(t)]\\\leqslant&-\varepsilon\boldsymbol{u}^{\mathrm{T}}\boldsymbol{u}-(l-\varepsilon)\boldsymbol{u}^{\mathrm{T}}\boldsymbol{u}+\boldsymbol{u}^{\mathrm{T}}\boldsymbol{T}\gamma(t)-\\&k\alpha\gamma(t)^{\mathrm{T}}\gamma(t)-k\gamma(t)^{\mathrm{T}}\boldsymbol{P}d(u)\\\leqslant&-\varepsilon\boldsymbol{u}^{\mathrm{T}}\boldsymbol{u}-(l-\varepsilon)\boldsymbol{u}^{\mathrm{T}}\boldsymbol{u}+\boldsymbol{u}^{\mathrm{T}}\boldsymbol{T}\gamma(t)-\\&\frac{1}{4(l-\varepsilon)}\gamma(t)^{\mathrm{T}}\boldsymbol{T}^{\mathrm{T}}\boldsymbol{T}\gamma(t)+\\&\frac{1}{4(l-\varepsilon)}\gamma(t)^{\mathrm{T}}\boldsymbol{T}^{\mathrm{T}}\boldsymbol{T}\gamma(t)-k\alpha\gamma(t)^{\mathrm{T}}\gamma(t)\\\leqslant&-\varepsilon u^{\mathrm{T}}u-(\sqrt{1-\varepsilon}u-\frac{1}{2\sqrt{1-\varepsilon}}T\gamma(t))^{\mathrm{T}}(\sqrt{1-\varepsilon}u-\\&\frac{1}{2\sqrt{1-\varepsilon}}\boldsymbol{T}\gamma(t))+\frac{1}{4(l-\varepsilon)}\gamma(t)^{\mathrm{T}}\boldsymbol{T}^{\mathrm{T}}\boldsymbol{T}\gamma(t)-\\&k\alpha\gamma(t)^{\mathrm{T}}\gamma(t)\leqslant-\varepsilon\boldsymbol{u}^{\mathrm{T}}\boldsymbol{u}\leqslant 0\end{aligned}$$

所以,由引理 4.2.3,神经网络(4.2.4)任意的解 $u(t)$ 都有 $\lim\limits_{t\to+\infty} u(t)=0$.

□

下面研究神经网络(4.2.4)的全局指数稳定性.

定理 4.2.7 假设 $A(\boldsymbol{x})\in\bar{\boldsymbol{A}}_1$,$d(\boldsymbol{x})\in\bar{\boldsymbol{D}}$,$g\in\Xi$ 为非奇异函数. 如果 $-\boldsymbol{T}\in LDS$,那么神经网络(4.2.1)是全局指数收敛的,其收敛速率为 $l\underline{\alpha}/2$,即存在 $M>0$,使得

$$\|\boldsymbol{x}(t)-\boldsymbol{x}^*\|\leqslant M\mathrm{e}^{-l\underline{\alpha}/2},\ \forall t\geqslant 0$$

其中,$\boldsymbol{x}^*$ 为神经网络(4.2.1)的唯一平衡点.

证 我们仅需证明存在 $M>0$,使得 $\|u(t)\|\leqslant M\mathrm{e}^{-l\underline{\alpha}/2}$. 定义 Lyapunov 函数如下

$$V_{1,k}(u)=\boldsymbol{u}^{\mathrm{T}}\boldsymbol{u}+k\sum_{i=1}^{n}P_i\int_0^{u_i}\frac{g_i(\rho)\mathrm{d}\rho}{a_i(\rho+\boldsymbol{x}_i^*)}$$

这里的 $\boldsymbol{P}=\mathrm{diag}\{P_1,\cdots,P_n\}$ 满足$[-\boldsymbol{TP}]^S$ 是负定的. $\alpha=\min\lambda([-\boldsymbol{TP}]^S)$ 表示

$[-TP]^S$ 的最小特征值. 由定理 4.2.6, $\lim\limits_{t\to+\infty} u(t)=0$. 因此,存在正数 $\bar{\alpha}>0$, $t_1>0$,使得

$$\underline{\alpha}\leqslant a_i(\boldsymbol{u}_i(t)+\boldsymbol{x}^*)\leqslant\bar{\alpha},\quad \forall t>t_1$$

对 $V_{1,k}(\boldsymbol{u})$ 求导可得

$$\begin{aligned}\frac{\mathrm{d}}{\mathrm{d}t}V_{1,k}(u(t))=&-2\boldsymbol{u}^{\mathrm{T}}A(u+\boldsymbol{x}^*)d(\boldsymbol{u})+2\boldsymbol{u}^{\mathrm{T}}A(\boldsymbol{u}+\boldsymbol{x}^*)\boldsymbol{T}\gamma(t)-\\&k\gamma(t)^{\mathrm{T}}\boldsymbol{P}d(\boldsymbol{u})-k\alpha\gamma(t)^{\mathrm{T}}\gamma(t)\\\leqslant&-\underline{\alpha}l\boldsymbol{u}^{\mathrm{T}}\boldsymbol{u}-k\gamma(t)^{\mathrm{T}}\boldsymbol{P}d(u)-\underline{\alpha}l\boldsymbol{u}^{\mathrm{T}}\boldsymbol{u}+\\&2u^{\mathrm{T}}A(u+\boldsymbol{x}^*)T\gamma(t)-\frac{1}{\underline{\alpha}l}\gamma(t)^{\mathrm{T}}\boldsymbol{T}^{\mathrm{T}}A(\boldsymbol{u}+\boldsymbol{x}^*)^2\boldsymbol{T}\gamma(t)+\\&\frac{1}{\underline{\alpha}l}\gamma(t)^{\mathrm{T}}\boldsymbol{T}^{\mathrm{T}}A(\boldsymbol{u}+\boldsymbol{x}^*)^2\boldsymbol{T}\gamma(t)-k\alpha\gamma(t)^{\mathrm{T}}\gamma(t)\\\leqslant&-\underline{\alpha}l\boldsymbol{u}^{\mathrm{T}}\boldsymbol{u}-k\gamma(t)^{\mathrm{T}}Pd(\boldsymbol{u})-\\&\left[\sqrt{l\underline{\alpha}}\boldsymbol{u}-\frac{1}{\sqrt{l\underline{\alpha}}}A(\boldsymbol{u}+\boldsymbol{x}^*)T\gamma(t)\right]^{\mathrm{T}}\cdot\\&\left[\sqrt{l\underline{\alpha}}\boldsymbol{u}-\frac{1}{\sqrt{l\underline{\alpha}}}A(\boldsymbol{u}+\boldsymbol{x}^*)T\gamma(t)\right]\\\leqslant&-\underline{\alpha}l\boldsymbol{u}^{\mathrm{T}}\boldsymbol{u}-k\gamma(t)^{\mathrm{T}}Pd(\boldsymbol{u})\end{aligned}$$

又因为 $\gamma_i(t)P_id_i(u_i)\geqslant l\gamma_i(t)P_iu_i\geqslant l\underline{\alpha}P_i\int_0^{u_i}\frac{g_i(\rho)\mathrm{d}\rho}{a_i(\rho+\boldsymbol{x}_i^*)}$, 所以取 $k\geqslant\frac{\bar{\alpha}^2\ \|\boldsymbol{T}\|_2{}^2}{a\underline{\alpha}l}$,我们有

$$\begin{aligned}\frac{\mathrm{d}}{\mathrm{d}t}V_{1,k}(u(t))&\leqslant-\underline{\alpha}l\boldsymbol{u}^{\mathrm{T}}\boldsymbol{u}-l\underline{\alpha}k\sum_{i=1}^{n}P_i\int_0^{u_i}\frac{g_i(\rho)\mathrm{d}\rho}{a_i(\rho+\boldsymbol{x}_i^*)}\\&\leqslant-\underline{\alpha}lV_{1,k}(u(t))\end{aligned}$$

因此, $V_{1,k}(u(t))=O(\mathrm{e}^{-\underline{\alpha}lt})$, $\|u(t)\|=O(\mathrm{e}^{-\underline{\alpha}lt/2})$,定理得证. □

定理 4.2.8 假设 $A(\boldsymbol{x})\in\bar{\boldsymbol{A}}$, $d(\boldsymbol{x})\in\bar{\boldsymbol{D}}$, $g\in\Xi$ 为非奇异函数, $-\boldsymbol{T}\in LDS$. 如果每一个 $g_i(\boldsymbol{x}_i)(i=1,2,\cdots,n)$ 都在平衡点 $\boldsymbol{x}^*=(\boldsymbol{x}_1{}^*,\cdots,\boldsymbol{x}_n{}^*)$ 处不连续,而且 $\boldsymbol{\gamma}^*=\boldsymbol{T}^{-1}[D(\boldsymbol{x}^*)-J]$ 满足 $g_i(\boldsymbol{x}_i{}^{*-})<\gamma_i{}^*<g_i(\boldsymbol{x}_i{}^{*+})$. 那么,神经网络 (4.2.1) 的任意解必将在有限时间内收敛到平衡点 $\boldsymbol{x}^*$. 确切地说, $\boldsymbol{x}(t)=\boldsymbol{x}^*$, $\forall t\geqslant t^*$. t^* 定义如下

$$t^*=\frac{1}{N\alpha\delta^2}\sum_{i=1}^{n}P_i\int_0^{x_{0i}-x_i{}^*}\frac{g_i(\rho)\mathrm{d}\rho}{a_i(\rho+\boldsymbol{x}_i^*)}$$

其中, $\boldsymbol{x}_0=(\boldsymbol{x}_{10},\cdots,\boldsymbol{x}_{n0})^{\mathrm{T}}$ 是神经网络 (4.2.1) 的解 $\boldsymbol{x}(t)$ 的初始点, $\alpha=\min\lambda([-\boldsymbol{TP}]^S)$, $\delta=\min\limits_i\delta_i$, $\delta_i=\min\{|\gamma_i{}^*-g_i(\boldsymbol{x}_i{}^{*-})|,|\gamma_i{}^*-g_i(\boldsymbol{x}_i{}^{*+})|\}$.

证 由定理 4.2.6 的证明可知, $\frac{\mathrm{d}}{\mathrm{d}t}V_k(u(t))\leqslant\frac{1}{4(l-\varepsilon)}\gamma(t)^{\mathrm{T}}\boldsymbol{T}^{\mathrm{T}}\boldsymbol{T}\gamma(t)-$

$k\alpha\gamma(t)^{\mathrm{T}}\gamma(t)$. 所以,若 $k \geqslant \frac{\|\boldsymbol{T}\|_2^2}{4(l-\varepsilon)\alpha}$,则 $V_k(u(t))$ 关于时间 t 是单调递减的. 进一步,条件 $g_i(\boldsymbol{x}_i{}^{*-}) < \gamma_i{}^* < g_i(\boldsymbol{x}_i{}^{*+})$ 意味着 $\delta > 0$. 同时,如果 $u(t) \neq 0$,则 $\gamma(t)^{\mathrm{T}}\gamma(t) \geqslant n\delta^2$. 所以对于几乎处处 $t \in \{t \mid u(t) \neq 0\}$,我们有

$$\frac{\mathrm{d}}{\mathrm{d}t}V_k(u(t)) \leqslant n\left[\frac{\|\boldsymbol{T}\|_2^2}{4(l-\varepsilon)} - k\alpha\right]\delta^2$$

于是,若

$$k \geqslant \frac{\|\boldsymbol{T}\|_2^2}{4(l-\varepsilon)\alpha}, t \geqslant t^*(k) = \frac{V_k(u(0))}{n\left[\frac{\|\boldsymbol{T}\|_2^2}{4(l-\varepsilon)} - k\alpha\right]\delta^2}$$

我们有 $V_k(u(t)) = 0$,即 $\boldsymbol{x}(t) = \boldsymbol{x}^*$. 特别地,我们选取 $t^* = \inf\{t^*(k) \mid k \geqslant \frac{\|\boldsymbol{T}\|_2^2}{4(l-\varepsilon)\alpha}\}$,定理结论显然成立. □

4.3 延时 Hopfield 神经网络的稳定性

稳定性是衡量神经网络性能好坏的重要指标,神经网络稳定性的研究一直在神经网络理论研究中占有重要的地位. 在本节中,我们将主要介绍带有不连续激励函数延时神经网络的两大稳定性 —— 指数稳定性和有限时间收敛(见文献[6,10]).

在神经网络研究的初期,人们一般都会忽略时滞对神经网络的影响. 然而,在实际应用中,时滞现象是不可避免的,而且时滞的存在往往容易导致网络的振荡,甚至引起分叉或混沌现象. 因此,目前大部分的学者都更加侧重于研究下面的带有延时 Hopfield 神经网络模型

$$\dot{\boldsymbol{x}}(t) = -\boldsymbol{D}\boldsymbol{x}(t) + \boldsymbol{A}g(\boldsymbol{x}(t)) + \boldsymbol{B}g(\boldsymbol{x}(t-\tau)) + \boldsymbol{U} \tag{4.3.1}$$

其中,$\boldsymbol{x}(t) = (\boldsymbol{x}_1(t), \boldsymbol{x}_2(t), \cdots, \boldsymbol{x}_n(t))^{\mathrm{T}} \in \mathbb{R}^n$ 表示神经元状态向量;$\boldsymbol{D} = \mathrm{diag}\{d_1, d_2, \cdots, d_n\}$ 是一个正定对角矩阵;$\boldsymbol{A} = (a_{ij})_{n\times n}$ 和 $\boldsymbol{B} = (b_{ij})_{n\times n}$ 是连接矩阵 $g(\boldsymbol{x}) = (g_1(\boldsymbol{x}_1), g_2(\boldsymbol{x}_2), \cdots, g_n(\boldsymbol{x}_n))^{\mathrm{T}}: \mathbb{R}^n \to \mathbb{R}^n$ 表示神经元激励函数;$\boldsymbol{U} = (u_1, u_2, \cdots, u_n)^{\mathrm{T}} \in \mathbb{R}^n$ 是输入状态向量,$\tau > 0$ 表示时滞常数.

定义 4.3.1 我们称激励函数 $g \in \Xi$,如果对于每一个 $i \in \{1,2,\cdots,n\}$,$g_i: \mathbb{R} \to \mathbb{R}$ 都是一个非减分段连续函数. 这里的分段连续函数是指该函数在$\mathbb{R}$上至多有可数个第一类间断点,而且在$\mathbb{R}$ 的任意有界闭区间上至多存在有限个间断点. □

与文献[5]中的定义 3 相比,上面定义取消了对激励函数 g 有界性的限制. 事实上,带有无界激励函数的神经网络是大量存在的,尤其是在一些优化问题

的神经网络中.所以若 $g \in \Xi$，则神经网络(4.3.1)比文献[5]中考虑的神经网络更具有一般性.

下面是在 Filippov 意义下带有不连续激励函数 $g \in \Xi$ 的神经网络(4.3.1)解的定义：

定义 4.3.2 称函数 $\boldsymbol{x}: [-\tau, T) \to \mathbb{R}^n$，$T \in (0, +\infty]$，是神经网络(4.3.1)在 $[-\tau, T)$ 上的解，如果：

(1) $\boldsymbol{x}$ 在 $[-\tau, T)$ 上连续，在 $[0, T)$ 上绝对连续；

(2) 存在可测函数 $\gamma = (\gamma_1, \gamma_2, \cdots, \gamma_n)^{\mathrm{T}}: [-\tau, T) \to \mathbb{R}^n$，对于几乎处处 $t \in [-\tau, T)$，满足

$$\gamma(t) \in K[g(\boldsymbol{x}(t))]$$

和

$$\dot{\boldsymbol{x}}(t) = -\boldsymbol{D}\boldsymbol{x}(t) + \boldsymbol{A}\gamma(t) + \boldsymbol{B}\gamma(t-\tau) + \boldsymbol{U}$$

其中，$K[g(\boldsymbol{x})] = (K[g_1(\boldsymbol{x}_1)], K[g_2(\boldsymbol{x}_2)], \cdots, K[g_n(\boldsymbol{x}_n)])^{\mathrm{T}}: \mathbb{R}^n \to \mathbb{R}^n$ 和 $K[g_i(\boldsymbol{x}_i)] = [g_i(\boldsymbol{x}_i^-), g_i(\boldsymbol{x}_i^+)]$，$i = 1, 2, \cdots, n$. 这里的 γ 称为神经网络(4.3.1)关于 $\boldsymbol{x}$ 的输出解. □

显然，当 g_i 在点 $\boldsymbol{x}_i$ 处不连续的时候，$K[g_i(\boldsymbol{x}_i)]$ 是一个具有非空内部的闭区间. 当 g_i 在点 $\boldsymbol{x}_i$ 处连续的时候，$K[g_i(\boldsymbol{x}_i)] = \{g_i(\boldsymbol{x}_i)\}$. 在实际工程应用中，上述解的定义是非常有用的，这是因为当激励函数 g 是 Lipschitz 的而且跳跃性很大的时候，Filippov 意义下的解可以看成该神经网络解的一个比较好的逼近.

由于神经网络(4.3.1)是一个泛函微分方程，故其初始条件必须定义在 $[-\tau, 0)$ 上，具体定义如下：

定义 4.3.3 对于任意连续函数 $\varphi: [-\tau, 0] \to \mathbb{R}^n$ 和 $K[g(\varphi)]$ 的任意可测选择 $\psi: [-\tau, 0] \to \mathbb{R}^n$，称 $[\boldsymbol{x}, \gamma]: [-\tau, T) \to \mathbb{R}^n \times \mathbb{R}^n$ 是神经网络(4.3.1)满足初始值 (φ, ψ) 的解，如果

$$\begin{cases} \dot{x}(t) = -\boldsymbol{D}x(t) + \boldsymbol{A}\gamma(t) + \boldsymbol{B}\gamma(t-\tau) + \boldsymbol{U}, & \text{几乎处处 } t \in [0, T) \\ x(s) = \phi(s), & \forall s \in [-\tau, 0) \\ r(s) = \psi(s), & \text{几乎处处 } s \in [-\tau, 0] \end{cases}$$

从定义 4.3.3 不难发现，神经网络(4.3.1)初始值的解不仅依赖于初始函数 ϕ，还依赖于输出解 $\psi(s) \in K[g(\varphi(s))]$ 的选择.

定义 4.3.4 向量 $\boldsymbol{\xi} \in \mathbb{R}^n$ 称为神经网络(4.3.1)的平衡点(EP)，如果

$$\boldsymbol{0} \in -\boldsymbol{D}\boldsymbol{\xi} + (\boldsymbol{A} + \boldsymbol{B})K[g(\boldsymbol{\xi})] + \boldsymbol{U}$$

也就是说，$\boldsymbol{\xi} \in \mathbb{R}^n$ 是神经网络(4.3.1)的平衡点，如果存在 $\boldsymbol{\eta} \in K[g(\boldsymbol{\xi})]$ 使得

$$-\boldsymbol{D}\boldsymbol{\xi} + (\boldsymbol{A} + \boldsymbol{B})\boldsymbol{\eta} + \boldsymbol{U} = \boldsymbol{0}$$

任何满足上式的 $\boldsymbol{\eta} \in K[g(\boldsymbol{\xi})]$ 都称为神经网络(4.3.1) 关于平衡点 $\boldsymbol{\xi}$ 的输出平衡点(OEP). □

定义 4.3.5 设 $\hat{\boldsymbol{x}}$ 是神经网络(4.3.1) 的平衡点. 称平衡点 $\hat{\boldsymbol{x}}$ 是全局指数收敛的,如果对于神经网络(4.3.1) 任意 IVP 问题的全局解 $x(t)$,总存在正常数 c 和 δ 使得

$$|x(t)-\hat{\boldsymbol{x}}| \leqslant c\mathrm{e}^{-\delta t}, \quad \forall t \geqslant 0$$

称平衡点 $\hat{\boldsymbol{x}}$ 是有限时间收敛的,如果对于神经网络(4.3.1) 任意 IVP 问题的全局解 $x(t)$,都存在 t_0 使得 $x(t)=\hat{\boldsymbol{x}}$, $\forall t \geqslant t_0$. □

由微分包含局部解的存在性定理和可测选择定理,我们有(详细证明见文献[6]):

引理 4.3.1 若 $g \in \Xi$, 则神经网络(4.3.1) 的任意 IVP 问题(即定义 4.3.3) 都存在局部解$[\boldsymbol{x},\gamma]$. □

设 $\boldsymbol{\beta} \in \mathbb{R}^n$ 且 $\boldsymbol{\beta} > \mathbf{0}$,任取 $\boldsymbol{x} \in \mathbb{R}^n$,我们定义向量 $\boldsymbol{x}$ 的 $\boldsymbol{\beta}$- 模为

$$\|\boldsymbol{x}\|_{\boldsymbol{\beta}} = \sum_{i=1}^{n} \beta_i |\boldsymbol{x}_i|$$

由链式法则(即文献[5] 中的命题 6) 可以证明下列引理,

引理 4.3.2 设$[\boldsymbol{x},\gamma]:[-\tau,T) \to \mathbb{R}^n \times \mathbb{R}^n$ 是神经网络(4.3.1) 的任意 IVP 问题的局部解,$T \in (0,+\infty]$. 则对于任意的 $\beta=(\beta_1,\beta_2,\cdots,\beta_n)^{\mathrm{T}} > 0$,函数 $\|x(t)\|_{\boldsymbol{\beta}}$ 是绝对连续的,而且

$$\frac{\mathrm{d}}{\mathrm{d}t}\|x(t)\|_{\boldsymbol{\beta}} = v^{\mathrm{T}}(t)\dot{\boldsymbol{x}}(t) = \sum_{i=1}^{n} v_i(t)\dot{x}_i(t), \text{几乎处处 } t \in [0,T)$$

其中,$v_i(t)$ 定义如下:当 $x_i(t) \neq 0$ 时,$v_i(t)=\beta_i \mathrm{sign}(\boldsymbol{x}_i(t))$;当 $x_i(t)=0$ 时,$v_i(t)$ 可取值为$[-\beta_i,\beta_i]$ 中的任意数. □

我们定义矩阵 $\mathbf{A} \in \mathbb{R}^{n\times n}$的比较矩阵 $\mathrm{M}(\mathbf{A})$ 为

$$(M(\mathbf{A}))_{ij} = \begin{cases} |a_{ii}|, & i=j \\ -|a_{ij}|, & i \neq j \end{cases}$$

定理 4.3.1 假设 $g \in \Xi$, $a_{ii} < 0(i=1,2,\cdots,n)$,矩阵 $\boldsymbol{C}=M(\mathbf{A})-|\boldsymbol{B}|$ 为 M- 矩阵,则下列结论成立,

(1) 对于任意 IVP 问题,神经网络(4.3.1) 存在唯一的全局解$[\boldsymbol{x}(t),\gamma(t)]$,$t \in [0,+\infty)$.

(2) 神经网络(4.3.1) 存在唯一的平衡点 $\boldsymbol{\xi}$ 和唯一的输出平衡点 $\boldsymbol{\eta}$,而且 $\boldsymbol{\xi}$ 是全局指数稳定的,即存在正常数 V_0 和 ρ 使得 $\|x(t)-\boldsymbol{\xi}\|_{\boldsymbol{\beta}} \leqslant V_0\mathrm{e}^{-\rho t}$, $\forall t \geqslant 0$.

证 不失一般性,假设激励函数满足下列不等式

$$\boldsymbol{q}^{\mathrm{T}}\boldsymbol{s} \geqslant 0, \quad \forall \boldsymbol{q} \in K[g_i(\boldsymbol{s})], \quad \forall \boldsymbol{s} \in \mathbb{R} \tag{4.3.1}$$

构造如下的 Lyapunov 函数 $V_{[x,\gamma]}:[0,T)\to\mathbb{R}$

$$V_{[x,\gamma]}(t)=e^{\rho t}\ \|x(t)\|_{\beta}+\sum_{i,j=1}^{n}\beta_i\ |b_{ij}|\int_{t-\tau}^{t}|\gamma_j(s)|\ e^{\rho(s+\tau)}ds \quad (4.3.2)$$

其中 $x:[0,T)\to\mathbb{R}^n$ 是局部 Lipschitz 的，$\gamma:[-\tau,T)\to\mathbb{R}^n$ 是局部可积的，ρ 是一个正常数且满足

$$\rho\in(0,\min\{\rho_M,d_1,\cdots,d_n\})$$

$$\rho_M=\frac{1}{\tau}\min_{i=1,\cdots,n}\ln\frac{-\beta_i a_{ii}-\sum_{j\neq i}\beta_j\ |a_{ij}|}{\sum_{j=1}^{n}\beta_j\ |b_{ji}|}$$

显然，$V_{[x,\gamma]}(\cdot)$ 是绝对连续的. 不失一般性，假设

$$\sum_{i=1}^{n}\beta_i\ |b_{ij}|>0,\quad \forall j=1,2,\cdots,n \quad (4.3.3)$$

设$[x,\gamma]$是神经网络(4.3.1)的任意 *IVP* 问题的局部解，则由引理 4.3.2，对于几乎处处 $t\in[0,T)$，有 $\frac{d}{dt}\|x(t)\|_{\beta}=\sum_{i=1}^{n}v_i(t)\dot{x}_i(t)$，其中 $v_i(t)$ 可定义为

$$v_i(t)=\begin{cases}\beta_i\operatorname{sign}(x_i(t)), & x_i(t)\neq 0\\ \beta_i\operatorname{sign}(\gamma_i(t)), & x_i(t)=0\ 且\ \gamma_i(t)\neq 0\\ 0, & x_i(t)=\gamma_i(t)=0\end{cases} \quad (4.3.4)$$

由上式不难发现，$v_i(t)x_i(t)=\beta_i\ |x_i(t)|$，$v_i(t)\gamma_i(t)=\beta_i\ |\gamma_i(t)|$.

假设 x 的最大定义区间为$(0,T)$，其中 $T\in(0,+\infty]$. 对于几乎处处 $t\in(0,T)$，我们有

$$\begin{aligned}\dot{V}_{[x,\gamma]}(t)=&\rho e^{\rho t}\ \|x(t)\|_{\beta}+e^{\rho t}\sum_{i=1}^{n}v_i(t)\dot{x}_i(t)+\\&e^{\rho t}\sum_{i,j=1}^{n}\beta_i\ |b_{ij}|\ [|\gamma_j(t)|\ e^{\rho\tau}-|\gamma_j(t-\tau)|]\\=&-\sum_{i=1}^{n}\beta_i(d_i-\rho)\ |x_i(t)|\ e^{\rho t}+e^{\rho t}\sum_{i=1}^{n}[\beta_i a_{ii}\ |\gamma_i(t)|+\\&\sum_{j\neq i}v_i(t)a_{ij}\gamma_j(t)]+\\&e^{\rho t}\sum_{i,j=1}^{n}v_i(t)b_{ij}\gamma_j(t-\tau)+e^{\rho t}v^{T}(t)U+\\&e^{\rho t}\sum_{i,j=1}^{n}\beta_i\ |b_{ij}|\ [|\gamma_j(t)|\ e^{\rho\tau}-|\gamma_j(t-\tau)|]\\\leqslant&-\sum_{i=1}^{n}\beta_i(d_i-\rho)\ |x_i(t)|\ e^{\rho t}+e^{\rho t}\ \|U\|_{\beta}+e^{\rho t}\sum_{i=1}^{n}[\beta_i(a_{ii}+e^{\rho\tau}\ |b_{ii}|)\ |\gamma_i(t)|+\\&\sum_{j\neq i}(\beta_i(|a_{ij}|+e^{\rho\tau}\ |b_{ij}|)\ |\gamma_j(t)|]\end{aligned}$$

$$= -\sum_{i=1}^{n}\beta_i(d_i-\rho)\mid x_i(t)\mid e^{\rho t}+e^{\rho t}\ \|\boldsymbol{U}\|_{\boldsymbol{\beta}}-$$
$$e^{\rho t}\beta^{\mathrm{T}}C_{\rho}(\mid\gamma_1(t)\mid,\cdots,\mid\gamma_n(t)\mid)^{\mathrm{T}}$$
$$\leqslant -\sum_{i=1}^{n}\beta_i(d_i-\rho)\mid x_i(t)\mid e^{\rho t}+e^{\rho t}\ \|\boldsymbol{U}\|_{\boldsymbol{\beta}}$$
$$\leqslant e^{\rho t}\ \|\boldsymbol{U}\|_{\boldsymbol{\beta}}$$

对上式从 0 到 t 积分可得

$$\|x(t)\|_{\boldsymbol{\beta}}\leqslant V_{[\boldsymbol{x},\gamma]}(t)e^{-\rho t}\leqslant V_{[\boldsymbol{x},\gamma]}(0)+\frac{\|\boldsymbol{U}\|_{\boldsymbol{\beta}}}{\rho},\quad \forall t\in[0,T)$$

这说明了，$\boldsymbol{x}$ 在$(0,+\infty)$上有界，所以由解的延拓定理（文献[11]46 页定理 3.2）可知，$\boldsymbol{x}$ 定义在$(0,+\infty)$. 因此，证明了对于任意 IVP 问题，神经网络(4.3.1) 存在全局解$[\boldsymbol{x}(t),\gamma(t)]$，$t\in[0,+\infty)$.

下面证明全局解的唯一性. 设$[\boldsymbol{x},\gamma]$ 和$[\boldsymbol{y},\zeta]$ 是神经网络(4.3.1) 满足同一初始条件的解. 于是，$z(t)=\boldsymbol{x}(t)-\boldsymbol{y}(t)$ 满足下列关系

$$\begin{cases}\dot{z}(t)=-\boldsymbol{D}z(t)+\boldsymbol{A}[\gamma(t)-\zeta(t)]+\boldsymbol{B}[\gamma(t-\tau)-\zeta(t-\tau)],\text{几乎处处 } t\in[0,T)\\ z(s)=0,\quad \forall s\in[-\tau,0]\\ \gamma(s)-\zeta(s)=0,\quad \text{几乎处处 } s\in[-\tau,0]\end{cases}$$

类似于(4.3.2) 中 V 的构造以及求导过程，我们有

$$\dot{V}_{[\boldsymbol{x}-\boldsymbol{y},\gamma-\zeta]}(t)\leqslant -\sum_{i=1}^{n}\beta_i(d_i-\rho)\mid \boldsymbol{x}_i(t)-\boldsymbol{y}_i(t)\mid e^{\rho t}\leqslant 0,\quad \text{几乎处处 } t\geqslant 0 \tag{4.3.5}$$

又因为$[\boldsymbol{x},\gamma]$ 和$[\boldsymbol{y},\zeta]$ 满足同一初始条件，所以 $V_{[\boldsymbol{x}-\boldsymbol{y},\gamma-\zeta]}(0)=0$. 于是，对式(4.3.5) 从 0 到 t 积分可得

$$0\leqslant V_{[\boldsymbol{x}-\boldsymbol{y},\gamma-\zeta]}(t)\leqslant V_{[\boldsymbol{x}-\boldsymbol{y},\gamma-\zeta]}(0)=0,\quad t\geqslant 0$$

即 $V_{[\boldsymbol{x}-\boldsymbol{y},\gamma-\zeta]}(t)=0$，$\forall t\geqslant 0$. 因此，对于任意的 $t\geqslant 0$，$\boldsymbol{x}(t)=\boldsymbol{y}(t)$；对于几乎处处 $t\geqslant 0$，$\gamma(t)=\zeta(t)$.

下面利用集值映射的拓扑度理论来证明延时神经网络(4.3.1) 平衡点的存在性. 首先构造同伦映射

$$\Phi_{\lambda}(\boldsymbol{x})=-\boldsymbol{D}\boldsymbol{x}+\lambda(\boldsymbol{A}+\boldsymbol{B})K[g(\boldsymbol{x})]+\lambda\boldsymbol{U},\quad \lambda\in[0,1],\boldsymbol{x}\in\mathbb{R}^n$$

显然，$\boldsymbol{x}$ 是延时神经网络(4.3.1) 的平衡点当且仅当 $\boldsymbol{0}\in\Phi_1(\boldsymbol{x})$. 根据定理假设，矩阵 $\boldsymbol{C}=M(\boldsymbol{A})-\mid\boldsymbol{B}\mid$ 为 M-矩阵，故存在向量 $\boldsymbol{\beta}=(\beta_1,\cdots,\beta_n)^{\mathrm{T}}>0$ 使得 $\boldsymbol{\beta}^{\mathrm{T}}\boldsymbol{C}>0$. 任取 $\boldsymbol{x}\in\mathbb{R}^n$ 和 $\boldsymbol{p}\in\Phi_{\lambda}(\boldsymbol{x})$，则必存在 $\boldsymbol{\gamma}\in K[g(\boldsymbol{x})]$ 使得 $\boldsymbol{p}=-\boldsymbol{D}\boldsymbol{x}+\lambda(\boldsymbol{A}+\boldsymbol{B})\gamma+\lambda\boldsymbol{U}$. 我们定义向量 $\boldsymbol{v}=(v_1,v_2,\cdots,v_n)^{\mathrm{T}}$ 为

$$v_i=\begin{cases}\beta_i\operatorname{sign}(x_i), & x_i\neq 0\\ \beta_i\operatorname{sign}(\gamma_i), & x_i=0\text{ 且 }\gamma_i\neq 0\\ 0, & x_i=\gamma_i=0\end{cases}$$

此时，$v_i x_i = \beta_i \mid x_i \mid, v_i \gamma_i = \beta_i \mid \gamma_i \mid, i = 1, 2, \cdots, n$

$$\begin{aligned}
\boldsymbol{v}^{\mathrm{T}} \boldsymbol{p} &= \boldsymbol{v}^{\mathrm{T}}[-\boldsymbol{D}\boldsymbol{x} + \lambda(\boldsymbol{A}+\boldsymbol{B})\gamma + \lambda \boldsymbol{U}] \\
&= \sum_{i=1}^{n}[-\beta_i d_i \mid \boldsymbol{x}_i \mid + \lambda \beta_i (a_{ii} + b_{ii}) \mid \gamma_i \mid + \\
&\quad \sum_{j \neq i} \lambda \boldsymbol{v}_i (a_{ij} + b_{ij}) \gamma_j] + \lambda \boldsymbol{v}^{\mathrm{T}} \boldsymbol{U} \\
&\leqslant - \| \boldsymbol{D}\boldsymbol{x} \|_{\boldsymbol{\beta}} + \lambda \sum_{i=1}^{n} [\beta_i (a_{ii} + | b_{ii} |) \mid \gamma_i \mid + \\
&\quad \sum_{j \neq i} \beta_i (| a_{ij} | + | b_{ij} |) \mid \gamma_j \mid] + \lambda \| \boldsymbol{U} \|_{\boldsymbol{\beta}} \\
&= - \| \boldsymbol{D}\boldsymbol{x} \|_{\beta} - \lambda \sum_{i=1}^{n} \boldsymbol{\beta}^{\mathrm{T}} C (\mid \gamma_1 \mid, \cdots, \mid \gamma_n \mid)^{\mathrm{T}} + \lambda \| \boldsymbol{U} \|_{\boldsymbol{\beta}} \\
&\leqslant - \| \boldsymbol{D}\boldsymbol{x} \|_{\boldsymbol{\beta}} + \lambda \| \boldsymbol{U} \|_{\boldsymbol{\beta}}
\end{aligned} \tag{4.3.6}$$

令 $\boldsymbol{\Omega} = \{\boldsymbol{x} \in \mathbb{R}^n \mid \| \boldsymbol{D}\boldsymbol{x} \|_{\boldsymbol{\beta}} < \| \boldsymbol{U} \|_{\boldsymbol{\beta}}\}$，它是$\mathbb{R}^n$ 中的一个有界开集. 对于任意的 $\lambda \in [0,1]$ 和 $\boldsymbol{x} \notin \boldsymbol{\Omega}$，由不等式(4.3.6) 可知

$$\boldsymbol{v}^{\mathrm{T}} \boldsymbol{p} \leqslant - \| \boldsymbol{D}\boldsymbol{x} \|_{\boldsymbol{\beta}} + \lambda \| \boldsymbol{U} \|_{\boldsymbol{\beta}} < 0$$

其中 $\boldsymbol{p} \in \Phi_\lambda(\boldsymbol{x})$. 这说明了，对于任意的 $\lambda \in [0,1]$，包含 $\boldsymbol{0} \in \Phi_\lambda(\boldsymbol{x})$ 在 $\boldsymbol{\Omega}$ 外都不可能有解. 同时是因为 $\Phi_0(\boldsymbol{x}) = -\boldsymbol{D}\boldsymbol{x}$ 和 $\boldsymbol{D}$ 为非奇异矩阵，所以 $\mid \deg(\Phi_0, \boldsymbol{\Omega}, 0) \mid = 1$. 因此，根据拓扑度的同伦不变性和解的存在性定理(文献[12]) 可知，包含 $\boldsymbol{0} \in \Phi_1(\boldsymbol{x})$ 在 $\overline{\boldsymbol{\Omega}}$ 内至少有一个解 $\boldsymbol{\xi}$，即延时神经网络(4.3.1) 至少存在一个平衡点 $\boldsymbol{\xi}$.

设 $\boldsymbol{\xi}$ 和 $\boldsymbol{\eta}$ 分别为延时神经网络(4.3.1) 的一个平衡点和相应的输出平衡点，$\boldsymbol{x}$ 是神经网络(4.3.1) 的任意 *IVP* 问题的全局解. 则 $z(t) = \boldsymbol{x}(t) - \boldsymbol{\xi}$ 必满足

$$\dot{z}(t) = -\boldsymbol{D}z(t) + \boldsymbol{A}[\gamma(t) - \boldsymbol{\eta}] + \boldsymbol{B}[\gamma(t-\tau) - \boldsymbol{\eta}], \quad \text{几乎处处 } t \geqslant 0$$

类似于(4.3.2) 中 V 的构造以及求导过程，我们有

$$\dot{V}_{[\boldsymbol{x}-\boldsymbol{\xi}, \boldsymbol{\gamma}-\boldsymbol{\eta}]}(t) \leqslant 0, \quad \text{几乎处处 } t \geqslant 0$$

所以

$$\| x(t) - \boldsymbol{\xi} \|_{\boldsymbol{\beta}} \leqslant V_{[\boldsymbol{x}-\boldsymbol{\xi}, \boldsymbol{\gamma}-\boldsymbol{\eta}]}(t) \mathrm{e}^{-\rho t} \leqslant V_{[\boldsymbol{x}, \boldsymbol{\gamma}]}(0) \mathrm{e}^{-\rho t} = V_0 \mathrm{e}^{-\rho t}, \quad \forall t \geqslant 0$$

其中，$V_0 = \| x(0) - \boldsymbol{\xi} \|_{\boldsymbol{\beta}} + \sum_{i,j=1}^{n} \beta_i \mid b_{ij} \mid \int_{-\tau}^{0} \mid \psi_j(s) - \eta_j \mid \mathrm{e}^{\rho(s+\tau)} \mathrm{d}s$. 上述不等式证明了神经网络(4.3.1) 平衡点的唯一性和全局指数收敛性. 另外，易证 $\boldsymbol{A} + \boldsymbol{B}$ 为非奇异矩阵，故

$$\boldsymbol{\eta} = (\boldsymbol{A} + \boldsymbol{B})^{-1}(-\boldsymbol{U} + \boldsymbol{D}\boldsymbol{\xi})$$

即输出平衡点也是唯一的. □

类似于上述定理的证明，同样可以得到下面的指数稳定性定理，具体证明参见文献[10].

定理 4.3.2 假设 $g \in \Xi$，而且对于任意 $i \in \{1,2,\cdots,n\}$，$\lim\limits_{|\boldsymbol{x}_i| \to +\infty} (g_i(\boldsymbol{x}_i) - g_i(0))\boldsymbol{x}_i = +\infty$. 若存在正定对角矩阵 $\boldsymbol{P} = \mathrm{diag}\{\boldsymbol{p}_1, \boldsymbol{p}_2, \cdots, \boldsymbol{p}_n\}$ 使得 $\boldsymbol{PA} + \boldsymbol{A}^{\mathrm{T}}\boldsymbol{P} + (\boldsymbol{PB})(\boldsymbol{PB})^{\mathrm{T}} + \boldsymbol{I} < 0$，其中 $\boldsymbol{I} \in \mathbb{R}^{n\times n}$ 是单位矩阵，则下列结论成立：

(1) 神经网络(4.3.1) 存在唯一的平衡点 $\boldsymbol{\xi}$ 和唯一的输出平衡点 $\boldsymbol{\eta}$；

(2) 对于任意 IVP 问题，神经网络(4.3.1) 存在唯一的全局解 $\boldsymbol{x}$，而且输出解 γ 也是几乎处处唯一确定的；

(3) 平衡点 $\boldsymbol{\xi}$ 是全局指数稳定的. □

下面介绍神经网络(4.3.1) 全局解的有限时间收敛性. 所谓有限时间收敛，是指神经网络(4.3.1) 从任意初始点出发的轨道都会在有限时间内达到平衡点. 有限时间收敛是不连续系统所特有的现象，这是光滑系统所无法达到的. 有限时间收敛在优化、滑模控制、切换系统等领域占有特别重要的地位. 我们首先引入下面假设.

假设 4.3.1 在定义 4.2.4 的条件下，设 $\boldsymbol{\xi}$ 和 $\boldsymbol{\eta}$ 分别为延时神经网络(4.3.1) 的平衡点和相应的输出平衡点，我们假设：

1) 对于任意 $i \in \{1,2,\cdots,n\}$，g_i 在点 ξ_i 处不连续；

2) 对于任意 $i \in \{1,2,\cdots,n\}$，都有 $g_i(\xi_i^-) - \eta_i < 0 < g_i(\xi_i^+) - \eta_i$.

在上述假设下，我们令

$$\Delta_m = \min_{i=1,\cdots,n} \{\min\{\eta_i - g_i(\xi_i^-), g_i(\xi_i^+) - \eta_i\}\} > 0$$

$$\Delta_M = \max_{i=1,\cdots,n} \{\max\{\eta_i - g_i(\xi_i^-), g_i(\xi_i^+) - \eta_i\}\} > 0$$

引理 4.3.3 如果定理 4.3.3 的条件和假设 4.3.1 同时成立，则对于神经网络(4.3.1) 的任意 VIP 的解 $\boldsymbol{x}$，必存在 $t_h > 0$ 使得 $x(t_h) = \boldsymbol{\xi}$，而且

$$t_h \leqslant T_{hit} = \inf\{\frac{1}{\rho}\ln[1 + \frac{\rho V_0}{k(\rho)\Delta_m}] \mid 0 < \rho < \min\{\rho_M, d_1, \cdots, d_n\}\}$$

其中，ρ_M 和 V_0 均来自定理 4.3.1 的证明中，$k(\rho) = \min\limits_{i=1,\cdots,n} \sum_{j=1}^{n} \beta_j c_{ji}^{\rho}$.

证 由假设 4.3.1，$\Delta_m > 0$. 若 $x(t) \neq \boldsymbol{\xi}$，则必存在 $i \in \{1,2,\cdots,n\}$ 使得 $|\gamma_i(t) - \eta_i| \geqslant \Delta_m$. 任取正常数 $\rho \in (0, \min\{\rho_M, d_1, \cdots, d_n\})$. 类似于定理 4.3.1 的证明，若 $x(t) \neq \boldsymbol{\xi}$，则

$$\begin{aligned}\dot{V}_{[\boldsymbol{x}-\boldsymbol{\xi},\boldsymbol{\gamma}-\boldsymbol{\eta}]}(t) &\leqslant -\mathrm{e}^{\rho t}\boldsymbol{\beta}^{\mathrm{T}} C_\rho(|\gamma_1(t) - \eta_1|, \cdots, |\gamma_n(t) - \eta_n|)^{\mathrm{T}} \\ &\leqslant -k(\rho)\Delta_m \mathrm{e}^{\rho t}, \quad \text{几乎处处 } t \geqslant 0\end{aligned}$$

若 $x(t) = \boldsymbol{\xi}$，则 $\dot{V}_{[\boldsymbol{x}-\boldsymbol{\xi},\boldsymbol{\gamma}-\boldsymbol{\eta}]}(t) \leqslant 0$，几乎处处 $t \geqslant 0$. 因此，对于任意的 $t_2 > t_1 > 0$

$$V_{[\boldsymbol{x}-\boldsymbol{\xi},\boldsymbol{\gamma}-\boldsymbol{\eta}]}(t_1) - V_{[\boldsymbol{x}-\boldsymbol{\xi},\boldsymbol{\gamma}-\boldsymbol{\eta}]}(t_2) = -\int_{t_1}^{t_2} \dot{V}_{[\boldsymbol{x}-\boldsymbol{\xi},\boldsymbol{\gamma}-\boldsymbol{\eta}]}(s)\mathrm{d}s$$

$$
\geqslant - \int_{\{t\in[t_1,t_2]\mid x(t)\neq\boldsymbol{\xi}\}} \dot{V}_{[x-\xi,\gamma-\eta]}(s)\mathrm{d}s
$$

$$
\geqslant k(\rho)\Delta_m \int_{\{t\in[t_1,t_2]\mid x(t)\neq\boldsymbol{\xi}\}} \mathrm{e}^{\rho s}\mathrm{d}s
$$

$$
\geqslant k(\rho)\Delta_m \mathrm{e}^{\rho t_1}\mu\{t\in[t_1,t_2]\mid x(t)\neq\boldsymbol{\xi}\}
$$

于是

$$
\mu\{t\geqslant 0\mid x(t)\neq\boldsymbol{\xi}\}\leqslant\frac{V_0}{k(\rho)\Delta_m}\leqslant\frac{V_0}{k(0)\Delta_m}
$$

这说明了 $\mu\{t\geqslant 0\mid x(t)=\boldsymbol{\xi}\}=\infty$. 设 t_h 是 $x(t)$ 第一次到达 $\boldsymbol{\xi}$ 的时间，即 $x(t)\neq\boldsymbol{\xi}$，当 $t\in(0,t_h)$ 时，而且 $x(t_h)=\boldsymbol{\xi}$. 于是

$$
V_0\geqslant V_0-V_{[x-\xi,\gamma-\eta]}(t_h)\geqslant k(\rho)\Delta_m\int_0^{t_h}\mathrm{e}^{\rho s}\mathrm{d}s
$$

$$
=\frac{k(\rho)\Delta_m}{\rho}(\mathrm{e}^{\rho t_h}-1)
$$

求解上述不等式可得，$t_h\leqslant\frac{1}{\rho}\ln[1+\frac{\rho V_0}{k(\rho)\Delta_m}]$，$\rho\in(0,\min\{\rho_M,d_1,\cdots,d_n\})$.

□

假设 4.3.2 在定理 4.3.1 的条件下，我们假设下列不等式成立

$$
\|\boldsymbol{A}^{-1}\boldsymbol{B}\|_\infty<\frac{\Delta_m}{\Delta_M}
$$

定理 4.3.3 如果定理 4.3.1 的前提条件、假设 4.3.1 和假设 4.3.2 同时成立，那么对于神经网络(4.3.1)任意 *VIP* 解 $\boldsymbol{x}$，必存在正常数 $T_{\mathrm{fin}}>0$ 使得 $x(t)=\boldsymbol{\xi}$ $(\forall t\geqslant T_{\mathrm{fin}})$，即解 $\boldsymbol{x}$ 将在时间 T_{fin} 时刻到达平衡点 $\boldsymbol{\xi}$.

证 分为两种情况证明.

(1) 存在平衡点 $\boldsymbol{\xi}$ 的一个邻域 $B_\infty(\boldsymbol{\xi},r)=\{\boldsymbol{x}\in\mathbb{R}^n\mid\|\boldsymbol{x}-\boldsymbol{\xi}\|<r\}$，使得对于任意 $\boldsymbol{x}\in B_\infty(\boldsymbol{\xi},r)$，$\boldsymbol{x}\neq\boldsymbol{\xi}$，当 $x_i<\xi_i$ 时 $g_i(\boldsymbol{x}_i)=g_i(\xi_i^-)$，当 $\boldsymbol{x}_i>\xi_i$ 时 $g_i(x_i)=g_i(\xi_i^+)$.

(2) 对于任意的 $r>0$，必存在异于 $\boldsymbol{\xi}$ 的 $\boldsymbol{x}\in B_\infty(\boldsymbol{\xi},r)$ 和 $i_0\in\{1,2,\cdots,n\}$，使得 $g_i(x_i)<g_i(\xi_i^-)$ 或 $g_i(x_i)>g_i(\xi_i^+)$.

首先讨论第一种情况. 由定理 4.3.2，存在 $t_r>0$，使得对于任意的 $t\geqslant t_r$ 都有 $|\boldsymbol{x}_i(t-\tau)-\xi_i|<r(i=1,2,\cdots,n)$，即 $x(t-\tau)\in B_\infty(\boldsymbol{\xi},r)$. 对于几乎所有的 $t\geqslant t_r$

$$
\|\boldsymbol{A}^{-1}\boldsymbol{B}(\gamma(t-\tau)-\boldsymbol{\eta})\|_\infty\leqslant\|\boldsymbol{A}^{-1}\boldsymbol{B}\|_\infty\|\gamma(t-\tau)-\boldsymbol{\eta}\|_\infty<(\frac{\Delta_m}{\Delta_M})\Delta_M=\Delta_m
$$

于是，由引理 4.3.3 的证明，存在 $t_f\in[t_r,t_r+T_{hit}]$ 使得 $\boldsymbol{x}(t_f)=\boldsymbol{\xi}$. 对于几乎所有的 $t\geqslant t_r$，定义 γ 如下

$$\gamma(t)=\boldsymbol{\eta}-\boldsymbol{A}^{-1}\boldsymbol{B}(\gamma(t-\tau)-\boldsymbol{\eta})$$

显然,$\gamma(t)\in K[g(\boldsymbol{\xi})]$,几乎处处 $t\in[t_r,+\infty)$. 因此,对于几乎处处 $t\in[t_r,+\infty)$, 都有 $\boldsymbol{x}(t)=\boldsymbol{\xi}$ 和 $\dot{\boldsymbol{x}}(t)=-\boldsymbol{D}(\boldsymbol{x}(t)-\boldsymbol{\xi})+\boldsymbol{A}[\gamma(t)-\boldsymbol{\eta}]+\boldsymbol{B}[\gamma(t-\tau)-\boldsymbol{\eta}]$,即 $\boldsymbol{x}(t)$ 将在有限时间 t_r 到达平衡点 $\boldsymbol{\xi}$.

下面讨论第二种情况. 由假设可知,激励函数 g 的不连续点是孤立的. 因此,根据定理 4.3.1,对于任意的 $\varepsilon>0$,存在 $t_\varepsilon>0$ 使得下面的事实成立. 令

$$S_-^i(\varepsilon)=\{t\geqslant t_\varepsilon\mid \boldsymbol{x}_i(t-\tau)<\xi_i\}$$

$$S_+^i(\varepsilon)=\{t\geqslant t_\varepsilon\mid \boldsymbol{x}_i(t-\tau)>\xi_i\}$$

于是,对于任意的 $i\in\{1,2,\cdots,n\}$,若集合 $S_-^i(\varepsilon)$ 非空,则对任意的 $t\in S_-^i(\varepsilon)$,必有

$$0\leqslant g_i(\xi_i^-)-g_i(\boldsymbol{x}_i(t-\tau))<\varepsilon$$

同时,对于任意的 $i\in\{1,2,\cdots,n\}$,若集合 $S_+^i(\varepsilon)$ 非空,则对任意的 $t\in S_+^i(\varepsilon)$,必有

$$0\leqslant g_i(\boldsymbol{x}_i(t-\tau))-g_i(\xi_i^-)<\varepsilon$$

对于任意的 $t\in S_-^i(\varepsilon)$,我们有

$$0\leqslant g_i(\xi_i^-)-g_i(\boldsymbol{x}_i(t-\tau))+\eta_i-g_i(\xi_i^-)<\varepsilon+\Delta_M$$

同理,对于任意的 $t\in S_+^i(\varepsilon)$

$$0\leqslant g_i(\boldsymbol{x}_i(t-\tau))-g_i(\xi_i^+)+g_i(\xi_i^+)-\eta_i<\varepsilon+\Delta_M$$

所以,对于几乎处处 $t>t_\varepsilon$

$$\max_{i\in\{1,2,\cdots,n\}}|\gamma_i(t-\tau)-\eta_i|=\|\gamma(t-\tau)-\eta\|_\infty<\varepsilon+\Delta_M$$

根据假设,我们可以取 $\varepsilon\in\left(0,\dfrac{\Delta_m-\Delta_M\|\boldsymbol{A}^{-1}\boldsymbol{B}\|_\infty}{\|\boldsymbol{A}^{-1}\boldsymbol{B}\|_\infty}\right)$,则对于几乎处处 $t>t_\varepsilon$

$$\|\boldsymbol{A}^{-1}\boldsymbol{B}(\gamma(t-\tau)-\boldsymbol{\eta})\|_\infty\leqslant\|\boldsymbol{A}^{-1}\boldsymbol{B}\|_\infty\|\gamma(t-\tau)-\boldsymbol{\eta}\|_\infty<\Delta_m$$

故由引理 4.3.3 的证明可知,存在 $t_f\in[t_\varepsilon,t_\varepsilon+T_{hit}]$,使得 $\boldsymbol{x}(t_f)=\boldsymbol{\xi}$. 在第一种情况里,我们同样有 $\boldsymbol{x}(t)=\boldsymbol{\xi}$,对任意的 $t\geqslant T_{hit}=t_f$. □

4.4 一类非光滑神经网络周期解的存在稳定性

神经网络的周期震荡问题有着非常重要的现实意义,这类问题也是近几年的一大热点问题. 意大利知名学者 Forti 等人在文献[6] 中提出了这样的猜想:在一定条件下,对具有不连续激励函数的神经网络,当外部输入是周期变化的时候,该网络是否存在周期解? 下面我们将从不同的角度来证明这个猜想是正确的. 本节主要研究下列非自治系统的周期解问题

$$\begin{cases}\dot{x}(t) \in -\boldsymbol{D}x(t) - \partial f(\boldsymbol{y}) + \theta(t) \\ \boldsymbol{y} = g(\boldsymbol{x})\end{cases} \tag{4.4.1}$$

其中 $\boldsymbol{x}=(x_1,\cdots,x_n)^{\mathrm{T}} \in \mathbb{R}^n$，$\boldsymbol{D}=\mathrm{diag}\{d_1,\cdots,d_n\}$ 是正定对角矩阵，$f:\mathbb{R}^n \to \mathbb{R}$ 表示价值函数，$\boldsymbol{y}=g(\boldsymbol{x})=(\boldsymbol{y}_1,\cdots,\boldsymbol{y}_n)^{\mathrm{T}}$，$\boldsymbol{y}_i=g_i(\boldsymbol{x}_i)$ 表示非线性价值函数. $\theta(t)$：$[0,+\infty) \to \mathbb{R}^n$ 是具有 ω 周期的连续函数，这里的 $\omega \in (0,+\infty)$ 是一个常数. 非自治系统(4.4.1)可以看成是多种神经网络模型的概括，如 Hopfield 神经网络、细胞神经网络等等.

定理 4.4.1 假设 f 在 $\mathbb{R}^n$ 上是局部 Lipschitz 的，$\theta(t)$ 是以 ω 为周期的连续函数，$\omega \in (0,+\infty)$，$g(\boldsymbol{x})$ 连续. 如果存在 $M>0$ 使得 $|g(\boldsymbol{x})| \leqslant M(\forall \boldsymbol{x} \in \mathbb{R}^n)$，那么非自治系统(4.4.1)至少存在一个周期解 $x(t)$，即 $x(t+\omega)=x(t)$，对任意的 $t \in [0,+\infty)$.

证 对于任意的 $\boldsymbol{x} \in C([0,\omega],\mathbb{R}^n)$，定义集值映射 H 如下

$$H(\boldsymbol{x})=\{\boldsymbol{z} \in \boldsymbol{C}([0,\omega],\mathbb{R}^n) \mid z(0)=x(\omega), \dot{z}(t) \in -\boldsymbol{D}x(t) - \partial f(\boldsymbol{y}) + \theta(t)$$
$$\text{几乎处处 } t \in [0,\omega]\text{，其中 } \boldsymbol{y}=g(\boldsymbol{x})\text{，}\dot{z}(t)\text{ 可测}\}$$

要证非自治系统(4.4.1)存在周期解，只需证明 H 存在不动点，而且这个不动点就是非自治系统(4.4.1)的周期解. 下面分成三步来证明这个定理.

(1) 证明 $H(\boldsymbol{x})$ 是 $\boldsymbol{C}([0,\omega],\mathbb{R}^n)$ 中的非空闭凸集. $H(\boldsymbol{x})$ 的凸性是显然的. 根据定理假设，$-\boldsymbol{D}x(t) - \partial f(\boldsymbol{y}) + \theta(t)$ 是上半连续的，所以由可测选择定理知，存在可测映射 $\gamma:[0,\omega] \to \mathbb{R}^n$ 使得

$$\gamma(t) \in -\boldsymbol{D}x(t) - \partial f(\boldsymbol{y}) + \theta(t), \quad \text{几乎处处 } t \in [0,\omega]$$

令 $z(t)=\int_0^t \gamma(s)\mathrm{d}s + x(\omega)$，显然有 $\boldsymbol{z} \in \boldsymbol{H}(\boldsymbol{x})$，即 $H(\boldsymbol{x})$ 非空. 下面证明 $H(\boldsymbol{x})$ 在 $\boldsymbol{C}([0,\omega],\mathbb{R}^n)$ 是闭的. 任取 $\{z_n\} \subset H(\boldsymbol{x})$（在 $C([0,\omega],\mathbb{R}^n)$ 中）. 由于 $\boldsymbol{x}$ 和 θ 在 $[0,\omega]$ 是有界的，所以一定存在 $Q>0$ 使得 $|\dot{z}_n(t)|<Q$（几乎处处 $t \in [0,\omega]$），这说明了 $\{\dot{z}_n\}$ 在 $L^\infty([0,t],\mathbb{R}^n)$ 上是有界的. 于是由 Alaoglu 定理，存在 $\{\dot{z}_n\}$ 的子列（仍记为 $\{\dot{z}_n\}$）弱 * 收敛到 $\boldsymbol{u} \in L^\infty([0,t],\mathbb{R}^n)$. 又因为 $\boldsymbol{1} \in L^1([0,t],\mathbb{R}^n)$ 而且 $L^\infty([0,t],\mathbb{R}^n)=(L^1([0,t]),\mathbb{R}^n)^*$，所以 $\int_0^t \dot{z}_n \mathrm{d}t \to \int_0^t u\mathrm{d}t$，$n \to \infty$. 于是

$$z_n(t)=z_n(0)+\int_0^t \dot{z}_n\mathrm{d}t = x(\omega)+\int_0^t \dot{z}_n\mathrm{d}t$$
$$\to x(\omega)+\int_0^t u\mathrm{d}t, n \to \infty$$

另一方面，$z_n \to z$，这意味着 $z(t)=x(\omega)+\int_0^t u\mathrm{d}t$. 所以，由收敛定理（文献[4]60 页定理 1）

$$\dot{z}(t)=u(t) \in -\boldsymbol{D}x(t) - \partial f(\boldsymbol{y}) + \theta(t), \quad \text{几乎处处 } t \in [0,\omega]$$

因此，$\boldsymbol{z} \in \boldsymbol{H}(\boldsymbol{x})$，即 $H(\boldsymbol{x})$ 在 $C([0,\omega],\mathbb{R}^n)$ 是闭的.

(2)$H(\boldsymbol{x})$ 是上半连续的而且将有界集映为相对紧集. 设 $\boldsymbol{D} \subset C([0,\omega],\mathbb{R}^n)$ 是一个有界集，即存在 $L > 0$ 使得 $\|\boldsymbol{x}\| < L$ ($\forall \boldsymbol{x} \in \boldsymbol{D}$)，这里的 $\|\boldsymbol{x}\| = \max\{|\boldsymbol{x}(t)| \mid t \in [0,\omega]\}$. 所以，对于每一个 $\boldsymbol{z} \in \boldsymbol{H}(\boldsymbol{D})$

$$|z(t)| \leqslant |z(0)| + \int_0^t |\dot{z}(s)| \mathrm{d}s \leqslant L + \omega L d + \omega M$$

其中 $d = \max_{i=1,2,\cdots,n} d_i$，$M$ 满足下列不等式

$$|-\partial f(g(\boldsymbol{x})) + \theta(t)| \triangleq \sup_{\xi \in -\partial f(g(\boldsymbol{x}))+\theta(t)} |\xi| \leqslant M$$

对于任意的 $\boldsymbol{x} \in \boldsymbol{D}$ 和 $t \in [0,\omega]$. 事实上，由 g 和 θ 的有界性可知 $0 < M < +\infty$. 因此，$H(\boldsymbol{D})$ 是一致有界的，而且 $H(\boldsymbol{D})$ 显然是等度连续的，所以由 Arzela-Ascoli 定理可得，$H(\boldsymbol{D})$ 在 $\boldsymbol{C}([0,\omega],\mathbb{R}^n)$ 中是相对紧集，即 H 将有界集映为相对紧集. 特别地，根据步骤(1) 的证明知道 $H(\boldsymbol{x})$ 是闭集，所以 $\boldsymbol{H}(\boldsymbol{x})$ 是 $\boldsymbol{C}([0,\omega],\mathbb{R}^n)$ 中的紧集. 另外，要证 H 是上半连续的，只需证明 H 的图像是闭的，即对于任意的$\{\boldsymbol{x}_n\}$ 和 $\boldsymbol{x} \in \boldsymbol{C}([0,\omega],\mathbb{R}^n)$ 满足 $\boldsymbol{x}_n \to \boldsymbol{x}$，如果 $\boldsymbol{z}_n \in \boldsymbol{H}(\boldsymbol{x}_n)$ 而且$\boldsymbol{z}_n \to \boldsymbol{z}$，那么一定有 $\boldsymbol{z} \in \boldsymbol{H}(\boldsymbol{x})$. 这个证明类似于步骤(1) 中 $H(\boldsymbol{x})$ 闭性的证明，在此不再赘述.

(3) 在这一步里证明 H 存在不动点. 根据 Leray-Schauder 替换定理，只需证明集合$\boldsymbol{\Gamma} = \{\boldsymbol{x} \in \boldsymbol{C}([0,\omega],\mathbb{R}^n) \mid \boldsymbol{x} \in \lambda H(\boldsymbol{x}), \lambda \in (0,1)\}$ 是有界的，即下列非自治系统的解关于 $\lambda \in (0,1)$ 是一致有界的

$$\begin{cases} \dot{x}(t) \in -\lambda \boldsymbol{D} x(t) - \lambda \partial f(\boldsymbol{y}) + \lambda\theta(t) \\ \boldsymbol{y} = g(\boldsymbol{x}) \\ x(0) = \lambda x(\omega) \end{cases} \tag{4.4.2}$$

由 g 和 θ 的有界性，存在仅依赖于 g 和 θ 的常数 $M_0 > 0$ 使得对于任意的 $\boldsymbol{x} \in C([0,\omega],\mathbb{R}^n)$ 都有

$$|-\partial f(g(x(t))) + \theta(t)| = \max_{\xi \in -\partial f(g(x(t)))+\theta(t)} |\xi| \leqslant M_0, \quad \text{几乎处处 } t \in [0,\omega]$$

设 $x^\lambda(t)$ 是非自治系统(4.4.2) 的解. 定义 $V(\boldsymbol{x}) = \frac{1}{2}\boldsymbol{x}^{\mathrm{T}}\boldsymbol{x} = \frac{1}{2}|\boldsymbol{x}|^2$，对 $V(\boldsymbol{x})$ 沿着非自治系统(4.4.2) 的解求导

$$\begin{aligned} \frac{\mathrm{d}}{\mathrm{d}t}V(x^\lambda(t)) &= \frac{\mathrm{d}}{\mathrm{d}t} \cdot \frac{1}{2}|x^\lambda(t)|^2 = \langle x^\lambda(t), \dot{x}^\lambda(t)\rangle \\ &\leqslant -\lambda d_m |x^\lambda(t)|^2 + \lambda M_0 |x^\lambda(t)| \\ &= \lambda(-d_m |x^\lambda(t)| + M_0) |x^\lambda(t)| \end{aligned} \tag{4.4.3}$$

这里的 $d_m = \min_{i=1,2,\cdots,n} d_i$. 因此，当 $|x^\lambda(t)| > \frac{M_0}{d_m}$ 时，$\frac{\mathrm{d}}{\mathrm{d}t}|x^\lambda(t)|^2 < 0$，这意味着 $B(0,\frac{M_0}{d_m})$ 是全局吸引的. 所以，对于非自治系统(4.4.2) 任意的解 $x^\lambda(t)$，一定

有 $x^{\lambda}(0)\in B(0,\frac{M_0}{d_m})$. 否则,如果存在非自治系统(4.4.2)的解 $x^{\lambda}(t)$ 使得 $|x^{\lambda}(0)|>\frac{M_0}{d_m}$,那么根据等式(4.4.3)必有 $|x^{\lambda}(0)|>|x^{\lambda}(\omega)|$,这显然与事实 $|x^{\lambda}(0)|=\lambda|x^{\lambda}(\omega)|\leqslant|x^{\lambda}(\omega)|$ 矛盾. 从而,由 $B(0,\frac{M_0}{d_m})$ 的全局吸引性,$x^{\lambda}(t)\in B(0,\frac{M_0}{d_m})$,几乎处处 $t\in[0,\omega]$. 于是,$\|x^{\lambda}\|=\max\limits_{t\in[0,\omega]}|x^{\lambda}(t)|\leqslant\frac{M_0}{d_m}$,即 Γ 是有界的.

所以,由 Leray-Schauder 替换定理可知,H 存在不动点,即存在非自治系统(4.4.2)的解 $x(t)$,满足 $x(0)=x(\omega)$. 最后,定义 $z(t)$ 为

$$z(t)=x(t-k\omega),\quad t\in[k\omega,(k+1)\omega],\ k=0,1,2,\cdots$$

显然,$z(t)$ 就是非自治系统(4.4.1)的周期解. □

作为定理 4.4.1 的推论,我们有:

注 4.4.1 令 $f(\boldsymbol{y})=-\frac{1}{2}\sum\limits_{i,j=1}^{n}\omega_{ij}\boldsymbol{y}_i\boldsymbol{y}_j$ 和 $g_i(\boldsymbol{x}_i)=\frac{|\boldsymbol{x}_i+1|-|\boldsymbol{x}_i-1|}{2}$ $(i=1,2,\cdots,n)$,则非自治系统(4.4.1)变为著名的细胞神经网络

$$\dot{x}(t)=-\boldsymbol{D}x(t)+\boldsymbol{W}g(x(t))+\theta(t)\tag{4.4.4}$$

其中 $\boldsymbol{D}=\mathrm{diag}\{d_1,\cdots,d_n\}(d_i>0)$,$\boldsymbol{W}=[\omega_{ij}]_{n\times n}$. 所以,定理 4.4.1 提出了一个判断细胞神经网络(4.4.4)周期解存在的充分条件. 特别地,如果取 g_i 为逐段连续且有界函数时,则非自治系统(4.4.4)变为目前特别流行的具有不连续激励函数的神经网络

$$\dot{\boldsymbol{x}}(t)\in-\boldsymbol{D}\boldsymbol{x}+\boldsymbol{W}K[g(\boldsymbol{x})]+\theta(t)$$

这里的 $K[g(\boldsymbol{x})]=(K[g_1(\boldsymbol{x}_1)],K[g_2(\boldsymbol{x}_2)],\cdots,K[g_n(\boldsymbol{x}_n)])^{\mathrm{T}}:\mathbb{R}^n\to\mathbb{R}^n$,$K[g_i(\boldsymbol{x}_i)]=[g_i(\boldsymbol{x}_i^-),g_i(\boldsymbol{x}_i^+)]\ (i=1,2,\cdots,n)$. 事实上,神经网络(4.4.4)周期解存在性问题已经引起了越来越多学者的关注,见文献[14]. 作为定理 4.4.1 的另外一个应用,我们直接就得到了神经网络(4.4.4)周期解的存在性. 同时,定理 4.4.1 也证明了 Forti 等人在文献[6]中提出的猜想. □

例 4.4.1 考虑下列系统

$$\begin{cases}\dot{x}(t)\in-Dx(t)-\partial f(\boldsymbol{y})+\theta(t)\\ \boldsymbol{y}=g(\boldsymbol{x})\end{cases}$$

其中 $\boldsymbol{x}=(x_1,x_2)^{\mathrm{T}}\in\mathbb{R}^2$,$D=\begin{pmatrix}1&0\\0&2\end{pmatrix}$,$\theta(t)=(\cos t,\sin t)^{\mathrm{T}}\in\mathbb{R}^2$ 且 $\boldsymbol{y}=(y_1,y_2)^{\mathrm{T}}=(g_1(x_1),g_2(x_2))^{\mathrm{T}}$. 令

$$f(\boldsymbol{y})=\sum_{i=1}^{2}\left|y_i-y_i^*\right|-\frac{1}{2}\boldsymbol{y}^{\mathrm{T}}\boldsymbol{y},\quad g_i(x_i)=\frac{1}{1+x_i^2}$$

$i=1,2$，这里的 $\boldsymbol{y}^*=(y_1^*,y_2^*)^{\mathrm{T}}=(1,1)^{\mathrm{T}}$. 注意这里的 f 不是凸函数. 经过简单计算，$\partial f(\boldsymbol{y})=\mathrm{sgn}(\boldsymbol{y}-\boldsymbol{y}^*)-\boldsymbol{y}$，其中 $\mathrm{sgn}(s)=(\mathrm{sgn}(s_1),\mathrm{sgn}(s_2))^{\mathrm{T}}$. 显然，该神经网络的激励函数是有界的，而且定理 4.3.1 的其他条件也成立. 于是，根据定理 4.3.1 可知该神经网络存在周期解. 下图描述的是该神经网络过初始点 $\boldsymbol{A}_1=(0.2,-0.1)^{\mathrm{T}}$，$\boldsymbol{A}_2=(0.6,1.2)^{\mathrm{T}}$，$\boldsymbol{A}_3=(1.8,0.1)^{\mathrm{T}}$ 的解的轨迹. 从图 6 中不难发现，该神经网络的确存在周期解.

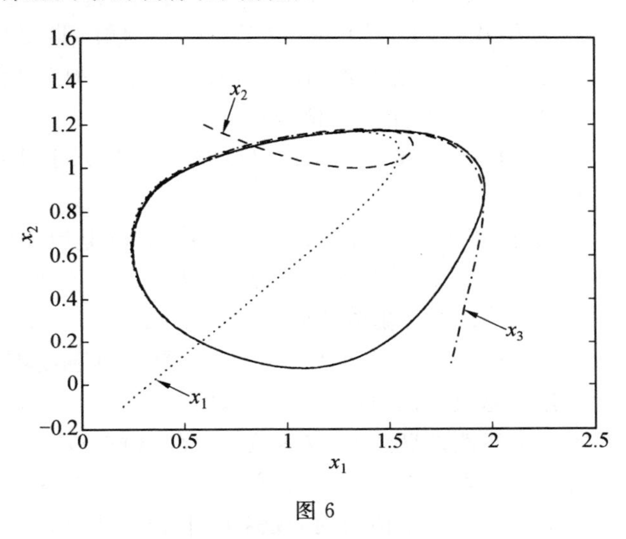

图 6

下面考虑当激励函数无界的时候，非自治系统(4.4.1) 周期解的存在情况. 首先，类似于文献[14] 中的注解 1，我们有：

定理 4.4.2 假设 f 在 $\mathbb{R}^n$ 上是局部 Lipschitz 的，$\theta(t)$ 是以 ω 为周期的连续函数($0<\omega<+\infty$)，$g(\boldsymbol{x})$ 连续. 如果下列条件之一成立：

(i) $|\partial f(g(\boldsymbol{x}))|:=\sup\limits_{\boldsymbol{\xi}\in\partial f(g(\boldsymbol{x}))}|\boldsymbol{\xi}|\leqslant c_1(1+|\boldsymbol{x}|^{\alpha})$，其中 $\alpha\in(0,1)$ 是一常数；

(ii) $|\partial f(g(\boldsymbol{x}))|\leqslant c_1(1+|\boldsymbol{x}|)$，其中 $c_1\leqslant d_m:=\min\limits_{i=1,\cdots,n}d_i$.

那么，非自治系统(4.4.1) 必存在周期解 $x(t)$，即 $x(t+\omega)=x(t)$，$\forall t\in[0,+\infty)$. □

接下来证明即使定理 4.4.2 (ii) 中的假设 $c_1\leqslant d_m$ 不成立，非自治系统(4.4.1) 仍然存在周期解. 首先进行假设：

A_1 (1) f 是凸函数；(2) 对任意的 $i\in\{1,\cdots,n\}$，$g_i(\boldsymbol{x}_i)$ 是连续非减函数而且 $\lim\limits_{|\boldsymbol{x}_i|\to+\infty}\boldsymbol{x}_i(g_i(\boldsymbol{x}_i)-g_i(0))=+\infty$；(3) $\theta(t)$ 是以 ω 为周期的连续函数 ($0<\omega<+\infty$).

令 $T=[0,\omega]$ ($0<\omega<+\infty$)，用 $L^1(T,\mathbb{R}^n)$ 表示由所有 Bochner 可积函数

$\boldsymbol{x}: T \to \mathbb{R}^n$ 构成的 Banach 空间,令

$$W^{1,1}(T,\mathbb{R}^n)=\{\boldsymbol{x}\in L^1(T,\mathbb{R}^n)\mid \dot{\boldsymbol{x}}\in L^1(T,\mathbb{R}^n)\}$$

$$W_p^{1,1}(T,\mathbb{R}^n)=\{\boldsymbol{x}\in W^{1,1}(T,\mathbb{R}^n)\mid \boldsymbol{x}(0)=\boldsymbol{x}(\omega)\}$$

定义算子 $L(\boldsymbol{x})=\dot{\boldsymbol{x}}+\boldsymbol{D}\boldsymbol{x}$, $\forall\, \boldsymbol{x}\in W_p^{1,1}(T,\mathbb{R}^n)$, 则 $L: W_p^{1,1}(T,\mathbb{R}^n)\to L^1(T,\mathbb{R}^n)$ 是一个线性算子. 下面的引理在证明非自治系统(4.4.1) 存在周期解的时候是必不可少的,详细证明可参考文献[14].

引理 4.4.1 算子 $L: W_p^{1,1}(T,\mathbb{R}^n)\to L^1(T,\mathbb{R}^n)$ 是双射 (既是单射又是满射). L^{-1} 是完全连续的,即 L^{-1} 是连续的,而且将有界集映为相对紧集. □

对于任意的 $\boldsymbol{x}\in L^1(T,\mathbb{R}^n)$,定义集值映射

$$N(\boldsymbol{x})=\{v\in L^1(T,\mathbb{R}^n)\mid v(t)\in -\partial f(g(x(t)))+\theta(t),\text{几乎处处 } t\in T\}$$

则 $N(\cdot)$ 具有下列性质.

引理 4.4.2 假设 f 在 $\mathbb{R}^n$ 上是局部 Lipschitz 的, $\theta(t)$ 是以 ω 为周期的连续函数$(0<\omega<+\infty)$, $g(\boldsymbol{x})$ 连续. 如果存在常数 $M,N>0$ 使得 $|\partial f(g(\boldsymbol{x}))|\leqslant M|\boldsymbol{x}|+N$ $(\forall\, \boldsymbol{x}\in\mathbb{R}^n)$,那么集值映射 $N(\cdot): L^1(T,\mathbb{R}^n)\to 2^{L^1(T,\mathbb{R}^n)_w}$ 具有非空闭凸值, 而且从 $L^1(T,\mathbb{R}^n)$ 到 $L^1(T,\mathbb{R}^n)_w$ 是上半连续的, 这里的 $L^1(T,\mathbb{R}^n)_w$ 表示弱拓扑意义下的空间 $L^1(T,\mathbb{R}^n)$.

证 $N(\cdot)$ 的闭性和凸性是显然的. 又因为 $-\partial f(g(\boldsymbol{x}(t)))+\theta(t)$ 是上半连续的,所以由可测选择定理可知 $N(\cdot)$ 是非空的. 下面证明 $N(\cdot)$ 是从 $L^1(T,\mathbb{R}^n)$ 到 $L^1(T,\mathbb{R}^n)_w$ 的上半连续集值映射,仅需证明对于 $L^1(T,\mathbb{R}^n)$ 中任意的弱闭集 $\boldsymbol{C}$, $N^{-1}(\boldsymbol{C})=\{\boldsymbol{x}\in L^1(T,\mathbb{R}^n)\mid N(\boldsymbol{x})\cap \boldsymbol{C}\neq\varnothing\}$ 是闭的. 于是,任取 $\{\boldsymbol{x}_n\}_{n\geqslant 1}\subseteq N^{-1}(C)$ 满足 $\boldsymbol{x}_n\to\boldsymbol{x}$ (在 $L^1(T,\mathbb{R}^n)$ 中),则 $\{\boldsymbol{x}_n\}$ 存在子列(仍记为 $\{\boldsymbol{x}_n\}$) 逐点收敛到 $\boldsymbol{x}$, 即 $x_n(t)\to\boldsymbol{x}(t)$,几乎处处 $t\in T$. 取 $h_n\in N(\boldsymbol{x}_n)\cap\boldsymbol{C}$, $n\geqslant 1$. 根据已知条件,存在 $M_0>0$ (不依赖 n) 使得

$$\begin{aligned}\int_0^\omega |h_n(t)|\,\mathrm{d}t &\leqslant \int_0^\omega M|x_n(t)|\,\mathrm{d}t+N\omega+\|\boldsymbol{\theta}\|_{L^1}\\ &\leqslant M\|\boldsymbol{x}_n\|_{L^1}+N\omega+\|\boldsymbol{\theta}\|_{L^1}\\ &\leqslant MM_0+N\omega+\|\boldsymbol{\theta}\|_{L^1}\end{aligned}$$

这里的 $\|\boldsymbol{\theta}\|_{L^1}$ 表示 $\boldsymbol{\theta}$ 的 L^1 范数. 于是,根据 Dunford-Pettis 定理,可以假设 h_n 在 $L^1(T,\mathbb{R}^n)$ 中弱收敛到 $h\in\boldsymbol{C}$. 所以

$$\begin{aligned}h(t)&\in\overline{\operatorname{conv}}\,\overline{\lim_{n\geqslant 1}}\{h_n(t)\}\subseteq\overline{\operatorname{conv}}\,\overline{\lim_{n\geqslant 1}}\{-\partial f(g(\boldsymbol{x}_n(t)))+\theta(t)\}\\ &\subseteq -\partial f(g(\boldsymbol{x}(t)))+\theta(t)\quad \text{几乎处处 } t\in T\end{aligned}$$

即 $h\in N\cap C$, 因此 N 是上半连续的. □

定理 4.4.3 假设条件 A_1 成立. 如果存在 $M,N>0$ 使得 $|\partial f(g(\boldsymbol{x}))|\leqslant M|\boldsymbol{x}|+N$, 那么非自治系统(4.4.1) 必存在周期解.

证 要证非自治系统(4.4.1) 存在周期解,只需证明 $L^{-1}N(\cdot)$ 存在不动

点. 首先,$L^{-1}N:L^1(T,\mathbb{R}^n)\to P_{kc}(L^1(T,\mathbb{R}^n))$ 是上半连续的,这是因为 L^{-1}: $L^1(T,\mathbb{R}^n)\to P_{kc}(L^1(T,\mathbb{R}^n))$ 是完全连续的而且 N 从 $L^1(T,\mathbb{R}^n)$ 到 $L^1(T,\mathbb{R}^n)_w$ 是上半连续的. 同时,$L^{-1}N$ 将有界集映为相对紧集,这是因为 N 是有界的而且 L^{-1} 是完全连续的. 因此,根据 Leray-Schauder 替换定理,要证 $L^{-1}N(\cdot)$ 存在不动点,只需证明集合

$$\Gamma=\{\boldsymbol{x}\in W_p^{1,1}(T,\mathbb{R}^n)\mid \boldsymbol{x}\in\lambda L^{-1}N(\boldsymbol{x}),\lambda\in(0,1)\}$$

是有界的,即下列系统的 ω 周期解是有界的

$$\dot{x}(t)\in-\boldsymbol{D}x(t)-\lambda\partial f(g(\boldsymbol{x}(t)))+\lambda\theta(t)\tag{4.4.4}$$

设 $x^\lambda(t)$ 是系统(4.4.4)的解,定义 Lyapunov 函数如下

$$W(\boldsymbol{x}^\lambda)=\sum_{i=1}^n\int_0^{x_i^\lambda}(g_i(\rho)-g_i(0))\mathrm{d}\rho$$

对 $W(\boldsymbol{x}^\lambda)$ 沿着系统(4.4.4)求导得

$$\begin{aligned}\frac{\mathrm{d}}{\mathrm{d}t}W(\boldsymbol{x}^\lambda(t))&\leqslant-\langle g(\boldsymbol{x}^\lambda(t))-g(0),\boldsymbol{D}\boldsymbol{x}^\lambda+\lambda\boldsymbol{\eta}-\lambda\theta(t)\rangle\\&=-\sum_{i=1}^n d_i[g_i(\boldsymbol{x}_i^\lambda(t))-g_i(0)][\boldsymbol{x}_i^\lambda(t)-\frac{\lambda\theta_i(t)-\lambda\eta_i}{\mathrm{d}_i}]\end{aligned}$$

其中 $\boldsymbol{\eta}=(\eta_1,\cdots,\eta_n)^{\mathrm{T}}\in\partial f(g(0))$. 令

$$M=\max_{i\in\{1,\cdots,n\},\lambda\in(0,1),t\in[0,\omega]}\left|\frac{\lambda\theta_i(t)-\lambda\eta_i}{\mathrm{d}_i}\right|$$

由于 θ 是连续的而且 $\partial f(g(0))$ 是有界的,所以 $M<+\infty$. 当 $|\boldsymbol{x}_i^\lambda|>M$ 时

$$\begin{aligned}&d_i[g_i(\boldsymbol{x}_i^\lambda)-g_i(0)][\boldsymbol{x}_i^\lambda-\frac{\lambda\theta_i-\lambda\eta_i}{\mathrm{d}_i}]\\&=d_i\mid g_i(\boldsymbol{x}_i^\lambda)-g_i(0)\mid\left|\boldsymbol{x}_i^\lambda-\frac{\lambda\theta_i-\lambda\eta_i}{\mathrm{d}_i}\right|\\&\geqslant d_i\mid g_i(\boldsymbol{x}_i^\lambda)-g_i(0)\mid(\mid\boldsymbol{x}_i^\lambda\mid-M)\to+\infty,\quad \boldsymbol{x}_i^\lambda\to+\infty\end{aligned}$$

这意味着可以构造一个方体 $\boldsymbol{\Omega}=[-M_1,M_1]\times[-M_2,M_2]\times\cdots\times[-M_n,M_n]$, 使得当 $\boldsymbol{x}^\lambda(t)\in\overline{\mathbb{R}^n\backslash\Omega}$ 时,有 $\frac{\mathrm{d}}{\mathrm{d}t}W(\boldsymbol{x}^\lambda(t))<0$. 这里的 $M_i>0$ 而且不依赖 λ, $i=1,2,\cdots,n$. 令

$$\boldsymbol{G}=\sup_{x\in\boldsymbol{\Omega}}W(\boldsymbol{x})>0$$
$$\boldsymbol{S}=\{\boldsymbol{x}\mid W(\boldsymbol{x})\leqslant\boldsymbol{G}\}$$

显然,$\boldsymbol{\Omega}\subseteq\boldsymbol{S}$ 而且 $\boldsymbol{S}$ 是 $\mathbb{R}^n$ 中的一个紧集(由条件 $\mathrm{A}_1(2)$ 可知). 由 $\boldsymbol{\Omega}$ 的定义可知当 $x^\lambda(t)\in\overline{\mathbb{R}^n\backslash\boldsymbol{S}}$ 时,$\frac{\mathrm{d}}{\mathrm{d}t}W(\boldsymbol{x}^\lambda(t))<0$.

设 $x^\lambda(t)$ 是系统(4.4.4)的周期解,即 $x^\lambda(0)=x^\lambda(\omega)$, 那么一定有 $x^\lambda(t)\in S$, $\forall t\in[0,\omega]$. 事实上,$\boldsymbol{S}$ 是 $\boldsymbol{x}^\lambda$ 的一个吸引域. 因此,由 $\boldsymbol{S}$ 的有界性可知,存在 $R>0$(不依赖 λ) 使得 $|x^\lambda(t)|<R$ $(\forall t\in[0,\omega])$. 所以,对于任意的 $t\in[0,$

$\omega]$

$$
\begin{aligned}
x^{\lambda}(t) \mid &\leqslant \mid x^{\lambda}(0) \mid + \int_0^t \mid \dot{x}^{\lambda}(s) \mid \mathrm{d}s \\
&\leqslant R + d_M \int_0^t \mid x^{\lambda}(s) \mid \mathrm{d}s + \int_0^t (M \mid x^{\lambda}(s) \mid + N)\mathrm{d}s + \theta_M \omega \\
&= (R + N\omega + \theta_M \omega) + (d_M + M) \int_0^t \mid x^{\lambda}(s) \mid \mathrm{d}s
\end{aligned}
$$

其中 $d_M = \max\limits_{i=1,\cdots,n} d_i$，$\theta_M = \max\limits_{t \in [0,\omega]} \mid \theta(t) \mid$. 故由 Gronwall 不等式

$$
\mid x^{\lambda}(t) \mid \leqslant (R + N\omega + \theta_M \omega) \mathrm{e}^{(d_M + M)\omega}
$$

这就意味着系统(4.4.4) 的所有 ω 周期解都是有界的，即集合 Γ 有界. 所以，根据 Leray-Schauder 替换定理，$L^{-1}N$ 存在不动点，而且这个不动点就是非自治系统(4.4.2) 的周期解. □

上面的定理主要依赖于 Leray-Schauder 替换定理，下面将使用另外一种不动点定理(即 Schauder 不动点定理) 来证明非自治系统(4.4.1) 周期解的存在性.

定理 4.4.4 假设条件 A_1 成立. 如果 $g_i \in C^2$ 而且 $g_i'(\boldsymbol{x}_i) > 0$ ($\forall \boldsymbol{x}_i \in \mathbb{R}$, $i = 1, \cdots, n$)，那么非自治系统(4.4.1) 存在周期解.

证明 设 $\boldsymbol{x}(t)$ 是非自治系统(4.4.1) 过初始点 $\boldsymbol{x}(0) = \boldsymbol{x}_0$ 的解. 类似于定理 4.4.5 的证明，同样定义 Lyapunov 函数

$$
W(\boldsymbol{x}) = \sum_{i=1}^{n} \int_0^{x_i} (g_i(\rho) - g_i(0)) \mathrm{d}\rho
$$

和方体 $\boldsymbol{\Omega}$ 使得当 $\boldsymbol{x}(t) \in \overline{\mathbb{R}^n \setminus \boldsymbol{\Omega}}$ 时，$\dfrac{\mathrm{d}}{\mathrm{d}t} W(x(t)) < 0$. 设 $\boldsymbol{G} = \sup\limits_{x \in \boldsymbol{\Omega}} W(\boldsymbol{x}) > 0$，$\boldsymbol{S} = \{\boldsymbol{x} \mid W(\boldsymbol{x}) \leqslant \boldsymbol{G}\}$. 又因为 $\dot{g}_i(\cdot) > 0$ $(i = 1, \cdots, n)$，所以 W 是连续凸函数而且 $\lim\limits_{|x_i| \to +\infty} W(\boldsymbol{x}) = +\infty$，由此可知 $\boldsymbol{S}$ 是 $\mathbb{R}^n$ 中的紧凸集. 当 $x(t) \in \mathrm{bd}(\boldsymbol{S})$ 时，有

$$
W(x(t)) = \boldsymbol{G}, \quad \frac{\mathrm{d}}{\mathrm{d}t} W(x(t)) < 0
$$

所以，如果 $x(0) \in \boldsymbol{S}$，那么一定有 $x(t) \in \boldsymbol{S}$，$\forall t \geqslant 0$. 定义映射 $P: \boldsymbol{S} \to \boldsymbol{S}$ 如下

$$
P(\boldsymbol{x}_0) = \{x(\omega) \mid x(t) \text{ 是非自治系统(4.4.1) 过初始点 } x(0) = \boldsymbol{x}_0 \text{ 的解}\}
$$

根据上面的讨论可知，映射 P 是有定义的. 根据文献[17] 中的定理 3，映射 P 是单值的. 同时，P 是从 $\boldsymbol{S}$ 到 $\boldsymbol{S}$ 的连续映射. 事实上，任取 $\boldsymbol{x}_0, \boldsymbol{x}_0^n \in \boldsymbol{S}$ 满足 $\boldsymbol{x}_0^n \to \boldsymbol{x}_0$ $(n \to +\infty)$. 令 $x^n(t)$ (或 $x(t)$) 是非自治系统(4.3.1) 过初始点 $x^n(0) = \boldsymbol{x}_0^n$ (或 $x(0) = \boldsymbol{x}_0$) 的解. 则根据文献[17] 中的定理 3，存在 $M > 0$ 使得

$$
\mid x^n(\omega) - x(\omega) \mid^2 \leqslant \mathrm{e}^{M\omega} \mid x^n(0) - x(0) \mid^2 \tag{4.4.5}
$$

注意，因为 $\boldsymbol{S}$ 是紧的，所以这里的 M 仅依赖于 $\boldsymbol{S}$. 因此，根据不等式(4.4.5) 可知 $x^n(\omega) \to x(\omega)$ $(n \to +\infty)$，即 $P(\boldsymbol{x}_0^n) \to P(\boldsymbol{x}_0)$. 到此为止，我们已经证明

了:(1) 集合 $\boldsymbol{S}$ 是 $\mathbb{R}^n$ 中的紧凸集,(2) P 从 $\boldsymbol{S}$ 到 $\boldsymbol{S}$ 连续. 故由 Schauder 不动点定理,存在 $\boldsymbol{x}_0 \in \boldsymbol{S}$ 使得 $P(\boldsymbol{x}_0)=\boldsymbol{x}_0$. 由 P 的定义可知过初始点 $\boldsymbol{x}_0$ 的解就是非自治系统(4.4.1) 的周期解. □

定理 4.4.5 假设条件 A_1 成立. 如果存在常数 $M>0$ 使得

$$|\partial f(g(\boldsymbol{x}^1))-\partial f(g(\boldsymbol{x}^2))| \triangleq \sup_{\xi_i \in \partial f(g(\boldsymbol{x}^i)),i=1,2} |\xi_1-\xi_2| \leqslant M|\boldsymbol{x}^1-\boldsymbol{x}^2|$$

$$\forall \boldsymbol{x}^1,\boldsymbol{x}^2 \in \mathbb{R}^n \tag{4.4.6}$$

那么非自治系统(4.4.1) 必存在周期解. 另外,如果 $M<d_m \triangleq \min\limits_{i=1,\cdots,n} d_i$,则非自治系统(4.4.1) 的周期解是指数收敛的.

证 令 $\boldsymbol{x}^1=\boldsymbol{x}$ 和 $\boldsymbol{x}^2=0$,由已知条件(4.4.6) 可得 $|\partial f(g(\boldsymbol{x}))| \leqslant M|\boldsymbol{x}|+|\partial f(g(0))|$. 所以根据定理(4.4.5) 可知非自治系统(4.4.1) 必存在周期解 $x^*(t)$. 设 $x(t)$ 是非自治系统(4.4.1) 过初始点 $x(0)=\boldsymbol{x}_0$ 的解,则

$$|x^*(t)-x(t)| \leqslant |x^*(0)-\boldsymbol{x}(0)| \mathrm{e}^{2(M-d_m)t}$$

所以,如果 $M<d_m$,非自治系统(4.4.1) 的周期解是指数收敛的. □

例 4.4.2 定义非自治系统(4.4.1) 为

$$\begin{cases} \dot{x}(t) \in -\boldsymbol{D}x(t)-\partial f(\boldsymbol{y})+\theta(t) \\ \boldsymbol{y}=g(\boldsymbol{x}) \end{cases} \tag{4.4.7}$$

其中 $\boldsymbol{D}=\begin{pmatrix} 3 & 0 \\ 0 & 5 \end{pmatrix}$, $f(\boldsymbol{x})=|\boldsymbol{x}_1|+\mathrm{e}^{x_1}+|\boldsymbol{x}_2|+\mathrm{e}^{x_2}$, $g(\boldsymbol{x})=[\boldsymbol{x}_1,\boldsymbol{x}_2]^{\mathrm{T}}$, $\theta(t)=\begin{pmatrix} \sin t \\ \cos t \end{pmatrix}$. 因此,由定理(4.4.6) 可知,上述定义的非自治系统(4.4.7) 必存在周期解. 类似于定理(4.4.7) 的证明,同样可得这个周期解是指数收敛的. 事实上,设 $x^*(t)$ 为非自治系统(4.4.7) 的周期解,$x(t)$ 为非自治系统(4.4.7) 过初始点 $x(0)=\boldsymbol{x}_0$ 的解. 显然,f 是凸函数而且 $g(\boldsymbol{x})=\boldsymbol{x}$,所以

$$\frac{\mathrm{d}}{\mathrm{d}t}|x^*(t)-x(t)|^2 \leqslant -3|x^*(t)-x(t)|^2$$

积分得 $|x^*(t)-x(t)| \leqslant |x^*(0)-x(0)|\mathrm{e}^{-3t}$,即周期解 $x^*(t)$ 是指数收敛的.

借助于 MATLAB,我们模拟了上述神经网络. 取初始点 $A_1=[-0.6034;0.4066]^{\mathrm{T}}$, $A_2=[-2;2]^{\mathrm{T}}$, $A_3=[-2.3797,-3.8863]^{\mathrm{T}}$. 在图 7 中,$x^i(t)$ 表示上述定义的非自治系统(4.4.7) 过初始点 A_i 的解,$i=1,2,3$. 从图 7 不难发现,上述定义的非自治系统(4.4.7) 的周期解是稳定的.

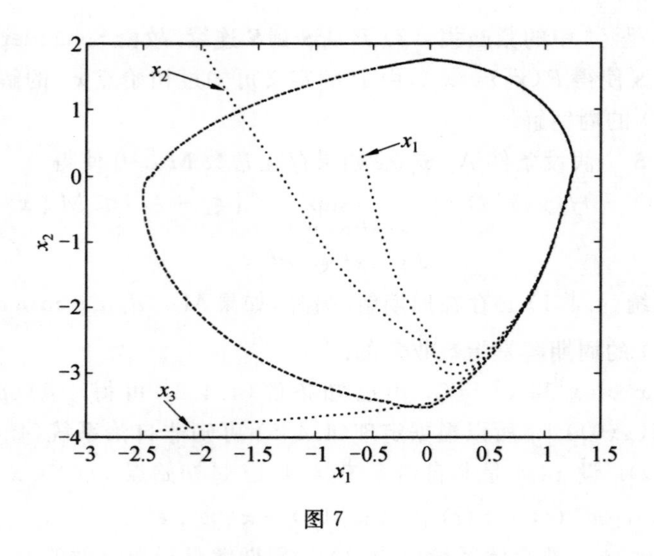

图 7

4.5 非光滑 Hopfiled 神经网络概周期解的存在稳定性

在本节中，我们将主要介绍非光滑延时 Hopfield 神经网络概周期解的存在性与指数稳定性. 在实际生活中，概周期现象比周期现象更加普遍，研究概周期现象更有实际意义.

在本节中，我们将研究如下的带有延时 Hopfield 神经网络模型

$$\dot{x}(t)=-D(t)x(t)+A(t)g(x(t))+B(t)g(x(t-\tau))+U(t) \tag{4.5.1}$$

其中，$x(t)=(x_1(t),x_2(t),\cdots,x_n(t))^{\mathrm{T}}\in\mathbb{R}^n$ 表示神经元状态向量；$D(t)=\mathrm{diag}\{d_1(t),\ d_2(t),\cdots,d_n(t)\}$ 是一个正定对角矩阵；$A(t)=(a_{ij}(t))_{n\times n}$ 和 $B(t)=(b_{ij}(t))_{n\times n}$ 是连接矩阵. $g(\boldsymbol{x})=(g_1(x_1),g_2(x_2),\cdots,g_n(x_n))^{\mathrm{T}}:\mathbb{R}^n\to\mathbb{R}^n$ 表示神经元激励函数，$U(t)=(u_1(t),\ u_2(t),\cdots,u_n(t))\in\mathbb{R}^n$ 是输入状态向量，$\tau>0$ 表示时滞常数.

首先引入概周期函数的定义：

定义 4.5.1 称连续函数 $x(t):\mathbb{R}\to\mathbb{R}^n$ 是概周期的，如果对于任意的 $\varepsilon>0$，存在正的常数 $l=l(\varepsilon)$，使得$\mathbb{R}$上任意长度为 l 的区间$[a,b]$上总存在数 $\omega=\omega(\varepsilon)\in[a,b]$ 满足

$$|x(t+\omega)-x(t)|<\varepsilon,\quad \forall t\in\mathbb{R}$$ □

在本节中，我们总是对神经网络(4.5.1) 的系数矩阵作以下假设：

假设 4.5.1 $d_i(t), a_{ij}(t), b_{ij}(t), u_i(t)$ 是连续函数而且满足概周期性质，即 $\forall \varepsilon > 0$，存在正的常数 $l = l(\varepsilon)$，使得$\mathbb{R}$上任意长度为 l 的区间$[a,b]$上总存在数 $\omega = \omega(\varepsilon) \in [a,b]$ 满足

$$\left.\begin{array}{l} | d_i(t+\omega) - d_i(t) | < \varepsilon \\ | a_{ij}(t+\omega) - a_{ij}(t) | < \varepsilon \\ | b_{ij}(t+\omega) - b_{ij}(t) | < \varepsilon \\ | u_i(t+\omega) - u_i(t) | < \varepsilon \end{array}\right. \quad i,j = 1,2,\cdots,n, t \in \mathbb{R}$$

同时，本节总是认为激励函数 $g \in \Xi$. 由于激励函数不连续，所以仍采用第 4.3 节有关延时 Hopfield 神经网络初始解的定义，在此就不再赘述.

定理 4.5.1 假设 $g \in \Xi$ 和假设 4.5.1 成立. 如果存在正定对角矩阵 $P = \operatorname{diag}\{p_1, p_2, \cdots, p_n\}$ 使得对 $\forall t \geqslant 0$ 都有

$$PA(t) + A(t)^{\mathrm{T}}P + (PB(t))(PB(t))^{\mathrm{T}} + I < 0 \tag{4.5.2}$$

其中 $I \in \mathbb{R}^{n\times n}$是单位矩阵，则下列结论成立：

(1) 对于任意 IVP 问题，神经网络(4.5.1) 存在唯一的全局解 $\boldsymbol{x}$，而且输出解 γ 也是几乎处处唯一确定的；

(2) 神经网络(4.5.1) 存在唯一的概周期解 $x^*(t)$. 而且概周期解 $x^*(t)$ 是全局指数收敛的，即对于任意的全局解 $x(t)$，存在正常数 $M, N > 0$，使得

$$| x(t) - x^*(t) | \leqslant M\mathrm{e}^{-Nt}, \quad \forall t \geqslant 0$$

证 我们将分成四步来证明这个定理.

第一步：证明对于任意 IVP 问题，神经网络(4.4.1) 存在全局解 $\boldsymbol{x}$.

类似于文献[6] 引理 1 的证明，易知对于任意的初始条件(φ, ψ)，神经网络(4.5.1) 存在局部解 $x(t), t \in (0, T)$. 这里 T 为正的常数，而且满足下列条件之一

$$\begin{cases} T = +\infty & ① \\ T < +\infty, \lim\limits_{t\to T^-} | \boldsymbol{x}(t) | = +\infty & ② \end{cases}$$

要证神经网络(4.5.1) 存在全局解，仅需证明 $x(t)$ 有界，即上面的式 ② 不成立. 根据神经网络(4.5.1) 局部解定义 4.3.3 可知，存在 $\gamma(t) \in K[g(x(t))]$，使得

$$\dot{x}(t) = -D(t)x(t) + A(t)\gamma(t) + B(t)\gamma(t-\tau) + U(t)$$

几乎处处 $t \in (0, T)$. 另一方面，根据假设，$d_i(t)$ 是概周期函数，故 $d_i(t)$ 有界且存在常数 $\sigma > 0$，使得

$$d_i(t) > \sigma, \quad \forall t \in \mathbb{R} \tag{4.5.3}$$

同样，由不等式(4.5.2)，我们可以选取充分小的常数 $\delta > 0$，满足下列两个条件

$$\begin{cases} \delta < \sigma \\ PA(t) + A^{\mathrm{T}}(t)P + (PB(t))(PB(t))^{\mathrm{T}} + \mathrm{e}^{\delta\tau}I < 0, \quad \forall t \geqslant 0 \end{cases} \tag{4.5.4}$$

定义如下待定 Lyapunov 函数（$\alpha>0,\beta>0$ 为待定常数）

$$V(t)=V_1(t)+V_2(t)+V_3(t) \tag{4.5.5}$$

其中

$$V_1(t)=\mathrm{e}^{\delta t}\boldsymbol{x}^{\mathrm{T}}(t)\boldsymbol{x}(t)$$

$$V_2(t)=\alpha\mathrm{e}^{\delta t}\left[2\sum_{i=1}^{n}\boldsymbol{p}_i\int_0^{x_i(t)}g_i(\theta)\mathrm{d}\theta\right]$$

$$V_3(t)=(\alpha+\beta)\int_{t-\tau}^{t}\gamma^{\mathrm{T}}(\theta)\gamma(\theta)\mathrm{e}^{\delta(\theta+\tau)}\mathrm{d}\theta$$

显然，$V(t)$ 在 $(0,T)$ 上是绝对连续的，故在 $(0,T)$ 上是几乎处处可微的. 以下分别对 V_1,V_2,V_3 进行求导，具体如下：

(1) 首先对 V_1 求导. 对于任意的常数 $\nu>0$

$$\begin{aligned}
\dot{V}_1(t)&=\delta\mathrm{e}^{\delta t}x^{\mathrm{T}}(t)x(t)+2\mathrm{e}^{\delta t}x^{\mathrm{T}}(t)\dot{x}(t)\\
&=\delta\mathrm{e}^{\delta t}x^{\mathrm{T}}(t)x(t)-2\mathrm{e}^{\delta t}x^{\mathrm{T}}(t)D(t)x(t)+2\mathrm{e}^{\delta t}x^{\mathrm{T}}(t)A(t)\gamma(t)+\\
&\quad 2\mathrm{e}^{\delta t}x^{\mathrm{T}}(t)B(t)\gamma(t-\tau)+2\mathrm{e}^{\delta t}x^{\mathrm{T}}(t)U(t)\\
&\leqslant\delta\mathrm{e}^{\delta t}x^{\mathrm{T}}(t)x(t)-2\mathrm{e}^{\delta t}x^{\mathrm{T}}(t)D(t)x(t)+2\nu\mathrm{e}^{\delta t}x^{\mathrm{T}}(t)x(t)+\\
&\quad\frac{2}{\nu}\mathrm{e}^{\delta t}\gamma^{\mathrm{T}}(t)A(t)A^{\mathrm{T}}(t)\gamma(t)+2\nu\mathrm{e}^{\delta t}x^{\mathrm{T}}(t)x(t)+\\
&\quad\frac{2}{\nu}\mathrm{e}^{\delta t}\gamma^{\mathrm{T}}(t-\tau)B(t)B^{\mathrm{T}}(t)\gamma(t-\tau)+\\
&\quad 2\nu\mathrm{e}^{\delta t}x^{\mathrm{T}}(t)x(t)+\frac{2}{\nu}\mathrm{e}^{\delta t}U^{\mathrm{T}}(t)U(t)\\
&\leqslant\mathrm{e}^{\delta t}x^{\mathrm{T}}(t)[(\delta+6\nu)I-2D(t)]x(t)+\frac{2}{\nu}\mathrm{e}^{\delta t}\gamma^{\mathrm{T}}(t)\|A(t)\|^2\gamma(t)+\\
&\quad\frac{2}{\nu}\mathrm{e}^{\delta t}\gamma^{\mathrm{T}}(t-\tau)\|B(t)\|^2\gamma(t-\tau)+\\
&\quad\frac{2}{\nu}\mathrm{e}^{\delta t}U^{\mathrm{T}}(t)U(t)
\end{aligned}$$

根据式(4.5.4)中 δ 的定义，我们可以选取充分小的 $\nu>0$，使得

$$(\delta+6\nu)I-2D(t)<0,\quad\forall t\in\mathbb{R}$$

因此

$$\begin{aligned}
\dot{V}_1(t)&\leqslant\frac{2}{\nu}\mathrm{e}^{\delta t}\gamma^{\mathrm{T}}(t)\|A(t)\|^2\gamma(t)+\frac{2}{\nu}\mathrm{e}^{\delta t}\gamma^{\mathrm{T}}(t-\\
&\quad\tau)\|B(t)\|^2\gamma(t-\tau)+\frac{2}{\nu}\mathrm{e}^{\delta t}\|U(t)\|^2
\end{aligned}$$

(2) 下面对 V_2 求导. 根据链式法则，$\frac{\mathrm{d}}{\mathrm{d}t}\int_0^{x_i(t)}g_i(\theta)\mathrm{d}\theta=\gamma_i(t)\dot{x}_i(t)$，几乎处处 $t\in(-\tau,T)$. 于是

$$\begin{aligned}\dot{V}_2(t) &= \alpha\delta e^{\delta t}\left[2\sum_{i=1}^{n} p_i \int_0^{x_i(t)} g_i(\theta)\mathrm{d}\theta\right] + \alpha e^{\delta t} 2\gamma^{\mathrm{T}}(t)P\dot{x}(t) \\ &= \alpha\delta e^{\delta t}\left[2\sum_{i=1}^{n} p_i \int_0^{x_i(t)} g_i(\theta)\mathrm{d}\theta\right] - 2\alpha e^{\delta t}\gamma^{\mathrm{T}}(t)PD(t)x(t) + \\ &\quad \alpha e^{\delta t} 2\gamma^{\mathrm{T}}(t)PA(t)\gamma(t) + \\ &\quad \alpha e^{\delta t} 2\gamma^{\mathrm{T}}(t)PB(t)\gamma(t-\tau) + 2\alpha e^{\delta t}\gamma^{\mathrm{T}}(t)PU(t)\end{aligned}$$

不失一般性，我们可以假设 $g(0)=0$. 事实上

$$\begin{aligned}\dot{x}(t) &= -D(t)x(t) + A(t)g(x(t)) + B(t)g(x(t-\tau)) + U(t) \\ &= -D(t)x(t) + A(t)[g(x(t)) - g(0)] + \\ &\quad B(t)[g(x(t-\tau)) - g(0)] + \\ &\quad U(t) + [A(t) + B(t)]g(0) \\ &= -D(t)x(t) + A(t)f(x(t)) + B(t)f(x(t-\tau)) + \widetilde{U}(t)\end{aligned}$$

其中，$\widetilde{U}(t) = U(t) + [A(t) + B(t)]g(0)$，$f(\boldsymbol{x}(t)) = g(x(t)) - g(0)$，即 $f(0) = 0$. 类似于参考文献[5] 定理 1，由 g 的单调性

$$0 \leqslant \int_0^{x_i} g_i(\theta)\mathrm{d}\theta \leqslant \boldsymbol{x}_i\zeta_i, \quad \forall \zeta_i \in K[g_i(\boldsymbol{x}_i)] \tag{4.5.5}$$

故对于任意的 $\mu > 0$

$$\begin{aligned}\dot{V}_2(t) &\leqslant 2\alpha\delta e^{\delta t}\gamma^{\mathrm{T}}(t)Px(t) - 2\alpha e^{\delta t}\gamma^{\mathrm{T}}(t)PD(t)x(t) + \\ &\quad \alpha e^{\delta t} 2\gamma^{\mathrm{T}}(t)PA(t)\gamma(t) + \\ &\quad \alpha e^{\delta t} 2\gamma^{\mathrm{T}}(t)PB(t)\gamma(t-\tau) + 2\alpha e^{\delta t}\gamma^{\mathrm{T}}(t)PU(t) \\ &\leqslant 2\alpha e^{\delta t}\gamma^{\mathrm{T}}(t)P[\delta I - D(t)]x(t) + \\ &\quad \alpha e^{\delta t}\gamma^{\mathrm{T}}(t)(PA(t) + A^{\mathrm{T}}(t)P)\gamma(t) + \\ &\quad \alpha e^{\delta t}\gamma^{\mathrm{T}}(t)PB(t)(PB(t))^{\mathrm{T}}\gamma(t) + \\ &\quad \alpha e^{\delta t}\gamma^{\mathrm{T}}(t-\tau)\gamma(t-\tau) + \\ &\quad \alpha e^{\delta t}\mu\gamma^{\mathrm{T}}\gamma(t) + \frac{\alpha e^{\delta t}}{\mu}U^{\mathrm{T}}(t)PP^{\mathrm{T}}U(t) \\ &\leqslant \alpha e^{\delta t}\gamma^{\mathrm{T}}(t)(PA(t) + A^{\mathrm{T}}(t)P)\gamma(t) + \\ &\quad \alpha e^{\delta t}\gamma^{\mathrm{T}}(t)PB(t)(PB(t))^{\mathrm{T}}\gamma(t) + \\ &\quad \alpha e^{\delta t}\gamma^{\mathrm{T}}(t-\tau)\gamma(t-\tau) + \alpha e^{\delta t}\mu\gamma^{\mathrm{T}}\gamma(t) + \\ &\quad \frac{\alpha e^{\delta t}}{\mu}U^{\mathrm{T}}(t)PP^{\mathrm{T}}U(t)\end{aligned}$$

(3) 对 V_3 求导可得

$$\dot{V}_3(t) = (\alpha+\beta)\gamma^{\mathrm{T}}(t)\gamma(t)e^{\delta(t+\tau)} - (\alpha+\beta)\gamma^{\mathrm{T}}(t-\tau)\gamma(t-\tau)e^{\delta t}$$

综合上面的(1)，(2)，(3)，对于几乎处处 $t \in (-\tau, T)$ 我们有

$$\begin{aligned}\dot{V}(t) &= \dot{V}_1(t) + \dot{V}_2(t) + \dot{V}_3(t) \\ &\leqslant \alpha e^{\delta t}\gamma^{\mathrm{T}}(t)[PA(t) + A^{\mathrm{T}}(t)P + PB(t)(PB(t))^{\mathrm{T}} +\end{aligned}$$

$$(\mu + e^{\delta\tau} + \frac{2\| A(t) \|^2 + \beta e^{\delta\tau}}{\alpha\nu})I]\gamma(t) +$$

$$e^{\delta t}\gamma^T(t-\tau)(\frac{2\| B(t) \|^2}{\nu} - \beta)\gamma(t-\tau) +$$

$$\frac{2}{\nu}e^{\delta t}\| U(t) \|^2 + \frac{\alpha e^{\delta t}}{\mu}U^T(t)PP^TU(t) \tag{4.5.6}$$

由假设 4.5.1 可知，$\| B(t) \|$ 在$\mathbb{R}$上有界，所以我们可以选取充分大的 β，使得对于任意的 $t \in \mathbb{R}$

$$\frac{2\| B(t) \|^2}{\nu} - \beta < 0 \tag{4.5.7}$$

同时，根据等式(4.5.4)，存在充分大的 $\alpha > 0$ 和充分小的 $\mu > 0$ 满足

$$\begin{aligned} &PA(t) + A^T(t)P + PB(t)(PB(t))^T + \\ &(\mu + e^{\delta\tau} + \frac{2\| A(t) \|^2 + \beta e^{\delta\tau}}{\alpha\nu})I < 0, \quad \forall t \geqslant 0 \end{aligned} \tag{4.5.8}$$

进一步，$U(t)$ 在$\mathbb{R}$上有界可推出存在 $M > 0$ 使得

$$0 \leqslant \frac{2}{\nu}\| U(t) \|^2 + \frac{\alpha}{\mu}U^T(t)PP^TU(t) < M, \quad \forall t \geqslant 0 \tag{4.5.9}$$

因此，根据 α, β, μ 的选法和等式(4.5.6)，(4.5.9)

$$\dot{V}(t) \leqslant Me^{\delta t}, \quad \forall t \in [0, T)$$

所以，由 Lyapunov 函数 V 的构造法，我们有

$$e^{\delta t}\| x(t) \|^2 \leqslant V(t) \leqslant V(0) + \int_0^t Me^{\delta s}ds = V(0) + \frac{M}{\delta}(e^{\delta t} - 1)$$

即 $| x(t) |^2 \leqslant e^{-\delta t}V(0) + \frac{M}{\delta}(1 - e^{-\delta t})$，$\forall t \in [0, T)$. 故 $\lim\limits_{t \to T^-}\| x(t) \| < +\infty$，这意味着 $T = +\infty$. 于是，我们证明了对于任意 IVP 问题，神经网络(4.5.1) 存在全局解 $\boldsymbol{x}$.

第二步：证明神经网络(4.5.1) 的任意解 $x(t)$ 都是渐近概周期的，即对于任意的 $\varepsilon > 0$，存在 $T > 0, l = l(\varepsilon) > 0$，使得$\mathbb{R}$上任意长度为 l 的区间$[a, b]$上总存在数 $\omega = \omega(\varepsilon) \in [a, b]$ 满足

$$| x(t+\omega) - x(t) | < \varepsilon, \quad \forall t \geqslant T$$

事实上，令 $y(t) = x(t+\omega) - x(t)$，则

$$\begin{aligned} \frac{dy(t)}{dt} = &-D(t+\omega)x(t+\omega) + A(t+\omega)\gamma(t+\omega) + \\ &B(t+\omega)\gamma(t+\omega-\tau) + \\ &U(t+\omega) - [-D(t)x(t) + A(t)\gamma(t) + \\ &B(t)\gamma(t-\tau) + U(t)] \\ = &-D(t)y(t) + A(t)[\gamma(t+\omega) - \gamma(t)] + \end{aligned}$$

$$B(t)[\gamma(t+\omega-\tau)-\gamma(t-\tau)]+\varepsilon(\omega,t) \tag{4.5.10}$$

其中，$\varepsilon(\omega,t)$ 定义如下

$$\varepsilon(\omega,t)=-[D(t+\omega)-D(t)]x(t+\omega)+[A(t+\omega)-A(t)]\gamma(t+\omega)+ [B(t+\omega)-B(t)]\gamma(t+\omega-\tau)+U(t+\omega)-U(t) \tag{4.5.11}$$

类似于(4.5.5)，我们定义如下待定Lyapunov函数（$\alpha>0,\beta>0$ 为待定常数）

$$W(t)=W_1(t)+W_2(t)+W_3(t) \tag{4.5.12}$$

这里

$$W_1(t)=\mathrm{e}^{\delta t}y^{\mathrm{T}}(t)y(t)$$

$$W_2(t)=\alpha\mathrm{e}^{\delta t}[2\sum_{i=1}^{n}\boldsymbol{p}_i\int_0^{y_i(t)}g_i(\theta)\mathrm{d}\theta]$$

$$W_3(t)=(\alpha+\beta)\int_{t-\tau}^{t}(\gamma(\theta+\omega)-\gamma(\theta))^{\mathrm{T}}(\gamma(\theta+\omega)-\gamma(\theta))\mathrm{e}^{\delta(\theta+\tau)}\mathrm{d}\theta$$

同样类似于第一步的证明，我们可以选取恰当的正常数 ν,μ,α,β 使得

$$\dot{W}(t)=\dot{W}_1(t)+\dot{W}_2(t)+\dot{W}_3(t) \leqslant \frac{2}{\nu}\mathrm{e}^{\delta t}\|\varepsilon(\omega,t)\|^2+\frac{\alpha\mathrm{e}^{\delta t}}{\mu}\varepsilon^{\mathrm{T}}(\omega,t)PP^{\mathrm{T}}\varepsilon(\omega,t) \tag{4.5.13}$$

根据假设4.5.1和 $x(t),\gamma(t)$ 的有界性可知，对于任意的 $\varepsilon>0$，存在 $l=l(\varepsilon)>0$，使得$\mathbb{R}$上任意长度为 l 的区间 $[a,b]$ 上总存在数 $\omega=\omega(\varepsilon)\in[a,b]$ 满足

$$\frac{2}{\nu}\mathrm{e}^{\delta t}\|\varepsilon(\omega,t)\|^2+\frac{\alpha\mathrm{e}^{\delta t}}{\mu}\varepsilon^{\mathrm{T}}(\omega,t)PP^{\mathrm{T}}\varepsilon(\omega,t)<\varepsilon^2\delta,\quad \forall t\geqslant 0 \tag{4.5.14}$$

综合不等式(4.5.13)，(4.5.14)，我们有

$$\dot{W}(t)\leqslant\varepsilon^2\delta\mathrm{e}^{\delta t}$$

这意味着

$$\mathrm{e}^{\delta t}\|y(t)\|^2\leqslant W(t)\leqslant W(0)+\int_0^t\delta\varepsilon^2\mathrm{e}^{\delta s}\mathrm{d}s=W(0)+\varepsilon^2(\mathrm{e}^{\delta t}-1)$$

因此，存在 $T>0$，使得对于任意的 $t>T$ 都有

$$|y(t)|\leqslant[\mathrm{e}^{-\delta t}W(0)+\varepsilon^2(1-\mathrm{e}^{-\delta t})]^{\frac{1}{2}}<\varepsilon$$

即，对于任意的 $\varepsilon>0$，存在 $T>0,l=l(\varepsilon)>0$，使得$\mathbb{R}$上任意长度为 l 的区间 $[a,b]$ 上总存在数 $\omega=\omega(\varepsilon)\in[a,b]$ 满足

$$|x(t+\omega)-x(t)|=|y(t)|\leqslant\varepsilon,\quad \forall t\geqslant T$$

故神经网络(4.5.1)任意解都是渐近概周期的.

第三步：证明神经网络(4.5.1)至少存在一个概周期解.

设 $x(t)$ 是神经网络(4.5.1)的一个解，即存在可测函数 $\gamma(t) \in K[g(x(t))]$，使得

$$\dot{x}(t) = -D(t)x(t) + A(t)\gamma(t) + B(t)\gamma(t-\tau) + U(t)$$

几乎处处 $t \in (-\tau, +\infty)$. 由(4.5.11)中 ε 的有界性，我们可以选取数列 $\{t_k\}$，使得 $\lim\limits_{k \to +\infty} t_k = +\infty$，$\|\varepsilon(t_k, t)\| \leqslant \frac{1}{k}$，$\forall t \geqslant 0$. 显然，点列 $\{x(t+t_k)\}_{k \in \mathbb{N}}$ 是等度连续、一致有界的. 因此，由 Arzela-Ascoli 定理和对角选择原理，存在 $\{t_k\}$ 的子列(仍记为 $\{t_k\}$)，使得在 $\mathbb{R}$ 的任意紧集上 $x(t+t_k)$ 都一致收敛于一个连续函数 $x^*(t)$. 同时，由 $x(t)$ 的有界性可知 $K[g(x(t+t_k))]$ 是有界的，所以 $\{\gamma(t+t_k)\}_{k=1}^{+\infty}$ 也是有界的. 因此，存在 $\{t_k\}$ 的子列(仍记为 $\{t_k\}$)，使得 $\gamma(t+t_k)$ 收敛于一个可测函数 $\gamma^*(t)$.

下面分为三条来证明第三步的结论.

(Ⅰ) 证明：$\gamma^*(t) \in K[g(x^*(t))]$，几乎处处 $t \in (-\tau, +\infty)$.

因为(i) $K[g(\cdot)]$ 是上半连续的集值映射，(ii) $x(t+t_k) \to x^*(t)$，$k \to +\infty$，所以对于任意的 $\varepsilon > 0$，存在 $N > 0$ 使得对于任意的 $k > N$ 和 $t \in [-\tau, +\infty)$ 都有

$$K[g(x(t+t_k))] \subseteq K[g(x^*(t))] + \varepsilon B$$

其中，$B = \{\boldsymbol{x} \in \mathbb{R}^n \mid |\boldsymbol{x}| \leqslant 1\}$. 进而，对于任意的 $k > N$，$\gamma(t+t_k) \in K[g(x^*(t))] + \varepsilon B$. 所以，由 $K[g(x^*(t))] + \varepsilon B$ 的紧性可知

$$\gamma^*(t) = \lim_{k \to +\infty} \gamma(t+t_k) \in K[g(x^*(t))] + \varepsilon B$$

由 ε 的任意性可知 $\gamma^*(t) \in K[g(x^*(t))]$，几乎处处 $t \in (-\tau, +\infty)$.

(Ⅱ) 证明：$x^*(t)$ 是神经网络(4.5.1)的解.

事实上，由 Lebergue 控制收敛定理可知

$$\begin{aligned}
x^*(t+h) - x^*(t) &= \lim_{k \to +\infty} [x(t+t_k+h) - x(t+t_k)] \\
&= \lim_{k \to +\infty} \int_t^{t+h} [-D(t_k+\theta)x(t_k+\theta) + A(t_k+\theta)\gamma(t_k+\theta) + \\
&\quad B(t_k+\theta)\gamma(t_k+\theta-\tau) + U(t_k+\theta)] \mathrm{d}\theta \\
&= \lim_{k \to +\infty} \int_t^{t+h} [-D(\theta)x(t_k+\theta) + A(\theta)\gamma(t_k+\theta) + \\
&\quad B(\theta)\gamma(t_k+\theta-\tau) + U(\theta) + \varepsilon(t_k, \theta)] \mathrm{d}\theta \\
&= \int_t^{t+h} [-D(\theta)x(\theta) + A(\theta)\gamma^*(\theta) + B(\theta)\gamma^*(\theta-\tau) + \\
&\quad U(\theta)] \mathrm{d}\theta \\
&\quad \forall t \in [-\tau, +\infty), h \in \mathbb{R}
\end{aligned}$$

(Ⅲ) 证明：$x^*(t)$ 是神经网络(4.5.1)的概周期解.

由第二步的证明可知,对于任意的 $\varepsilon>0$,存在 $T>0, l=l(\varepsilon)>0$,使得 $\mathbb{R}$ 上任意长度为 l 的区间 $[a,b]$ 上总存在数 $\omega=\omega(\varepsilon)\in[a,b]$ 满足 $|x(t+\omega)-x(t)|=|y(t)|\leqslant\varepsilon, \forall t\geqslant T$. 因此,存在充分大的自然数 K,使得

$$|x(t+t_k+\omega)-x(t+t_k)|\leqslant\varepsilon, \forall t\in[-\tau,+\infty), k>K$$

令 $k\to+\infty$, $|x^*(t+\omega)-x^*(t)|\leqslant\varepsilon, \forall t\in[-\tau,+\infty)$. 故 $x^*(t)$ 是神经网络(4.4.1)的概周期解.

第四步:证明神经网络(4.5.1)的概周期解是唯一的,而且是全局指数稳定的.

设 $x(t)$ 是神经网络(4.5.1)的任意一个解,$x^*(t)$ 是神经网络(4.5.1)的一个概周期解,即存在可测函数 $\gamma(t)\in K[g(x(t))]$,$\gamma^*(t)\in K[g(x^*(t))]$ 满足

$$\dot{x}(t)=-D(t)x(t)+A(t)\gamma(t)+B(t)\gamma(t-\tau)+U(t)$$

$$\dot{x}^*(t)=-D(t)x^*(t)+A(t)\gamma^*(t)+B(t)\gamma^*(t-\tau)+U(t)$$

几乎处处 $t\in[-\tau,+\infty)$

于是

$$\frac{\mathrm{d}[x(t)-x^*(t)]}{\mathrm{d}t}=-D(t)[x(t)-x^*(t)]+A(t)[\gamma(t)-\gamma^*(t)]+ B(t)[\gamma(t-\tau)-\gamma^*(t-\tau)] \tag{4.5.15}$$

构造如下待定 Lyapunov 函数($\alpha>0,\beta>0$ 为待定常数)

$$L(t)=L_1(t)+L_2(t)+L_3(t)$$

其中

$$L_1(t)=\mathrm{e}^{\delta t}[x(t)-x^*(t)]^{\mathrm{T}}[x(t)-x^*(t)]$$

$$L_2(t)=\alpha\mathrm{e}^{\delta t}[2\sum_{i=1}^{n}p_i\int_0^{x_i(t)-x_i^*(t)}g_i(\theta)\mathrm{d}\theta]$$

$$L_3(t)=(\alpha+\beta)\int_{t-\tau}^{t}(\gamma(\theta)-\gamma^*(\theta))^{\mathrm{T}}(\gamma(\theta)-\gamma^*(\theta))\mathrm{e}^{\delta(\theta+\tau)}\mathrm{d}\theta$$

类似于第一步,分别对 L_1, L_2, L_3 求导,可得

$$\begin{aligned}\dot{L}_1(t)=&\delta\mathrm{e}^{\delta t}[x(t)-x^*(t)]^{\mathrm{T}}[x(t)-x^*(t)]+\\&2\mathrm{e}^{\delta t}[x(t)-x^*(t)]^{\mathrm{T}}(\dot{x}(t)-\dot{x}^*(t))\\\leqslant&\mathrm{e}^{\delta t}[x(t)-x^*(t)]^{\mathrm{T}}[\delta I-D(t)][x(t)-x^*(t)]+\\&2\mathrm{e}^{\delta t}[\gamma(t)-\gamma^*(t)]^{\mathrm{T}}\|A(t)\|^2[\gamma(t)-\gamma^*(t)]+\\&2\mathrm{e}^{\delta t}[\gamma(t-\tau)-\gamma^*(t-\tau)]^{\mathrm{T}}\|B(t)\|^2[\gamma(t-\tau)-\gamma^*(t-\tau)]\end{aligned}$$

$$\dot{L}_2(t)\leqslant 2\alpha\mathrm{e}^{\delta t}[\gamma(t)-\gamma^*(t)]^{\mathrm{T}}P(\delta I-D(t))[x(t)-x^*(t)]+$$

$$\alpha e^{\delta t}[\gamma(t)-\gamma^*(t)]^{\mathrm{T}}(PA(t)+A^{\mathrm{T}}(t)P)[\gamma(t)-\gamma^*(t)]+$$
$$\alpha e^{\delta t}[\gamma(t)-\gamma^*(t)]^{\mathrm{T}}PB(t)(PB(t))^{\mathrm{T}}[\gamma(t)-\gamma^*(t)]+$$
$$\alpha e^{\delta t}[\gamma(t-\tau)-\gamma^*(t-\tau)]^{\mathrm{T}}[\gamma(t-\tau)-\gamma^*(t-\tau)]$$
$$\dot{L}_3(t)=(\alpha+\beta)[\gamma(t)-\gamma^*(t)]^{\mathrm{T}}[\gamma(t)-\gamma^*(t)]e^{\delta(t+\tau)}-$$
$$(\alpha+\beta)[\gamma(t-\tau)-\gamma^*(t-\tau)]^{\mathrm{T}}[\gamma(t-\tau)-\gamma^*(t-\tau)]e^{\delta t}$$

于是，根据 δ 的取法以及不等式(4.5.3)

$$\dot{L}(t)=\dot{L}_1(t)+\dot{L}_2(t)+\dot{L}_3(t)$$
$$\leqslant e^{\delta t}[\gamma(t-\tau)-\gamma^*(t-\tau)]^{\mathrm{T}}(2\|B(t)\|^2-\beta)[\gamma(t-\tau)-\gamma^*(t-\tau)]+$$
$$\alpha e^{\delta t}[\gamma(t)-\gamma^*(t)]^{\mathrm{T}}[PA(t)+A^{\mathrm{T}}(t)P+PB(t)(PB(t))^{\mathrm{T}}+$$
$$(e^{\delta\tau}+\frac{2\|A(t)\|^2+\beta e^{\delta\tau}}{\alpha})I][\gamma(t)-\gamma^*(t)]$$

所以，我们可以选取恰当的 $\alpha>0,\beta>0$ 使得 $\dot{L}(t)<0$. 因此，由 L 的定义可知

$$|x(t)-x^*(t)|^2\leqslant e^{-\delta t}L(t)\leqslant L(0)e^{-\delta t}$$

于是，我们证明了概周期解 $x^*(t)$ 是指数稳定的. 下面证明神经网络(4.5.1) 概周期解的唯一性. 设 $x^*(t)$ 和 $y^*(t)$ 是神经网络(4.5.1) 的两个概周期解. 类似于上面的证明可知，存在 $M,N>0$，使得

$$|y^*(t)-x^*(t)|\leqslant Me^{-Nt}$$

$t\in[-\tau,+\infty)$. 又因为 $x^*(t)$ 和 $y^*(t)$ 是两个概周期函数，所以必有 $\boldsymbol{x}^*=\boldsymbol{y}^*$.

□

由于周期函数是特殊的概周期函数，所以作为定理 4.5.1 的应用，我们得到以下推论.

推论 4.5.1 假设 $g\in\Xi$，存在常数 $\omega>0$ 满足

$$D(t)=D(t+\omega),\quad A(t)=A(t+\omega)$$
$$B(t)=B(t+\omega),\quad U(t)=U(t+\omega)$$

$\forall t\geqslant 0$. 如果存在正定对角矩阵 $P=\mathrm{diag}\{p_1,p_2,\cdots,p_n\}$ 使得对 $\forall t\geqslant 0$ 都有

$$PA(t)+A(t)^{\mathrm{T}}P+(PB(t))(PB(t))^{\mathrm{T}}+I<0 \tag{4.5.16}$$

其中 $I\in\mathbb{R}^{n\times n}$是单位矩阵，则下列结论成立：

(1) 对于任意 IVP 问题，神经网络(4.5.1) 存在唯一的全局解 $\boldsymbol{x}$，而且输出解 γ 也是几乎处处唯一确定的；

(2) 神经网络(4.5.1) 存在唯一的周期解 $x^*(t)$. 而且周期解 $x^*(t)$ 是全局指数收敛的.

推论 4.5.1 验证了文献[6] 中的猜想. 下面的例子说明了这个问题.

例 4.5.1 考虑下列神经网络

$$\begin{cases} \dot{\boldsymbol{x}}_1 = -\boldsymbol{x}_1 + (\sin t - 3)\mathrm{sgn}(\boldsymbol{x}_1) + \mathrm{sgn}(\boldsymbol{x}_2) + \sin t\,\mathrm{sgn}\,(\boldsymbol{x}_1(t-1)) + \cos t \\ \dot{\boldsymbol{x}}_2 = -\boldsymbol{x}_2 - \mathrm{sgn}(\boldsymbol{x}_1) + (\cos t - 3)\mathrm{sgn}\,(\boldsymbol{x}_2) + \cos t\,\mathrm{sgn}\,(\boldsymbol{x}_2(t-1)) + \sin t \end{cases} \tag{4.5.17}$$

其中,激励函数 $g_1(t) = g_2(t) = \mathrm{sgn}(t)$,这里的 sgn 表示符号函数. 我们取 $P = \begin{pmatrix} 2 & 0 \\ 0 & 2 \end{pmatrix}$,则

$$PA(t) + A^{\mathrm{T}}(t)P + (PB(t))({}^{P}B(t))T + I =$$

$$\begin{pmatrix} -11 + 4\sin t + 4\sin^2 t + 1 & 0 \\ 0 & -11 + 4\cos t + 4\cos^2 t + 1 \end{pmatrix} < 0$$

因此,神经网络(4.5.17)存在指数稳定的周期解,如图 8 所示.

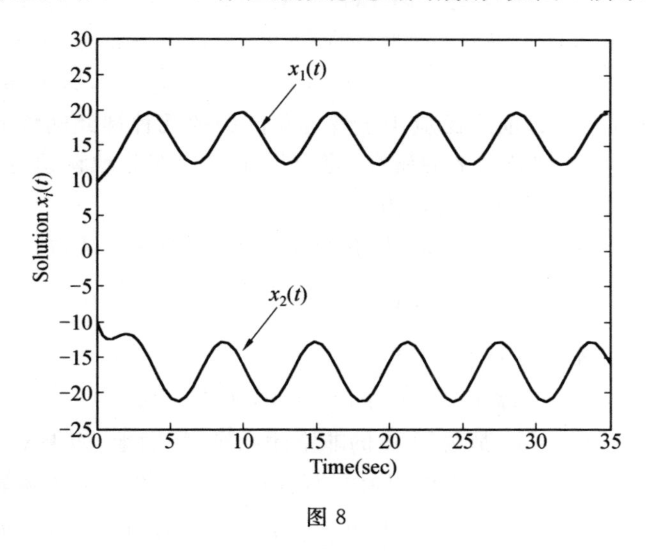

图 8

定理 4.5.1 同样可以用来判断非光滑 Hopfield 神经网络(4.3.1)的指数稳定性,即

$$\dot{x}(t) = -\boldsymbol{D}x(t) + Ag(x(t)) + Bg(x(t-\tau)) + U$$

推论 4.5.2 假设 $g \in \Xi$. 如果存在正定对角矩阵 $P = \mathrm{diag}\{p_1, p_2, \cdots, p_n\}$ 使得对任意的 $t \geqslant 0$ 都有

$$PA + A^{\mathrm{T}}P + (PB)(PB)^{\mathrm{T}} + I < 0 \tag{4.5.16}$$

其中 $I \in \mathbb{R}^{n \times n}$ 是单位矩阵,则下列结论成立:

(1) 对于任意 IVP 问题,神经网络(4.3.1)存在唯一的全局解 $\boldsymbol{x}$,而且输出解 γ 也是几乎处处唯一确定的;

(2) 神经网络(4.3.1)存在唯一的平衡点 $\boldsymbol{x}^*$. 而且 $\boldsymbol{x}^*$ 是全局指数收敛的.

4.6 非光滑次梯度系统神经网络的动力学分析

近年来，通过构造神经网络来解最优化问题，已经引起了越来越多学者的关注，而且各种求解优化问题的神经网络模型也层出不穷.神经网络的构造，直接影响着解优化问题的效果.例如，我们总是希望从任意点出发的轨道能够在尽可能短的时间内进入可行域，到达最优解，这就要求我们尽量熟悉所构造的神经网络的动力学行为.

本节主要研究下面的次梯度系统神经网络

$$\dot{\boldsymbol{x}} \in -\partial E(\boldsymbol{x}) - N_K(\boldsymbol{x}) \tag{4.6.1}$$

其中 $\boldsymbol{x}=(x_1,x_2,\cdots,x_n)^{\mathrm{T}} \in \mathbb{R}^n$ 是状态向量，$E(\boldsymbol{x}):\mathbb{R}^n \to \mathbb{R}$ 是目标函数，$K=\{\boldsymbol{x} \in \mathbb{R}^n \mid f_j(\boldsymbol{x}) \leqslant 0, j=1,2,\cdots,m\}$，$f_j(\boldsymbol{x}):\mathbb{R}^n \to \mathbb{R}$，$j=1,2,\cdots,m$. 神经网络(4.6.1)可以看成是目前广泛应用于解优化问题的几种神经网络的概括.因此，对这类次梯度系统神经网络的研究，将有助于更加充分地认识这几种用于解优化问题的神经网络的动力学行为.

设 $\boldsymbol{K} \subseteq \mathbb{R}^n$ 是一个非空闭凸集. K 在点 $\boldsymbol{x} \in K$ 的切锥定义为

$$T_{\boldsymbol{K}}(\boldsymbol{x})=\{\boldsymbol{v} \in \mathbb{R}^n \mid \liminf_{\rho \to 0^+} \frac{\operatorname{dist}(\boldsymbol{x}+\rho\boldsymbol{v},\boldsymbol{K})}{\rho}=0\}$$

在点 $\boldsymbol{x}$ 处的法锥定义为

$$N_{\boldsymbol{K}}(\boldsymbol{x})=\{\boldsymbol{p} \in \mathbb{R}^n \mid \langle \boldsymbol{p},\boldsymbol{v}\rangle \leqslant 0, \forall\, \boldsymbol{v} \in T_{\boldsymbol{K}}(\boldsymbol{x})\}$$

显然，$T_{\boldsymbol{K}}(\boldsymbol{x})$ 和 $N_{\boldsymbol{K}}(\boldsymbol{x})$ 都为$\mathbb{R}^n$中的非空闭凸锥.特别地，如果 $\boldsymbol{x} \in \operatorname{int}(\boldsymbol{K})$，则 $T_{\boldsymbol{K}}(\boldsymbol{x})=\mathbb{R}^n$ 而且 $N_{\boldsymbol{K}}(\boldsymbol{x})=\{0\}$. 同时，$N_{\boldsymbol{K}}(\boldsymbol{x})$ 还是一个极大单调算子，即对任意的 $\boldsymbol{x},\boldsymbol{y} \in \boldsymbol{K}$ 和任意的 $n_x \in N_{\boldsymbol{K}}(\boldsymbol{x})$，$n_y \in N_{\boldsymbol{K}}(\boldsymbol{y})$，都有 $\langle \boldsymbol{x}-\boldsymbol{y}, n_x-n_y\rangle \geqslant 0$(见文献[4]159 页命题 1).

取 $f:\mathbb{R}^n \to \mathbb{R} \cup \{+\infty\}$. 记 f 的有效域为 $\{\boldsymbol{x} \in \mathbb{R}^n \mid f(\boldsymbol{x}) \neq +\infty\}$. 定义 f 的上图为

$$\operatorname{epi}(f)=\{(\boldsymbol{x},r) \in \mathbb{R}^n \times \mathbb{R} \mid f(\boldsymbol{x}) \leqslant r\}$$

设 $f:\mathbb{R}^n \to \mathbb{R} \cup \{+\infty\}$ 在点 $\boldsymbol{x} \in \mathbb{R}^n$ 处取有限值. f 在点 $\boldsymbol{x}$ 处的 Clarke 次微分定义为

$$\partial f(\boldsymbol{x})=\{\boldsymbol{\xi} \in \mathbb{R}^n \mid (\boldsymbol{\xi},-1) \in N_{\operatorname{epi}(f)}(\boldsymbol{x},f(\boldsymbol{x}))\}$$

称 f 在点 $\boldsymbol{x}$ 处是正则的，如果 $\operatorname{epi}(f)$ 在点$(\boldsymbol{x},f(\boldsymbol{x}))$处是正则的(有关集合的正则性可参考文献[21]中的第 55 页). 若 f,g 在 $\boldsymbol{x}$ 处都是正则的，则 $f+g$ 在 $\boldsymbol{x}$ 处也是正则的，而且 $\partial(f+g)(\boldsymbol{x})=\partial f(\boldsymbol{x})+\partial g(\boldsymbol{x})$.

称 $f:\mathbb{R}^n \to \mathbb{R}$ 在点 $\boldsymbol{x} \in \mathbb{R}^n$ 处是 Lipschitz 的，如果存在常数 $k>0$ 和 $\varepsilon>$

0 使得

$$|f(\boldsymbol{x}_2)-f(\boldsymbol{x}_1)|\leqslant k|\boldsymbol{x}_2-\boldsymbol{x}_1|,\quad \forall \boldsymbol{x}_1,\boldsymbol{x}_2\in B(\boldsymbol{x},\varepsilon)$$

这里的常数 k 称为 f 在点 $\boldsymbol{x}$ 处的 Lipschitz 常数. 如果 f 在其定义域中每个点都是 Lipschitz 的,那么称 f 在其定义域内是局部 Lipschitz 的. 当 f 在点 $\boldsymbol{x}$ 处是 Lipschitz 的时候

$$\partial f(\boldsymbol{x})=\{\xi\in\mathbb{R}^n \mid f^\circ(\boldsymbol{x};\boldsymbol{v})\geqslant\langle\xi,\boldsymbol{v}\rangle,\forall \boldsymbol{v}\in\mathbb{R}^n\}$$

其中 $f^\circ(\boldsymbol{x};\boldsymbol{v})=\lim\limits_{\boldsymbol{y}\to\boldsymbol{x}}\sup\limits_{t\downarrow 0}\dfrac{f(\boldsymbol{y}+t\boldsymbol{v})-f(\boldsymbol{y})}{t}$ 表示 f 在点 $\boldsymbol{x}$ 沿方向 $\boldsymbol{v}$ 的广义方向导数. 注意,当 f 在 $\boldsymbol{x}$ 处是 Lipschitz 的时候,$\partial f(\boldsymbol{x})$ 是$\mathbb{R}^n$ 中的一个非空紧凸集,而且对于任意的 $\xi\in\partial f(\boldsymbol{x})$ 都有 $|\xi|\leqslant k$ 成立,这里的 k 是 f 在 $\boldsymbol{x}$ 的 Lipschitz 常数.

另外,函数的 Fréchet 次微分与极限次微分在非光滑分析中也是经常可见的,其中 Fréchet 次微分定义是

$$\hat{\partial}f(\boldsymbol{x})=\{\boldsymbol{p}\in\mathbb{R}^n\mid \liminf_{\boldsymbol{y}\to\boldsymbol{x}\ \boldsymbol{y}\neq\boldsymbol{x}}\frac{f(\boldsymbol{y})-f(\boldsymbol{x})-\langle\boldsymbol{p},\boldsymbol{y}-\boldsymbol{x}\rangle}{|\boldsymbol{y}-\boldsymbol{x}|}\geqslant 0\}$$

f 在点 $\boldsymbol{x}$ 处的极限次微分,是由序列 $\{\boldsymbol{p}_n^*\}_{n\geqslant 1}$ 聚点构成的集合,其中 $\{\boldsymbol{p}_n^*\}$ 满足

(1) $\boldsymbol{p}_n^*\in\hat{\partial}f(\boldsymbol{x}_n)$;

(2) $(\boldsymbol{x}_n,f(\boldsymbol{x}_n))\to(\boldsymbol{x},f(\boldsymbol{x})),n\to+\infty$.

记 $\partial_l f(\boldsymbol{x})$ 为 f 在点 $\boldsymbol{x}$ 处的极限次微分.

引理 4.6.1 如果 f 在 $\boldsymbol{x}\in\mathbb{R}^n$ 处取值有限且是正则的,那么 $\partial_l f(\boldsymbol{x})=\partial f(\boldsymbol{x})$.

根据上面的引理,当 f 在 $\boldsymbol{x}\in\mathbb{R}^n$ 处取有限值且是正则的时候,将不再区分 Clarke 次微分与极限次微分,而且将极限次微分的结论直接应用到 Clarke 次微分.

我们用 Ψ_Q 表示集合 Q 的指示函数,即

$$\Psi_Q(\boldsymbol{x})=\begin{cases}0, & \boldsymbol{x}\in Q\\ +\infty, & \boldsymbol{x}\notin Q\end{cases}$$

如果 $Q\subseteq\mathbb{R}^n$ 是一个非空闭凸集,那么函数 Ψ_Q 在$\mathbb{R}^n$ 上是凸函数,而且它的上图 $\mathrm{epi}(\Psi_Q)$ 是$\mathbb{R}^n\times\mathbb{R}$ 上的一个非空闭凸集.

引理 4.6.2 设 $Q\subseteq\mathbb{R}^n$ 是一个非空闭凸集,则 Ψ_Q 在任意点 $\boldsymbol{x}\in Q$ 都是正则的,而且 $\partial\Psi_Q(\boldsymbol{x})=N_Q(\boldsymbol{x})$.

定义 4.6.1 (1) $\mathbb{R}^n$ 中的集合 A 称为是半解析的,如果$\mathbb{R}^n$ 中的每一点都存在邻域 V 使得

$$A\cap V=\bigcup_{i=1}^{p}\bigcap_{j=1}^{q}\{\boldsymbol{x}\in V\mid f_{ij}(\boldsymbol{x})=0,g_{ij}(\boldsymbol{x})>0\}$$

其中 $f_{ij},g_{ij}:V\to\mathbb{R}$ 是实值解析函数,$1\leqslant i\leqslant p,\ 1\leqslant j\leqslant q$.

(2) $\mathbb{R}^n$ 中的集合 A 称为是次解析的，如果 $\mathbb{R}^n$ 中的每一点都存在邻域 V 使得

$$A \cap V = \{\boldsymbol{x} \in \mathbb{R}^n \mid (\boldsymbol{x}, \boldsymbol{y}) \in B\}$$

其中，B 是 $\mathbb{R}^n \times \mathbb{R}^m$ 中有界半解析集，$m \geqslant 1$.

(3) 函数 $f: \mathbb{R}^n \to \mathbb{R} \cup \{+\infty\}$ 称为是次解析的，如果它的图像是 $\mathbb{R}^n \times \mathbb{R}$ 的一个次解析集.

设 $n \in \mathbb{N}$，$C_n = (-1,1)^n$. 定义算子 τ_n 为

$$\tau_n(\boldsymbol{x}_1, \boldsymbol{x}_2, \cdots, \boldsymbol{x}_n) = \left(\frac{\boldsymbol{x}_1}{1+\boldsymbol{x}_1^2}, \frac{\boldsymbol{x}_2}{1+\boldsymbol{x}_2^2}, \cdots, \frac{\boldsymbol{x}_n}{1+\boldsymbol{x}_n^2}\right) \in C_n$$

$\mathbb{R}^n$ 中的集合 $\boldsymbol{A}$ 称为是全局次解析的，如果 $\tau_n(\boldsymbol{A})$ 是 $\mathbb{R}^n$ 中的次解析集. 一个函数称为是全局次解析的，如果它的图像是全局次解析的. 事实上，全局次解析集一定是次解析集，反之有界次解析集一定是全局次解析集(见文献[18]).

解析函数论中的 Lojasiewicz 不等式在梯度向量场问题中占有重要的地位. Bolte 等人在文献[18] 中将这个重要不等式推广到了非光滑的情形：

引理 4.6.3 假设次解析函数 $f: \mathbb{R}^n \to \mathbb{R} \cup \{+\infty\}$ 的有效域是闭的，而且 f 在有效域上连续. 设 $\boldsymbol{a} \in \mathbb{R}^n$ 是 f 的一个临界点，即 $0 \in \partial_l f(\boldsymbol{a})$，则存在常数 $\theta \in [0,1)$，$c > 0$，$\delta > 0$ 使得对于任意的 $\boldsymbol{x} \in B(\boldsymbol{a}, \delta)$ 都有

$$|f(\boldsymbol{x}) - f(\boldsymbol{a})|^\theta \leqslant c \mid m(\partial_l f(\boldsymbol{x})) \mid \tag{4.6.2}$$

其中 $m(\partial_l f(\boldsymbol{x})) \in \partial_l f(\boldsymbol{x})$ 且 $|m(\partial_l f(\boldsymbol{x}))| = \inf\{|\boldsymbol{x}^*| \mid \boldsymbol{x}^* \in \partial_l f(\boldsymbol{x})\}$.

令 $\theta_a = \inf\{\theta \in [0,1) \mid$ 不等式(4.6.2) 成立$\}$，称 θ_a 为 f 在点 $\boldsymbol{a}$ 处的 Lojasiewicz 指数.

由文献[4] 可知，神经网络(4.6.1) 解的定义为：

定义 4.6.2 称绝对连续函数 $x(t)$ 是神经网络(4.6.1) 在 $[0,\tilde{t}]$($\tilde{t} > 0$ 是一常数) 上满足初始条件 $x(0) = \boldsymbol{x}_0 \in \boldsymbol{K}$ 的解，如果：

(1) $\boldsymbol{x}(t) \in \boldsymbol{K}$，$\forall t \in [0,\tilde{t}]$；

(2) 对于几乎处处 $t \in [0,\tilde{t}]$ 都有 $\dot{\boldsymbol{x}}(t) \in -\partial E(\boldsymbol{x}(t)) - N_{\boldsymbol{K}}(\boldsymbol{x}(t))$.

$\boldsymbol{x}^* \in \boldsymbol{K}$ 称为神经网络(4.6.1) 的平衡点，若 $0 \in -\partial E(\boldsymbol{x}^*) - N_{\boldsymbol{K}}(\boldsymbol{x}^*)$.

下面讨论神经网络(4.6.1) 解的存在唯一性. 首先，对神经网络(4.6.1) 做最基本的假设：

H_1：(1) E 在 $\mathbb{R}^n$ 上是局部 Lipschitz 的；

(2) f_j 是凸函数，$j = 1, 2, \cdots, m$；

(3) $\boldsymbol{K} = \{\boldsymbol{x} \in \mathbb{R}^n \mid f_j(\boldsymbol{x}) \leqslant 0, j = 1, 2, \cdots, m\}$ 是非空有界的.

显然，在 H_1 下，集合 $\boldsymbol{K}$ 是一个非空紧凸集，故 $N_{\boldsymbol{K}}(\cdot)$ 是一个极大单调算子. 另一方面，由于 $\partial E(\boldsymbol{x})$ 是一个具有非空紧凸值的上半连续集值映射，所以由文献[4] 中的定理 1(第 267 页) 直接可得：

定理 4.6.1 假设条件 H_1 成立. 则过任意初始点 $\boldsymbol{x}_0 \in \boldsymbol{K}$, 神经网络(4.6.1)至少存在一个解 $x(t)(t\in[0,+\infty))$,而且神经网络(4.6.1)一定存在平衡点 $\boldsymbol{x}^* \in \boldsymbol{K}$.

下面考虑神经网络(4.6.1)解的唯一性. 设 $\phi:\mathbb{R}^n\times\mathbb{R}^n\times\mathbb{R}^3\to\mathbb{R}^+$是一个连续函数. 称局部 Lipschitz 函数 $f:\mathbb{R}^n\to\mathbb{R}$ 是 ϕ- 凸的,如果对于任意的 $\boldsymbol{x},\boldsymbol{y}\in\mathbb{R}^n$ 和 $\boldsymbol{p}\in\partial f(\boldsymbol{x})$, 都有

$$f(\boldsymbol{y})\geqslant f(\boldsymbol{x})+\langle \boldsymbol{p},\boldsymbol{y}-\boldsymbol{x}\rangle-\phi(\boldsymbol{x},\boldsymbol{y},f(\boldsymbol{x}),f(\boldsymbol{y}),|\boldsymbol{p}|)|\boldsymbol{x}-\boldsymbol{y}|^2$$

由文献[19]知,若 f 是 ϕ- 凸的,则必存在连续函数 $\tilde{\phi}:\mathbb{R}^n\times\mathbb{R}^2\to\mathbb{R}^+$使得 f 具有 $\tilde{\phi}$ 单调性,即对于任意的 $\boldsymbol{x},\boldsymbol{y}\in\mathbb{R}^n$, $\boldsymbol{p}\in\partial f(\boldsymbol{x})$, $\boldsymbol{q}\in\partial f(\boldsymbol{y})$, 下式成立

$$\langle \boldsymbol{p}-\boldsymbol{q},\boldsymbol{x}-\boldsymbol{y}\rangle\geqslant-[\tilde{\phi}(\boldsymbol{x},f(\boldsymbol{x}),|\boldsymbol{p}|)+\tilde{\phi}(\boldsymbol{y},f(\boldsymbol{y}),|\boldsymbol{q}|)]|\boldsymbol{x}-\boldsymbol{y}|^2$$

定理 4.6.2 假设条件 H_1 成立. 如果 E 是 ϕ- 凸的,则过任意初始点 $\boldsymbol{x}_0\in\boldsymbol{K}$,神经网络(4.6.1)有且只有一个解 $x(t)$, $t\in[0,+\infty)$.

证 任取 $\boldsymbol{x}_0\in\boldsymbol{K}$, 设 $x(t)$ 和 $y(t)$ 是神经网络(4.6.1)过初始点 $\boldsymbol{x}_0$ 的两个解($t\in[0,+\infty)$). 对于任意常数 $\tau>0$, 由定义 4.6.3 知, $x(t)$ 和 $y(t)$ 在$[0,\tau]$上是绝对连续的,故也是几乎处处可导的. 因此

$$\begin{aligned}\frac{\mathrm{d}}{\mathrm{d}t}\left(\frac{1}{2}|x(t)-y(t)|^2\right)&=\langle x(t)-y(t),\dot{x}(t)-\dot{y}(t)\rangle\\&=\langle x(t)-y(t),-\zeta_x(t)+\zeta_y(t)\rangle+\\&\quad\langle x(t)-y(t),-\eta_x(t)+\eta_y(t)\rangle\end{aligned}$$

其中 $\zeta_x(t)\in\partial E(x(t))$, $\eta_x(t)\in N_{\boldsymbol{K}}(x(t))$, $\zeta_y(t)\in\partial E(y(t))$, $\eta_y(t)\in N_{\boldsymbol{K}}(y(t))$ 满足等式

$$\dot{x}(t)=-\zeta_x(t)-\eta_x(t),\ \dot{y}(t)=-\zeta_y(t)-\eta_y(t)$$

由于在条件H_1 下 $N_{\boldsymbol{K}}(\cdot)$ 是一个极大单调算子,所以

$$\langle x(t)-y(t),-\eta_x(t)+\eta_y(t)\rangle\leqslant 0$$

又因为 E 是 ϕ- 凸的,于是

$$\begin{aligned}\frac{\mathrm{d}}{\mathrm{d}t}\left(\frac{1}{2}|x(t)-y(t)|^2\right)\leqslant&[\tilde{\varphi}(x(t),f(x(t)),|\boldsymbol{p}|)+\\&\tilde{\phi}(y(t),f(y(t)),|\boldsymbol{q}|)]|x(t)-y(t)|^2\end{aligned}$$

令 $\delta(t)=\tilde{\phi}(x(t),f(x(t)),|\boldsymbol{p}|)+\tilde{\phi}(y(t),f(y(t)),|\boldsymbol{q}|)$, 由 Gronwall 不等式可知

$$|x(t)-y(t)|^2\leqslant|x(0)-y(0)|^2\mathrm{e}^{2\int_0^t\delta(s)\mathrm{d}s}$$

另一方面,因为 $|x(0)-y(0)|=0$, 所以 $|x(t)-y(t)|=0$, 即 $x(t)=y(t)$, 对于任意的 $t\in[0,\tau]$ 都成立. 由 τ 的任意性可知,过初始点 $\boldsymbol{x}_0\in\boldsymbol{K}$, 神经网络(4.6.1)有且只有一个解. □

注 4.6.1 显然,凸或半凸函数是一种特殊的 ϕ- 凸函数. 故若 E 是凸或半

凸函数时，定理 4.6.2 仍然成立.

神经网络(4.6.1) 大量出现在各种优化问题中，然而在大多数文献中，有关神经网络(4.6.1) 的稳定性却仅仅局限在拟收敛性上. 事实上，在构造一个神经网络的时候，我们更关心的是它的全局渐近收敛性. 下面证明神经网络(4.6.1) 的拟收敛性，借助于非光滑的 Lojasiewicz 不等式，我们证明神经网络(4.6.1) 的全局渐近稳定性. 定义 Lyapunov 函数 $W:\mathbb{R}^n \to \mathbb{R}\cup\{+\infty\}$

$$W(\boldsymbol{x})=E(\boldsymbol{x})+\Psi_{\boldsymbol{K}}(\boldsymbol{x})$$

对 Lyapunov 函数 W 沿着神经网络(4.6.1) 的轨道进行求导，在本节中占有重要地位，而下面的引理在 W 的求导过程中又是必不可少的：

引理 4.6.4 假设条件 H_1 成立. 令 $x(t)$ 是神经网络(4.6.1) 过初始点 $\boldsymbol{x}_0\in\boldsymbol{K}$ 的解($t\in[0,+\infty)$). 如果 E 在$\mathbb{R}^n$ 上是正则的，那么

(1) 对于几乎处处 $t\in[0,+\infty)$，$\frac{\mathrm{d}}{\mathrm{d}t}W(x(t))=\langle\xi,\dot{x}(t)\rangle, \forall\xi\in\partial W(x(t))$；

(2) 对于几乎处处 $t\in[0,+\infty)$，$|\dot{x}(t)|=|m(\partial W(x(t)))|$，其中 $m(\partial W(x(t)))\in\partial W(x(t))$ 满足 $|m(\partial W(\boldsymbol{x}))|=\min\{|\boldsymbol{x}^*|\mid \boldsymbol{x}^*\in\partial W(\boldsymbol{x})\}$.

证 根据条件 H_1 和引理 4.6.2，$\Psi_{\boldsymbol{K}}$ 在点 $\boldsymbol{x}\in\boldsymbol{K}$ 处是正则的而且 $\partial\Psi_{\boldsymbol{K}}(\boldsymbol{x})=N_{\boldsymbol{K}}(\boldsymbol{x})$. 因此，函数 W 在点 $\boldsymbol{x}\in K$ 处也是正则的而且

$$\partial(W(\boldsymbol{x}))=\partial(E(\boldsymbol{x})+\Psi_{\boldsymbol{K}}(\boldsymbol{x}))=\partial E(\boldsymbol{x})+\partial\Psi_{\boldsymbol{K}}(\boldsymbol{x})=\partial E(\boldsymbol{x})+N_{\boldsymbol{K}}(\boldsymbol{x})$$

于是，神经网络(4.6.1) 转化为负梯度系统

$$\dot{x}(t)\in-\partial W(x(t)) \tag{4.6.3}$$

另一方面，由文献[20] 中的性质 2 和文献[21] 中的定理 2.9.9 可知

$$\frac{\mathrm{d}}{\mathrm{d}t}W(x(t))=\langle\xi,\dot{x}(t)\rangle \tag{4.6.4}$$

对于任意的 $\xi\in\partial W(x(t))$ 和几乎处处 $t\in[0,+\infty)$ 都成立. 特别地，我们取 $\xi=m(\partial W(x(t)))$ 得

$$\frac{\mathrm{d}}{\mathrm{d}t}W(x(t))=\langle m(\partial W(x(t))),\dot{x}(t)\rangle,\quad 几乎处处\ t\in[0,+\infty)$$

另外，由等式(4.6.4)，对于几乎处处 $t\in[0,+\infty)$ 都有

$$\frac{\mathrm{d}}{\mathrm{d}t}W(x(t))=\langle-\dot{x}(t),\dot{x}(t)\rangle=-|\dot{x}(t)|^2 \tag{4.6.5}$$

综上可知

$$\langle m(\partial W(x(t))),\dot{x}(t)\rangle=-|\dot{x}(t)|^2,\quad 几乎处处\ t\in[0,+\infty)$$

所以，$|\dot{x}(t)|^2\leqslant|-m(\partial W(x(t)))|\cdot|\dot{x}(t)|$，即

$$|\dot{x}(t)|\leqslant|m(\partial W(x(t)))|$$

于是由 $m(\partial W(\boldsymbol{x}))$ 的定义可知 $|\dot{x}(t)|=|m(\partial W(x(t)))|$. □

定理 4.6.3 在引理 4.6.4 的前提下,下式等式必成立

$$\lim_{t\to+\infty} d(x(t),M)=0 \tag{4.6.6}$$

其中 $M=\{\boldsymbol{x}^* \in \boldsymbol{K} \mid 0\in -\partial E(\boldsymbol{x}^*)-N_{\boldsymbol{K}}(\boldsymbol{x}^*)\}$.

证 由引理 4.6.4 的证明可知,神经网络(4.6.1) 等价于负梯度系统(4.6.3),而且 $\frac{\mathrm{d}}{\mathrm{d}t}W(x(t))=-|\dot{x}(t)|^2$,对于几乎处处 $t\in[0,+\infty)$ 都成立. 所以,$W(\boldsymbol{x}(t))$ 在 $t\in[0,+\infty)$ 上是有界的. 于是,类似于文献[20]中定理1的证明可以直接得到结论,在此不再叙述. □

以下研究神经网络(4.6.1) 的渐近稳定性,首先需要下面的假设:

H_2:(1) $E(\boldsymbol{x})$ 在 $\mathbb{R}^n$ 上是正则、次解析的;

(2) $f_j(\boldsymbol{x})$ 是凸函数且是次解析的,$j=1,2,\cdots,m$;

(3) $\boldsymbol{K}=\{\boldsymbol{x}\in\mathbb{R}^n \mid f_j(\boldsymbol{x})\leqslant 0, j=1,2,\cdots,m\}$ 非空有界.

定理 4.6.4 如果条件 H_2 成立,那么神经网络(4.6.1) 过任意点 $\boldsymbol{x}_0\in\boldsymbol{K}$ 的解 $x(t)$ 长度是有限的,而且这个解最后必收敛到网络(4.6.1) 的一个平衡点,即

$$\lim_{t\to+\infty} x(t)=\tilde{\boldsymbol{x}}$$

其中,$\tilde{\boldsymbol{x}}\in\boldsymbol{K}$ 是神经网络(4.6.1) 平衡点.

证 由等式(4.6.4),$W(x(t))$ 关于 t 单调递减且有界,$t\in[0,+\infty)$. 不失一般性,假设 $\lim_{t\to+\infty}W(x(t))=0$,由此可知 $W(x(t))$,是非负的. 另一方面,由于 $x(t)\in\boldsymbol{K}$ 是有界的,所以必存在收敛子列,即存在 $\tilde{\boldsymbol{x}}\in\boldsymbol{K}$ 使得 $\lim_{n\to+\infty}x(t_n)=\tilde{\boldsymbol{x}}$,其中 $t_n\to+\infty$. 因此,根据 W 的连续性与定理 4.6.3 可知 $W(\tilde{\boldsymbol{x}})=0$.

如果存在 $t'>0$ 使得 $W(x(t'))=0$,那么由 $W(x(t))$ 的单调性与非负性可知,$W(x(t))=0$ 对于任意的 $t\geqslant t'$ 都成立. 于是,对于任意的 $t\geqslant t'$

$$0=\frac{\mathrm{d}}{\mathrm{d}t}W(x(t))=-|\dot{x}(t)|^2$$

从而 $x(t)=\tilde{\boldsymbol{x}}$. 又根据(4.6.3),$0\in\partial W(\tilde{\boldsymbol{x}})$,即 $\tilde{\boldsymbol{x}}$ 是神经网络(4.6.1) 的平衡点.

下面只考虑 $W(x(t))>0$ $(t\geqslant 0)$ 的情况. 首先因为 E 和 $\boldsymbol{\Psi}_{\boldsymbol{K}}$ 都是次解析的,所以 $W=E+\boldsymbol{\Psi}_{\boldsymbol{K}}$ 是次解析的,事实上,由 H_2(2) 可知,$f_j^{-1}((-\infty,0])$ $(j=1,2,\cdots,m)$ 是次解析的,故

$$K=\bigcap_{j=1}^{m} f_j^{-1}((-\infty,0])$$

必是次解析的. 因此,$\boldsymbol{K}$ 的指示函数 $\boldsymbol{\Psi}_{\boldsymbol{K}}$ 也是次解析的. 于是,根据引理 4.6.1、引理 4.6.3 和假设 $W(\tilde{\boldsymbol{x}})=0$ 可知,存在指数 $\theta\in[0,1)$,$c>0$,$\delta>0$ 使得

$$|W(\boldsymbol{x})|^{\theta}\leqslant c\,|m(\partial W(\boldsymbol{x}))|$$

对于所有的 $\boldsymbol{x} \in B(\tilde{\boldsymbol{x}},\delta)$ 都成立. 下面将使用 ε-δ 语言证明 $\lim\limits_{t\to+\infty} x(t)=\tilde{\boldsymbol{x}}$. 因为 $\lim\limits_{t\to+\infty} W(x(t))=0$ 和 $\lim\limits_{n\to+\infty} x(t_n)=\tilde{\boldsymbol{x}}$，所以对于任意的 $\varepsilon\in(0,\delta)$，一定存在 $\tilde{t}>0$ 使得

$$|W(x(\tilde{t}))|\leqslant\left[\frac{1}{1-\theta}\right]$$

$$|x(\tilde{t})-\tilde{\boldsymbol{x}}|\leqslant\frac{\varepsilon}{3}$$

令 $t_0=\sup\{t \mid |\boldsymbol{x}(\tau)-\tilde{\boldsymbol{x}}|\leqslant\varepsilon$ 对于任意的 $\tau\in[\tilde{t},t)$ 都成立$\}$. 以下用反证法证明 $t_0=+\infty$.

假若不然，则 $t_0<+\infty$，于是有：(1) $t_0>\tilde{t}$；(2) $|x(t_0)-\tilde{\boldsymbol{x}}|=\varepsilon$；(3) $x(t)\in B_\varepsilon(\tilde{\boldsymbol{x}})$，$\forall t\in[\tilde{t},t_0)$. 由引理 4.6.8 和等式(4.6.3) 可知

$$\begin{aligned}|x(t_0)-x(\tilde{t})|&\leqslant\int_{\tilde{t}}^{t_0}|\dot{x}(t)|\,\mathrm{d}t=\int_{\tilde{t}}^{t_0}|m(\partial W(x(t)))|\,\mathrm{d}t\\&=\int_{\tilde{t}}^{t_0}\frac{1}{|m(\partial W(x(t)))|}\left(-\frac{\mathrm{d}}{\mathrm{d}t}W(x(t))\right)\mathrm{d}t\end{aligned}$$

故由非光滑的 Lojasiewicz 不等式(即引理 4.6.3)

$$\begin{aligned}|x(t_0)-x(\tilde{t})|&\leqslant c\int_{\tilde{t}}^{t_0}\frac{1}{W^\theta(x(t)}\left(-\frac{\mathrm{d}}{\mathrm{d}t}W(x(t))\right)\mathrm{d}t=c\int_{W(x(t_0))}^{W(x(\tilde{t}))}\eta^{-\theta}\mathrm{d}\eta\\&=\frac{c}{1-\theta}[W^{1-\theta}(x(\tilde{t}))-W^{1-\theta}(x(t_0))]\\&\leqslant\frac{c}{1-\theta}W^{1-\theta}(x(\tilde{t}))\leqslant\frac{\varepsilon}{3}\end{aligned}$$

因此，$|x(t_0)-\tilde{x}|\leqslant|x(t_0)-x(\tilde{t})|+|\tilde{x}-x(\tilde{t})|\leqslant\frac{2\varepsilon}{3}<\varepsilon$，这与 $|x(t_0)-\tilde{x}|=\varepsilon$ 矛盾. 所以原假设错误，故 $t_0=+\infty$，即 $\lim\limits_{t\to+\infty} x(t)=\tilde{\boldsymbol{x}}$. 将 $t_0=+\infty$ 代入上面不等式可得，$\int_{\tilde{t}}^{+\infty}|\dot{x}(t)|\,\mathrm{d}t\leqslant\frac{\varepsilon}{3}$，这说明了神经网络(4.6.1) 的解 $x(t)$ 的长度有限. 另外，根据引理 4.6.4，对于几乎处处 $t\in[0,+\infty)$，都有 $|\dot{x}(t)|=|m(\partial W(x(t)))|$，所以一定存在 $\{t_n\}_{n=1}^{\infty}$ 使得 $|m(\partial W(x(t_n)))|\to 0$ $(n\to+\infty)$. 又因为 $Gr(\partial W)$ 是闭的，所以 $\tilde{\boldsymbol{x}}$ 是神经网络(4.6.1) 的平衡点. □

注 4.6.1 作为神经网络(4.6.1) 的一个特例，令

$$\begin{aligned}&E(\boldsymbol{x})=-\frac{1}{2}\boldsymbol{x}^{\mathrm{T}}Q\boldsymbol{x}-\boldsymbol{x}^{\mathrm{T}}I\\&f_j(\boldsymbol{x})=|\boldsymbol{x}_j|-1,\quad j=1,2,\cdots,n\end{aligned}\tag{4.6.7}$$

其中 $Q\in\mathbb{R}^{n\times n}$ 是对称矩阵，$I\in\mathbb{R}^n$ 是一个常向量. 此时，$\boldsymbol{K}=\{\boldsymbol{x}\mid f_j(\boldsymbol{x})\leqslant 0,j=1,2,\cdots,n\}=[-1,1]^n$. 于是，神经网络(4.6.1) 转化为著名的全域细胞神经网络(FR-CNN)

$$\dot{x}(t) \in Qx(t) + I - N_K(x(t)) \tag{4.6.8}$$

近年来，全域细胞神经网络(4.6.8)引起越来越多学者的关注（见文献[20,22,23]）. 然而，有关神经网络(4.6.8)的稳定性大多数局限在拟收敛性，即等式(4.6.6)成立. 在文献[20]的定理1中，作者提到当神经网络(4.6.8)的平衡点是孤立的时候，神经网络(4.6.8)才是完全稳定的. 但是，等式(4.6.7)定义的$E(\boldsymbol{x})$和$f_j(\boldsymbol{x})$显然满足条件H_2，所以由定理4.6.4知神经网络(4.6.8)是完全稳定的，而且这与平衡点是否孤立没有任何关系. 在这种意义下，定理4.6.4已经完全证明了全域细胞神经网络的稳定性. 下面用一个数值算例来详细说明这一点.

例 4.6.1 令 $E(\boldsymbol{x}) = -\frac{1}{2}(2x_1^2 + 2x_1x_2 + 5x_2^2)$ 和 $\boldsymbol{K} = [-1,1]^2$，即定义神经网络(4.6.8)为

$$\begin{bmatrix} \dot{\boldsymbol{x}}_1 \\ \dot{\boldsymbol{x}}_2 \end{bmatrix} \in \begin{pmatrix} 2 & 1 \\ 1 & 5 \end{pmatrix} \begin{bmatrix} x_1 \\ x_2 \end{bmatrix} - N_{\boldsymbol{K}}(\boldsymbol{x})$$

易得上述神经网络的平衡点集 $\boldsymbol{M} = \{0\} \cup \mathrm{bd}([0,1]^2) \setminus \bigcup_{i=1}^{4} \boldsymbol{A}_i$，其中

$$\boldsymbol{A}_1 = (0,0.5) \times \{1\}, \quad \boldsymbol{A}_2 = \{-1\} \times (0,0.2)$$

$$\boldsymbol{A}_3 = (0,0.5) \times \{-1\}, \quad \boldsymbol{A}_4 = \{1\} \times (-0.2,0)$$

这里的 $\mathrm{bd}([0,1]^2)$ 表示$[0,1]^2$ 的边界. 显然，该神经网络的平衡点不是孤立的，所以文献[20]中的定理1无法判断该网络的完全稳定性. 但是，由上面的定理4.6.4知该神经网络是完全稳定的.

借助于MATLAB，我们模拟了上述神经网络的轨迹. 首先选定初始点

$$\boldsymbol{x}^1 = \left(\frac{1}{4},0\right)^{\mathrm{T}}, \ \boldsymbol{x}^2 = (0.6,-0.6)^{\mathrm{T}}$$

$$\boldsymbol{x}^3 = (-0.8,0.4)^{\mathrm{T}}, \boldsymbol{x}^4 = (-0.4,0.4)^{\mathrm{T}}$$

在图9中，$\boldsymbol{x}^i(t)$是该网络过初始点$\boldsymbol{x}^i$的轨迹，$i=1,2,3,4$. 从图像中不难发现，上述神经网络的解都是收敛到平衡点的.

类似于文献[18]中的定理4.7，我们也可以对神经网络(4.6.1)平衡点的收敛速度进行估计.

定理 4.6.5 在条件H_2的前提下，令$\theta_{\tilde{x}}$为W在$\tilde{\boldsymbol{x}}$处的Lojasiewicz指数，一定存在常数$k>0$, $k'>0$和$t_0>0$使得对于任意的$t \geqslant t_0$，下述结论成立：

(1) 如果 $\theta_{\tilde{x}} \in (\frac{1}{2},1)$，则 $| x(t) - \tilde{\boldsymbol{x}} | \leqslant k\,(t+1)^{-\frac{1-\theta}{2\theta-1}}$；

(2) 如果 $\theta_{\tilde{x}} = \frac{1}{2}$，则 $| x(t) - \tilde{\boldsymbol{x}} | \leqslant k\mathrm{e}^{-k't}$；

(3) 如果 $\theta_{\tilde{x}} \in [0,\frac{1}{2})$，则 $x(t)$ 有限时间收敛到平衡点 $\tilde{\boldsymbol{x}}$.

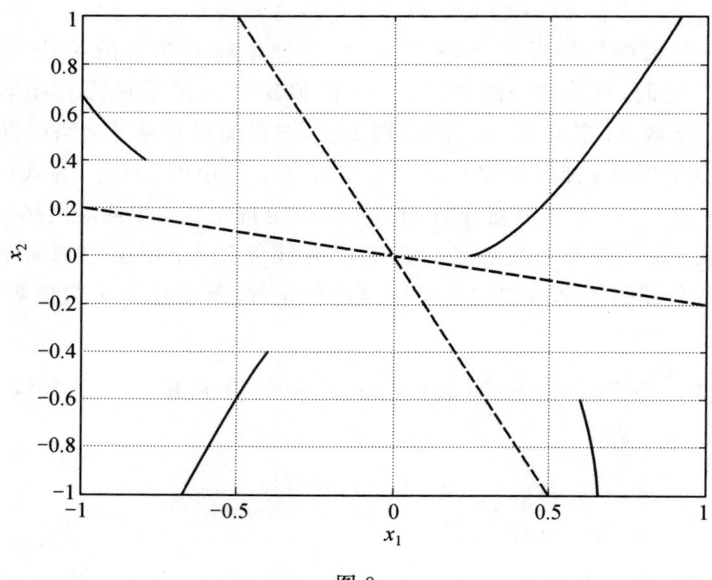

图 9

注 4.6.2 定理 4.6.5 提出了一种研究神经网络(4.6.1) 平衡点收敛速度的非常重要的方法,特别是对网络(4.6.1) 平衡点有限时间收敛的研究. 有限时间收敛是不连续系统特有的现象,在解优化问题的时候,我们总希望所构造的神经网络能够在尽可能短的时间内收敛到最优解. 因此,通过计算最优解处的 Lojasiewicz 指数,我们可以对收敛速度进行有效估计. 然而,在通常意义下,计算 Lojasiewicz 指数并不是一件非常容易的事情(见文献[24,25,26]). 在文献[27] 中,作者计算了当 $E(\boldsymbol{x})$ 是线性和二次函数的时候,临界点处的 Lojasiewicz 指数. 下面我们将计算当 $E(\boldsymbol{x})$ 是三次函数的时候临界点处的 Lojasiewicz 指数.

首先定义 $E(\boldsymbol{x})=\sum_{i,j,k=1}^{n} a_{ijk}x_i x_j x_k$, 其中 $a_{ijk}\in\mathbb{R}$ 和 $\boldsymbol{x}=[x_1,x_2,\cdots,x_n]^{\mathrm{T}}\in\mathbb{R}^n$. 令 $b_{jk}^i=a_{ijk}+a_{jik}+a_{jki}$ 和 $\boldsymbol{Q}^i=[b_{jk}^i]_{n\times n}(i,j,k=1,2,\cdots,n)$. 同时,令 $\boldsymbol{K}=[-1,1]^n$. 于是由文献[20]可知, $N_K(\boldsymbol{x})=S(\boldsymbol{x})$, 其中 $S(\boldsymbol{x})=[s(x_1),\cdots,s(x_n)]^{\mathrm{T}}$,这里的 s 定义如下

$$s(\boldsymbol{x}_i)=\begin{cases}(-\infty,0], & \boldsymbol{x}_i=-1\\ 0, & \boldsymbol{x}_i\in(-1,1)\\ [0,+\infty), & \boldsymbol{x}_i=1\end{cases} \tag{4.6.9}$$

以下两个不等式将会在之后的定理证明中用到,现将其不加证明的列出

$$(a+b)^q\leqslant 2^q(a^q+b^q),\quad \forall\, a,b,q>0$$

$$\frac{a_1+a_2+\cdots+a_n}{n}\geqslant\sqrt[n]{a_1a_2,\cdots,a_n},\quad \forall a_1,a_2,\cdots,a_n>0 \tag{4.6.10}$$

定理 4.6.6 设 $\boldsymbol{a}\in\boldsymbol{K}$ 是神经网络(4.6.1)的平衡点：

(1) 如果 $\boldsymbol{a}\in\mathrm{int}(\boldsymbol{K})$ 且存在 $i_0\in\{1,2,\cdots,n\}$ 使得 $\boldsymbol{Q}^{i_0}$ 正定，则 $\theta_a=\frac{2}{3}$；

(2) 如果 $\boldsymbol{a}\in\mathrm{bd}\,(\boldsymbol{K})$ 且 $\boldsymbol{a}^{\mathrm{T}}\boldsymbol{Q}^i\boldsymbol{a}\neq 0\ (i=1,2,\cdots,n)$，则 $\theta_a=0$.

证 首先计算向量 $\nabla E(\boldsymbol{x})$ 的范数

$$\begin{aligned}|\nabla E(\boldsymbol{x})|^2&=\sum_{i=1}^{n}\Big[\sum_{j,k\neq i}(a_{ijk}+a_{jik}+a_{jik})x_jx_k+\\&\quad\sum_{j\neq i}(a_{iji}+a_{iij}+a_{jii})2x_jx_i+a_{iii}3x_ix_i\Big]^2\\&=\sum_{i=1}^{n}\Big[\sum_{j,k=1}^{n}(a_{ijk}+a_{jik}+a_{jki})x_jx_k\Big]^2\\&=\sum_{i=1}^{n}\Big[\sum_{j,k=1}^{n}b_{jk}^ix_jx_k\Big]^2\\&=\sum_{i=1}^{n}[\boldsymbol{x}^{\mathrm{T}}\boldsymbol{Q}^i\boldsymbol{x}]^2\end{aligned}\tag{4.6.11}$$

(1) 若 $\boldsymbol{a}\in\mathrm{int}(\boldsymbol{K})$，则必存在 $\delta>0$ 使得 $B_\delta(\boldsymbol{a})\subseteq\mathrm{int}(\boldsymbol{K})$. 于是对于任意的 $\boldsymbol{x}\in B_\delta(\boldsymbol{a})$，$W(\boldsymbol{x})=E(\boldsymbol{x})$ 和 $\nabla W(\boldsymbol{x})=\nabla E(\boldsymbol{x})$. 又由于 $\boldsymbol{a}$ 是网络(4.6.1)的平衡点，所以 $0=\nabla W(\boldsymbol{a})=\nabla E(\boldsymbol{a})$. 因此，根据等式(4.6.11)和 $\boldsymbol{Q}^{i_0}$ 的正定性，$\boldsymbol{a}=\boldsymbol{0}$，故 $W(\boldsymbol{a})=0$. 所以，由不等式(4.6.10)，对于任意的 $\boldsymbol{x}\in B_\delta(\boldsymbol{a})$，一定存在 $M,M'>0$，使得

$$\begin{aligned}\frac{|W(\boldsymbol{x})-W(\boldsymbol{a})|^{2\theta}}{|\nabla W(\boldsymbol{x})|^2}&=\frac{|E(\boldsymbol{x})|^{2\theta}}{|\nabla E(\boldsymbol{x})|^2}\\&=\frac{\Big|\sum\limits_{i,j,k=1}^{n}a_{ijk}x_ix_jx_k\Big|^{2\theta}}{\sum\limits_{i=1}^{n}[\boldsymbol{x}^{\mathrm{T}}\boldsymbol{Q}^i\boldsymbol{x}]^2}\\&\leqslant\frac{M\sum\limits_{i,j,k=1}^{n}(|x_i||x_j||x_k|)^{2\theta}}{[\boldsymbol{x}^{\mathrm{T}}\boldsymbol{Q}^{i_0}\boldsymbol{x}]^2}\\&\leqslant\frac{M}{\lambda_m^2}\cdot\frac{\sum\limits_{i,j,k=1}^{n}(|x_i||x_j||x_k|)^{2\theta}}{[\boldsymbol{x}^{\mathrm{T}}\boldsymbol{x}]^2}\\&\leqslant\frac{M}{\lambda_m^2}\sum_{i,j,k=1}^{n}\frac{(|x_i||x_j||x_k|)^{2\theta}}{[x_i^2+x_j^2+x_k^2]^2}\\&\leqslant\frac{M'}{\lambda_m^2}\sum_{i,j,k=1}^{n}(|x_i||x_j||x_k|)^{2\theta-\frac{4}{3}}\end{aligned}$$

其中,$\lambda_m > 0$ 表示 Q^{i_0} 的最小特征值. 因此, 当 $\theta \in [\frac{2}{3},1)$ 时, $\frac{|W(\boldsymbol{x})-W(\boldsymbol{a})|^{2\theta}}{|\nabla W(\boldsymbol{x})|^2}$ 在 $B_\delta(\boldsymbol{a})$ 上有界.

另一方面,取 $\boldsymbol{x}=(t,0,\cdots,0)\in B_\delta(\boldsymbol{a})$, 则

$$\frac{|W(\boldsymbol{x})-W(\boldsymbol{a})|^{2\theta}}{|\nabla W(\boldsymbol{x})|^2}=\frac{\left|\sum_{i,j,k=1}^{n}a_{ijk}x_ix_jx_k\right|^{2\theta}}{\sum_{i=1}^{n}[\boldsymbol{x}^{\mathrm{T}}Q^i\boldsymbol{x}]^2}=\frac{|a_{111}t^3|^{2\theta}}{\sum_{i=1}^{n}[b_{11}^it^2]^2}=\frac{|a_{111}|^{2\theta}}{\sum_{i=1}^{n}[b_{11}^i]^2}t^{6\theta-4}$$

当 $\theta\in[0,\frac{2}{3})$, 令 $t\to 0$, $\frac{|W(\boldsymbol{x})-W(\boldsymbol{a})|^{2\theta}}{|\nabla W(\boldsymbol{x})|^2}\to+\infty$. 所以当 $\theta\in[0,\frac{2}{3})$ 时, 显然$\frac{|W(\boldsymbol{x})-W(\boldsymbol{a})|^{2\theta}}{|\nabla W(\boldsymbol{x})|^2}$ 在 $B_\delta(\boldsymbol{a})$ 上是无界的.

综合上面的讨论,当 $\boldsymbol{a}\in\mathrm{int}(\boldsymbol{K})$ 时,$\theta_a=\frac{2}{3}$.

(2) 若 $\boldsymbol{a}\in\mathrm{bd}(\boldsymbol{K})$, 则必存在 $\gamma_a\in N_{\boldsymbol{K}}(\boldsymbol{a})$ 使得 $0=\nabla E(\boldsymbol{a})+\gamma_a\in\nabla E(\boldsymbol{a})+N_{\boldsymbol{K}}(\boldsymbol{a})$. 设 $\boldsymbol{a}=(a_1,a_2,,a_n)^{\mathrm{T}}$ 和 $\boldsymbol{\gamma}_a=(\gamma_a^1,\cdots,\gamma_a^n)^{\mathrm{T}}$, 根据假设 $\boldsymbol{\gamma}_a^i=-\boldsymbol{a}^{\mathrm{T}}Q^i\boldsymbol{a}\neq 0$ $(i\in\{1,2,\cdots,n\})$. 所以由式(4.6.8) 可知:

当 $\boldsymbol{a}^{\mathrm{T}}Q^i\boldsymbol{a}>0$ 时,$a_i=-1$;

当 $\boldsymbol{a}^{\mathrm{T}}Q^i\boldsymbol{a}<0$ 时,$a_i=1$.

取 $\gamma_x\in N_{\boldsymbol{K}}(\boldsymbol{x})$ 满足 $|\nabla E(\boldsymbol{x})+\gamma_x|=|m(\nabla E(\boldsymbol{x})+N_K(\boldsymbol{x}))|$, $\boldsymbol{x}\in\boldsymbol{K}$. 又因为 $\boldsymbol{a}^{\mathrm{T}}Q^i\boldsymbol{a}\neq 0$, 必存在 $\varepsilon\in(0,\frac{1}{2})$ 使得对于任意的 $\boldsymbol{x}\in\boldsymbol{K}\cap B(\boldsymbol{a},\varepsilon)$ 和 $i\in\{1,2,\cdots,n\}$ 都成立

$$(\boldsymbol{x}^{\mathrm{T}}Q^i\boldsymbol{x})^2\geqslant\frac{1}{2}(\boldsymbol{a}^{\mathrm{T}}Q^i\boldsymbol{a})^2\geqslant M$$

其中 $M=\min_{i=1,2,\cdots,n}\frac{1}{2}(\boldsymbol{a}^{\mathrm{T}}Q^i\boldsymbol{a})^2>0$. 下面分两种情况讨论:

(Ⅰ) 当 $\boldsymbol{x}\in\mathrm{int}(\boldsymbol{K})\cap B(\boldsymbol{a},\varepsilon)$ 时,$\gamma_x=0$, 于是

$$|\nabla E(\boldsymbol{x})+\gamma_x|^2=|\nabla E(\boldsymbol{x})|^2=\sum_{i=1}^{n}(\boldsymbol{x}^{\mathrm{T}}Q^i\boldsymbol{x})^2\geqslant nM$$

(Ⅱ) 当 $\boldsymbol{x}\in\mathrm{bd}(K)\cap B(\boldsymbol{a},\varepsilon)$ 时, 不失一般性,假设 $\boldsymbol{x}_1\in(-1,0)$, 故 $\gamma_x^1=s(\boldsymbol{x}_1)=0$.

于是

$$|\nabla E(\boldsymbol{x})+\gamma_x|^2=\sum_{i=1}^{n}(\boldsymbol{x}^{\mathrm{T}}Q^i\boldsymbol{x}+\gamma_x^i)^2\geqslant(\boldsymbol{x}^{\mathrm{T}}Q^1\boldsymbol{x})^2\geqslant\frac{1}{2}(\boldsymbol{a}^{\mathrm{T}}Q^1\boldsymbol{a})^2\geqslant M$$

综合(Ⅰ) 和(Ⅱ) 可知,对于任意的 $\boldsymbol{x}\in K\cap B(a,\varepsilon)$ 都有 $|\nabla E(\boldsymbol{x})+\gamma_x|^2\geqslant M>0$, 所以 $\theta_a=0$. □

下面考虑网络(4.6.1)的指数稳定性.根据文献[28]中的定义12.53,集值映射 $T:\mathbb{R}^n \to \mathbb{R}^n$ 是强单调的,如果存在 $k>0$ 使得

$$\langle \boldsymbol{v}_1-\boldsymbol{v}_0, \boldsymbol{x}_1-\boldsymbol{x}_0\rangle \geqslant k\,|\,\boldsymbol{x}_1-\boldsymbol{x}_0\,|^2$$

对任意的 $\boldsymbol{v}_0\in T(\boldsymbol{x}_0)$, $\boldsymbol{v}_1\in T(\boldsymbol{x}_1)$ 都成立.

定理 4.6.7 在条件H_1 的前提下,如果 $\partial E(\boldsymbol{x})$ 是强单调的,则神经网络(4.6.1)存在唯一的平衡点 $\tilde{\boldsymbol{x}}$,而且神经网络(4.6.1)从任意点 $\boldsymbol{x}_0\in \boldsymbol{K}$ 出发的解 $x(t)$ 都按指数收敛到平衡点 $\tilde{\boldsymbol{x}}$,即存在 $M>0$ 使得

$$|\,x(t)-\tilde{\boldsymbol{x}}\,|\leqslant|\,\boldsymbol{x}_0-\tilde{\boldsymbol{x}}\,|\,\mathrm{e}^{-Mt},\quad \forall t\in[0,+\infty)$$

证 由定理4.6.1可知,神经网络(4.6.1)存在全局解 $\boldsymbol{x}(t)$ 与平衡点.设 $\boldsymbol{x}_1$ 和 $\boldsymbol{x}_2$ 是神经网络(4.6.1)的两个平衡点,即 $0\in-\partial E(\boldsymbol{x}_i)-N_K(\boldsymbol{x}_i)=-\partial W(\boldsymbol{x}_i)(i=1,2)$.另一方面,由 $\partial E(\boldsymbol{x})$ 是强单调的可知,$\partial W(\boldsymbol{x})=\partial(E(\boldsymbol{x})+\Psi_K(\boldsymbol{x}))$ 也是强单调的.因此根据强单调定义可知,$0=\langle \boldsymbol{0}-\boldsymbol{0}, \boldsymbol{x}_1-\boldsymbol{x}_2\rangle\geqslant k\,|\,\boldsymbol{x}_1-\boldsymbol{x}_2\,|^2$,故 $\boldsymbol{x}_1=\boldsymbol{x}_2$,这说明了神经网络(4.6.1)存在唯一的平衡点,不妨记为 $\tilde{\boldsymbol{x}}$.于是

$$\begin{aligned}\frac{\mathrm{d}}{\mathrm{d}t}\left(\frac{1}{2}\,|\,x(t)-\tilde{\boldsymbol{x}}\,|^2\right)&=\langle x(t)-\tilde{\boldsymbol{x}}, \dot{x}(t)\rangle\\&=\langle x(t)-\tilde{\boldsymbol{x}}, -\xi(t)+\tilde{\boldsymbol{\xi}}\rangle+\langle \boldsymbol{x}(t)-\tilde{\boldsymbol{x}}, -\eta(t)+\tilde{\boldsymbol{\eta}}\rangle\\&\leqslant\langle \boldsymbol{x}(t)-\tilde{\boldsymbol{x}}, -\xi(t)+\tilde{\boldsymbol{\xi}}\rangle\\&\leqslant -k\,|\,x(t)-\tilde{\boldsymbol{x}}\,|^2\end{aligned}$$

其中 $\xi(t)\in\partial E(x(t))$, $\tilde{\boldsymbol{\xi}}\in\partial E(\tilde{\boldsymbol{x}})$, $\eta(t)\in N_{\boldsymbol{K}}(x(t))$, $\tilde{\boldsymbol{\eta}}\in\partial N_{\boldsymbol{K}}(\tilde{\boldsymbol{x}})$ 满足$0=-\tilde{\boldsymbol{\xi}}-\tilde{\boldsymbol{\eta}}\in-\partial E(\tilde{\boldsymbol{x}})-N_{\boldsymbol{K}}(\tilde{\boldsymbol{x}})$.因此由 Gronwall 不等式

$$|\,x(t)-\tilde{\boldsymbol{x}}\,|^2\leqslant|\,x(0)-\tilde{\boldsymbol{x}}\,|^2\mathrm{e}^{-2kt}$$

即 $|\,x(t)-\tilde{\boldsymbol{x}}\,|\leqslant|\,x(0)-\tilde{\boldsymbol{x}}\,|\,\mathrm{e}^{-kt}$. □

下面研究目标函数 $E(\boldsymbol{x})$ 在 $\boldsymbol{K}$ 上的约束极小值点与神经网络(4.6.1)稳定平衡点之间的关系.同样定义

$$W(\boldsymbol{x})=E(\boldsymbol{x})+\Psi_{\boldsymbol{K}}(\boldsymbol{x})$$

我们注意到,当 $\boldsymbol{x}\in\boldsymbol{K}$ 时 $W(\boldsymbol{x})=E(\boldsymbol{x})$,当 $\boldsymbol{x}\notin\boldsymbol{K}$ 时 $W(\boldsymbol{x})=+\infty$.因此,$E(\boldsymbol{x})$ 在 $\boldsymbol{K}$ 上的约束极小值恰好等于 $W(\boldsymbol{x})$ 在$\mathbb{R}^n$ 上无约束极小值.更进一步地,设 $\boldsymbol{x}(t)\in\boldsymbol{K}(t\geqslant 0)$ 是神经网络(4.6.1)的解,我们有 $W(x(t))=E(x(t))$.根据等式(4.6.5),函数 $W(x(t))$ 是单调递减的,而且在非平衡点处是严格单调递减的.这就意味着神经网络(4.6.1)适合求解 $E(\boldsymbol{x})$ 在 $\boldsymbol{K}$ 上的极小值点.事实上,从直观的角度看,$\Psi_{\boldsymbol{K}}$ 在这里扮演着罚函数的角色,它能够阻止神经网络(4.6.1)的解离开可行域 $\boldsymbol{K}$.

首先介绍神经网络(4.6.1)平衡点相对于 K 的 Lyapunov 稳定性的定义:

定义 4.6.3 称神经网络(4.6.1) 平衡点 z 是相对于 K(Lyapunov) 稳定的,如果任意的 $\varepsilon>0$, 总存在 $\delta=\delta(\varepsilon)>0$ 使得,神经网络(4.6.1) 过初始点 $\boldsymbol{x}_0\in B(\boldsymbol{z},\delta)\cap\boldsymbol{K}$ 的解 $x(t)$ 满足

$$|x(t)-z|<\varepsilon,\quad \forall t\geqslant 0$$

称神经网络(4.6.1) 的平衡点 z 是相对于 K 渐近稳定的,如果上述不等式替换为 $\lim\limits_{t\to+\infty}x(t)=z$.

以下,除非特别声明,所提到的神经网络(4.6.1) 平衡点稳定性都是相对于 $\boldsymbol{K}$ 的. 用 CM 表示由目标函数 $E(\boldsymbol{x})$ 在 $\boldsymbol{K}$ 上的极小值点组成的集合,用 CM_s 表示由 $E(\boldsymbol{x})$ 在 $\boldsymbol{K}$ 上的严格极小值点组成的集合. 下面证明在次解析的前提下,目标函数 $E(\boldsymbol{x})$ 在 $\boldsymbol{K}$ 上的极小值点恰好就是神经网络(4.6.1) 的稳定平衡点,反之亦然.

定理 4.6.8 假设 H_2 成立,则 CM 恰好等于神经网络(4.6.1) 的稳定平衡点集,CM_s 恰好等于神经网络(4.6.1) 的渐近稳定平衡点集.

证 证明将分为两部分.

(i) 首先证明 CM 恰好等于神经网络(4.6.1) 的稳定平衡点集.

任取 $\boldsymbol{x}_0\in CM$,即 $\boldsymbol{x}_0$ 是 $E(\boldsymbol{x})$ 在 K 上的极小值点,或者说 $\boldsymbol{x}_0$ 是 $\boldsymbol{W}(\boldsymbol{x})$ 在 $\mathbb{R}^n$ 上的极小值点. 以下证明主要根据 Lojasiewicz 方法,见文献[29]. 不失一般性,假设 $\boldsymbol{W}(\boldsymbol{x}_0)=0$. 由于 $\boldsymbol{x}_0\in CM$, 故必存在 $\boldsymbol{x}_0$ 的邻域 U_0 使得 $\boldsymbol{W}(\boldsymbol{x})\geqslant\boldsymbol{W}(\boldsymbol{x}_0)=0$ 对于任意的 $\boldsymbol{x}\in U_0$ 都成立. 根据引理 4.6.1 和 Lojasiewicz 不等式可知,存在指数 $\theta\in[0,1)$, $c>0$, $\delta'>0$ 使得对于任意的 $\boldsymbol{x}\in B(\boldsymbol{x}_0,\delta')\subseteq U_0$ 都有

$$|\boldsymbol{W}(\boldsymbol{x})|^{\theta}\leqslant c\,|\,m(\partial\boldsymbol{W}(\boldsymbol{x}))\,|$$

我们将对神经网络(4.6.1) 从 $\boldsymbol{x}_1\in B(\boldsymbol{x}_0,\delta')$ 出发的解 $x(t)$ 进行弧长 s 参数化,即 $s=\int_0^t|\dot{x}(\tau)|\,\mathrm{d}\tau$. 由引理 4.6.1 和等式(4.6.5)

$$\frac{\mathrm{d}\boldsymbol{W}(x(t))}{\mathrm{d}s}=\frac{\mathrm{d}\boldsymbol{W}(x(t))}{\mathrm{d}t}\cdot\frac{\mathrm{d}t}{\mathrm{d}s}=-\frac{|\dot{x}(t)|^2}{|\dot{x}(t)|}=-m(\partial\boldsymbol{W}(x(t)))\leqslant 0$$

所以

$$\begin{aligned}\frac{\mathrm{d}}{\mathrm{d}s}\boldsymbol{W}^{1-\theta}(x(t))&=(1-\theta)\boldsymbol{W}^{-\theta}(x(t))\frac{\mathrm{d}\boldsymbol{W}(x(t))}{\mathrm{d}s}\\&=-(1-\theta)\boldsymbol{W}^{-\theta}(x(t))m(\partial\boldsymbol{W}(x(t)))\\&\leqslant-\frac{1}{c}(1-\theta)\leqslant 0\end{aligned}$$

设 $x(s_1)=\boldsymbol{x}_1$, 如果任意的 $s\in[s_1,s_2]$ 都有 $x(s)\in B(\boldsymbol{x}_0,\delta')$, 则对上面不等式从 s_1 到 s_2 积分可得

$$\boldsymbol{W}^{1-\theta}(x(s_2))-\boldsymbol{W}^{1-\theta}(x(s_1))\leqslant-\frac{1}{c}(1-\theta)(s_2-s_1)$$

因此

$$s_2 - s_1 \leqslant \frac{c}{1-\theta}(W^{1-\theta}(x(s_1)) - W^{1-\theta}(x(s_2))) \leqslant \frac{c}{1-\theta}W^{1-\theta}(x(s_1)) \tag{4.6.12}$$

当 $\boldsymbol{x} \in \boldsymbol{K}$ 时，$W(\boldsymbol{x}) = E(\boldsymbol{x})$ 而且 $E(\boldsymbol{x})$ 在 $\boldsymbol{K}$ 上连续. 根据假设 $W(\boldsymbol{x}_0) = 0$，对于任意的 $\varepsilon > 0$ (不妨设 $\varepsilon < \delta'$)，一定存在 $\delta'' < \frac{\varepsilon}{2}$ 使得

$$|W(\boldsymbol{x}) - W(\boldsymbol{x}_0)| = |W(\boldsymbol{x})| = |E(\boldsymbol{x})| < \left(\frac{\varepsilon(1-\theta)}{2c}\right)^{\frac{1}{1-\theta}}$$

对所有的 $\boldsymbol{x} \in B(\boldsymbol{x}_0, \delta'') \cap K$ 都成立. 事实上，这里的 δ'' 可以充分小使得 $B(\boldsymbol{x}_0, \delta'') \subseteq U_0$，此时

$$W(\boldsymbol{x}) = |W(\boldsymbol{x})| < \left(\frac{\varepsilon(1-\theta)}{2c}\right)^{\frac{1}{1-\theta}}$$

取 $\delta = \min\{\delta', \delta''\} < \frac{\varepsilon}{2}$. 于是，由不等式(4.6.12)，若 $\boldsymbol{x}_1 \in B(\boldsymbol{x}_0, \delta) \cap K$，则 $x(s)$ 在 $B(\boldsymbol{x}_0, \delta) \cap K$ 里的轨迹长度为

$$s_2 - s_1 \leqslant \frac{c}{1-\theta}W^{1-\theta}(\boldsymbol{x}(s_1)) < \frac{\varepsilon}{2}$$

这意味着，只要初始点 $\boldsymbol{x}_1 \in B(\boldsymbol{x}_0, \delta) \cap K$，因为 $x(t)$ 的轨迹长度不会超过 $\frac{\varepsilon}{2}$ 且 $\delta < \frac{\varepsilon}{2}$，所以 $\boldsymbol{x}(t)$ 就一直停留在 $B(\boldsymbol{x}_0, \varepsilon) \cap K$ 中. 即平衡点 $\boldsymbol{x}_0$ 关于 $\boldsymbol{K}$ 是稳定的.

反过来，设 $\boldsymbol{x}_0$ 是神经网络(4.6.1)的稳定平衡点，于是 $0 \in \partial W(\boldsymbol{x}_0)$. 我们同样假设 $W(\boldsymbol{x}_0) = 0$. 首先取引理 4.6.3 中的 δ，则对于任意的 $\boldsymbol{y} \in \{\boldsymbol{y} \in B(\boldsymbol{x}_0, \delta) \mid 0 \in \partial W(\boldsymbol{y})\}$ 一定有 $W(\boldsymbol{y}) = 0$，事实上，根据 Lojasiewicz 不等式显然有

$$0 = |m(\partial W(\boldsymbol{y}))| \geqslant |W(\boldsymbol{y}) - W(\boldsymbol{x}_0)|^{\theta} = |W(\boldsymbol{y})|^{\theta}$$

如果 $\boldsymbol{x}_0$ 不是 $E(\boldsymbol{x})$ 在 K 上的约束极小值点，则根据极小值点定义，对于任意的 $\varepsilon > 0$，必存在 $\boldsymbol{x}_\varepsilon \in B(\boldsymbol{x}_0, \delta) \cap K$ 使得

$$W(\boldsymbol{x}_\varepsilon) < W(\boldsymbol{x}_0) = 0.$$

设 $x(t)$，$t \in [0, +\infty)$，是神经网络(4.6.1)过初始点 $x(0) = \boldsymbol{x}_\varepsilon$ 的解，于是由等式(4.6.5)，$W(x(t)) \leqslant W(\boldsymbol{x}_\varepsilon) < 0$. 根据上面的定理 4.6.4，存在神经网络(4.6.1)的平衡点 α 使得 $\lim\limits_{t \to +\infty} \boldsymbol{x}(t) = \alpha$. 由 $\boldsymbol{x}_0$ 的稳定性可知，当 ε 充分小的时候，$\boldsymbol{x}_0$ 和 α 要么在同一个平衡点的连通分支上，要么 $\boldsymbol{x}_0 = \alpha$. 但是无论如何都有

$$W(\boldsymbol{x}_0) = W(\alpha) = 0$$

这显然与下式矛盾

$$W(\alpha) = \lim_{t \to +\infty} W(x(t)) \leqslant W(\boldsymbol{x}_\varepsilon) < 0$$

所以,原假设错误,故 $\boldsymbol{x}_0$ 是 $E(\boldsymbol{x})$ 在 K 上的约束极小值点.

(ii) 接着证明 CM_s 等于神经网络(4.6.1) 的渐近稳定平衡点集.

设 $\hat{\boldsymbol{x}} \in CM_s$,即存在 $r > 0$ 使得 $E(\boldsymbol{x}) > E(\hat{\boldsymbol{x}})$,$\forall \boldsymbol{x} \in B(\hat{\boldsymbol{x}}, r) \cap K$.我们用$(\text{crit}W)_{\hat{x}}$ 表示神经网络(4.6.1) 的平衡点集里含有 $\hat{\boldsymbol{x}}$ 的连通分支,则 W 在 $(\text{crit}W)_{\hat{x}}$ 上恒为常值(见文献[30]).因为 W 是次解析的而且在其闭的有效域上连续,所以根据文献[18]中2.1节可知,神经网络(4.6.1)平衡点集的连通分支具有局部有限性,即在平衡点的充分小邻域内至多存在有限个平衡点集的连通分支.又因为 $\hat{\boldsymbol{x}}$ 是 W 的严格极小值点,所以存在充分小的 $\varepsilon > 0$ 使得 $\hat{\boldsymbol{x}}$ 是 $B(\hat{\boldsymbol{x}}, \varepsilon)$ 中唯一的平衡点.另一方面,由上面的讨论可知,$\hat{\boldsymbol{x}}$ 是神经网络(4.6.1)的稳定平衡点,即存在 $\delta = \delta(\varepsilon)$ 使得神经网络(4.6.1) 过初始点 $\boldsymbol{x}_0 \in B(\hat{\boldsymbol{x}}, \delta)$ 的解 $\boldsymbol{x}(t) \in B(\hat{\boldsymbol{x}}, \varepsilon)$,$t \geqslant 0$.根据定理4.6.4,存在神经网络(4.6.1) 的平衡点 α 使得 $\lim\limits_{t\to+\infty} \boldsymbol{x}(t) = \alpha$,所以一定有 $\alpha \in B(\hat{\boldsymbol{x}}, \varepsilon)$.于是,由 $\hat{\boldsymbol{x}}$ 是 $B(\hat{\boldsymbol{x}}, \varepsilon)$ 中唯一的平衡点可知 $\alpha = \hat{\boldsymbol{x}}$.因此,神经网络(4.6.1) 过初始点 $\boldsymbol{x}_0 \in B(\hat{\boldsymbol{x}}, \delta)$ 的解 $\boldsymbol{x}(t)$ 满足 $\lim\limits_{t\to+\infty} \boldsymbol{x}(t) = \hat{\boldsymbol{x}}$,即 $\hat{\boldsymbol{x}}$ 是渐近稳定的.

反过来,设 $\hat{\boldsymbol{x}}$ 是神经网络(4.6.1) 的渐近稳定平衡点.于是存在 $\hat{\boldsymbol{x}}$ 的邻域 $\boldsymbol{U}$ 满足:

(1) 在 $\boldsymbol{U} \cap \boldsymbol{K}$ 上有且只有一个平衡点,即 $\hat{\boldsymbol{x}}$;

(2) $\lim\limits_{t\to+\infty} \boldsymbol{x}(t) = \hat{\boldsymbol{x}}$,其中 $\boldsymbol{x}(t)$ 是神经网络(4.6.1) 过初始点 $\boldsymbol{x}_0 \in B(\hat{\boldsymbol{x}}, \delta)$ 的解;

(3) $\hat{\boldsymbol{x}}$ 是 E 在 $\boldsymbol{U} \cap \boldsymbol{K}$ 上的极小值点.

假设 $\hat{\boldsymbol{x}}$ 不是 $E(\boldsymbol{x})$ 在 K 上的严格极小值点,则对于任意的 $\varepsilon > 0$,一定存在 $\boldsymbol{y}_\varepsilon \in (B(\hat{\boldsymbol{x}}, \varepsilon) \cap \boldsymbol{U}) \cap \boldsymbol{K} \backslash \{\hat{\boldsymbol{x}}\}$,使得

$$E(\boldsymbol{y}_\varepsilon) = E(\hat{\boldsymbol{x}})$$

令 $\boldsymbol{x}(t)$ 是神经网络(4.6.1) 过初始点 $\boldsymbol{y}_\varepsilon$ 的解,则 $\lim\limits_{t\to+\infty} W(\boldsymbol{x}(t)) = W(\hat{\boldsymbol{x}}) = E(\hat{\boldsymbol{x}})$.但是,当 $\boldsymbol{x}(t) \in (B(\hat{\boldsymbol{x}}, \varepsilon) \cap U) \cap K \backslash \{\hat{\boldsymbol{x}}\}$ 时,$|\dot{\boldsymbol{x}}(t)| \neq 0$,所以由等式(4.6.5) 可知

$$\lim_{t\to+\infty} W(\boldsymbol{x}(t)) < W(\boldsymbol{x}(0)) = E(\boldsymbol{y}_\varepsilon) = E(\hat{\boldsymbol{x}})$$

显然这是矛盾的. □

在神经网络(4.6.1) 中,当 $\boldsymbol{x} \in \text{bd}(K)$ 时法锥 $N_{\boldsymbol{K}}(\boldsymbol{x})$ 是无界的.在实际问题中,这种无界性很可能会导致许多不必要的麻烦.然而,在下面的命题中,我们将证明在 $N_{\boldsymbol{K}}(\boldsymbol{x})$ 中只有有界的一部分对神经网络(4.6.1) 的解产生影响.

引理 4.6.5 对于任意的 $\boldsymbol{x}_0 \in \boldsymbol{K}$,设 $\boldsymbol{x}(t)$,$t \in [0, +\infty)$,是神经网络(4.6.1) 过初始点 $\boldsymbol{x}(0) = \boldsymbol{x}_0$ 的解.如果条件 H_1 成立,则存在可测函数 $\boldsymbol{\gamma}(t)$:$[0, +\infty) \to \mathbb{R}^n$ 使得,对于几乎处处 $t \in [0, +\infty)$ 都有 $\boldsymbol{\gamma}(t) \in N_{\boldsymbol{K}}(x(t))$ 和

$\dot{x}(t) \in -\partial E(x(t)) - \gamma(t)$，而且

$$|\gamma(t)| < \mu \tag{4.6.13}$$

这里 $\mu > 2\sup\limits_{y\in \boldsymbol{K}}\sup\limits_{\xi\in\partial E(y)}|\xi|$ 是一个常数.

证 由条件 H_1 可知 K 是有界的而且 ∂E 上半连续，所以 $a=\sup\limits_{y\in \boldsymbol{K}}\sup\limits_{\xi\in\partial E(y)}|\xi|$ 是有限的. 根据定义 4.6.5，存在可测函数 $\xi(t),\gamma(t):[0,+\infty)\to\mathbb{R}^n$ 使得对于，几乎处处 $t\in[0,+\infty)$ 都有：

(1) $\xi(t)\in\partial E(x(t))$，$\gamma(t)\in N_K(x(t))$；

(2) $\dot{x}(t)=-\xi(t)-\gamma(t)$.

另外，由文献[4](266 页命题 2) 可知，$\dot{x}(t)\in P_{T_{\boldsymbol{K}}(x(t))}(-\partial E(x(t)))$，几乎处处 $t\in[0,+\infty)$，其中 $P_{T_K(x(t))}(-\partial E(x(t)))$ 表示 $-\partial E(x(t))$ 在 $T_K(x(t))$ 上的投影. 于是 $|\dot{x}(t)|\leqslant\sup\limits_{\xi\in\partial E(x(t))}|\xi|\leqslant a$. 所以

$$|\gamma(t)|\leqslant|\dot{x}(t)|+|\xi(t)|\leqslant 2\sup_{\xi\in\partial Ex(t)}|\xi|\leqslant 2a$$

即等式(4.6.13) 成立. □

下面的命题阐明了如果在等式(4.6.1) 中用有界的 $N_{\boldsymbol{K}}(\boldsymbol{x})\cap[-\mu,\mu]^n$ 代替无界的 $N_{\boldsymbol{K}}(\boldsymbol{x})$，那么神经网络(4.6.1) 的解仍然保持不变. 这个命题类似于文献[4] 中定理 1(267 页)，这里不再证明.

引理 4.6.6 神经网络(4.6.1) 与下列微分包含是等价的

$$\dot{x}(t)\in-\partial E(x(t))-N_{\boldsymbol{K}}(x(t))\cap[-\mu,\mu]^n$$

基于上面两个命题，我们将介绍两种不同的方法来逼近神经网络(4.6.1) 的解. 在第一种方法里，直接构造函数列来逼近神经网络(4.6.1) 的解，即所谓的欧拉折线法. 第二种方法是，构造一组常微分方程，利用它们的解来逼近神经网络(4.6.1) 的解.

令 $F(\boldsymbol{x})=\partial E(\boldsymbol{x})+N_{\boldsymbol{K}}(\boldsymbol{x})\cap[-\mu,\mu]^n$，由条件 H_1 可知 $F(\boldsymbol{x})$ 是紧凸值上半连续的集值映射. 对于任意的 $\delta>0$，定义 n 重多项式如下

$$\begin{aligned}&x_n(0)=\boldsymbol{x}_0\\&x_n((i+1)\frac{\delta}{n})=x_n(i\frac{\delta}{n})+\frac{\delta}{n}\boldsymbol{y}_i,\quad i=0,\cdots,n-1\end{aligned}\tag{4.6.14}$$

其中 $\boldsymbol{y}_i\in-F(x_n(i\frac{\delta}{n}))$. 然后线性连接 $i\frac{\delta}{n}$ 和 $(i+1)\frac{\delta}{n}$，即 $\boldsymbol{x}_n(t)=\boldsymbol{x}_n(i\frac{\delta}{n})+(t-i\frac{\delta}{n})\boldsymbol{y}_i$，$\forall t\in[i\frac{\delta}{n},(i+1)\frac{\delta}{n}]$. 显然，$\boldsymbol{x}_n$ 在 $[0,\delta]$ 上是 Lipschitz 的，而且 Lipschitz 常数为 2μ，其中 μ 来自等式(4.6.13).

定理 4.6.9 假设条件 H_1 成立. 任取 $\boldsymbol{x}_0\in K$，设 $\boldsymbol{x}(t)$ 是神经网络(4.6.1) 过初始点 $x(0)=\boldsymbol{x}_0$ 的解. 那么，$x_n(t)$ 在 $[0,+\infty)$ 的任意紧子区间上一致收敛于 $x(t)$，即 $x_n(t)\Rightarrow x(t)$ 在 $[0,+\infty)$ 的任意紧子区间上都成立.

证 只需要证明对于任意的 $\delta>0$, $x_n(t)\to x(t)$ $(n\to+\infty)$,在$[0,\delta]$上一致成立. 由函数 $\boldsymbol{x}_n$ 的定义可知,对于每一个 n 都有:

(Ⅰ) $|x_n(t)|\leqslant|x_n(0)|+2\delta\mu$;

(Ⅱ) $|\dot{x}_n(t)|\leqslant 2\mu$, 对于几乎处处 $t\in[0,\delta]$.

所以,根据文献[4] 中定理 4(13 页) 可知,存在$\{x_n(\cdot)\}$ 的子列(仍记为$\{x_n(\cdot)\}$) 在下列意义下收敛到绝对连续函数 $x(\cdot)$:

(Ⅰ) 在$[0,\delta]$ 上 $x_n(\cdot)$ 一致收敛到 $x(\cdot)$;

(Ⅱ) $\dot{x}_n(\cdot)$ 在 $L^1([0,\delta],\mathbb{R}^n)$ 中弱收敛到 $\dot{x}(\cdot)$.

同时,因为 $-F$ 是上半连续的,所以对于几乎处处 $t\in[0,\delta]$ 和 0×0 在$[0,\delta]\times\mathbb{R}^n$ 上的任何邻域N, 一定存在 n_0, 使得对于任意的 $n>n_0$ 都有,$(x_n(t),\dot{x}_n(t))\in Gr(-F)+N$.

因此,根据收敛定理(文献[4]60 页定理 1) 可得,对于几乎处处 $t\in[0,\delta]$, $(x(t),\dot{x}(t))\in Gr(-F)$, 即 $\dot{x}(t)\in-F(x(t))$. 于是由引理 4.6.17 可知,$x(t)$ 是神经网络(4.6.1) 过初始点 $x(0)=\boldsymbol{x}_0$ 的解. □

下面给出一个简单的例子来说明定理 4.6.9.

例 4.6.2 令函数 $E(\boldsymbol{x})=|\boldsymbol{x}|$ $(\boldsymbol{x}\in\mathbb{R})$ 和 $\boldsymbol{K}=[-1,1]$. 经过简单计算,我们有

$$\partial E(\boldsymbol{x})=\begin{cases}1, & \boldsymbol{x}>0\\ [-1,1], & \boldsymbol{x}=0\\ -1, & \boldsymbol{x}<0\end{cases}$$

$$N_{\boldsymbol{K}}(\boldsymbol{x})=\begin{cases}(-\infty,0], & \boldsymbol{x}=-1\\ 0, & \boldsymbol{x}\in(-1,1)\\ [0,+\infty), & \boldsymbol{x}=1\end{cases}$$

下面,利用定理 4.6.9 的方法构造函数列来逼近神经网络(4.6.1). 分别取 $n=5,10$, $x_5(0)=x_{10}(0)=x(0)=0$ 和 $\delta=2.5$. 显然,$\boldsymbol{x}=0$ 是神经网络(4.6.1) 的平衡点,而且过初始点 $x(0)=0$ 的解只有 $x(t)=0$. 事实上,$E(\boldsymbol{x})=|\boldsymbol{x}|$ 是凸的,所以神经网络(4.6.1) 过任意初始点的解唯一. 然后,根据等式(4.6.14),我们在$[0,2.5]$上分别构造 $x_5(t)$ 和 $x_{10}(t)$ 来逼近神经网络(4.6.1) 的解. 图10 描述的是在$[0,2.5]$ 上 $x(t)$,$x_5(t)$ 和 $x_{10}(t)$ 的函数曲线. 其中,红色虚线代表 $x_{10}(t)$ 的函数曲线,蓝色实线代表 $x_5(t)$ 的函数曲线. 从图像上不难发现,$x_{10}(t)$ 比 $x_5(t)$ 更加逼近曲线 $x(t)=0$.

下面介绍另外一种解的逼近方法. 在这里考虑的 $\boldsymbol{K}$ 来自全域细胞神经网络,即 $\boldsymbol{K}=[-1,1]^n$. 前面已经提到,当 $\boldsymbol{K}=[-1,1]^n$ 时,$N_{\boldsymbol{K}}(\boldsymbol{x})=(s(x_1),\cdots,s(x_n))^{\mathrm{T}}$, 其中 s 定义为

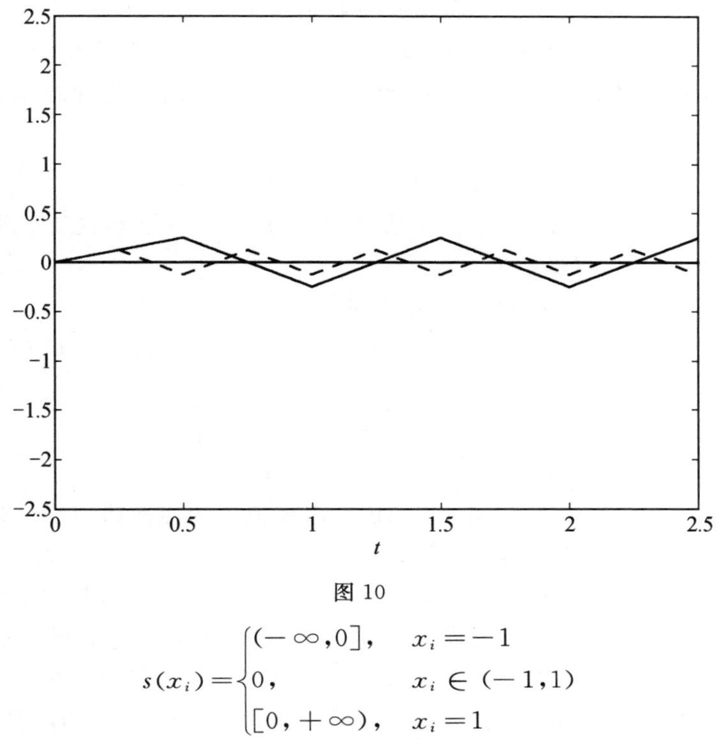

图 10

$$s(x_i)=\begin{cases}(-\infty,0], & x_i=-1\\ 0, & x_i\in(-1,1)\\ [0,+\infty), & x_i=1\end{cases}$$

对于任意的 $\varepsilon>0$，定义单值 Lipschitz 连续映射 $\hat{S}_\varepsilon(x)=(\hat{s}_\varepsilon(x_1),\cdots,\hat{s}_\varepsilon(x_n))^{\mathrm{T}}$，其中定义 $\hat{s}_\varepsilon:[-1,1]\to\mathbb{R}$ 为

$$s(\boldsymbol{x}_i)=\begin{cases}-\mu+\dfrac{\mu}{\varepsilon}(x_i+1), & -1\leqslant x_i\leqslant -1+\varepsilon\\ 0, & -1+\varepsilon\leqslant x_i\leqslant 1-\varepsilon\\ \mu+\dfrac{\mu}{\varepsilon}(x_i-1), & 1-\varepsilon\leqslant x_i\leqslant 1\end{cases}$$

这里的 μ 来自等式(4.6.13).另一方面,由于 ∂E 是一个具有紧凸值的上半连续集值映射,所以由逼近选择定理(文献[4]84 页定理 1),存在局部 Lipschitz 映射 $f_\varepsilon:[-1,1]^n\to\mathbb{R}^n$ 使得

$$Gr(f_\varepsilon)\subseteq Gr(\partial E)+\varepsilon B$$

其中,$B=[-1,1]^{2n}$.

定理 4.6.10 任取 $\boldsymbol{x}_0\in\boldsymbol{K}$, 设 $x(t)$ 是神经网络(4.6.1) 过初始点 $\boldsymbol{x}_0$ 的解.又设 $x^j(t)$ 是下列常微分方程过初始点 $\boldsymbol{x}_0$ 的解

$$\dot{\boldsymbol{x}}=-f_\varepsilon(\boldsymbol{x})-\hat{S}_\varepsilon(\boldsymbol{x}) \tag{4.6.15}$$

其中 $\varepsilon=\dfrac{1}{j}$, $j=1,2,\cdots$. 如果条件 H_1 成立,那么 $x^j(t)\in K(\forall t\geqslant 0)$,而且

$x^j(t)$ 在$[0,+\infty)$的任意紧子区间上一致收敛于 $x(t)$.

证 由 μ 和 $\hat{s}_\varepsilon(x_i)$ 的定义,当 $|\boldsymbol{x}_i^j(t)|$ 充分靠近 1 时,显然有 $\text{sgn}\,\dot{x}_i^j(t) = -\text{sgn}\,x_i^j(t)$,所以一定有 $x^j(t) \in \boldsymbol{K}(\forall t \geqslant 0)$. 根据 $\hat{S}_\varepsilon$ 的构造,我们有:

(Ⅰ) $|x^j(t)| \leqslant \sqrt{n}$;

(Ⅱ) $|\dot{x}^j(t)| \leqslant 2\mu$, 对于几乎处处 $t \in [0,\tau]$.

于是,类似于定理 4.6.9 的证明,由文献[4] 中定理 4(13 页) 和收敛定理(文献[4]60 页定理 1) 直接可得结论. □

下面用一个实例来说明定理 4.6.10 的可行性.

例 4.6.3 令 $E(x) = x_1^2 x_2 - x_1$ 和 $\boldsymbol{K} = [-1,1]^2$, 即定义的神经网络(4.6.1) 为

$$\begin{pmatrix} \dot{x}_1 \\ \dot{x}_2 \end{pmatrix} \in -\begin{pmatrix} 2x_1x_2 - 1 \\ x_1^2 \end{pmatrix} - \begin{pmatrix} s(x_1) \\ s(x_2) \end{pmatrix} \tag{4.6.16}$$

根据定理 4.6.10,借助于 MATLAB 我们模拟了神经网络(4.6.15) 的图像. 分别选取 $j=10,20,25$, 初始点 $x^j(0)=(0,-0.85)^{\mathrm{T}}$. 设 $x^j(t)$ 为神经网络(4.6.14) 过初始点 $(0,-0.85)^{\mathrm{T}}$ 的解和 $x(t)$ 为上述神经网络过初始点 $(0,-0.85)^{\mathrm{T}}$ 的解. 从图 11 不难发现, j 越大 $x^j(t)$ 的轨迹就越靠近 $x(t)$ 的轨迹. 特别地,当 $j=100$ 时,在图像中我们甚至都不能区别 $x^{100}(t)$ 和 $x(t)$ 的轨迹,因此,为了强调 $x(t)$ 的轨迹,我们在下图中没有考虑 $j=100$ 的情况.

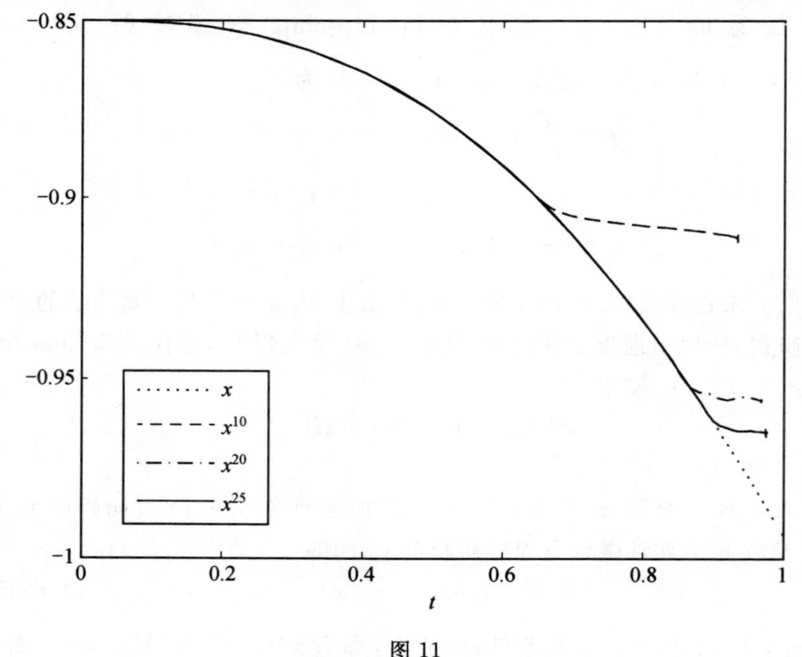

图 11

注　下面比较一下这两种方法的优缺点. 在定理 4. 6. 9 中，通过构造一个函数列来逼近神经网络(4. 6. 1) 的解. 这种方法比较直观，且是机械的，可以根据(4. 6. 13) 来一步一步地构造这个函数列. 然而，这种方法的缺点是，当 n 很大的时候，构造这样的函数列是一个非常繁琐的工作. 但是我们相信，在计算机的帮助下，这个缺点可以在一定程度上得以克服. 在定理 4. 6. 10 中，首先构造一列常微分方程，然后用这些方程的解来逼近神经网络(4. 6. 1) 的解. 当 ∂E 是单值的时候，这种方法是非常有用的，我们甚至可以只构造一个常微分方程，用这个方程的解来充分靠近神经网络(4. 6. 1) 的解. 然而，当 ∂E 是多值的时候，对于 ∂E 的可测选择 f_ε 的选取会带来不少麻烦. 但是，对于某些 ∂E 来说，这样的可测选择还是比较容易选取的. 总之，面对不同的神经网络模型(4. 6. 1)，合理的运用这两种方法会给我们带来意想不到的效果.

参考文献

[1] HOPFIELD J J. Neurons with Graded Response Have Collective Computational Properties like Those of Two-state Neurons[J]. Proc. Nat. Acad. Sci., 1984(vol. 81) :3088-3092.

[2] FILIPPOV A F. Differential Equations with Discontinuous Right-hand Side[J]. Transl. American Math. Soc. 1964(42) .

[3] AUBIN J P, FRANKOWSKA H. Set-valued Analysis[M]. Boston: Birkhauser, 1990.

[4] AUBIN J P, CELLINA A. Differential Inclusions[M]. Berlin:Springer-Verlag, 1984.

[5] FORTI M, NISTRI P. Global Convergence of Neural Networks with Discontinuous Neuron v Activations [J]. IEEE Trans. Circuits Syst. I, 2003(vol. 50): 1421-1435.

[6] FORTI M, NISTRI P, PAPINI D. Global Exponential Stability and Global Convergence in Finite Time of Delayed Neural Networks with Infinite Gain[J]. IEEE Trans. Neural Netw. 2005,16(6):1449-1463.

[7] FORTI M, GRAZZINI M, NISTRI P, PANCIONI L. Generalized Lyapunov Approach for Convergence of Neural Networks with Discontinuous or Non-Lipschitz Activations[J]. Physica D . 2006 (214) :88-99

[8] FORTI M. M-matrices and Global Convergence of Discontinuous Neural Networks[J]. Int. J. Circ. Theor. Appl. 2007:104-130.

[9] FORTI M, TESI A. New Conditions for Global Stability of Neural Networks with Application to Linear and Quadratic Programming Problems [J]. IEEE Trans. Circuits Syst. I, 1995(vol. 42):354-366.
[10] QIN S T, XUE X P. Global Exponential Stability and Global Convergence in Finite Time of Neural Networks with Discontinuous Activations[J]. Neural Process Lett. , 2009 (29) :189-204.
[11] HALE J K, LUNEL M V. Introduction to Functional Differential Equations[M]. Berlin: Springer-Verlag, 1993.
[12] LLOYD N G. Degree Theory: Cambridge Tracts in Mathematics[M]. Cambridge: Cambridge Univ. Press, 1978.
[13] LU W L, CHEN T P. Dynamical Behaviors of Cohen-Grossberg Neural Networks with Discontinuous Activation Functions, Neural Networks , 2005 (18) :231-242.
[14] XUE X P, YU J F. Periodic Solutions for Semilinear Evolution Inclusions[J]. J. Math. Anal. Appl. 2007 (331): 1246-1262.
[15] LIU X Y, CAO J D. On Periodic Solutions of Neural Networks via Differential Inclusions[J]. Neural Networks, 2009 (22) :329-334.
[16] HUANG L H, WANG J F, ZHOU X N. Existence and Global Asymptotic Stability of Periodic Solutions for Hopfield Neural Networks with Discontinuous Activations[J]. Nonlinear Analysis: Real World Applications , 2009 (10) :1651-1661.
[17] LU W L, WANG J. Convergence Analysis of A Class of Nonsmooth Gradient Systems[J]. IEEE Trans. on Circuits and Systems, 2008, 55: 3514-3527.
[18] BOLTE J, DANIILIDIS A, LEWIS A. The Lojasiewicz Inequality for Nonsmooth Subanalytic Functions with Applications to Subgradient Dynamical Systems[J]. SIAM Journal on Control and Optimization, 2007, 17:1205-1233.
[19] DEGIOVANNI M, MARINO A, TOSQUE M. Evolution Equations with Lack of Convexity[J]. Nonlinear Analysis, 1985, 9:1401-1443.
[20] SANDRE G D, FORTI M, NISTRI A P P. Dynamical Analysis of Full-range Cellular Neural Networks by Exploiting Differential Variational Inequalities[J]. IEEE Trans. on Circuits and Systems, 2007, 54:1736-1749.
[21] CLARKE F H. Optimization and Non-smooth Analysis[J]. New York:

Wiley, 1983.
[22] MARCO M D, FORTI M , GRAZZINI M, et al. Lyapunov Method and Convergence of the Full-range Model of CNNs[J]. IEEE Trans. on Circuits and Systems, 2008,54:3528-3541.
[23] MARCO M D, FORTI M , GRAZZINI M, et al. On Global Exponential Stability of Standard and Full-range CNNs[J]. International Journal of Circuit Theory and Applications, 2008, 36:653-680.
[24] QIN S T, XUE X P. Dynamical Behavior of A Class of Nonsmooth Gradient-like Systems, Neurocomputing , 2010,73:2632-2641.
[25] HA H V, NGUYEN H D. Lojasiewicz Exponent of The Gradient Near the Fiber[J]. Annales Polonici Mathematici, 2009, 96:197-207.
[26] HA H V, PHAM T S. On The Lojasiewicz Exponent at Infinity of Real Polynomials[J]. Annales Polonici Mathematici, 2008, 94:197-208.
[27] FORTI M, NISTRI P ,QUINCAMPOIX M. Convergence of Neural Networks for Programming Problems via A Nonsmooth Lojasiewicz Inequality[J]. IEEE Trans. on Neural Networks, 2006, 17:1471-1486.
[28] ROCKAFELLAR R T,WETS R J. Variational Analysis[M]. Berlin: Springer-Verlag, 1998.
[29] KURDYKA K, MOSTOWSKI T, PARUSINSKI A. Proof of the Gradient Conjecture of R. Thom[J]. Annals of Mathematics, 2000, 152: 763-792.
[30] BOLTE J, DANIILIDIS, LEWIS A S. A Sard Theorem for Non-differentiable Functions[J]. Journal of Mathematical Analysis and Applications, 2006, 321:729-740.
[31]QIN S T,XUE X P. Dynamical Analysis of Neural Networks of Subgradient System[J], IEEE Trans. Autom. Control. , 2010,55:2347-2352.

非光滑变分原理

第5章

变分法是泛函分析的起源，也是泛函分析的重要分支，其在力学、物理学、控制论等领域有广泛应用. 在1981年，我国著名学者张恭庆把古典变分法推广到一类非可微的泛函，并直接对不可微泛函采用变分法证明了具有不连续非线性项的偏微分方程解的存在性（见文献[1]）. 此后，在2000年，希腊学者Kourogenis和Papageorgiou对非可微局部Lipschitz泛函获得了相应的非光滑临界点理论，并将之应用到具有不连续非线性项的包含p-Laplacian算子的障碍椭圆方程(见文献[2]).

5.1 非光滑变分原理

在本节中，我们将简单的介绍几个经典的非光滑变分原理. 假设$\boldsymbol{X}$是一个实Banach空间，并且假设$\boldsymbol{X}^*$是它的拓扑对偶空间. 我们称函数$\varphi:\boldsymbol{X}\to\mathbb{R}$是局部Lipschitz的，如果对于每一个点$\boldsymbol{u}\in\boldsymbol{X}$及其一个邻域$N(\boldsymbol{u})$使得$|\varphi(\boldsymbol{u}_1)-\varphi(\boldsymbol{u}_2)|\leqslant L\|\boldsymbol{u}_1-\boldsymbol{u}_2\|$，对所有的$\boldsymbol{u}_1,\boldsymbol{u}_2\in N(\boldsymbol{u})$成立，其中$L$是依赖于邻域$N(\boldsymbol{u})$的正常数. 我们定义函数$\varphi$在点$\boldsymbol{u}_0\in\boldsymbol{X}$按方向$\boldsymbol{h}\in\boldsymbol{X}$的广义方向导数为

$$\varphi^\circ(\boldsymbol{u}_0;\boldsymbol{h})=\lim_{\boldsymbol{v}\to\boldsymbol{u}_0}\sup_{t\downarrow 0}\frac{\varphi(\boldsymbol{v}+t\boldsymbol{h})-\varphi(\boldsymbol{v})}{t}$$

不难验证下面性质，相关证明见文献[5].

引理 5.1.1 (1) 函数 $\boldsymbol{h}\mapsto\varphi^{\circ}(\boldsymbol{u}_0;\boldsymbol{h})$ 是次可加的、正齐次的；

(2) 存在常数 $L=L(\boldsymbol{u}_0)$ 及邻域 $N(\boldsymbol{u}_0)$ 使得

$$|\varphi^{\circ}(\boldsymbol{u};\boldsymbol{h})|\leqslant L\|\boldsymbol{h}\|,\quad \forall \boldsymbol{u}\in N(\boldsymbol{u}_0),\quad \forall \boldsymbol{h}\in \boldsymbol{X}$$

(3) $\boldsymbol{h}\mapsto\varphi^{\circ}(\boldsymbol{u}_0;\boldsymbol{h})$ 是 Lipschitz 的.

广义梯度是通过广义方向导数定义的，即：

定义 5.1.1 假设 $\varphi:\boldsymbol{X}\to\mathbb{R}$ 是局部 Lipschitz 的，定义 φ 在 $\boldsymbol{u}_0$ 处的广义梯度 $\partial\varphi(u_0)$ 为凸函数 $\boldsymbol{h}\mapsto\varphi^{\circ}(\boldsymbol{u}_0;\boldsymbol{h})$ 在零点的次微分 $\partial_h\varphi^{\circ}(\boldsymbol{u}_0;\boldsymbol{0})$，即

$$\{\boldsymbol{u}^*\in\boldsymbol{X}^*\mid\langle\boldsymbol{u}^*,\boldsymbol{h}\rangle\leqslant\varphi^{\circ}(\boldsymbol{u}_0;\boldsymbol{h}),\quad \forall \boldsymbol{h}\in\boldsymbol{X}\}$$

于是关于广义梯度有下列基本性质：

引理 5.1.2 (1) 对任意的 $\boldsymbol{u}_0\in\boldsymbol{X}$,$\partial\varphi(\boldsymbol{u}_0)$ 是一个非空的、弱*紧的凸子集；

(2) 对任意的 $\boldsymbol{h}\in\boldsymbol{X}$，$\varphi^{\circ}(\boldsymbol{u}_0;\boldsymbol{h})=\max\{\langle\boldsymbol{u}^*,\boldsymbol{h}\rangle\mid\boldsymbol{u}^*\in\partial\varphi(\boldsymbol{u}_0)\}$；

(3) 假设 $\boldsymbol{\Omega}$ 是 $\boldsymbol{X}^*$ 中的非空弱*紧凸子集，那么

$$\partial\varphi(\boldsymbol{u}_0)\subset\boldsymbol{\Omega}\Leftrightarrow\varphi^{\circ}(\boldsymbol{u}_0;\boldsymbol{h})\leqslant\max\{\langle\boldsymbol{u}^*,\boldsymbol{h}\rangle\mid\boldsymbol{u}^*\in\boldsymbol{\Omega}\},\forall\boldsymbol{h}\in\boldsymbol{X}$$

定义 5.1.2 假设 $\varphi:\boldsymbol{X}\to\mathbb{R}$ 是局部 Lipschitz 的. 称 $\boldsymbol{u}_0\in\boldsymbol{X}$ 是 φ 的一个临界点，如果

$$0\in\partial\varphi(\boldsymbol{u}_0)$$

如果 $\boldsymbol{u}_0\in\boldsymbol{X}$ 是 φ 的局部极小值点，那么 $0\in\partial\varphi(\boldsymbol{u}_0)$. 广义梯度也称 Clarke 次微分，关于该理论的详细内容请参考文献[5].

定义 5.1.3 假设 $\varphi:\boldsymbol{X}\to\mathbb{R}$ 是局部 Lipschitz 的. 称 φ 满足非光滑 PS 条件，如果对任意的满足以下条件的序列 $\{\boldsymbol{u}_n\}_{n=1}^{\infty}\subseteq X$ 都存在强收敛的子序列：

$$\varphi(\boldsymbol{u}_n)\text{ 有界},\quad m(\boldsymbol{u}_n)\to 0(n\to+\infty)$$

这里 $m(\boldsymbol{u}_n):=\{\|\boldsymbol{u}^*\|_{\boldsymbol{X}^*}\mid\boldsymbol{u}^*\in\partial\varphi(\boldsymbol{u}_n)\}$.

定义 5.1.4 假设泛函 $\varphi:\boldsymbol{X}\to\mathbb{R}$ 是局部 Lipschitz 的. 称 φ 满足非光滑 C 条件，如果对任意的满足以下条件的序列 $\{\boldsymbol{u}_n\}_{n=1}^{\infty}\subseteq\boldsymbol{X}$ 都存在强收敛的子序列：

$$\varphi(\boldsymbol{u}_n)\text{ 有界,且满足}(1+\|\boldsymbol{u}_n\|)m(\boldsymbol{u}_n)\to 0(n\to+\infty)$$

为后面阐述问题方便，下面引进广义 Ambrosetti-Rabinowitz 条件，今后简称 AR 条件.

定义 5.1.5 假设函数 $\varphi:\mathbb{R}\to\mathbb{R}$ 是局部 Lipschitz 的，我们称 φ 满足广义 AR 条件 Ⅰ，如果存在常数 η，$1<\eta<p^-$ 和 $M>0$，使得

$$\varphi^0(t;t)\leqslant\eta\varphi(t)<0,\quad\forall\,|t|\geqslant M$$

定义 5.1.6 假设函数 $\varphi:\mathbb{R}\to\mathbb{R}$ 是局部 Lipschitz 的，我们称 φ 满足广义 AR 条件 Ⅱ，如果存在常数 β,$\beta>p^+$ 和 $\bar{M}>0$，使得

$$0<\beta\varphi(t)-\varphi^0(t;-t),\quad\forall\,|t|\geqslant M$$

Papageorgiou 等人把经典的 Weierstrass 定理、山路定理及环绕定理等临界点理论推广到非光滑情形（见文献[2,7]）.

定理 5.1.1 （Weierstrass 定理）假设 $\boldsymbol{X}$ 是自反的 Banach 空间，泛函 φ: $\boldsymbol{X}\to\mathbb{R}$ 满足：

(1) φ 是弱下半连续的，即在 $\boldsymbol{X}$ 中 $\boldsymbol{x}_n\rightharpoonup\boldsymbol{x}_0\Rightarrow\varphi(\boldsymbol{x}_0)\leqslant\liminf\limits_{n\to+\infty}\varphi(\boldsymbol{x}_n)$；

(2) φ 是强制的，即 $\lim\limits_{\|\boldsymbol{x}\|\to+\infty}\varphi(\boldsymbol{x})=+\infty$.

那么，存在一个 $\boldsymbol{x}^*\in\boldsymbol{X}$ 使得 $\varphi(\boldsymbol{x}^*)=\min\limits_{x\in X}\varphi(\boldsymbol{x})$.

证 令 $\alpha=\inf\limits_{x\in X}\varphi(\boldsymbol{x})$，则由下确界的定义，存在 $\boldsymbol{x}_n\in\boldsymbol{X}$ 使得

$$\alpha\leqslant\varphi(\boldsymbol{x}_n)<\alpha+\frac{1}{n},n=1,2,\cdots$$

再由条件(2) 存在 $b>0$，使当 $\|\boldsymbol{x}\|>b$ 时，有

$$\varphi(\boldsymbol{x})>\alpha+1$$

所以点列 $\{\boldsymbol{x}_n\}$ 满足 $\boldsymbol{x}_n\in\bar{B}_b(0)$. 因为 $\boldsymbol{X}$ 是自反 Banach 空间，$\bar{B}_b(0)$ 是弱紧的，故有子列 $\{\boldsymbol{x}_{n_k}\}$ 及 $\boldsymbol{x}_0\in\bar{B}_b(0)$，使 $\boldsymbol{x}_{n_k}\xrightarrow{W}\boldsymbol{x}_0$. 再利用条件(1) 有

$$\alpha\leqslant\varphi(\boldsymbol{x}_0)\leqslant\liminf_{n\to+\infty}\varphi(\boldsymbol{x}_n)\leqslant\liminf_{n\to+\infty}(\alpha+\frac{1}{n_k})=\alpha$$

即 $\varphi(\boldsymbol{x}_0)=\alpha$. □

首先引入下列记号

$$\boldsymbol{K}^{\varphi}=\{\boldsymbol{x}\in\boldsymbol{X}\mid 0\in\partial\varphi(\boldsymbol{x})\}$$

$$\boldsymbol{K}^{\varphi}_c=\{\boldsymbol{x}\in\boldsymbol{K}^{\varphi}\mid\varphi(\boldsymbol{x})=c\}$$

$$\boldsymbol{\varphi}^c=\{\boldsymbol{x}\in\boldsymbol{X}\mid\varphi(\boldsymbol{x})\leqslant c\}$$

下面引入非光滑形变引理，详细证明可参考文献[7].

定理 5.1.2 （非光滑形变引理）设 $\boldsymbol{X}$ 是自反 Banach 空间，$\varphi:\boldsymbol{X}\to\mathbb{R}$ 满足非光滑 C 条件，则对于任意的 $\varepsilon_0>0$ 以及 $\boldsymbol{K}^{\varphi}_c$ 的任意邻域 $\boldsymbol{U}$，都存在 $\varepsilon\in(0,\varepsilon_0)$，连续映射 $\eta:[0,1]\times\boldsymbol{X}\to\boldsymbol{X}$ 使得对于所有的 $(t,\boldsymbol{x})\in[0,1]\times\boldsymbol{X}$ 满足：

(1) $\|\eta(t,\boldsymbol{x})-\boldsymbol{x}\|\leqslant2(\varepsilon+1)(1+\|\boldsymbol{x}\|)t$；

(2) 如果 $|\varphi(\boldsymbol{x})-\boldsymbol{c}|\geqslant\varepsilon_0$ 或者 $m(\boldsymbol{x})=0$，则 $\eta(t,\boldsymbol{x})=\boldsymbol{x}$；

(3) $\eta(\{1\}\times\boldsymbol{\varphi}^{c+\varepsilon})\subseteq\boldsymbol{\varphi}^{c-\varepsilon}\cup\boldsymbol{U}$；

(4) $\varphi(\eta(t,\boldsymbol{x}))\leqslant\varphi(\boldsymbol{x})$；

(5) 如果 $\eta(t,\boldsymbol{x})\neq\boldsymbol{x}$，则 $\varphi(\eta(t,\boldsymbol{x}))<\varphi(\boldsymbol{x})$.

利用上面的非光滑形变引理来证明下面的非光滑极小极大原理：

定理 5.1.3 （非光滑极小极大引理）设 $\boldsymbol{X}$ 是自反 Banach 空间，$\boldsymbol{M}$ 是一个紧的度量空间，$\boldsymbol{M}^*\subseteq\boldsymbol{M}$ 是一个闭子空间，$\boldsymbol{\gamma}^*\in C(\boldsymbol{M}^*;\boldsymbol{X})$. 定义 $\boldsymbol{T}=\{\gamma\in C(\boldsymbol{M},\boldsymbol{X})\mid\boldsymbol{\gamma}|_{\boldsymbol{M}^*}=\boldsymbol{\gamma}^*|_{\boldsymbol{M}^*}\}$，$\boldsymbol{c}>\sup\limits_{u\in M^*}\varphi(\boldsymbol{\gamma}^*(u))$. 如果 $\boldsymbol{\varphi}$ 在水平集 $\boldsymbol{c}$ 满足非光滑

C 条件，那么，$\boldsymbol{c} \geqslant \inf\limits_{u \in D} \varphi(u)$ 并且 $\boldsymbol{c}$ 是 $\boldsymbol{\varphi}$ 的临界值.

证 反证，假设定理不成立，即 $\boldsymbol{K}_c^{\varphi} = \{\boldsymbol{x} \in \boldsymbol{K}^{\varphi} \mid \varphi(\boldsymbol{x}) = \boldsymbol{c}\} = \varnothing$. 令

$$\boldsymbol{a} = \max_{s \in \boldsymbol{M}^*} \varphi(\gamma^*(\boldsymbol{s}))$$

根据假设，$\boldsymbol{a} < \boldsymbol{c}$. 取 $\boldsymbol{\varepsilon}_0 = \frac{1}{2}(\boldsymbol{c} - \boldsymbol{a})$，由非光滑形变引理 5.1.2 可知，存在 $\boldsymbol{\varepsilon} \in (\boldsymbol{0}, \boldsymbol{\varepsilon}_0)$，连续映射 $\eta : [0,1] \times \boldsymbol{X} \to \boldsymbol{X}$ 使得

$$\begin{cases} h(0, \boldsymbol{x}) = \boldsymbol{x}, & \forall \boldsymbol{x} \in \boldsymbol{X} \\ h(t, \boldsymbol{x}) = \boldsymbol{x}, & \forall t \in [0,1], \boldsymbol{x} \in \boldsymbol{X}, \varphi(\boldsymbol{x}) \notin [c - \varepsilon, c + \varepsilon] \\ h(1, \varphi^{c+\varepsilon}) \subseteq \varphi^{c-\varepsilon} \end{cases} \tag{5.1.1}$$

注意到

$$\boldsymbol{\varepsilon}_0 + \varphi(\gamma^*(\boldsymbol{s})) \leqslant \boldsymbol{\varepsilon}_0 + a = \frac{1}{2}(\boldsymbol{c} + \boldsymbol{a}) < \boldsymbol{c}, \quad \forall \boldsymbol{s} \in \boldsymbol{M}^*$$

于是，$|\varphi(\gamma^*(\boldsymbol{s})) - \boldsymbol{c}| > \varepsilon_0$. 因此，由(5.1.1)中的第二个式子可知

$$h(t, \gamma^*(\boldsymbol{s})) = \gamma^*(\boldsymbol{s}), \quad \forall t \in [0,1], \boldsymbol{s} \in \boldsymbol{M}^* \tag{5.1.2}$$

根据 c 的定义可知，存在 $\bar{\gamma} \in \mathscr{T}$ 使得

$$\max_{s \in \boldsymbol{M}} \varphi(\bar{\gamma}(\boldsymbol{s})) \leqslant \boldsymbol{c} + \boldsymbol{\varepsilon} \tag{5.1.3}$$

令 $\gamma_h = h(1, \bar{\gamma}(\boldsymbol{s}))$，$\forall \boldsymbol{s} \in \boldsymbol{M}$. 显然，$\gamma_h \in C(\boldsymbol{M}; \boldsymbol{X})$. 又因为 $\bar{\gamma} \in \mathscr{T}$，所以由式(5.1.2)可得

$$\gamma_h(\boldsymbol{s}) = h(1, \bar{\gamma}(\boldsymbol{s})) = h(1, \gamma^*(\boldsymbol{s})) = \gamma^*(\boldsymbol{s}), \quad \forall \boldsymbol{s} \in \boldsymbol{M}^* \tag{5.1.4}$$

故 $\gamma_h \in \mathscr{T}$. 因此由等式(5.1.1)，(5.1.3)，我们有

$$\gamma_h(\boldsymbol{s}) = h(1, \bar{\gamma}(\boldsymbol{s})) \in h(1, \boldsymbol{\varphi}^{c+\varepsilon}) \subseteq \boldsymbol{\varphi}^{c-\varepsilon}, \quad \forall \boldsymbol{s} \in \boldsymbol{M}$$

进而，

$$\varphi(\gamma_h(\boldsymbol{s})) \leqslant \boldsymbol{c} - \boldsymbol{\varepsilon}, \quad \forall \boldsymbol{s} \in M$$

显然，这与 c 的定义矛盾. 因此，$\boldsymbol{K}_c^{\varphi} = \{\boldsymbol{x} \in \boldsymbol{K}^{\varphi} \mid \varphi(\boldsymbol{x}) = c\} \neq \varnothing$，$c$ 是 φ 的临界值. □

由上面的定理直接可得到下面的非光滑山路定理.

定理 5.1.4 （非光滑山路定理）假设 $\boldsymbol{X}$ 是自反的 Banach 空间，泛函 $\varphi: \boldsymbol{X} \to \mathbb{R}$ 是局部 Lipschitz 的，取 $\boldsymbol{x}_0, \boldsymbol{x}_1 \in \boldsymbol{X}$. 如果存在 $\boldsymbol{x}_0$ 的一个有界开邻域 $\boldsymbol{U}$ 使得 $\boldsymbol{x}_1 \in \boldsymbol{X} \backslash \boldsymbol{U}$，$\max\{\varphi(\boldsymbol{x}_0), \varphi(\boldsymbol{x}_1)\} < \inf\limits_{\partial U} \varphi$ 并且 φ 在水平值 c 满足非光滑 C 条件，这里 $c = \inf\limits_{\gamma \in T} \max\limits_{t \in [0,1]} \varphi(\gamma(t))$，$\mathscr{T} = \{\gamma \in C([0,1]; \boldsymbol{X}) \mid \gamma(0) = \boldsymbol{x}_0, \gamma(1) = \boldsymbol{x}_1\}$，那么，$c$ 是 φ 的一个临界值且 $c \geqslant \inf\limits_{\partial U} \varphi$.

定义 5.1.7 假设 $\boldsymbol{X}$ 是 Hausdorff 拓扑空间，$\boldsymbol{E}_0, \boldsymbol{E}, \boldsymbol{D}$ 均是 $\boldsymbol{Y}$ 的非空闭子集，其中 $\boldsymbol{E}_0 \subseteq \boldsymbol{E}$. 称子集对 $\{\boldsymbol{E}_0, \boldsymbol{E}\}$ 在空间 $\boldsymbol{Y}$ 中环绕 $\boldsymbol{D}$，如果：

(1) $\boldsymbol{E}_0 \cap \boldsymbol{D} = \varnothing$；

(2) $\gamma(E) \cap D \neq \varnothing$ 对任意的 $\gamma \in C(E,Y)$ 使得 $\gamma|_{E_0} = id|_{E_0}$.

定理 5.1.5[9] 假设 X 是自反的 Banach 空间，$X = Y \oplus V$，其中 $\dim Y < +\infty$. 此外，泛函 $\varphi: X \to \mathbb{R}$ 是局部 Lipschitz 的，满足非光滑 PS 条件，同时下面条件成立：

(1) 存在 $r, \alpha > 0$ 使得对所有的 $v \in V$，$\| v \| = r$，我们有 $\varphi(v) \geqslant \alpha$；

(2) 存在 $e \in \partial B_1 \cap V(B_1 = \{x \in X \mid \| x \| < 1\}$ 及 $R > r$.

使得如下结论成立：

若 $Q = \{y \in Y \mid \| y \| \leqslant R\} \oplus \{\lambda e \mid 0 < \lambda < R\}$，那么 $\varphi|_{\partial Q} \leqslant 0$，这里 ∂Q 是 Q 在子空间 $Y \oplus \mathbb{R}e$ 中的边界. 而且，$c = \inf\limits_{\gamma \in \Gamma} \max\limits_{u \in Q}(\gamma(u))$ 是 φ 关于某个临界点 $x \in X$ 的临界值且 $c \geqslant \alpha$，其中 $\Gamma = \{\gamma \in C(\bar{Q}, X) \mid \gamma|_{\partial Q} = \text{恒等算子}\}$. 特别的，若 $c = \alpha$，那么 $x \in V$.

定理 5.1.6(非光滑环绕定理[10]) 假设 X 是自反的 Banach 空间，$X = Y \oplus V$，其中 $\dim Y < +\infty$. 泛函 $\varphi: X \to \mathbb{R}$ 是局部 Lipschitz 的，满足非光滑 PS 条件，$\varphi(0) = 0$，$\inf\limits_X \varphi < 0$ 且存在一个正常数 r 使得：(1) $\varphi(y) \leqslant 0$，$\forall y \in Y$，$\| y \| \leqslant r$；(2) $\varphi(v) \geqslant 0$，$\forall v \in V$，$\| v \| \leqslant r$. 那么，φ 至少有两个非平凡的临界点.

本章中，我们将介绍非光滑变分在 $P(x)$-Laplacian 方程中的应用. 为此，我们先引入变指数空间相关理论. 设 Ω 是全空间 $\mathbb{R}^N$ 中的开集. $x \in \Omega$ 表示几乎处处 $x \in \Omega$，$x \in \bar{\Omega}$ 表示几乎处处 $x \in \bar{\Omega}$. 关于空间 $W^{1,p(x)}(\Omega)$ 的基本性质可以参见文献[3,4].

定义 $\mathbb{S}(\Omega)$ 为 Ω 上的所有实可测函数构成的集合，$\mathbb{S}(\Omega)$ 中几乎处处相等的元素被认为是同一个元素. 记

$$L_+^\infty(\Omega) = \{p(x) \in L^\infty(\Omega) \mid \text{ess}\ \inf_\Omega p(x) \geqslant 1\}$$

$$p^+ = \text{ess}\ \sup\{p(x) \mid x \in \Omega\}, \quad p^- = \text{ess}\ \inf\{p(x) \mid x \in \Omega\}$$

我们仅仅考虑函数 p 是连续的且满足

$$1 < p^- \leqslant p^+ < +\infty \tag{5.1.5}$$

对于 $p(x) \in L_+^\infty(\Omega)$，定义变指数 Lebesgue 空间

$$L^{p(x)}(\Omega) = \{u \in \mathbb{S}(\Omega) \mid \int_\Omega |u(x)|^{p(x)} dx < +\infty\}$$

和范数

$$|u|_{L^{p(x)}(\Omega)} = |u|_{p(x)} = \inf\{\lambda > 0 \mid \int_\Omega \left|\frac{u(x)}{\lambda}\right|^{p(x)} dx \leqslant 1\}$$

定义变指数 Sobolev 空间

$$W^{1,p(x)}(\Omega) = \{u \in L^{p(x)}(\Omega) \mid |\nabla u| \in L^{p(x)}(\Omega)\}$$

和范数

$$\| \boldsymbol{u} \| = | \boldsymbol{u} |_{p(x)} + | \nabla \boldsymbol{u} |_{p(x)}$$

我们用 $W_0^{1,p(x)}(\boldsymbol{\Omega})$ 来表示由 $\boldsymbol{\Omega}$ 上具有紧支集的无穷次连续可微函数构成的空间 $C_0^\infty(\boldsymbol{\Omega})$ 在 $W^{1,p(x)}(\boldsymbol{\Omega})$ 中的完备化. 令 $W_r^{1,p(x)}(\mathbb{R}^N)=\{u \in W^{1,p(x)}(\boldsymbol{\Omega}) \mid u$ 是径向对称$\}$.

下面给出本文将要使用的一些基本的性质.

引理 5.1.3 变指数空间 $L^{p(x)}(\boldsymbol{\Omega})$, $W^{1,p(x)}(\boldsymbol{\Omega})$, $W_0^{1,p(x)}(\boldsymbol{\Omega})$ 都是自反、可分的 Banach 空间.

引理 5.1.4 设 $\boldsymbol{\Omega}$ 是一个有界区域，那么存在一个正常数 C，使得如下不等式成立

$$| \boldsymbol{u} |_{p(x)} \leqslant C | \nabla \boldsymbol{u} |_{p(x)}, \quad \forall \boldsymbol{u} \in W_0^{1,p(x)}(\boldsymbol{\Omega})$$

因此 $| \nabla \boldsymbol{u} |_{p(x)}$ 是 Sobolev 空间 $W_0^{1,p(x)}(\boldsymbol{\Omega})$ 的等价范数.

下面来介绍变指数 Lebesgue 空间 $L^{p(x)}(\boldsymbol{\Omega})$ 的共扼空间. 设 $(L^{p(x)}(\boldsymbol{\Omega}))^*$ 是由定义在空间 $L^{p(x)}(\boldsymbol{\Omega})$ 上的所有连续线性泛函所构成的空间，我们称其为 $L^{p(x)}(\boldsymbol{\Omega})$ 的共扼空间.

引理 5.1.5 假设空间 $L^{p(x)}(\boldsymbol{\Omega})$ 的对偶空间是 $L^{q(x)}(\boldsymbol{\Omega})$，其中 $\frac{1}{\boldsymbol{p}(\boldsymbol{x})}+\frac{1}{\boldsymbol{q}(\boldsymbol{x})}=1$. 那么如下不等式成立

$$\int_{\boldsymbol{\Omega}} | \boldsymbol{uv} | \mathrm{d}\boldsymbol{x} \leqslant \left(\frac{1}{\boldsymbol{p}_-}+\frac{1}{\boldsymbol{q}_-}\right) | \boldsymbol{u} |_{p(x)} | \boldsymbol{v} |_{q(x)}$$
$$\forall \boldsymbol{u} \in L^{p(x)}(\boldsymbol{\Omega}), \quad \boldsymbol{v} \in L^{q(x)}(\boldsymbol{\Omega})$$

引理 5.1.6 假设 $\rho(\boldsymbol{u})=\int_{\boldsymbol{\Omega}} | u(\boldsymbol{x}) |^{p(x)} \mathrm{d}\boldsymbol{x}$，$\forall \boldsymbol{u} \in W^{1,p(x)}(\boldsymbol{\Omega})$，那么如下关系式成立：

(1) 若 $\boldsymbol{u} \neq \mathbf{0}$，那么 $| \boldsymbol{u} |_{p(x)}=\lambda \Leftrightarrow \rho\left(\frac{\boldsymbol{u}}{\lambda}\right)=1$;

(2) $| \boldsymbol{u} |_{p(x)}<1(=1,>1) \Leftrightarrow \rho(\boldsymbol{u})<1(=1,>1)$;

(3) $| \boldsymbol{u} |_{p(x)}>1 \Rightarrow | \boldsymbol{u} |_{p(x)}^{p^-} \leqslant \rho(\boldsymbol{u}) \leqslant | \boldsymbol{u} |_{p(x)}^{p^+}$,

$| \boldsymbol{u} |_{p(x)}<1 \Rightarrow | \boldsymbol{u} |_{p(x)}^{p^+} \leqslant \rho(\boldsymbol{u}) \leqslant | \boldsymbol{u} |_{p(x)}^{p^-}$;

(4) $| \boldsymbol{u} |_{p(x)} \to 0 \Leftrightarrow \rho(\boldsymbol{u}) \to 0$, $| \boldsymbol{u} |_{p(x)} \to +\infty \Leftrightarrow \rho(\boldsymbol{u}) \to +\infty$.

引理 5.1.7 假设 $\rho(\boldsymbol{u})=\int_{\Omega}(| \nabla u(\boldsymbol{x}) |^{p(x)}+| u(\boldsymbol{x}) |^{p(x)}) \mathrm{d}\boldsymbol{x}$, $\forall \boldsymbol{u} \in W^{1,p(x)}(\boldsymbol{\Omega})$，那么如下结果成立：

(1) 若 $\boldsymbol{u} \neq 0$，那么 $\| \boldsymbol{u} \|=\lambda \Leftrightarrow \rho\left(\frac{\boldsymbol{u}}{\lambda}\right)=1$;

(2) $\| \boldsymbol{u} \|<1(=1,>1) \Leftrightarrow \rho(\boldsymbol{u})<1(=1,>1)$;

(3) $\| \boldsymbol{u} \|>1 \Rightarrow \| \boldsymbol{u} \|^{p^-} \leqslant \rho(\boldsymbol{u}) \leqslant \| \boldsymbol{u} \|^{p^+}$,

$\|u\| < 1 \Rightarrow \|u\|^{p^+} \leqslant \rho(u) \leqslant \|u\|^{p^-}$;

(4) $\|u\| \to 0 \Leftrightarrow \rho(u) \to 0$, $\|u\| \to +\infty \Leftrightarrow \rho(u) \to +\infty$.

现在来回顾一下关于嵌入的结果.

引理 5.1.8 设 $|\Omega| < +\infty$, $p_1, p_2 \in L_+^{\infty}(\Omega)$ 且满足条件(5.1.5). 那么

$$L^{p_2(x)}(\Omega) \subseteq L^{p_1(x)}(\Omega) \Leftrightarrow p_1 \leqslant p_2, \quad x \in \Omega$$

成立.另外,此嵌入是连续的.

同样的,对相应的 Sobolev 空间也有嵌入结论,即

引理 5.1.9 设 p_1, p_2 的取法同引理 5.1.8. 那么

$$W^{1,p_2(x)}(\Omega) \subseteq W^{1,p_1(x)}(\Omega) \Leftrightarrow p_1 \leqslant p_2, \quad x \in \Omega$$

成立. 同样,此嵌入是连续的.

定义

$$p^*(x) = \begin{cases} \dfrac{Np(x)}{N-p(x)}, & p(x) < N \\ +\infty, & p(x) \geqslant N \end{cases}$$

$$p_*(x) = \begin{cases} \dfrac{(N-1)p(x)}{N-p(x)}, & p(x) < N \\ +\infty, & p(x) \geqslant N \end{cases}$$

则有:

引理 5.1.10 设 $\Omega \subset \mathbb{R}^N$ 是光滑有界的, $p, q \in C(\overline{\Omega})$, 且 p 和 q 都满足条件(5.1.5). 如果 $q(x) < p^*(x), \forall x \in \overline{\Omega}$, 那么嵌入 $W^{1,p(x)}(\Omega) \to L^{q(x)}(\Omega)$ 是紧的.

此外,当区域 Ω 是无界时,可以得到下面的一些结果:

引理 5.1.11 假设函数 $p: \overline{\Omega} \to \mathbb{R}$ 是 Lipschitz 连续的,即,存在一个正常数 L 使得

$$|p(x) - p(y)| \leqslant L\|x - y\|, \quad \forall x, y \in \Omega$$

再假设 $p(x) < N, q: \overline{\Omega} \to \mathbb{R}$ 是可测的,以及如下关系成立

$$p(x) \leqslant q(x) \leqslant p^*(x), \quad x \in \overline{\Omega}$$

那么嵌入 $W^{1,p(x)}(\Omega) \to L^{q(x)}(\Omega)$ 是连续的.

下面给出有关 $p(x)$-Laplacian 算子的一些基本性质. 令 $X = W_0^{1,p(x)}(\Omega)$ 或者 $W^{1,p(x)}(\mathbb{R}^N)$.

考虑如下两个泛函

$$J_1(u) = \int_\Omega \frac{1}{p(x)} |\nabla u|^{p(x)} \mathrm{d}x, \quad \forall u \in W_0^{1,p(x)}(\Omega)$$

$$J_2(u) = \int_\Omega \frac{1}{p(x)} (|\nabla u|^{p(x)} + |u|^{p(x)}) \mathrm{d}x, \quad \forall u \in W^{1,p(x)}(\mathbb{R}^N)$$

我们知道 $J_1, J_2 \in C^1(X, \mathbb{R})$, 并且 $p(x)$-Laplacian 算子是 J_1 在弱可微意

义下的导算子. 我们记 $L=J'_1:X\to X^*$，$T=J'_2:X\to X^*$，则有

$$\langle L(\boldsymbol{u}),\boldsymbol{v}\rangle=\int_{\Omega}|\nabla\boldsymbol{u}|^{p(x)-2}\nabla\boldsymbol{u}\nabla\boldsymbol{v}\mathrm{d}\boldsymbol{x},\quad\forall\boldsymbol{u},\boldsymbol{v}\in W_0^{1,p(x)}(\Omega)$$

$$\langle T(\boldsymbol{u}),\boldsymbol{v}\rangle=\int_{\Omega}(|\nabla\boldsymbol{u}|^{p(x)-2}\nabla\boldsymbol{u}\nabla\boldsymbol{v}+|\boldsymbol{u}|^{p(x)-2}\boldsymbol{u}\boldsymbol{v})\mathrm{d}\boldsymbol{x},\quad\forall\boldsymbol{u},\boldsymbol{v}\in W^{1,p(x)}(\mathbb{R}^N)$$

为了方便叙述强弱收敛，我们使用如下记号：在 X 中 $u_n\xrightarrow{弱}u$ 表示 u_n 按 X 中的拓扑弱收敛于 u，在 X 中 $u_n\xrightarrow{强}u$ 表示 u_n 按 X 中的拓扑强收敛于 u.

引理 5.1.12 (1) $L,T:X\to X^*$ 均是连续，有界并且严格单调的算子；

(2) $L,T:X\to X^*$ 均是(S_+)型映射. 映射 L 称为(S_+)型映射是指：在 X 中 $u_n\xrightarrow{弱}u$，并且满足$\lim\limits_{n\to\infty}\langle L(u_n)-L(u_0),u_n-u_0\rangle\leqslant 0$时，则有在 X 中$u_n\xrightarrow{强}u$. 对 T 也有类似定义；

(3)$L,T:X\to X^*$ 均是同胚映射.

特别的，当空间维数 $N=1$ 时，此时取$\Omega=[0,T]$，其中 $0<T<+\infty$. 为叙述方便记如下符号

$W^{1,p(t)}([0,T],\mathbb{R}^N)=\{u\in L^{p(t)}([0,T],\mathbb{R}^N)\mid u'\in L^{p(t)}([0,T],\mathbb{R}^N)\}$

这里 u' 表示 u 的弱导数

$W_T^{1,p(t)}([0,T],\mathbb{R}^N)=\{u\in L^{p(t)}([0,T],\mathbb{R}^N)\mid \dot{u}\in L^{p(t)}([0,T],\mathbb{R}^N)\}$

这里 $\dot{u}$ 表示 u 的 $T-$ 弱导数

$$C_T^\infty=C_T^\infty(\mathbb{R},\mathbb{R}^N)=\{u\in C^\infty(\mathbb{R},\mathbb{R}^N)\mid u\text{ 是 }T-\text{周期的}\}$$

$H_T^{1,p(t)}([0,T],\mathbb{R}^N)$ 是 C_T^∞ 按 $W_T^{1,p(t)}([0,T],\mathbb{R}^N)$ 拓扑的闭包.

下面给出相应变指数 Sobolev 空间的一些基本性质.

引理 5.1.13 (1) $C_T^\infty([0,T],\mathbb{R}^N)$ 在 $W_T^{1,p(t)}([0,T],\mathbb{R}^N)$ 是稠密的；

(2)$W_T^{1,p(t)}([0,T],\mathbb{R}^N)=H_T^{1,p(t)}([0,T],\mathbb{R}^N)=\{u\in W_T^{1,p(t)}([0,T],\mathbb{R}^N)\mid u(0)=u(T)\}$；

(3) 如果 $u\in H_T^{1,1}$，弱导数 u' 同样是 $T-$ 弱导数 $\dot{u}$，即 $u'=\dot{u}$.

(4) 如果 $\boldsymbol{p}^->1$，那么 $H_T^{1,p(t)}([0,T],\mathbb{R}^N)$ 是自反 Banach 空间；

(5) 存在连续嵌入 $W_T^{1,p(t)}(H_T^{1,p(t)})\to C([0,T],\mathbb{R}^N)$. 此外，当 $\boldsymbol{p}^->1$ 时，此嵌入是紧的.

引理 5.1.14 假设 $u\in W_T^{1,1}$，那么：

(1) $\int_0^T\dot{u}\mathrm{d}t=0$；

(2)u 有连续表示，即 $u(t)=\int_0^t\dot{u}(s)\mathrm{d}s+u(0),u(0)=u(T)$；

(3)$\dot{u}$ 是 u 的古典意义下的导数，如果 $\dot{u}\in C([0,T],\mathbb{R}^N)$.

5.2 有界区域上具有非光滑位势 $P(\boldsymbol{x})$-Laplacian 微分包含问题解的多重性

本节我们将研究下列非线性椭圆方程的多解性

$$\begin{cases}-\operatorname{div}(\|\nabla u(\boldsymbol{x})\|_{\mathbb{R}^N}^{p(x)-2}\nabla u(\boldsymbol{x}))\in\partial j(\boldsymbol{x},u(x)), & x\in\Omega\\ u=0, & x\in\partial\Omega\end{cases}\tag{5.2.1}$$

其中，Ω 是 $\mathbb{R}^N$ 中的有界区域，$p:\overline{\Omega}\to\mathbb{R}$ 是一个连续函数并且满足条件(5.1.5)，$j(\boldsymbol{x},t)$ 关于第二个变元 t 是局部 Lipschitz 的，$\partial j(\boldsymbol{x},t)$ 是 $j(\boldsymbol{x},\cdot)$ 的 Clarke 次微分.

我们首先对非光滑位势 $j(\boldsymbol{x},t)$ 作如下假设.

$\mathrm{H}(j)$：$j:\Omega\times\mathbb{R}\to\mathbb{R}$ 满足以下条件：

(1) 对所有的 $t\in\mathbb{R}$，$\boldsymbol{x}\mapsto j(x,t)$ 是可测的；

(2) 对 $\boldsymbol{x}\in\Omega$，$t\mapsto j(\boldsymbol{x},t)$ 是局部 Lipschitz 的；

(3) 对 $\boldsymbol{x}\in\Omega$ 有 $j(\boldsymbol{x},0)=0$.

为了求解问题(5.2.1)，定义相对应的泛函 $\varphi:W_0^{1,p(x)}(\Omega)\to\mathbb{R}$ 如下

$$\varphi(u)=\int_\Omega\frac{1}{p(x)}|\nabla u|^{p(x)}\mathrm{d}\boldsymbol{x}-\int_\Omega j(x,u(x))\mathrm{d}\boldsymbol{x},\quad\forall u\in W_0^{1,p(x)}(\Omega)\tag{5.2.2}$$

我们称函数 $u\in W_0^{1,p(x)}(\Omega)$ 是问题 (5.2.1) 的解是指对于 u 存在相应的映射 $\Omega\ni x\to w(x)$ 使得对任意的 $h\ni W_0^{1,p(x)}(\Omega)$，下述两式都成立

$$w(\cdot)h(\cdot)\in L^1(\Omega)$$

$$\int_\Omega|\nabla u|^{p(x)-2}\nabla u\nabla h\,\mathrm{d}x=\int_\Omega w(x)h(x)\mathrm{d}x$$

其中 $w(x)\in\partial j(x,u(x))$.

引理 5.2.1 如果 $\mathrm{H}(j)$ 和下列条件成立：

(h_1) 存在常数 $c_1>0$，$\alpha\in C(\overline{\Omega})(1<\alpha(\boldsymbol{x})\leqslant\alpha^+<\boldsymbol{p}^-)$，使得

$$|w|\leqslant c_1|t|^{\alpha(x)-1},\quad\forall\boldsymbol{x}\in\Omega,\forall t\in\mathbb{R},\forall w\in\partial j(\boldsymbol{x},t)$$

那么 φ 是局部 Lipschitz 的.

证 记 $J(u)=\int_\Omega\frac{1}{p(x)}|\nabla u|^{p(x)}\mathrm{d}\boldsymbol{x}$，那么易知 $J\in C^1(W_0^{1,p(x)}(\Omega),\mathbb{R})$，从而

$$J(u_1)-J(u_2)=J'(\bar{u})\cdot(u_1-u_2)$$

其中 $\bar{\boldsymbol{u}}=tu_1+(1-t)u_2,t\in(0,1)$. 令 $B_r=\{\boldsymbol{x}\in\boldsymbol{X}\mid\|\boldsymbol{u}-\boldsymbol{u}_0\|_{W_0^{1,p(x)}(\Omega)}\leqslant r\}$.

注意到 B_r 是 w 紧的，于是对充分小正数 r，必存在常数 $M>0$，使得

$$\| J'(\bar{u}) \|_{W^{-1,q(x)}(\Omega)} \leqslant M$$

因此，对于任意的 $u_1, u_2 \in W_0^{1,p(x)}(\Omega)$，我们有

$$\begin{aligned} | J(u_1) - J(u_2) | &= | J(\bar{u}) \cdot (u_1 - u_2) | \\ &\leqslant \| J'(\bar{u}) \|_{W^{-1,q(x)}(\Omega)} \| u_1 - u_2 \|_{W_0^{1,p(x)}} \\ &\leqslant M \| u_1 - u_2 \|_{W_0^{1,p(x)}} \end{aligned}$$

另一方面，由假设(h_1) 和 Lebesgue 中值定理，我们有

$$| j(\boldsymbol{x}, u_1) - j(\boldsymbol{x}, u_2) | \leqslant c_1 | \bar{u} |^{\alpha(x)-1} | u_1 - u_2 |$$

因此

$$\begin{aligned} & \left| \int_\Omega j(\boldsymbol{x}, u_1) \mathrm{d}\boldsymbol{x} - \int_\Omega j(\boldsymbol{x}, u_2) \mathrm{d}\boldsymbol{x} \right| \\ \leqslant\ & c_1 \int_\Omega | \bar{u} |^{\alpha(x)-1} | u_1 - u_2 | \mathrm{d}\boldsymbol{x} \\ \leqslant\ & c_2 \left| | \bar{u} |^{\alpha(x)-1} \right|_{\alpha'(x)} | u_1 - u_2 |_{\alpha(x)} \end{aligned}$$

这里 $\dfrac{1}{\alpha'(\boldsymbol{x})} + \dfrac{1}{\alpha(\boldsymbol{x})} = 1$.

此外，根据引理 5.1.4 和引理 5.1.6，我们可得

$$\int_\Omega (| \bar{u} |^{\alpha(x)-1})^{\alpha'(x)} \mathrm{d}\boldsymbol{x} = \int_\Omega | \bar{u} |^{\alpha(x)} \mathrm{d}\boldsymbol{x} \leqslant \begin{cases} | \bar{u} |_{\alpha(x)}^{\alpha^+} \leqslant c \| \bar{u} \|^{\alpha^+}, & | \bar{u} |_{\alpha(x)} > 1 \\ | \bar{u} |_{\alpha(x)}^{\alpha^+} \leqslant c \| \bar{u} \|^{\alpha^-}, & | \bar{u} |_{\alpha(x)} < 1 \end{cases}$$

又因为 $W_0^{1,p(x)}(\Omega) \to L^{\alpha(x)}(\Omega)$ 是紧嵌入，所以

$$\left| \int_\Omega j(\boldsymbol{x}, u_1) \mathrm{d}\boldsymbol{x} - \int_\Omega j(\boldsymbol{x}, u_2) \mathrm{d}\boldsymbol{x} \right| \leqslant c_3 | u_1 - u_2 |_{\alpha(x)} \leqslant c \| u_1 - u_2 \|$$

因此，φ 是局部 Lipschitz 的. □

下面我们给出本节的第一个主要定理：

定理 5.2.1 若条件 H(j) 和(h_1) 成立，并且：

(h_2) 存在常数 $c_2 > 0$，$0 < r < 1$，$1 < \beta_0 < \alpha^-$ 和 $\boldsymbol{x}_0 \in \Omega$，使得

$$w \geqslant c_2 | t - \delta |^{\beta_0 - 1}, \forall \boldsymbol{x} \in B_{2r}(\boldsymbol{x}_0), \forall t \in (\delta, 1], \forall w \in \partial j(\boldsymbol{x}, t)$$

(h_3) $wt < 0, \forall w \in \partial j(\boldsymbol{x}, t), 0 < | t | < \delta$，其中

$$0 < \delta < \min\left\{ \frac{1}{2} \left[\frac{c_2 \boldsymbol{p}^- r^{\boldsymbol{p}^+} \alpha^-}{\beta_0 2^{N+\beta_0} [\alpha^- + 2c_1 \boldsymbol{p}^- r^{\boldsymbol{p}^+}]} \right]^{\frac{1}{\alpha^- - \beta_0}}, \frac{1}{2} \right\}$$

那么，问题(5.2.1) 至少存在两个非平凡解.

证 此定理的证明分为四步.

第一步，证明泛函 φ 是强制的.

首先，对 $\boldsymbol{x} \in \Omega$，由假设 H(j)(2) 有，$t \mapsto j(\boldsymbol{x}, t)$ 是几乎处处可微的，进而有

$$\frac{\mathrm{d}}{\mathrm{d}t}j(\boldsymbol{x},t)\in\partial j(\boldsymbol{x},t)$$

此外，由(h_1)，我们有

$$j(\boldsymbol{x},t)=j(\boldsymbol{x},0)+\int_0^t\frac{\mathrm{d}}{\mathrm{d}\boldsymbol{y}}j(\boldsymbol{x},\boldsymbol{y})\mathrm{d}\boldsymbol{y}\leqslant\frac{c_1}{\alpha(\boldsymbol{x})}|t|^{\alpha(\boldsymbol{x})},\quad\forall\boldsymbol{x}\in\Omega,\forall t\in\mathbb{R}$$

注意到 $1<\alpha(\boldsymbol{x})\leqslant\alpha^+<\boldsymbol{p}^-<\boldsymbol{p}^*(\boldsymbol{x})$，那么由引理 5.1.10 可知，嵌入 $W_0^{1,p(x)}(\Omega)\to L^{\alpha(x)}(\Omega)$ 是紧的. 进而，存在正常数 c_3，使得

$$|u|_{\alpha(x)}\leqslant c_3\|u\|,\quad\forall u\in W_0^{1,p(x)}(\Omega)$$

所以，对任意的 $u\in W_0^{1,p(x)}(\Omega)$，且 $|u|_{\alpha(x)}>1$，$\|u\|>1$，可得

$$\int_\Omega|u|^{\alpha(x)}\mathrm{d}\boldsymbol{x}\leqslant|u|_{\alpha(x)}^{\alpha^+}\leqslant c_3^{\alpha^+}\|u\|^{\alpha^+}$$

因此

$$\begin{aligned}\varphi(u)&=\int_\Omega\frac{1}{\boldsymbol{p}(\boldsymbol{x})}|\nabla u|^{p(x)}\mathrm{d}\boldsymbol{x}-\int_\Omega j(\boldsymbol{x},u(\boldsymbol{x}))\mathrm{d}\boldsymbol{x}\\&\geqslant\frac{1}{\boldsymbol{p}^+}\|u\|^{p^-}-C_1c_3^{\alpha^+}\|u\|^{\alpha^+}\to+\infty,\quad n\to+\infty\end{aligned}$$

第二步，证明泛函 φ 是弱序列下半连续的.

假设存在一个序列 $\{u_n\}_{n\geqslant1}\subseteq W_0^{1,p(x)}(\Omega)$，且在 $W_0^{1,p(x)}(\Omega)$ 中 $u_n\rightharpoonup u$，那么根据引理 5.1.10，我们有 $u_n\to u$(在 $L^{p(x)}(\Omega)$ 中). 从而有

$$u_n(\boldsymbol{x})\to u(\boldsymbol{x}),\forall\boldsymbol{x}\in\Omega$$

$$j(\boldsymbol{x},u_n(\boldsymbol{x}))\to j(\boldsymbol{x},u(\boldsymbol{x})),\forall\boldsymbol{x}\in\Omega$$

根据法都引理可知

$$\lim_{n\to+\infty}\sup\int_\Omega j(\boldsymbol{x},u_n(\boldsymbol{x}))\mathrm{d}\boldsymbol{x}\leqslant\int_\Omega j(\boldsymbol{x},u(\boldsymbol{x}))\mathrm{d}\boldsymbol{x}$$

因此

$$\begin{aligned}\lim_{n\to+\infty}\inf\varphi(u_n)&=\lim_{n\to+\infty}\inf\int_\Omega\frac{1}{\boldsymbol{p}(\boldsymbol{x})}|\nabla u_n|^{p(x)}\mathrm{d}\boldsymbol{x}-\lim_{n\to+\infty}\sup\int_\Omega j(\boldsymbol{x},u_n)\mathrm{d}\boldsymbol{x}\\&\leqslant\int_\Omega\frac{1}{\boldsymbol{p}(\boldsymbol{x})}|\nabla u|^{p(x)}\mathrm{d}\boldsymbol{x}-\int_\Omega j(\boldsymbol{x},u)\mathrm{d}\boldsymbol{x}=\varphi(u)\end{aligned}$$

根据定理 5.1.1，必存在全局极小值点 $u_0\in W_0^{1,p(x)}(\Omega)$，使得

$$\varphi(u_0)=\min_{u\in W_0^{1,p(x)}(\Omega)}\varphi(u)$$

第三步，证明泛函 $\varphi(u_0)<0$.

首先，结合条件(h_1)和(h_2)，我们有

$$j(\boldsymbol{x},t)\geqslant\frac{c_2}{\beta_0}|t-\delta|^{\beta_0}-\frac{c_1}{\alpha^-}\delta^{\alpha(x)},\forall\boldsymbol{x}\in B_{2r}(\boldsymbol{x}_0),\forall t\in(\delta,1]$$

选取截断函数 $\eta\in C_0^\infty(B_{2r}(\boldsymbol{x}_0))$ 满足条件 $\eta(\boldsymbol{x})=1,\boldsymbol{x}\in B_r(\boldsymbol{x}_0),0\leqslant\eta(\boldsymbol{x})\leqslant 1,|\nabla\eta|\leqslant\frac{1}{r}$. 再令 $s=2\delta$,那么

$$\begin{aligned}
\varphi(s\eta) &= \int_\Omega \frac{1}{p(x)} |\nabla\eta|^{p(x)} s^{p(x)} \mathrm{d}x - \int_\Omega j(x, s\eta)\mathrm{d}x \\
&= \int_{B_{2r}(x_0)} \frac{1}{p(x)} |\nabla\eta|^{p(x)} s^{p(x)} \mathrm{d}x - \int_{B_{2r}(x_0)} j(x, s\eta)\mathrm{d}x \\
&= \int_{B_{2r}(x_0)} \frac{1}{p(x)} |\nabla\eta|^{p(x)} s^{p(x)} \mathrm{d}x - \\
&\quad \left[\int_{B_{2r}(x_0)\cap\{x|0<\eta(x)\leqslant\frac{1}{2}\}} j(x, s\eta)\mathrm{d}x + \int_{B_{2r}(x_0)\cap\{x|\frac{1}{2}<\eta(x)\leqslant 1\}} j(x, s\eta)\mathrm{d}x\right] \\
&\leqslant \frac{1}{p^-}\left(\frac{1}{r}\right)^{p^+} \int_{B_{2r}(x_0)} s^{p(x)} \mathrm{d}x + \frac{c_1}{\alpha^-}\int_{B_{2r}(x_0)\cap\{x|0<\eta(x)\leqslant\frac{1}{2}\}} s^{\alpha(x)} \eta^{\alpha(x)} \mathrm{d}x + \\
&\quad \frac{c_1}{\alpha^-}\int_{B_{2r}(x_0)\cap\{x|\frac{1}{2}<\eta(x)\leqslant 1\}} \delta^{\alpha(x)} \mathrm{d}x - \\
&\quad \int_{B_{2r}(x_0)\cap\{x|\frac{1}{2}<\eta(x)\leqslant 1\}} \frac{c_2}{\beta_0} s^{\beta_0} (\eta - \frac{1}{2})^{\beta_0} \mathrm{d}x \\
&\leqslant \frac{1}{p^-}\left(\frac{1}{r}\right)^{p^+} s^{p^-} + \frac{c_1}{\alpha^-} s^{\alpha^-} \operatorname{meas}(B_{2r}(x_0)) + \frac{c_1}{\alpha^-}\delta^{\alpha^-} \operatorname{meas}(B_{2r}(x_0)) - \\
&\quad \frac{c_2}{\beta_0} s^{\beta_0} \left(\frac{1}{r}\right)^{\beta_0} \operatorname{meas}(B_r(x_0)) \\
&= s^{\beta_0} \operatorname{meas}(B_r(x_0))\left[\frac{1}{p^-}\left(\frac{1}{r}\right)^{p^+} s^{\alpha^- -\beta_0} 2^N + \frac{c_1}{\alpha^-} 2^{N+1} s^{\alpha^- -\beta_0} - \frac{c_2}{\beta_0}\left(\frac{1}{r}\right)^{\beta_0}\right] < 0
\end{aligned}$$

第四步，证明第二个非平凡解的存在.

根据假设(h_3)，可知 $0 \in \partial j(x,0), \forall x \in \Omega$. 再由 Lebesgue 中值定理和($h_3$)，有

$$j(x,t) - j(x,0) \in \langle \partial j(x,\lambda t), t\rangle = \frac{1}{\lambda}\langle \partial j(x,\lambda t), \lambda t\rangle$$
$$\forall \lambda \in (0,1), \quad 0 < |t| < \delta$$

这样

$$j(x,t) < j(x,0) = 0, \forall x \in \Omega, 0 < |t| < \delta$$

记 $\|u\|_{C^1} = \sup\limits_{x\in\Omega} |u(x)| + \sup\limits_{x\in\Omega} |\nabla u(x)|$. 如果 $0 < \|u\|_{C^1} \leqslant \delta$，那么

$$\varphi(u) = \int_\Omega \frac{1}{p(x)} |\nabla u(x)|^{p(x)} \mathrm{d}x - \int_\Omega j(x, u(x))\mathrm{d}x > 0 = \varphi(0)$$

因此，0 是 φ 的局部严格极小值点，即

$$\varphi(v) > 0, \quad 若\ 0 < \|v\| < \delta$$

选取 $\tau < \delta$ 是一个正常数，定义 $B = \{v \in W_0^{1,p(x)}(\Omega) \mid \|v\| = \tau\}$. 那么 B 是弱紧的. 注意到 φ 是弱序列下半连续的，于是由 Weierstrass 定理我们可以找到一个点 $v_0 \in B$，使得

$$\varphi(v_0) = \inf_{v\in B} \varphi(v) > 0$$

注意到 φ 是强制的，于是它满足非光滑 C 条件. 因此根据非光滑山路定理(见定理 5.1.4)，存在 $u_1 \in W_0^{1,p(x)}(\Omega)$，使得

$$\varphi(u_1)=c>0, m(u_1)=0 \qquad \square$$

需要注意的是，定理 5.2.1 中假设条件(h_3)通常称为符号条件. 实际上我们也可以对非光滑位势考虑如下的一种相对比较特殊的条件，即存在正常数 δ，使得 $j(\boldsymbol{x},t)=0, \forall \boldsymbol{x}\in\Omega, 0<|t|\leqslant\delta$. 于是我们获得下面另一个主要结果：

定理 5.2.2 若条件 H(j),(h_1) 和(h_2) 成立，并且满足如下条件：

(h_3)$'$ $j(\boldsymbol{x},t)=0, \forall \boldsymbol{x}\in\Omega, 0<|t|\leqslant\delta$,其中

$$0<\delta<\min\left\{\frac{1}{2}\left[\frac{c_2}{\beta_0}\cdot\frac{r^{p^+}p^-}{2^{n+\beta_0}}\right]^{\frac{1}{p^--\beta_0}}, \frac{1}{2}\right\}$$

那么，问题(5.2.1) 至少存在两个非平凡解.

证 此定理的证明同样分为四步:第一步和第二步的结论证明类似于定理 5.2.1 的证明,我们只需要证明后两步的结论.

首先证明：存在 $u_{0'}\in W_0^{1,p(x)}(\Omega)$，使得 $\varphi(u_{0'})<0$. 由条件(h_2)，我们容易得到

$$j(\boldsymbol{x},t)\geqslant\frac{c_2}{\beta_0}|t-\delta|^{\beta_0}, \quad \forall \boldsymbol{x}\in B_{2r}(\boldsymbol{x}_0), \delta<t\leqslant 1$$

假设 $\boldsymbol{x}_0\in\Omega$ 和 $B_{2r}(\boldsymbol{x}_0)\subseteq\Omega$，其中 $2r<1$. 令 $\eta\in C_0^\infty(B_{2r}(\boldsymbol{x}_0))$ 使得 $\eta=1, \boldsymbol{x}\in B_r(\boldsymbol{x}_0), 0\leqslant\eta(\boldsymbol{x})\leqslant 1$ 及 $|\nabla\eta|\leqslant\frac{1}{r}$. 再取 $s=2\delta$，可得

$$\begin{aligned}
\varphi(s\eta) &= \int_\Omega \frac{1}{p(\boldsymbol{x})}|\nabla\eta|^{p(x)}s^{p(x)}\,\mathrm{d}\boldsymbol{x}-\int_\Omega j(\boldsymbol{x},s\eta)\,\mathrm{d}\boldsymbol{x}\\
&= \int_{B_{2r}(\boldsymbol{x}_0)} \frac{1}{p(\boldsymbol{x})}|\nabla\eta|^{p(x)}s^{p(x)}\,\mathrm{d}\boldsymbol{x}-\int_{B_{2r}(\boldsymbol{x}_0)} j(\boldsymbol{x},s\eta)\,\mathrm{d}\boldsymbol{x}\\
&= \int_{B_{2r}(\boldsymbol{x}_0)} \frac{1}{p(\boldsymbol{x})}|\nabla\eta|^{p(x)}s^{p(x)}\,\mathrm{d}\boldsymbol{x}-\Big[\int_{B_{2r}(\boldsymbol{x}_0)\cap\{\boldsymbol{x}|0<\eta\leqslant\frac{1}{2}\}} j(\boldsymbol{x},s\eta)\,\mathrm{d}\boldsymbol{x}+\\
&\quad \int_{B_{2r}(\boldsymbol{x}_0)\cap\{\boldsymbol{x}|\frac{1}{2}<\eta\leqslant 1\}} j(\boldsymbol{x},s\eta)\,\mathrm{d}\boldsymbol{x}\Big]\\
&< \frac{1}{p^-}\left(\frac{1}{r}\right)^{p^+}\int_{B_{2r}(\boldsymbol{x}_0)} s^{p(x)}\,\mathrm{d}\boldsymbol{x}-\int_{B_{2r}(\boldsymbol{x}_0)\cap\{\boldsymbol{x}|\frac{1}{2}<\eta\leqslant 1\}}\frac{c_2}{\beta_0}s^{\beta_0}(\eta-\frac{1}{2})^{\beta_0}\,\mathrm{d}\boldsymbol{x}\\
&\leqslant \frac{1}{p^-}\left(\frac{1}{r}\right)^{p^+}\int_{B_{2r}(\boldsymbol{x}_0)} s^{p(x)}\,\mathrm{d}\boldsymbol{x}-\int_{B_r(\boldsymbol{x}_0)}\frac{c_2}{\beta_0}s^{\beta_0}\left(\frac{1}{2}\right)^{\beta_0}\mathrm{d}\boldsymbol{x}\\
&= s^{\beta_0}\left[\int_{B_{2r}(\boldsymbol{x}_0)}\frac{1}{p^-}\left(\frac{1}{r}\right)^{p^+}s^{p(x)-\beta_0}\,\mathrm{d}\boldsymbol{x}-\frac{c_2}{\beta_0}\left(\frac{1}{2}\right)^{\beta_0}\mathrm{meas}(B_r(\boldsymbol{x}_0))\right]\\
&\leqslant s^{\beta_0}\left[\frac{1}{p^-}\left(\frac{1}{r}\right)^{p^+}s^{p^--\beta_0}\,\mathrm{meas}(B_{2r}(\boldsymbol{x}_0))-\frac{c_2}{\beta_0}\left(\frac{1}{2}\right)^{\beta_0}\mathrm{meas}(B_r(\boldsymbol{x}_0))\right]
\end{aligned}$$

$$=s^{\beta_0}\,\mathrm{meas}(B_r(\boldsymbol{x}_0))\left[\frac{1}{\boldsymbol{p}^-}\left(\frac{1}{r}\right)^{\boldsymbol{p}^+}s^{\boldsymbol{p}^--\beta_0}2^n-\frac{c_2}{\beta_0}\left(\frac{1}{2}\right)^{\beta_0}\right]<0$$

其次证明：第二个非平凡解存在.

令 $\rho\in C(\overline{\Omega}),\boldsymbol{p}^+<\rho^-\leqslant\rho^+<\boldsymbol{p}^*(\boldsymbol{x})$. 根据引理5.1.10，存在正的常数 C_2，使得

$$|u|_{\rho(\boldsymbol{x})}\leqslant C_2\|u\|,\quad\forall u\in W_0^{1,\boldsymbol{p}(\boldsymbol{x})}(\Omega)$$

取 $\|u_0\|=r_0,d=\min\{\frac{r_0}{2},\frac{1}{2C_2},(\frac{1}{2c_1c\boldsymbol{p}^+C_2^{\rho^-}\delta^{(\alpha^--\rho^+)}})^{\frac{1}{\rho^--\boldsymbol{p}^-}}\}$，这里 c 与引理5.1.4中取法相同. 下面将 Ω 分为两部分：$\Omega_1=\{\boldsymbol{x}\in\Omega\mid 0<|u(\boldsymbol{x})|\leqslant\delta\}$ 及 $\Omega_2=\{\boldsymbol{x}\in\Omega\mid |u(\boldsymbol{x})|\geqslant\delta\}$. 对任意的 $u\in W_0^{1,\boldsymbol{p}(\boldsymbol{x})}(\Omega)$，$\|u\|=d$，直接计算可得

$$\begin{aligned}\int_\Omega j(\boldsymbol{x},u(\boldsymbol{x}))\mathrm{d}\boldsymbol{x}&=\int_{\Omega_1}j(\boldsymbol{x},u(\boldsymbol{x}))\mathrm{d}\boldsymbol{x}+\int_{\Omega_2}j(\boldsymbol{x},u(\boldsymbol{x}))\mathrm{d}\boldsymbol{x}\\&=\int_{\Omega_2}j(\boldsymbol{x},u(\boldsymbol{x}))\mathrm{d}\boldsymbol{x}\leqslant c_1\int_{\Omega_2}|u(\boldsymbol{x})|^{\alpha(\boldsymbol{x})}\mathrm{d}\boldsymbol{x}\\&=c_1\int_{\Omega_2}|u(\boldsymbol{x})|^{\rho(\boldsymbol{x})}|u(\boldsymbol{x})|^{\alpha(\boldsymbol{x})-\rho(\boldsymbol{x})}\mathrm{d}\boldsymbol{x}\\&\leqslant c_1\delta^{(\alpha^--\rho^+)}\int_{\Omega_2}|u(\boldsymbol{x})|^{\rho(\boldsymbol{x})}\mathrm{d}\boldsymbol{x}\\&\leqslant c_1\delta^{(\alpha^--\rho^+)}\int_{\Omega}|u(\boldsymbol{x})|^{\rho(\boldsymbol{x})}\mathrm{d}\boldsymbol{x}\end{aligned}$$

从而

$$\begin{aligned}\varphi(u)&=\int_\Omega\frac{1}{\boldsymbol{p}(\boldsymbol{x})}|\nabla u(\boldsymbol{x})|^{\boldsymbol{p}(\boldsymbol{x})}\mathrm{d}\boldsymbol{x}-\int_\Omega j(\boldsymbol{x},u(\boldsymbol{x}))\mathrm{d}\boldsymbol{x}\\&\geqslant\frac{1}{\boldsymbol{p}^+C}\|u\|^{\boldsymbol{p}^-}-c_1C_2^{\rho^-}\delta^{(\alpha^--\rho^+)}\|u\|^{\rho^-}\\&\geqslant\frac{1}{\boldsymbol{p}^+C}\|u\|^{\boldsymbol{p}^-}(1-c_1C_2^{\rho^-}\delta^{(\alpha^--\rho^+)}C\boldsymbol{p}^+\|u\|^{\rho^--\boldsymbol{p}^-})\\&\geqslant\frac{1}{2\boldsymbol{p}^+C}d^{\boldsymbol{p}^-}>0\end{aligned}$$

因此，根据非光滑山路定理，存在 $u_{1'}\in W_0^{1,\boldsymbol{p}(\boldsymbol{x})}(\Omega)$，使得 $\varphi(u_{1'})=\tau>0$ 和 $m(u_{1'})=0$. 所以 $u_{1'}$ 是泛函 φ 的另一个临界点，因此 $u_{1'}$ 是问题(5.2.1)的另外一个非平凡解. □

下面研究在广义AR条件Ⅱ下问题(5.2.1)的多解性. 在给出主要定理之前，我们首先证明如下两个重要的引理.

引理 5.2.2 如果 H(j) 成立并且满足下面的条件：

(h_4) 存在常数 $\mu>\boldsymbol{p}^+$ 和 $M>0$，使得

$$\mu j(\boldsymbol{x},t)\leqslant-j^0(\boldsymbol{x},t;-t),\quad\mathrm{ess\,inf}\,j(\cdot,t)>0,\quad\forall\boldsymbol{x}\in\Omega,\quad|t|\geqslant M$$

那么函数 $f:\mathbb{R}_+\backslash\{0\}\ni\nu\mapsto\frac{1}{\nu^{\mu}}j(\boldsymbol{x},\nu t)$ 是局部 Lipschitz 的并且 $j(\boldsymbol{x},t)\geqslant l\mid\boldsymbol{x}\mid^{\mu}$，$\forall\boldsymbol{x}\in\Omega$ 及 $\mid\boldsymbol{x}\mid\geqslant M$. 其中

$$l=\min\frac{1}{M^{\mu}}\{\text{ess inf } j(\cdot,M),\text{ess inf } j(\cdot,-M)\}>0$$

证明　假设 $\mathscr{K}$ 是 $\mathbb{R}_+\backslash\{0\}$ 中的有界集合，那么存在常数 $k>0$，使得

$$\mid j(\boldsymbol{x},u_1)-j(\boldsymbol{x},u_2)\mid\leqslant k\mid u_1-u_2\mid,\forall u_1,u_2\in\mathscr{K}$$

由中值定理，存在 $\boldsymbol{\nu}_0\in[\boldsymbol{\nu}_1,\boldsymbol{\nu}_2]$，使得

$$\nu_1^{\mu}-\nu_2^{\mu}=\mu\nu_0^{\mu-1}(\nu_1-\nu_2),\quad\forall\nu_1,\nu_2\in\mathscr{K}$$

固定 t 和 $\boldsymbol{x}$，可得

$$\begin{aligned}&\mid f(\nu_1)-f(\nu_2)\mid\\&=\mid\frac{1}{\nu_1^{\mu}}j(\boldsymbol{x},\nu_1 t)-\frac{1}{\nu_2^{\mu}}j(\boldsymbol{x},\nu_2 t)\mid\\&\leqslant\frac{1}{\nu_1^{\mu}}\mid j(\boldsymbol{x},\nu_1 t)-j(\boldsymbol{x},\nu_2 t)\mid+\frac{\mid j(\boldsymbol{x},\nu_2 t)\mid}{\nu_1^{\mu}\nu_2^{\mu}}\mid\nu_1^{\mu}-\nu_2^{\mu}\mid\\&\leqslant\frac{k}{\nu_1^{\mu}}\mid\nu_1-\nu_2\mid\mid t\mid+\frac{\mid j(\boldsymbol{x},\nu_2 t)\mid}{\nu_1^{\mu}\nu_2^{\mu}}\mu\mid\nu_0\mid^{\mu-1}\mid\nu_1-\nu_2\mid\end{aligned}$$

因为 $\mathscr{K}$ 是有界集合，于是存在常数 $m_1,m_2>0$，使得 $m_1\leqslant\nu\leqslant m_2$，$\forall\nu\in\mathscr{K}$. 注意到 $f(\nu_2)\leqslant c(\boldsymbol{x},t)k_0$，那么 $\mid f(\nu_1)-f(\nu_2)\mid\leqslant c(\boldsymbol{x},t)\mid\nu_1-\nu_2\mid$. 这样我们可以得到

$$\partial_{\nu}(\frac{1}{\nu^{\mu}}j(\boldsymbol{x},\nu t))\subseteq-\frac{\mu}{\nu^{\mu+1}}j(\boldsymbol{x},\nu t)+\frac{1}{\nu^{\mu}}\partial_t j(\boldsymbol{x},\nu t)t,\forall\nu\in\mathbb{R}_+\backslash\{0\}$$

这里，∂_{ν}（相应的 ∂_t）定义为函数 $(\boldsymbol{x},t)\mapsto\frac{1}{\nu^{\mu}}j(\boldsymbol{x},\nu t))$ 关于 $\nu\in\mathbb{R}_+\{0\}$ 的广义次微分（相应的 $\mid t\mid\geqslant M$）. 于是对于 $\nu>1$，由中值定理我们可以选取 $\eta\in(1,t)$，使得

$$\begin{aligned}&\frac{1}{\nu^{\mu}}j(\boldsymbol{x},\nu t)-j(\boldsymbol{x},t)\in[-\frac{\mu}{\eta^{\mu+1}}j(\boldsymbol{x},\eta t)+\frac{1}{\eta^{\mu}}\partial_x j(\boldsymbol{x},\eta t)t](\nu-1)\\&=\frac{\nu-1}{\eta^{\mu+1}}(-\mu j(\boldsymbol{x},\eta t)+\partial_t j(\boldsymbol{x},\eta t)\eta t),\forall\boldsymbol{x}\in\Omega,\mid t\mid\geqslant M\end{aligned}$$

结合上式和下面的不等式

$$\langle\xi,-\eta t\rangle\leqslant j^0(\boldsymbol{x},\eta t;-\eta t),\quad\forall\xi\in\partial j(\boldsymbol{x},\eta t)$$

$$\frac{\nu-1}{\eta^{\mu+1}}(-\mu j(\boldsymbol{x},\eta t)+\partial_t j(\boldsymbol{x},\eta t)\eta t)\geqslant\frac{\nu-1}{\eta^{\mu+1}}(-\mu j(\boldsymbol{x},\eta t)-j^0(\boldsymbol{x},\eta t;-\eta t))$$

我们有

$$\frac{1}{\nu^{\mu}}j(\boldsymbol{x},\nu t)-j(\boldsymbol{x},t)\geqslant\frac{\nu-1}{\eta^{\mu+1}}(-\mu j(\boldsymbol{x},\eta t)-j^0(\boldsymbol{x},\eta t;-\eta t))\geqslant 0$$

所以

$$\nu^{\mu} j(\boldsymbol{x},t) \leqslant j(\boldsymbol{x},\nu t), \quad \forall \boldsymbol{x} \in \Omega, \quad |t| \geqslant M$$

因此

$$j(\boldsymbol{x},t) = j\left(\boldsymbol{x},M\frac{t}{M}\right) \geqslant \frac{t^{\mu}}{M^{\mu}} j(\boldsymbol{x},M), \quad t \geqslant M$$

$$j(\boldsymbol{x},t) = j\left(\boldsymbol{x},-M\frac{|t|}{M}\right) \geqslant \frac{|t|^{\mu}}{M^{\mu}} j(\boldsymbol{x},-M), \quad t \leqslant -M \qquad \square$$

引理 5.2.3 如果 H(j) 和(h_4) 成立，并且满足如下条件：

(h_5) 存在常数 $c_3 > 0$，$a \in L_{+}^{\infty}(\Omega)$，$\alpha \in C(\overline{\Omega})(\boldsymbol{p}^{+} < \alpha^{-} \leqslant \alpha^{+} < \boldsymbol{p}^{*}(\boldsymbol{x}))$，使得

$$|w| \leqslant a(\boldsymbol{x}) + c_3 |t|^{\alpha(\boldsymbol{x})-1}, \quad \forall \boldsymbol{x} \in \Omega, \quad \forall t \in \mathbb{R}, \quad \forall w \in \partial j(\boldsymbol{x},t)$$

那么泛函 φ 满足非光滑 C 条件.

证 假设 $\{u_n\}_{n\geqslant 1} \subseteq W_0^{1,\boldsymbol{p}(\boldsymbol{x})}(\Omega)$，满足 $\varphi(u_n) \to c$，$(1+\|u_n\|)m(u_n) \to 0(n \to +\infty)$. 因为 $\partial\varphi(u_n) \subseteq W^{-1,\boldsymbol{p}(\boldsymbol{x})}(\Omega)$ 是弱紧的，以及 $\|\cdot\|$ 是弱下半连续的，所以存在 $u_n^* \in \partial\varphi(u_n)$ 使得 $\|u_n^*\|_* = m(u_n)$，$\forall n \geqslant 1$. 令 $\mathscr{L}: W_0^{1,\boldsymbol{p}(\boldsymbol{x})}(\Omega) \to (W_0^{1,\boldsymbol{p}(\boldsymbol{x})}(\Omega))^*$ 是非线性算子，定义为

$$\langle (u), \boldsymbol{v} \rangle = \int_{\Omega} |\nabla u|^{\boldsymbol{p}(\boldsymbol{x})-2} (\nabla u, \nabla \boldsymbol{v})_{\mathbb{R}^N} \mathrm{d}\boldsymbol{x}, \quad \forall u, \boldsymbol{v} \in W_0^{1,\boldsymbol{p}(\boldsymbol{x})}(\Omega)$$

显然，$\mathscr{L}$ 是单调的、半连续的，因此是极大单调的. 那么 $u_n^* = \mathscr{L}(u_n) - w_n$，$n \geqslant 1$，$w_n \in \partial j(\boldsymbol{x}, u_n(\boldsymbol{x}))$，$w_n \in L^{\beta(\boldsymbol{x})}(\Omega)$，其中 $\frac{1}{\alpha(\boldsymbol{x})} + \frac{1}{\beta(\boldsymbol{x})} = 1$. 再根据序列 $\{u_n\}_{n\geqslant 1} \subseteq W_0^{1,\boldsymbol{p}(\boldsymbol{x})}(\Omega)$ 的选取，可得

$$\langle u_n^*, u_n \rangle \leqslant \varepsilon_n, \quad \varepsilon_n \downarrow 0$$

因此

$$-\int_{\Omega} |\nabla u_n|^{\boldsymbol{p}(\boldsymbol{x})} \mathrm{d}\boldsymbol{x} + \int_{\Omega} w_n u_n \mathrm{d}\boldsymbol{x} \leqslant \varepsilon_n$$

另一方面

$$\langle w_n, -u_n \rangle \leqslant j^0(\boldsymbol{x}, u_n; -u_n) \Rightarrow \langle w_n, u_n \rangle \geqslant -j^0(\boldsymbol{x}, u_n; -u_n)$$

所以

$$-\int_{\Omega} |\nabla u_n|^{\boldsymbol{p}(\boldsymbol{x})} \mathrm{d}\boldsymbol{x} - \int_{\Omega} j^0(\boldsymbol{x}, u_n; -u_n) \mathrm{d}\boldsymbol{x} \leqslant \varepsilon_n$$

由引理 5.2.2，可以找到充分大的正常数 M，使得 $|\varphi(u_n)| \leqslant M$. 从而有

$$M \geqslant \varphi(u_n) = \int_{\Omega} \frac{1}{\boldsymbol{p}(\boldsymbol{x})} |\nabla u_n|^{\boldsymbol{p}(\boldsymbol{x})} \mathrm{d}\boldsymbol{x} - \int_{\Omega} j(\boldsymbol{x}, u_n(\boldsymbol{x})) \mathrm{d}\boldsymbol{x}$$

$$\geqslant \frac{1}{\boldsymbol{p}^{+}} \int_{\Omega} |\nabla u_n|^{\boldsymbol{p}(\boldsymbol{x})} \mathrm{d}\boldsymbol{x} - \int_{\Omega} j(\boldsymbol{x}, u_n(\boldsymbol{x})) \mathrm{d}\boldsymbol{x}$$

则

$$\boldsymbol{p}^{+} M \geqslant \int_{\Omega} |\nabla u_n|^{\boldsymbol{p}(\boldsymbol{x})} \mathrm{d}\boldsymbol{x} - \boldsymbol{p}^{+} \int_{\Omega} j(\boldsymbol{x}, u_n(\boldsymbol{x})) \mathrm{d}\boldsymbol{x}$$

结合上面两个式子，可得

$$-\int_{\Omega}(\boldsymbol{p}^{+} j(\boldsymbol{x},u_n(\boldsymbol{x}))+j^{0}(\boldsymbol{x},u_n;-u_n(\boldsymbol{x})))\mathrm{d}\boldsymbol{x}\leqslant\varepsilon_n+\boldsymbol{p}^{+}M$$

即

$$-\int_{\Omega}(\mu j(\boldsymbol{x},u_n(\boldsymbol{x}))+j^{0}(\boldsymbol{x},u_n;-u_n(\boldsymbol{x})))\mathrm{d}\boldsymbol{x}+(\mu-\boldsymbol{p}^{+})\int_{\Omega}j(\boldsymbol{x},u_n(\boldsymbol{x}))\mathrm{d}\boldsymbol{x}\leqslant\varepsilon_n+\boldsymbol{p}^{+}M$$

因此

$$\begin{aligned}&-\int_{\Omega}(\mu j(\boldsymbol{x},u_n(\boldsymbol{x}))+j^{0}(\boldsymbol{x},u_n;-u_n(\boldsymbol{x})))\mathrm{d}\boldsymbol{x}\\&=-\int_{\{|u_n|\geqslant M\}}(\mu j(\boldsymbol{x},u_n(\boldsymbol{x}))+j^{0}(\boldsymbol{x},u_n;-u_n(\boldsymbol{x})))\mathrm{d}\boldsymbol{x}-\\&\quad\int_{\{|u_n|<M\}}(\mu j(\boldsymbol{x},u_n(\boldsymbol{x}))\mathrm{d}\boldsymbol{x}+j^{0}(\boldsymbol{x},u_n;-u_n(\boldsymbol{x})))\mathrm{d}\boldsymbol{x}\\&\leqslant\varepsilon_n+\boldsymbol{p}^{+}M\end{aligned}$$

由(h_5)和中值定理，存在 $a_1\in L_{+}^{\infty}(\Omega)$，使得

$$\begin{aligned}j(\boldsymbol{x},u_n(\boldsymbol{x}))&\leqslant j(\boldsymbol{x},0)+|\langle\partial j(\boldsymbol{x},\lambda u_n),u_n\rangle|\\&\leqslant a_1(\boldsymbol{x})(1+|u_n|^{\alpha(\boldsymbol{x})}),\quad\forall\lambda\in[0,1]\end{aligned}$$

因为函数 $t\mapsto j(\boldsymbol{x},t)$ 是局部 Lipschitz 的，于是存在 $a_3\in L_{+}^{\infty}(\Omega)$，使得

$$j^{0}(\boldsymbol{x},u_n(\boldsymbol{x});-u_n(\boldsymbol{x}))\leqslant a_3(\boldsymbol{x})|u_n(\boldsymbol{x})|$$

从而，存在一个正常数 c_4，使得

$$\mu j(\boldsymbol{x},u_n(\boldsymbol{x}))+j^{0}(\boldsymbol{x},u_n(\boldsymbol{x});-u_n(\boldsymbol{x}))\leqslant c_4,\quad\forall\boldsymbol{x}\in\Omega,\quad|u_n|<M$$

即

$$-\int_{\{|u_n|<M\}}(\mu j(\boldsymbol{x},u_n(\boldsymbol{x}))+j^{0}(\boldsymbol{x},u_n;-u_n(\boldsymbol{x})))\mathrm{d}\boldsymbol{x}\geqslant-c_4$$

结合上面三个式子，可得

$$-\int_{\Omega}(\mu j(\boldsymbol{x},u_n(\boldsymbol{x}))+j^{0}(\boldsymbol{x},u_n;-u_n(\boldsymbol{x})))\mathrm{d}\boldsymbol{x}\geqslant-c_4$$

由引理 5.2.2 和上式，存在正常数 c_5，使得

$$\begin{aligned}&(\mu-\boldsymbol{p}^{+})\int_{\Omega}j(\boldsymbol{x},u_n(u))\mathrm{d}\boldsymbol{x}\\&=(\mu-\boldsymbol{p}^{+})\left(\int_{\{|u_n|\geqslant M\}}j(\boldsymbol{x},u_n(\boldsymbol{x}))\mathrm{d}\boldsymbol{x}+\int_{\{|u_n|<M\}}j(\boldsymbol{x},u_n(\boldsymbol{x}))\mathrm{d}\boldsymbol{x}\right)\\&\geqslant(\mu-\boldsymbol{p}^{+})\left(l\int_{\Omega}|u_n|^{\mu}\mathrm{d}\boldsymbol{x}-c_4\right)\geqslant c_5\|u_n\|_{\mu}^{\mu}-c_4\end{aligned}$$

再由 $c_5\|u_n\|^{\mu}\leqslant c_6$，因此 $\{u_n\}\subseteq L^{\mu}(\Omega)$ 是有界的. 又由于 $\mu>\boldsymbol{p}^{+}\geqslant\boldsymbol{p}(\boldsymbol{x})$，所以 $\{u_n\}\subseteq L^{\boldsymbol{p}(\boldsymbol{x})}(\Omega)$ 是有界的. 再由序列 $\{u_n\}_{n\geqslant1}$ 的选取，可得

$$
\begin{aligned}
&\mu M+\varepsilon_n \geqslant \mu\varphi(u_n)-\langle u_n^*, u_n\rangle \\
&=\mu\Big[\int_\Omega \frac{1}{p(x)}|\nabla u_n|^{p(x)}\mathrm{d}x-\int_\Omega j(x,u_n(x))\mathrm{d}x\Big]-\langle u_n^*, u_n\rangle \\
&=\mu\Big[\int_\Omega \frac{1}{p(x)}|\nabla u_n|^{p(x)}\mathrm{d}x-\int_\Omega j(x,u_n(x))\mathrm{d}x\Big]- \\
&\quad \int_\Omega |\nabla u_n|^{p(x)}\mathrm{d}x+\int_\Omega w_n u_n\mathrm{d}x \\
&\geqslant\Big(\frac{\mu}{p^+}-1\Big)\int_\Omega |\nabla u_n|^{p(x)}\mathrm{d}x+\int_\Omega (w_n u_n-j(x,u_n(x)))\mathrm{d}x \\
&\geqslant\Big(\frac{\mu}{p^+}-1\Big)\int_\Omega |\nabla u_n|^{p(x)}\mathrm{d}x-\int_\Omega (\mu j(x,u_n(x))+j^0(x,u_n(x); \\
&\quad -u_n(x)))\mathrm{d}x
\end{aligned}
$$

进而

$$
\Big(\frac{\mu}{p^+}-1\Big)\int_\Omega |\nabla u_n|^{p(x)}\mathrm{d}x\leqslant \mu M+\varepsilon_n+\int_\Omega (\mu j(x,u_n(x))+ j^0(x,u_n(x);-u_n(x)))\mathrm{d}x
$$

因此，存在一个常数 $c_7>0$，使得

$$
\Big(\frac{\mu}{p^+}-1\Big)\int_\Omega |\nabla u_n|^{p(x)}\mathrm{d}x\leqslant c_7,\quad \forall n\geqslant 1
$$

注意到 $\mu>p^+$，由上式和 Poincare 不等式，$\{u_n\}_{n\geqslant 1}\subseteq W_0^{1,p(x)}(\Omega)$ 是有界的. 于是存在收敛的子序列，不妨仍取 $\{u_n\}_{n\geqslant 1}$，使得

$$
\begin{aligned}
&u_n \rightharpoonup u, u_n\in W_0^{1,p(x)}(\Omega) \\
&\Rightarrow u_n\to u, u_n\in L^{p(x)}(\Omega) \\
&\Rightarrow |< u_n^*, u_n >|\leqslant \varepsilon_n \\
&\Rightarrow \langle (u_n), u_n-u\rangle-\int_\Omega w_n(u_n-u)\mathrm{d}x\leqslant\varepsilon_n,\quad \forall n\geqslant 1
\end{aligned}
$$

由 $\forall u_n\in L^{\alpha(x)}(\Omega), u_n\to u$ 及 $\{w_n\}_{n\geqslant 1}\subseteq L^{\beta(x)}(\Omega)$ 是有界的，可得

$$
\int_\Omega w_n(u_n-u)\mathrm{d}x\to 0,\quad n\to+\infty
$$

因此

$$
\limsup_{n\to+\infty}\langle (u_n), u_n-u\rangle\leqslant 0
$$

再根据引理 5.1.12 可知

$$
u_n\to u, \forall u_n\in W_0^{1,p(x)}(\Omega)
$$

□

定理 5.2.3 若条件 H(j)，(h_4)，(h_5) 成立，并且满足下面条件：

(h_6) $\lim\limits_{t\to 0}\dfrac{w}{|t|^{p^+-1}}=0, \forall x\in\Omega, \forall w\in\partial j(x,t)$.

那么，问题(5.2.1) 至少存在一个非平凡解.

证　注意到 $p^+ < \alpha^- \leqslant \alpha(x) < p^*(x)$，所以 $W_0^{1,p(x)}(\Omega) \subseteq L^{p^+}(\Omega)$，因此存在常数 $c_9 > 0$，使得 $|u|_{p^+} \leqslant c_9 \|u\|$，$\forall u \in W_0^{1,p(x)}(\Omega)$. 给定 $\varepsilon > 0$，满足 $\varepsilon c_9^{p^+} \leqslant \dfrac{1}{2p^+}$. 由($h_5$)和($h_6$)，我们有

$$j(x,t) \leqslant \varepsilon |t|^{p^+} + c(\varepsilon)|t|^{\alpha(x)}, \quad \forall (x,t) \in \Omega \times \mathbb{R}$$

这样

$$\begin{aligned}\varphi(u) &\geqslant \int_\Omega \frac{1}{p^+}|\nabla u|^{p^+}\mathrm{d}x - \varepsilon\int_\Omega |u|^{p^+}\mathrm{d}x - c(\varepsilon)\int_\Omega |u|^{\alpha(x)}\mathrm{d}x \\ &\geqslant \frac{1}{p^+}\|u\|^{p^+} - \varepsilon c_0^{p^+}\|u\|^{p^+} - c(\varepsilon)\|u\|^{\alpha^-} \\ &\geqslant \frac{1}{2p^+}\|u\|^{p^+} - c(\varepsilon)\|u\|^{\alpha^-}\end{aligned}$$

因此，存在正常数 r 和 δ，使得 $\varphi(u) \geqslant \delta > 0$，$\forall u \in W_0^{1,p(x)}(\Omega)$，$\|u\| = r < 1$. 实际上，可以取充分小的 $r > 0$，$\delta > 0$ 满足下式即可

$$r^{p^+}\left(\frac{1}{2p^+} - c(\varepsilon)r^{\alpha^- - p^+}\right) = \delta > 0$$

再由引理 5.2.2，可得

$$j(x,t) \geqslant l|t|^\mu, \quad \forall x \in \Omega, \quad \forall |t| > M$$

对任意的 $u \in W_0^{1,p(x)}(\Omega) \backslash \{0\}$ 及 $t > 1$，我们有

$$\begin{aligned}\varphi(tu) &= \int_\Omega \frac{1}{p(x)}|t\nabla u|^{p(x)}\mathrm{d}x - \int_\Omega j(x,tu)\mathrm{d}x \leqslant \\ &t^{p^+}\int_\Omega \frac{1}{p(x)}|\nabla u|^{p(x)}\mathrm{d}x - t^\mu\int_\Omega |u|^\mu\mathrm{d}x - c_{10}\end{aligned}$$

所以，$\varphi(tu) \to -\infty (t \to +\infty)$. 又由于 $\varphi(0) = 0$，因此 φ 满足非光滑山路定理的所有条件，故泛函 φ 存在另外一个临界点.　□

参考文献

[1] CHANG K C . Variational Methods for Nondifferentiable Functionals and Their Applications to Partial Differential Equations[J]. Journal of Mathematical Analysis and Applications, 1981, 80: 102-129.

[2] KOUROGENIS N C, PAPAGEORGIOU N S. Nonsmooth Critical Point Theory and Nonlinear Elliptic Equation at Resonance[J]. Kodai Mathematical Journal, 2000, 23: 108-135.

[3] FAN X L, SHEN J S, ZHAO D. Sobolev Embedding Theorems for Spaces $W^{k,p(x)}(\Omega)$[J]. Journal of Mathematical Analysis and Applica-

tions, 2001,262:749-760.

[4] FAN X L, ZHAO D. On the Spaces $L^{p(x)}(\Omega)$ and $W^{m,p(x)}(\Omega)$[J]. Journal of Mathematical Analysis and Applications, 2001,263: 424-446.

[5] CLARKE F H. Optimization and Non-smooth Analysis[M]. New York: Wiley, 1983.

[6] PAPAGEORGIOU N S, YIALLOUROU S K. Handbook of Applied Analysis[M]. New York: Springer Verlag, 2009.

[7] GASINSKI L, PAPAGEORGIOU N S. Nonsmooth Critical Point Theory and Nonlinear Boundary Value Problems[M]. Chapman and Hall/CRC, 2004.

[8] KOUROGENIC N C, PAPAGEORGIOU N S. Nonsmooth Critical Point Theory and Nonlinear Elliptic Equations at Resonance[J]. Journal of the Australian Mathematical Society(Series A). 2000, 69(2):245-271.

[9] PAPAGEORGIOU E H, PAPAGEORGIOU N S. Existence of Solutions and of Multiple Solutions for Nonlinear Nonsmooth Periodic Systems[J]. Czechoslovak Mathematical Journal. 2004, 54(129):347-371.

[10] KANDILAKIS D, KOUROGENIS N C, PAPAGEORGIOU N S. Two Nontrivial Critical Points for Nonsmooth Functionals via Local Linking and Applications[J]. Journal of Global Optimization. 2006, 34(2):219-244.

刘培杰数学工作室
已出版(即将出版)图书目录——高等数学

书　　名	出版时间	定　价	编号
距离几何分析导引	2015－02	68.00	446
大学几何学	2017－01	78.00	688
关于曲面的一般研究	2016－11	48.00	690
近世纯粹几何学初论	2017－01	58.00	711
拓扑学与几何学基础讲义	2017－04	58.00	756
物理学中的几何方法	2017－06	88.00	767
几何学简史	2017－08	28.00	833
微分几何学历史概要	2020－07	58.00	1194
解析几何学史	2022－03	58.00	1490
曲面的数学	2024－01	98.00	1699

书　　名	出版时间	定　价	编号
复变函数引论	2013－10	68.00	269
伸缩变换与抛物旋转	2015－01	38.00	449
无穷分析引论(上)	2013－04	88.00	247
无穷分析引论(下)	2013－04	98.00	245
数学分析	2014－04	28.00	338
数学分析中的一个新方法及其应用	2013－01	38.00	231
数学分析例选:通过范例学技巧	2013－01	88.00	243
高等代数例选:通过范例学技巧	2015－06	88.00	475
基础数论例选:通过范例学技巧	2018－09	58.00	978
三角级数论(上册)(陈建功)	2013－01	38.00	232
三角级数论(下册)(陈建功)	2013－01	48.00	233
三角级数论(哈代)	2013－06	48.00	254
三角级数	2015－07	28.00	263
超越数	2011－03	18.00	109
三角和方法	2011－03	18.00	112
随机过程(Ⅰ)	2014－01	78.00	224
随机过程(Ⅱ)	2014－01	68.00	235
算术探索	2011－12	158.00	148
组合数学	2012－04	28.00	178
组合数学浅谈	2012－03	28.00	159
分析组合学	2021－09	88.00	1389
丢番图方程引论	2012－03	48.00	172
拉普拉斯变换及其应用	2015－02	38.00	447
高等代数.上	2016－01	38.00	548
高等代数.下	2016－01	38.00	549
高等代数教程	2016－01	58.00	579
高等代数引论	2020－07	48.00	1174
数学解析教程.上卷.1	2016－01	58.00	546
数学解析教程.上卷.2	2016－01	38.00	553
数学解析教程.下卷.1	2017－04	48.00	781
数学解析教程.下卷.2	2017－06	48.00	782
数学分析.第1册	2021－03	48.00	1281
数学分析.第2册	2021－03	48.00	1282
数学分析.第3册	2021－03	28.00	1283
数学分析精选习题全解.上册	2021－03	38.00	1284
数学分析精选习题全解.下册	2021－03	38.00	1285
数学分析专题研究	2021－11	68.00	1574
函数构造论.上	2016－01	38.00	554
函数构造论.中	2017－06	48.00	555
函数构造论.下	2016－09	48.00	680
函数逼近论(上)	2019－02	98.00	1014
概周期函数	2016－01	48.00	572
变叙的项的极限分布律	2016－01	18.00	573
整函数	2012－08	18.00	161
近代拓扑学研究	2013－04	38.00	239
多项式和无理数	2008－01	68.00	22
密码学与数论基础	2021－01	28.00	1254

 刘培杰数学工作室 

已出版(即将出版)图书目录——高等数学

书　名	出版时间	定　价	编号
模糊数据统计学	2008－03	48.00	31
模糊分析学与特殊泛函空间	2013－01	68.00	241
常微分方程	2016－01	58.00	586
平稳随机函数导论	2016－03	48.00	587
量子力学原理.上	2016－01	38.00	588
图与矩阵	2014－08	40.00	644
钢丝绳原理:第二版	2017－01	78.00	745
代数拓扑和微分拓扑简史	2017－06	68.00	791
半序空间泛函分析.上	2018－06	48.00	924
半序空间泛函分析.下	2018－06	68.00	925
概率分布的部分识别	2018－07	68.00	929
Cartan 型单模李超代数的上同调及极大子代数	2018－07	38.00	932
纯数学与应用数学若干问题研究	2019－03	98.00	1017
数理金融学与数理经济学若干问题研究	2020－07	98.00	1180
清华大学"工农兵学员"微积分课本	2020－09	48.00	1228
力学若干基本问题的发展概论	2023－04	58.00	1262
Banach 空间中前后分离算法及其收敛率	2023－06	98.00	1670
基于广义加法的数学体系	2024－03	168.00	1710
向量微积分、线性代数和微分形式:统一方法:第 5 版	2024－03	78.00	1707
向量微积分、线性代数和微分形式:统一方法:第 5 版:习题解答	2024－03	48.00	1708
受控理论与解析不等式	2012－05	78.00	165
不等式的分拆降维降幂方法与可读证明(第 2 版)	2020－07	78.00	1184
石焕南文集:受控理论与不等式研究	2020－09	198.00	1198
实变函数论	2012－06	78.00	181
复变函数论	2015－08	38.00	504
非光滑优化及其变分分析	2014－01	48.00	230
疏散的马尔科夫链	2014－01	58.00	266
马尔科夫过程论基础	2015－01	28.00	433
初等微分拓扑学	2012－07	18.00	182
方程式论	2011－03	38.00	105
Galois 理论	2011－03	18.00	107
古典数学难题与伽罗瓦理论	2012－11	58.00	223
伽罗华与群论	2014－01	28.00	290
代数方程的根式解及伽罗瓦理论	2011－03	28.00	108
代数方程的根式解及伽罗瓦理论(第二版)	2015－01	28.00	423
线性偏微分方程讲义	2011－03	18.00	110
几类微分方程数值方法的研究	2015－05	38.00	485
分数阶微分方程理论与应用	2020－05	95.00	1182
N 体问题的周期解	2011－03	28.00	111
代数方程式论	2011－05	18.00	121
线性代数与几何:英文	2016－06	58.00	578
动力系统的不变量与函数方程	2011－07	48.00	137
基于短语评价的翻译知识获取	2012－02	48.00	168
应用随机过程	2012－04	48.00	187
概率论导引	2012－04	18.00	179
矩阵论(上)	2013－06	58.00	250
矩阵论(下)	2013－06	48.00	251
对称锥互补问题的内点法:理论分析与算法实现	2014－08	68.00	368
抽象代数:方法导引	2013－06	38.00	257
集论	2016－01	48.00	576
多项式理论研究综述	2016－01	38.00	577
函数论	2014－11	78.00	395
反问题的计算方法及应用	2011－11	28.00	147
数阵及其应用	2012－02	28.00	164
绝对值方程—折边与组合图形的解析研究	2012－07	48.00	186
代数函数论(上)	2015－07	38.00	494
代数函数论(下)	2015－07	38.00	495

刘培杰数学工作室
已出版(即将出版)图书目录——高等数学

书　　名	出版时间	定　价	编号
偏微分方程论:法文	2015－10	48.00	533
时标动力学方程的指数型二分性与周期解	2016－04	48.00	606
重刚体绕不动点运动方程的积分法	2016－05	68.00	608
水轮机水力稳定性	2016－05	48.00	620
Lévy 噪音驱动的传染病模型的动力学行为	2016－05	48.00	667
时滞系统:Lyapunov 泛函和矩阵	2017－05	68.00	784
粒子图像测速仪实用指南:第二版	2017－08	78.00	790
数域的上同调	2017－08	98.00	799
图的正交因子分解(英文)	2018－01	38.00	881
图的度因子和分支因子:英文	2019－09	88.00	1108
点云模型的优化配准方法研究	2018－07	58.00	927
锥形波入射粗糙表面反散射问题理论与算法	2018－03	68.00	936
广义逆的理论与计算	2018－07	58.00	973
不定方程及其应用	2018－12	58.00	998
几类椭圆型偏微分方程高效数值算法研究	2018－08	48.00	1025
现代密码算法概论	2019－05	98.00	1061
模形式的 p－进性质	2019－06	78.00	1088
混沌动力学:分形、平铺、代换	2019－09	48.00	1109
微分方程,动力系统与混沌引论:第 3 版	2020－05	65.00	1144
分数阶微分方程理论与应用	2020－05	95.00	1187
应用非线性动力系统与混沌导论:第 2 版	2021－05	58.00	1368
非线性振动,动力系统与向量场的分支	2021－06	55.00	1369
遍历理论引论	2021－11	46.00	1441
动力系统与混沌	2022－05	48.00	1485
Galois 上同调	2020－04	138.00	1131
毕达哥拉斯定理:英文	2020－03	38.00	1133
模糊可拓多属性决策理论与方法	2021－06	98.00	1357
统计方法和科学推断	2021－10	48.00	1428
有关几类种群生态学模型的研究	2022－04	98.00	1486
加性数论:典型基	2022－05	48.00	1491
加性数论:反问题与和集的几何	2023－08	58.00	1672
乘性数论:第三版	2022－07	38.00	1528
交替方向乘子法及其应用	2022－08	98.00	1553
结构元理论及模糊决策应用	2022－09	98.00	1573
随机微分方程和应用:第二版	2022－12	48.00	1580

书　　名	出版时间	定　价	编号
吴振奎高等数学解题真经(概率统计卷)	2012－01	38.00	149
吴振奎高等数学解题真经(微积分卷)	2012－01	68.00	150
吴振奎高等数学解题真经(线性代数卷)	2012－01	58.00	151
高等数学解题全攻略(上卷)	2013－06	58.00	252
高等数学解题全攻略(下卷)	2013－06	58.00	253
高等数学复习纲要	2014－01	18.00	384
数学分析历年考研真题解析.第一卷	2021－04	38.00	1288
数学分析历年考研真题解析.第二卷	2021－04	38.00	1289
数学分析历年考研真题解析.第三卷	2021－04	38.00	1290
数学分析历年考研真题解析.第四卷	2022－09	68.00	1560
硕士研究生入学考试数学试题及解答.第 1 卷	2024－01	58.00	1703
硕士研究生入学考试数学试题及解答.第 2 卷	2024－04	68.00	1704
硕士研究生入学考试数学试题及解答.第 3 卷	即将出版		1705

书　　名	出版时间	定　价	编号
超越吉米多维奇.数列的极限	2009－11	48.00	58
超越普里瓦洛夫.留数卷	2015－01	48.00	437
超越普里瓦洛夫.无穷乘积与它对解析函数的应用卷	2015－05	28.00	477
超越普里瓦洛夫.积分卷	2015－06	18.00	481
超越普里瓦洛夫.基础知识卷	2015－06	28.00	482
超越普里瓦洛夫.数项级数卷	2015－07	38.00	489
超越普里瓦洛夫.微分、解析函数、导数卷	2018－01	48.00	852

书　　名	出版时间	定　价	编号
统计学专业英语(第三版)	2015－04	68.00	465
代换分析:英文	2015－07	38.00	499

刘培杰数学工作室
已出版(即将出版)图书目录——高等数学

书　　名	出版时间	定　价	编号
历届美国大学生数学竞赛试题集.第一卷(1938—1949)	2015-01	28.00	397
历届美国大学生数学竞赛试题集.第二卷(1950—1959)	2015-01	28.00	398
历届美国大学生数学竞赛试题集.第三卷(1960—1969)	2015-01	28.00	399
历届美国大学生数学竞赛试题集.第四卷(1970—1979)	2015-01	18.00	400
历届美国大学生数学竞赛试题集.第五卷(1980—1989)	2015-01	28.00	401
历届美国大学生数学竞赛试题集.第六卷(1990—1999)	2015-01	28.00	402
历届美国大学生数学竞赛试题集.第七卷(2000—2009)	2015-08	18.00	403
历届美国大学生数学竞赛试题集.第八卷(2010—2012)	2015-01	18.00	404
超越普特南试题:大学数学竞赛中的方法与技巧	2017-04	98.00	758
历届国际大学生数学竞赛试题集(1994-2020)	2021-01	58.00	1252
历届美国大学生数学竞赛试题集(全3册)	2023-10	168.00	1693
全国大学生数学夏令营数学竞赛试题及解答	2007-03	28.00	15
全国大学生数学竞赛辅导教程	2012-07	28.00	189
全国大学生数学竞赛复习全书(第2版)	2017-05	58.00	787
历届美国大学生数学竞赛试题集	2009-03	88.00	43
前苏联大学生数学奥林匹克竞赛题解(上编)	2012-04	28.00	169
前苏联大学生数学奥林匹克竞赛题解(下编)	2012-04	38.00	170
大学生数学竞赛讲义	2014-09	28.00	371
大学生数学竞赛教程——高等数学(基础篇、提高篇)	2018-09	128.00	968
普林斯顿大学数学竞赛	2016-06	38.00	669
考研高等数学高分之路	2020-10	45.00	1203
考研高等数学基础必刷	2021-01	45.00	1251
考研概率论与数理统计	2022-06	58.00	1522
越过211,刷到985:考研数学二	2019-10	68.00	1115
初等数论难题集(第一卷)	2009-05	68.00	44
初等数论难题集(第二卷)(上、下)	2011-02	128.00	82,83
数论概貌	2011-03	18.00	93
代数数论(第二版)	2013-08	58.00	94
代数多项式	2014-06	38.00	289
初等数论的知识与问题	2011-02	28.00	95
超越数论基础	2011-03	28.00	96
数论初等教程	2011-03	28.00	97
数论基础	2011-03	18.00	98
数论基础与维诺格拉多夫	2014-03	18.00	292
解析数论基础	2012-08	28.00	216
解析数论基础(第二版)	2014-01	48.00	287
解析数论问题集(第二版)(原版引进)	2014-05	88.00	343
解析数论问题集(第二版)(中译本)	2016-04	88.00	607
解析数论基础(潘承洞,潘承彪著)	2016-07	98.00	673
解析数论导引	2016-07	58.00	674
数论入门	2011-03	38.00	99
代数数论入门	2015-03	38.00	448
数论开篇	2012-07	28.00	194
解析数论引论	2011-03	48.00	100
Barban Davenport Halberstam 均值和	2009-01	40.00	33
基础数论	2011-03	28.00	101
初等数论 100 例	2011-05	18.00	122
初等数论经典例题	2012-07	18.00	204
最新世界各国数学奥林匹克中的初等数论试题(上、下)	2012-01	138.00	144,145
初等数论(Ⅰ)	2012-01	18.00	156
初等数论(Ⅱ)	2012-01	18.00	157
初等数论(Ⅲ)	2012-01	28.00	158

刘培杰数学工作室
已出版(即将出版)图书目录——高等数学

书　　名	出版时间	定　价	编号
Gauss,Euler,Lagrange 和 Legendre 的遗产:把整数表示成平方和	2022－06	78.00	1540
平面几何与数论中未解决的新老问题	2013－01	68.00	229
代数数论简史	2014－11	28.00	408
代数数论	2015－09	88.00	532
代数、数论及分析习题集	2016－11	98.00	695
数论导引提要及习题解答	2016－01	48.00	559
素数定理的初等证明. 第 2 版	2016－09	48.00	686
数论中的模函数与狄利克雷级数(第二版)	2017－11	78.00	837
数论:数学导引	2018－01	68.00	849
域论	2018－04	68.00	884
代数数论(冯克勤　编著)	2018－04	68.00	885
范氏大代数	2019－02	98.00	1016
高等算术:数论导引:第八版	2023－04	78.00	1689
新编 640 个世界著名数学智力趣题	2014－01	88.00	242
500 个最新世界著名数学智力趣题	2008－06	48.00	3
400 个最新世界著名数学最值问题	2008－09	48.00	36
500 个世界著名数学征解问题	2009－06	48.00	52
400 个中国最佳初等数学征解老问题	2010－01	48.00	60
500 个俄罗斯数学经典老题	2011－01	28.00	81
1000 个国外中学物理好题	2012－04	48.00	174
300 个日本高考数学题	2012－05	38.00	142
700 个早期日本高考数学试题	2017－02	88.00	752
500 个前苏联早期高考数学试题及解答	2012－05	28.00	185
546 个早期俄罗斯大学生数学竞赛题	2014－03	38.00	285
548 个来自美苏的数学好问题	2014－11	28.00	396
20 所苏联著名大学早期入学试题	2015－02	18.00	452
161 道德国工科大学生必做的微分方程习题	2015－05	28.00	469
500 个德国工科大学生必做的高数习题	2015－06	28.00	478
360 个数学竞赛问题	2016－08	58.00	677
德国讲义日本考题. 微积分卷	2015－04	48.00	456
德国讲义日本考题. 微分方程卷	2015－04	38.00	457
二十世纪中叶中、英、美、日、法、俄高考数学试题精选	2017－06	38.00	783
博弈论精粹	2008－03	58.00	30
博弈论精粹. 第二版(精装)	2015－01	88.00	461
数学 我爱你	2008－01	28.00	20
精神的圣徒　别样的人生——60 位中国数学家成长的历程	2008－09	48.00	39
数学史概论	2009－06	78.00	50
数学史概论(精装)	2013－03	158.00	272
数学史选讲	2016－01	48.00	544
斐波那契数列	2010－02	28.00	65
数学拼盘和斐波那契魔方	2010－07	38.00	72
斐波那契数列欣赏	2011－01	28.00	160
数学的创造	2011－02	48.00	85
数学美与创造力	2016－01	48.00	595
数海拾贝	2016－01	48.00	590
数学中的美	2011－02	38.00	84
数论中的美学	2014－12	38.00	351
数学王者　科学巨人——高斯	2015－01	28.00	428
振兴祖国数学的圆梦之旅:中国初等数学研究史话	2015－06	98.00	490
二十世纪中国数学史料研究	2015－10	48.00	536
数字谜、数阵图与棋盘覆盖	2016－01	58.00	298
时间的形状	2016－01	38.00	556
数学发现的艺术:数学探索中的合情推理	2016－07	58.00	671
活跃在数学中的参数	2016－07	48.00	675

刘培杰数学工作室

已出版(即将出版)图书目录——高等数学 

书　　名	出版时间	定　价	编号
格点和面积	2012－07	18.00	191
射影几何趣谈	2012－04	28.00	175
斯潘纳尔引理——从一道加拿大数学奥林匹克试题谈起	2014－01	28.00	228
李普希兹条件——从几道近年高考数学试题谈起	2012－10	18.00	221
拉格朗日中值定理——从一道北京高考试题的解法谈起	2015－10	18.00	197
闵科夫斯基定理——从一道清华大学自主招生试题谈起	2014－01	28.00	198
哈尔测度——从一道冬令营试题的背景谈起	2012－08	28.00	202
切比雪夫逼近问题——从一道中国台北数学奥林匹克试题谈起	2013－04	38.00	238
伯恩斯坦多项式与贝齐尔曲面——从一道全国高中数学联赛试题谈起	2013－03	38.00	236
卡塔兰猜想——从一道普特南竞赛试题谈起	2013－06	18.00	256
麦卡锡函数和阿克曼函数——从一道前南斯拉夫数学奥林匹克试题谈起	2012－08	18.00	201
贝蒂定理与拉姆贝克莫斯尔定理——从一个拣石子游戏谈起	2012－08	18.00	217
皮亚诺曲线和豪斯道夫分球定理——从无限集谈起	2012－08	18.00	211
平面凸图形与凸多面体	2012－10	28.00	218
斯坦因豪斯问题——从一道二十五省市自治区中学数学竞赛试题谈起	2012－07	18.00	196
纽结理论中的亚历山大多项式与琼斯多项式——从一道北京市高一数学竞赛试题谈起	2012－07	28.00	195
原则与策略——从波利亚"解题表"谈起	2013－04	38.00	244
转化与化归——从三大尺规作图不能问题谈起	2012－08	28.00	214
代数几何中的贝祖定理(第一版)——从一道 IMO 试题的解法谈起	2013－08	18.00	193
成功连贯理论与约当块理论——从一道比利时数学竞赛试题谈起	2012－04	18.00	180
素数判定与大数分解	2014－08	18.00	199
置换多项式及其应用	2012－10	18.00	220
椭圆函数与模函数——从一道美国加州大学洛杉矶分校(UCLA)博士资格考题谈起	2012－10	28.00	219
差分方程的拉格朗日方法——从一道 2011 年全国高考理科试题的解法谈起	2012－08	28.00	200
力学在几何中的一些应用	2013－01	38.00	240
高斯散度定理、斯托克斯定理和平面格林定理——从一道国际大学生数学竞赛试题谈起	即将出版		
康托洛维奇不等式——从一道全国高中联赛试题谈起	2013－03	28.00	337
西格尔引理——从一道第 18 届 IMO 试题的解法谈起	即将出版		
罗斯定理——从一道前苏联数学竞赛试题谈起	即将出版		
拉克斯定理和阿廷定理——从一道 IMO 试题的解法谈起	2014－01	58.00	246
毕卡大定理——从一道美国大学数学竞赛试题谈起	2014－07	18.00	350
贝齐尔曲线——从一道全国高中联赛试题谈起	即将出版		
拉格朗日乘子定理——从一道 2005 年全国高中联赛试题的高等数学解法谈起	2015－05	28.00	480
雅可比定理——从一道日本数学奥林匹克试题谈起	2013－04	48.00	249
李天岩一约克定理——从一道波兰数学竞赛试题谈起	2014－06	28.00	349
受控理论与初等不等式:从一道 IMO 试题的解法谈起	2023－03	48.00	1601

刘培杰数学工作室
已出版(即将出版)图书目录——高等数学

书　名	出版时间	定　价	编号
布劳维不动点定理——从一道前苏联数学奥林匹克试题谈起	2014－01	38.00	273
伯恩赛德定理——从一道英国数学奥林匹克试题谈起	即将出版		
布查特－莫斯特定理——从一道上海市初中竞赛试题谈起	即将出版		
数论中的同余数问题——从一道普特南竞赛试题谈起	即将出版		
范·德蒙行列式——从一道美国数学奥林匹克试题谈起	即将出版		
中国剩余定理:总数法构建中国历史年表	2015－01	28.00	430
牛顿程序与方程求根——从一道全国高考试题解法谈起	即将出版		
库默尔定理——从一道 IMO 预选试题谈起	即将出版		
卢丁定理——从一道冬令营试题的解法谈起	即将出版		
沃斯滕霍姆定理——从一道 IMO 预选试题谈起	即将出版		
卡尔松不等式——从一道莫斯科数学奥林匹克试题谈起	即将出版		
信息论中的香农熵——从一道近年高考压轴题谈起	即将出版		
约当不等式——从一道希望杯竞赛试题谈起	即将出版		
拉比诺维奇定理	即将出版		
刘维尔定理——从一道《美国数学月刊》征解问题的解法谈起	即将出版		
卡塔兰恒等式与级数求和——从一道 IMO 试题的解法谈起	即将出版		
勒让德猜想与素数分布——从一道爱尔兰竞赛试题谈起	即将出版		
天平称重与信息论——从一道基辅市数学奥林匹克试题谈起	即将出版		
哈密尔顿－凯莱定理:从一道高中数学联赛试题的解法谈起	2014－09	18.00	376
艾思特曼定理——从一道 CMO 试题的解法谈起	即将出版		
一个爱尔特希问题——从一道西德数学奥林匹克试题谈起	即将出版		
有限群中的爱丁格尔问题——从一道北京市初中二年级数学竞赛试题谈起	即将出版		
糖水中的不等式——从初等数学到高等数学	2019－07	48.00	1093
帕斯卡三角形	2014－03	18.00	294
蒲丰投针问题——从 2009 年清华大学的一道自主招生试题谈起	2014－01	38.00	295
斯图姆定理——从一道“华约”自主招生试题的解法谈起	2014－01	18.00	296
许瓦兹引理——从一道加利福尼亚大学伯克利分校数学系博士生试题谈起	2014－08	18.00	297
拉姆塞定理——从王诗宬院士的一个问题谈起	2016－04	48.00	299
坐标法	2013－12	28.00	332
数论三角形	2014－04	38.00	341
毕克定理	2014－07	18.00	352
数林掠影	2014－09	48.00	389
我们周围的概率	2014－10	38.00	390
凸函数最值定理:从一道华约自主招生题的解法谈起	2014－10	28.00	391
易学与数学奥林匹克	2014－10	38.00	392
生物数学趣谈	2015－01	18.00	409
反演	2015－01	28.00	420
因式分解与圆锥曲线	2015－01	18.00	426
轨迹	2015－01	28.00	427
面积原理:从常庚哲命的一道 CMO 试题的积分解法谈起	2015－01	48.00	431
形形色色的不动点定理:从一道 28 届 IMO 试题谈起	2015－01	38.00	439
柯西函数方程:从一道上海交大自主招生的试题谈起	2015－02	28.00	440

刘培杰数学工作室
已出版(即将出版)图书目录——高等数学

书　　名	出版时间	定　价	编号
三角恒等式	2015－02	28.00	442
无理性判定:从一道 2014 年“北约”自主招生试题谈起	2015－01	38.00	443
数学归纳法	2015－03	18.00	451
极端原理与解题	2015－04	28.00	464
法雷级数	2014－08	18.00	367
摆线族	2015－01	38.00	438
函数方程及其解法	2015－05	38.00	470
含参数的方程和不等式	2012－09	28.00	213
希尔伯特第十问题	2016－01	38.00	543
无穷小量的求和	2016－01	28.00	545
切比雪夫多项式:从一道清华大学金秋营试题谈起	2016－01	38.00	583
泽肯多夫定理	2016－03	38.00	599
代数等式证题法	2016－01	28.00	600
三角等式证题法	2016－01	28.00	601
吴大任教授藏书中的一个因式分解公式:从一道美国数学邀请赛试题的解法谈起	2016－06	28.00	656
易卦——类万物的数学模型	2017－08	68.00	838
“不可思议”的数与数系可持续发展	2018－01	38.00	878
最短线	2018－01	38.00	879
从毕达哥拉斯到怀尔斯	2007－10	48.00	9
从迪利克雷到维斯卡尔迪	2008－01	48.00	21
从哥德巴赫到陈景润	2008－05	98.00	35
从庞加莱到佩雷尔曼	2011－08	138.00	136
从费马到怀尔斯——费马大定理的历史	2013－10	198.00	Ⅰ
从庞加莱到佩雷尔曼——庞加莱猜想的历史	2013－10	298.00	Ⅱ
从切比雪夫到爱尔特希(上)——素数定理的初等证明	2013－07	48.00	Ⅲ
从切比雪夫到爱尔特希(下)——素数定理 100 年	2012－12	98.00	Ⅲ
从高斯到盖尔方特——二次域的高斯猜想	2013－10	198.00	Ⅳ
从库默尔到朗兰兹——朗兰兹猜想的历史	2014－01	98.00	Ⅴ
从比勃巴赫到德布朗斯——比勃巴赫猜想的历史	2014－02	298.00	Ⅵ
从麦比乌斯到陈省身——麦比乌斯变换与麦比乌斯带	2014－02	298.00	Ⅶ
从布尔到豪斯道夫——布尔方程与格论漫谈	2013－10	198.00	Ⅷ
从开普勒到阿诺德——三体问题的历史	2014－05	298.00	Ⅸ
从华林到华罗庚——华林问题的历史	2013－10	298.00	Ⅹ
数学物理大百科全书.第 1 卷	2016－01	418.00	508
数学物理大百科全书.第 2 卷	2016－01	408.00	509
数学物理大百科全书.第 3 卷	2016－01	396.00	510
数学物理大百科全书.第 4 卷	2016－01	408.00	511
数学物理大百科全书.第 5 卷	2016－01	368.00	512
朱德祥代数与几何讲义.第 1 卷	2017－01	38.00	697
朱德祥代数与几何讲义.第 2 卷	2017－01	28.00	698
朱德祥代数与几何讲义.第 3 卷	2017－01	28.00	699

刘培杰数学工作室
已出版(即将出版)图书目录——高等数学

书　　名	出版时间	定　价	编号
闵嗣鹤文集	2011－03	98.00	102
吴从炘数学活动三十年(1951～1980)	2010－07	99.00	32
吴从炘数学活动又三十年(1981～2010)	2015－07	98.00	491
斯米尔诺夫高等数学.第一卷	2018－03	88.00	770
斯米尔诺夫高等数学.第二卷.第一分册	2018－03	68.00	771
斯米尔诺夫高等数学.第二卷.第二分册	2018－03	68.00	772
斯米尔诺夫高等数学.第二卷.第三分册	2018－03	48.00	773
斯米尔诺夫高等数学.第三卷.第一分册	2018－03	58.00	774
斯米尔诺夫高等数学.第三卷.第二分册	2018－03	58.00	775
斯米尔诺夫高等数学.第三卷.第三分册	2018－03	68.00	776
斯米尔诺夫高等数学.第四卷.第一分册	2018－03	48.00	777
斯米尔诺夫高等数学.第四卷.第二分册	2018－03	88.00	778
斯米尔诺夫高等数学.第五卷.第一分册	2018－03	58.00	779
斯米尔诺夫高等数学.第五卷.第二分册	2018－03	68.00	780
zeta 函数,q-zeta 函数,相伴级数与积分(英文)	2015－08	88.00	513
微分形式:理论与练习(英文)	2015－08	58.00	514
离散与微分包含的逼近和优化(英文)	2015－08	58.00	515
艾伦·图灵:他的工作与影响(英文)	2016－01	98.00	560
测度理论概率导论,第 2 版(英文)	2016－01	88.00	561
带有潜在故障恢复系统的半马尔柯夫模型控制(英文)	2016－01	98.00	562
数学分析原理(英文)	2016－01	88.00	563
随机偏微分方程的有效动力学(英文)	2016－01	88.00	564
图的谱半径(英文)	2016－01	58.00	565
量子机器学习中数据挖掘的量子计算方法(英文)	2016－01	98.00	566
量子物理的非常规方法(英文)	2016－01	118.00	567
运输过程的统一非局部理论:广义波尔兹曼物理动力学,第 2 版(英文)	2016－01	198.00	568
量子力学与经典力学之间的联系在原子、分子及电动力学系统建模中的应用(英文)	2016－01	58.00	569
算术域(英文)	2018－01	158.00	821
高等数学竞赛:1962—1991 年的米洛克斯·史怀哲竞赛(英文)	2018－01	128.00	822
用数学奥林匹克精神解决数论问题(英文)	2018－01	108.00	823
代数几何(德文)	2018－04	68.00	824
丢番图逼近论(英文)	2018－01	78.00	825
代数几何学基础教程(英文)	2018－01	98.00	826
解析数论入门课程(英文)	2018－01	78.00	827
数论中的丢番图问题(英文)	2018－01	78.00	829
数论(梦幻之旅):第五届中日数论研讨会演讲集(英文)	2018－01	68.00	830
数论新应用(英文)	2018－01	68.00	831
数论(英文)	2018－01	78.00	832
测度与积分(英文)	2019－04	68.00	1059
卡塔兰数入门(英文)	2019－05	68.00	1060
多变量数学入门(英文)	2021－05	68.00	1317
偏微分方程入门(英文)	2021－05	88.00	1318
若尔当典范性:理论与实践(英文)	2021－07	68.00	1366
R 统计学概论(英文)	2023－03	88.00	1614
基于不确定静态和动态问题解的仿射算术(英文)	2023－03	38.00	1618

刘培杰数学工作室
已出版(即将出版)图书目录——高等数学

书 名	出版时间	定 价	编号
湍流十讲(英文)	2018－04	108.00	886
无穷维李代数:第3版(英文)	2018－04	98.00	887
等值、不变量和对称性(英文)	2018－04	78.00	888
解析数论(英文)	2018－09	78.00	889
《数学原理》的演化:伯特兰·罗素撰写第二版时的手稿与笔记(英文)	2018－04	108.00	890
哈密尔顿数学论文集(第4卷):几何学、分析学、天文学、概率和有限差分等(英文)	2019－05	108.00	891
数学王子——高斯	2018－01	48.00	858
坎坷奇星——阿贝尔	2018－01	48.00	859
闪烁奇星——伽罗瓦	2018－01	58.00	860
无穷统帅——康托尔	2018－01	48.00	861
科学公主——柯瓦列夫斯卡娅	2018－01	48.00	862
抽象代数之母——埃米·诺特	2018－01	48.00	863
电脑先驱——图灵	2018－01	58.00	864
昔日神童——维纳	2018－01	48.00	865
数坛怪侠——爱尔特希	2018－01	68.00	866
当代世界中的数学.数学思想与数学基础	2019－01	38.00	892
当代世界中的数学.数学问题	2019－01	38.00	893
当代世界中的数学.应用数学与数学应用	2019－01	38.00	894
当代世界中的数学.数学王国的新疆域(一)	2019－01	38.00	895
当代世界中的数学.数学王国的新疆域(二)	2019－01	38.00	896
当代世界中的数学.数林撷英(一)	2019－01	38.00	897
当代世界中的数学.数林撷英(二)	2019－01	48.00	898
当代世界中的数学.数学之路	2019－01	38.00	899
偏微分方程全局吸引子的特性(英文)	2018－09	108.00	979
整函数与下调和函数(英文)	2018－09	118.00	980
幂等分析(英文)	2018－09	118.00	981
李群,离散子群与不变量理论(英文)	2018－09	108.00	982
动力系统与统计力学(英文)	2018－09	118.00	983
表示论与动力系统(英文)	2018－09	118.00	984
分析学练习.第1部分(英文)	2021－01	88.00	1247
分析学练习.第2部分.非线性分析(英文)	2021－01	88.00	1248
初级统计学:循序渐进的方法:第10版(英文)	2019－05	68.00	1067
工程师与科学家微分方程用书:第4版(英文)	2019－07	58.00	1068
大学代数与三角学(英文)	2019－06	78.00	1069
培养数学能力的途径(英文)	2019－07	38.00	1070
工程师与科学家统计学:第4版(英文)	2019－06	58.00	1071
贸易与经济中的应用统计学:第6版(英文)	2019－06	58.00	1072
傅立叶级数和边值问题:第8版(英文)	2019－05	48.00	1073
通往天文学的途径:第5版(英文)	2019－05	58.00	1074

刘培杰数学工作室
已出版(即将出版)图书目录——高等数学

书　名	出版时间	定　价	编号
拉马努金笔记. 第 1 卷(英文)	2019—06	165.00	1078
拉马努金笔记. 第 2 卷(英文)	2019—06	165.00	1079
拉马努金笔记. 第 3 卷(英文)	2019—06	165.00	1080
拉马努金笔记. 第 4 卷(英文)	2019—06	165.00	1081
拉马努金笔记. 第 5 卷(英文)	2019—06	165.00	1082
拉马努金遗失笔记. 第 1 卷(英文)	2019—06	109.00	1083
拉马努金遗失笔记. 第 2 卷(英文)	2019—06	109.00	1084
拉马努金遗失笔记. 第 3 卷(英文)	2019—06	109.00	1085
拉马努金遗失笔记. 第 4 卷(英文)	2019—06	109.00	1086
数论:1976 年纽约洛克菲勒大学数论会议记录(英文)	2020—06	68.00	1145
数论:卡本代尔 1979:1979 年在南伊利诺伊卡本代尔大学举行的数论会议记录(英文)	2020—06	78.00	1146
数论:诺德韦克豪特 1983:1983 年在诺德韦克豪特举行的 Journees Arithmetiques 数论大会会议记录(英文)	2020—06	68.00	1147
数论:1985—1988 年在纽约城市大学研究生院和大学中心举办的研讨会(英文)	2020—06	68.00	1148
数论:1987 年在乌尔姆举行的 Journees Arithmetiques 数论大会会议记录(英文)	2020—06	68.00	1149
数论:马德拉斯 1987:1987 年在马德拉斯安娜大学举行的国际拉马努金百年纪念大会会议记录(英文)	2020—06	68.00	1150
解析数论:1988 年在东京举行的日法研讨会会议记录(英文)	2020—06	68.00	1151
解析数论:2002 年在意大利切特拉罗举行的 C. I. M. E. 暑期班演讲集(英文)	2020—06	68.00	1152
量子世界中的蝴蝶:最迷人的量子分形故事(英文)	2020—06	118.00	1157
走进量子力学(英文)	2020—06	118.00	1158
计算物理学概论(英文)	2020—06	48.00	1159
物质,空间和时间的理论:量子理论(英文)	即将出版		1160
物质,空间和时间的理论:经典理论(英文)	即将出版		1161
量子场理论:解释世界的神秘背景(英文)	2020—07	38.00	1162
计算物理学概论(英文)	即将出版		1163
行星状星云(英文)	即将出版		1164
基本宇宙学:从亚里士多德的宇宙到大爆炸(英文)	2020—08	58.00	1165
数学磁流体力学(英文)	2020—07	58.00	1166
计算科学:第 1 卷,计算的科学(日文)	2020—07	88.00	1167
计算科学:第 2 卷,计算与宇宙(日文)	2020—07	88.00	1168
计算科学:第 3 卷,计算与物质(日文)	2020—07	88.00	1169
计算科学:第 4 卷,计算与生命(日文)	2020—07	88.00	1170
计算科学:第 5 卷,计算与地球环境(日文)	2020—07	88.00	1171
计算科学:第 6 卷,计算与社会(日文)	2020—07	88.00	1172
计算科学. 别卷,超级计算机(日文)	2020—07	88.00	1173
多复变函数论(日文)	2022—06	78.00	1518
复变函数入门(日文)	2022—06	78.00	1523

刘培杰数学工作室

已出版(即将出版)图书目录——高等数学

书 名	出版时间	定 价	编号
代数与数论:综合方法(英文)	2020-10	78.00	1185
复分析:现代函数理论第一课(英文)	2020-07	58.00	1186
斐波那契数列和卡特兰数:导论(英文)	2020-10	68.00	1187
组合推理:计数艺术介绍(英文)	2020-07	88.00	1188
二次互反律的傅里叶分析证明(英文)	2020-07	48.00	1189
旋瓦兹分布的希尔伯特变换与应用(英文)	2020-07	58.00	1190
泛函分析:巴拿赫空间理论入门(英文)	2020-07	48.00	1191
典型群,错排与素数(英文)	2020-11	58.00	1204
李代数的表示:通过 gln 进行介绍(英文)	2020-10	38.00	1205
实分析演讲集(英文)	2020-10	38.00	1206
现代分析及其应用的课程(英文)	2020-10	58.00	1207
运动中的抛射物数学(英文)	2020-10	38.00	1208
2-扭结与它们的群(英文)	2020-10	38.00	1209
概率,策略和选择:博弈与选举中的数学(英文)	2020-11	58.00	1210
分析学引论(英文)	2020-11	58.00	1211
量子群:通往流代数的路径(英文)	2020-11	38.00	1212
集合论入门(英文)	2020-10	48.00	1213
酉反射群(英文)	2020-11	58.00	1214
探索数学:吸引人的证明方式(英文)	2020-11	58.00	1215
微分拓扑短期课程(英文)	2020-10	48.00	1216
抽象凸分析(英文)	2020-11	68.00	1222
费马大定理笔记(英文)	2021-03	48.00	1223
高斯与雅可比和(英文)	2021-03	78.00	1224
π与算术几何平均:关于解析数论和计算复杂性的研究(英文)	2021-01	58.00	1225
复分析入门(英文)	2021-03	48.00	1226
爱德华·卢卡斯与素性测定(英文)	2021-03	78.00	1227
通往凸分析及其应用的简单路径(英文)	2021-01	68.00	1229
微分几何的各个方面.第一卷(英文)	2021-01	58.00	1230
微分几何的各个方面.第二卷(英文)	2020-12	58.00	1231
微分几何的各个方面.第三卷(英文)	2020-12	58.00	1232
沃克流形几何学(英文)	2020-11	58.00	1233
仿射和韦尔几何应用(英文)	2020-12	58.00	1234
双曲几何学的旋转向量空间方法(英文)	2021-02	58.00	1235
积分:分析学的关键(英文)	2020-12	48.00	1236
为有天分的新生准备的分析学基础教材(英文)	2020-11	48.00	1237

刘培杰数学工作室

已出版(即将出版)图书目录——高等数学

书　名	出版时间	定　价	编号
数学不等式.第一卷.对称多项式不等式(英文)	2021—03	108.00	1273
数学不等式.第二卷.对称有理不等式与对称无理不等式(英文)	2021—03	108.00	1274
数学不等式.第三卷.循环不等式与非循环不等式(英文)	2021—03	108.00	1275
数学不等式.第四卷.Jensen 不等式的扩展与加细(英文)	2021—03	108.00	1276
数学不等式.第五卷.创建不等式与解不等式的其他方法(英文)	2021—04	108.00	1277
冯·诺依曼代数中的谱位移函数:半有限冯·诺依曼代数中的谱位移函数与谱流(英文)	2021—06	98.00	1308
链接结构:关于嵌入完全图的直线中链接单形的组合结构(英文)	2021—05	58.00	1309
代数几何方法.第1卷(英文)	2021—06	68.00	1310
代数几何方法.第2卷(英文)	2021—06	68.00	1311
代数几何方法.第3卷(英文)	2021—06	58.00	1312
代数、生物信息和机器人技术的算法问题.第四卷,独立恒等式系统(俄文)	2020—08	118.00	1119
代数、生物信息和机器人技术的算法问题.第五卷,相对覆盖性和独立可拆分恒等式系统(俄文)	2020—08	118.00	1200
代数、生物信息和机器人技术的算法问题.第六卷,恒等式和准恒等式的相等 问题、可推导性和可实现性(俄文)	2020—08	128.00	1201
分数阶微积分的应用:非局部动态过程,分数阶导热系数(俄文)	2021—01	68.00	1241
泛函分析问题与练习:第2版(俄文)	2021—01	98.00	1242
集合论、数学逻辑和算法论问题:第5版(俄文)	2021—01	98.00	1243
微分几何和拓扑短期课程(俄文)	2021—01	98.00	1244
素数规律(俄文)	2021—01	88.00	1245
无穷边值问题解的递减:无界域中的拟线性椭圆和抛物方程(俄文)	2021—01	48.00	1246
微分几何讲义(俄文)	2020—12	98.00	1253
二次型和矩阵(俄文)	2021—01	98.00	1255
积分和级数.第2卷,特殊函数(俄文)	2021—01	168.00	1258
积分和级数.第3卷,特殊函数补充:第2版(俄文)	2021—01	178.00	1264
几何图上的微分方程(俄文)	2021—01	138.00	1259
数论教程:第2版(俄文)	2021—01	98.00	1260
非阿基米德分析及其应用(俄文)	2021—03	98.00	1261

刘培杰数学工作室
已出版(即将出版)图书目录——高等数学

书　　名	出版时间	定　价	编号
古典群和量子群的压缩(俄文)	2021—03	98.00	1263
数学分析习题集.第3卷,多元函数:第3版(俄文)	2021—03	98.00	1266
数学习题:乌拉尔国立大学数学力学系大学生奥林匹克(俄文)	2021—03	98.00	1267
柯西定理和微分方程的特解(俄文)	2021—03	98.00	1268
组合极值问题及其应用:第3版(俄文)	2021—03	98.00	1269
数学词典(俄文)	2021—01	98.00	1271
确定性混沌分析模型(俄文)	2021—06	168.00	1307
精选初等数学习题和定理.立体几何.第3版(俄文)	2021—03	68.00	1316
微分几何习题:第3版(俄文)	2021—05	98.00	1336
精选初等数学习题和定理.平面几何.第4版(俄文)	2021—05	68.00	1335
曲面理论在欧氏空间 *En* 中的直接表示	2022—01	68.00	1444
维纳—霍普夫离散算子和托普利兹算子:某些可数赋范空间中的诺特性和可逆性(俄文)	2022—03	108.00	1496
Maple 中的数论:数论中的计算机计算(俄文)	2022—03	88.00	1497
贝尔曼和克努特问题及其概括:加法运算的复杂性(俄文)	2022—03	138.00	1498
复分析:共形映射(俄文)	2022—07	48.00	1542
微积分代数样条和多项式及其在数值方法中的应用(俄文)	2022—08	128.00	1543
蒙特卡罗方法中的随机过程和场模型:算法和应用(俄文)	2022—08	88.00	1544
线性椭圆型方程组:论二阶椭圆型方程的迪利克雷问题(俄文)	2022—08	98.00	1561
动态系统解的增长特性:估值、稳定性、应用(俄文)	2022—08	118.00	1565
群的自由积分解:建立和应用(俄文)	2022—08	78.00	1570
混合方程和偏差自变数方程问题:解的存在和唯一性(俄文)	2023—01	78.00	1582
拟度量空间分析:存在和逼近定理(俄文)	2023—01	108.00	1583
二维和三维流形上函数的拓扑性质:函数的拓扑分类(俄文)	2023—03	68.00	1584
齐次马尔科夫过程建模的矩阵方法:此类方法能够用于不同目的的复杂系统研究、设计和完善(俄文)	2023—03	68.00	1594
周期函数的近似方法和特性:特殊课程(俄文)	2023—04	158.00	1622
扩散方程解的矩函数:变分法(俄文)	2023—03	58.00	1623
多赋范空间和广义函数:理论及应用(俄文)	2023—03	98.00	1632
分析中的多值映射:部分应用(俄文)	2023—06	98.00	1634
数学物理问题(俄文)	2023—03	78.00	1636
函数的幂级数与三角级数分解(俄文)	2024—01	58.00	1695
星体理论的数学基础:原子三元组(俄文)	2024—01	98.00	1696
素数规律:专著(俄文)	2024—01	118.00	1697
狭义相对论与广义相对论:时空与引力导论(英文)	2021—07	88.00	1319
束流物理学和粒子加速器的实践介绍:第2版(英文)	2021—07	88.00	1320
凝聚态物理中的拓扑和微分几何简介(英文)	2021—05	88.00	1321
混沌映射:动力学、分形学和快速涨落(英文)	2021—05	128.00	1322
广义相对论:黑洞、引力波和宇宙学介绍(英文)	2021—06	68.00	1323
现代分析电磁均质化(英文)	2021—06	68.00	1324
为科学家提供的基本流体动力学(英文)	2021—06	88.00	1325
视觉天文学:理解夜空的指南(英文)	2021—06	68.00	1326

刘培杰数学工作室
已出版(即将出版)图书目录——高等数学

书名	出版时间	定价	编号
物理学中的计算方法(英文)	2021—06	68.00	1327
单星的结构与演化:导论(英文)	2021—06	108.00	1328
超越居里:1903 年至 1963 年物理界四位女性及其著名发现(英文)	2021—06	68.00	1329
范德瓦尔斯流体热力学的进展(英文)	2021—06	68.00	1330
先进的托卡马克稳定性理论(英文)	2021—06	88.00	1331
经典场论导论:基本相互作用的过程(英文)	2021—07	88.00	1332
光致电离量子动力学方法原理(英文)	2021—07	108.00	1333
经典域论和应力:能量张量(英文)	2021—05	88.00	1334
非线性太赫兹光谱的概念与应用(英文)	2021—06	68.00	1337
电磁学中的无穷空间并矢格林函数(英文)	2021—06	88.00	1338
物理科学基础数学. 第 1 卷,齐次边值问题、傅里叶方法和特殊函数(英文)	2021—07	108.00	1339
离散量子力学(英文)	2021—07	68.00	1340
核磁共振的物理学和数学(英文)	2021—07	108.00	1341
分子水平的静电学(英文)	2021—08	68.00	1342
非线性波:理论、计算机模拟、实验(英文)	2021—06	108.00	1343
石墨烯光学:经典问题的电解解决方案(英文)	2021—06	68.00	1344
超材料多元宇宙(英文)	2021—07	68.00	1345
银河系外的天体物理学(英文)	2021—07	68.00	1346
原子物理学(英文)	2021—07	68.00	1347
将光打结:将拓扑学应用于光学(英文)	2021—07	68.00	1348
电磁学:问题与解法(英文)	2021—07	88.00	1364
海浪的原理:介绍量子力学的技巧与应用(英文)	2021—07	108.00	1365
多孔介质中的流体:输运与相变(英文)	2021—07	68.00	1372
洛伦兹群的物理学(英文)	2021—08	68.00	1373
物理导论的数学方法和解决方法手册(英文)	2021—08	68.00	1374
非线性波数学物理学入门(英文)	2021—08	88.00	1376
波:基本原理和动力学(英文)	2021—07	68.00	1377
光电子量子计量学. 第 1 卷,基础(英文)	2021—07	88.00	1383
光电子量子计量学. 第 2 卷,应用与进展(英文)	2021—07	68.00	1384
复杂流的格子玻尔兹曼建模的工程应用(英文)	2021—08	68.00	1393
电偶极矩挑战(英文)	2021—08	108.00	1394
电动力学:问题与解法(英文)	2021—09	68.00	1395
自由电子激光的经典理论(英文)	2021—08	68.00	1397
曼哈顿计划——核武器物理学简介(英文)	2021—09	68.00	1401

刘培杰数学工作室
已出版(即将出版)图书目录——高等数学

书　名	出版时间	定　价	编号
粒子物理学(英文)	2021—09	68.00	1402
引力场中的量子信息(英文)	2021—09	128.00	1403
器件物理学的基本经典力学(英文)	2021—09	68.00	1404
等离子体物理及其空间应用导论.第1卷,基本原理和初步过程(英文)	2021—09	68.00	1405
伽利略理论力学:连续力学基础(英文)	2021—10	48.00	1416
磁约束聚变等离子体物理:理想MHD理论(英文)	2023—03	68.00	1613
相对论量子场论.第1卷,典范形式体系(英文)	2023—03	38.00	1615
相对论量子场论.第2卷,路径积分形式(英文)	2023—06	38.00	1616
相对论量子场论.第3卷,量子场论的应用(英文)	2023—06	38.00	1617
涌现的物理学(英文)	2023—05	58.00	1619
量子化旋涡:一本拓扑激发手册(英文)	2023—04	68.00	1620
非线性动力学:实践的介绍性调查(英文)	2023—05	68.00	1621
静电加速器:一个多功能工具(英文)	2023—06	58.00	1625
相对论多体理论与统计力学(英文)	2023—06	58.00	1626
经典力学.第1卷,工具与向量(英文)	2023—04	38.00	1627
经典力学.第2卷,运动学和匀加速运动(英文)	2023—04	58.00	1628
经典力学.第3卷,牛顿定律和匀速圆周运动(英文)	2023—04	58.00	1629
经典力学.第4卷,万有引力定律(英文)	2023—04	38.00	1630
经典力学.第5卷,守恒定律与旋转运动(英文)	2023—04	38.00	1631
对称问题:纳维尔—斯托克斯问题(英文)	2023—04	38.00	1638
摄影的物理和艺术.第1卷,几何与光的本质(英文)	2023—04	78.00	1639
摄影的物理和艺术.第2卷,能量与色彩(英文)	2023—04	78.00	1640
摄影的物理和艺术.第3卷,探测器与数码的意义(英文)	2023—04	78.00	1641
拓扑与超弦理论焦点问题(英文)	2021—07	58.00	1349
应用数学:理论、方法与实践(英文)	2021—07	78.00	1350
非线性特征值问题:牛顿型方法与非线性瑞利函数(英文)	2021—07	58.00	1351
广义膨胀和齐性:利用齐性构造齐次系统的李雅普诺夫函数和控制律(英文)	2021—06	48.00	1352
解析数论焦点问题(英文)	2021—07	58.00	1353
随机微分方程:动态系统方法(英文)	2021—07	58.00	1354
经典力学与微分几何(英文)	2021—07	58.00	1355
负定相交形式流形上的瞬子模空间几何(英文)	2021—07	68.00	1356
广义卡塔兰轨道分析:广义卡塔兰轨道计算数字的方法(英文)	2021—07	48.00	1367
洛伦兹方法的变分:二维与三维洛伦兹方法(英文)	2021—08	38.00	1378
几何、分析和数论精编(英文)	2021—08	68.00	1380
从一个新角度看数论:通过遗传方法引入现实的概念(英文)	2021—07	58.00	1387
动力系统:短期课程(英文)	2021—08	68.00	1382

刘培杰数学工作室
已出版(即将出版)图书目录——高等数学

书　　名	出版时间	定　价	编号
几何路径:理论与实践(英文)	2021—08	48.00	1385
广义斐波那契数列及其性质(英文)	2021—08	38.00	1386
论天体力学中某些问题的不可积性(英文)	2021—07	88.00	1396
对称函数和麦克唐纳多项式:余代数结构与 Kawanaka 恒等式	2021—09	38.00	1400
杰弗里·英格拉姆·泰勒科学论文集:第 1 卷. 固体力学(英文)	2021—05	78.00	1360
杰弗里·英格拉姆·泰勒科学论文集:第 2 卷. 气象学、海洋学和湍流(英文)	2021—05	68.00	1361
杰弗里·英格拉姆·泰勒科学论文集:第 3 卷. 空气动力学以及落弹数和爆炸的力学(英文)	2021—05	68.00	1362
杰弗里·英格拉姆·泰勒科学论文集:第 4 卷. 有关流体力学(英文)	2021—05	58.00	1363
非局域泛函演化方程:积分与分数阶(英文)	2021—08	48.00	1390
理论工作者的高等微分几何:纤维丛、射流流形和拉格朗日理论(英文)	2021—08	68.00	1391
半线性退化椭圆微分方程:局部定理与整体定理(英文)	2021—07	48.00	1392
非交换几何、规范理论和重整化:一般简介与非交换量子场论的重整化(英文)	2021—09	78.00	1406
数论论文集:拉普拉斯变换和带有数论系数的幂级数(俄文)	2021—09	48.00	1407
挠理论专题:相对极大值,单射与扩充模(英文)	2021—09	88.00	1410
强正则图与欧几里得若尔当代数:非通常关系中的启示(英文)	2021—10	48.00	1411
拉格朗日几何和哈密顿几何:力学的应用(英文)	2021—10	48.00	1412
时滞微分方程与差分方程的振动理论:二阶与三阶(英文)	2021—10	98.00	1417
卷积结构与几何函数理论:用以研究特定几何函数理论方向的分数阶微积分算子与卷积结构(英文)	2021—10	48.00	1418
经典数学物理的历史发展(英文)	2021—10	78.00	1419
扩展线性丢番图问题(英文)	2021—10	38.00	1420
一类混沌动力系统的分歧分析与控制:分歧分析与控制(英文)	2021—11	38.00	1421
伽利略空间和伪伽利略空间中一些特殊曲线的几何性质(英文)	2022—01	48.00	1422
一阶偏微分方程:哈密尔顿—雅可比理论(英文)	2021—11	48.00	1424
各向异性黎曼多面体的反问题:分段光滑的各向异性黎曼多面体反边界谱问题:唯一性(英文)	2021—11	38.00	1425

刘培杰数学工作室
已出版(即将出版)图书目录——高等数学

书 名	出版时间	定 价	编号
项目反应理论手册.第一卷,模型(英文)	2021—11	138.00	1431
项目反应理论手册.第二卷,统计工具(英文)	2021—11	118.00	1432
项目反应理论手册.第三卷,应用(英文)	2021—11	138.00	1433
二次无理数:经典数论入门(英文)	2022—05	138.00	1434
数,形与对称性:数论,几何和群论导论(英文)	2022—05	128.00	1435
有限域手册(英文)	2021—11	178.00	1436
计算数论(英文)	2021—11	148.00	1437
拟群与其表示简介(英文)	2021—11	88.00	1438
数论与密码学导论:第二版(英文)	2022—01	148.00	1423
几何分析中的柯西变换与黎兹变换:解析调和容量和李普希兹调和容量、变化和振荡以及一致可求长性(英文)	2021—12	38.00	1465
近似不动点定理及其应用(英文)	2022—05	28.00	1466
局部域的相关内容解析:对局部域的扩展及其伽罗瓦群的研究(英文)	2022—01	38.00	1467
反问题的二进制恢复方法(英文)	2022—03	28.00	1468
对几何函数中某些类的各个方面的研究:复变量理论(英文)	2022—01	38.00	1469
覆盖、对应和非交换几何(英文)	2022—01	28.00	1470
最优控制理论中的随机线性调节器问题:随机最优线性调节器问题(英文)	2022—01	38.00	1473
正交分解法:涡流流体动力学应用的正交分解法(英文)	2022—01	38.00	1475
芬斯勒几何的某些问题(英文)	2022—03	38.00	1476
受限三体问题(英文)	2022—05	38.00	1477
利用马利亚万微积分进行 Greeks 的计算:连续过程、跳跃过程中的马利亚万微积分和金融领域中的 Greeks(英文)	2022—05	48.00	1478
经典分析和泛函分析的应用:分析学的应用(英文)	2022—05	38.00	1479
特殊芬斯勒空间的探究(英文)	2022—03	48.00	1480
某些图形的施泰纳距离的细谷多项式:细谷多项式与图的维纳指数(英文)	2022—05	38.00	1481
图论问题的遗传算法:在新鲜与模糊的环境中(英文)	2022—05	48.00	1482
多项式映射的渐近簇(英文)	2022—05	38.00	1483
一维系统中的混沌:符号动力学,映射序列,一致收敛和沙可夫斯基定理(英文)	2022—05	38.00	1509
多维边界层流动与传热分析:粘性流体流动的数学建模与分析(英文)	2022—05	38.00	1510

刘培杰数学工作室
已出版(即将出版)图书目录——高等数学

书名	出版时间	定价	编号
演绎理论物理学的原理:一种基于量子力学波函数的逐次置信估计的一般理论的提议(英文)	2022—05	38.00	1511
R^2 和 R^3 中的仿射弹性曲线:概念和方法(英文)	2022—08	38.00	1512
算术数列中除数函数的分布:基本内容、调查、方法、第二矩、新结果(英文)	2022—05	28.00	1513
抛物型狄拉克算子和薛定谔方程:不定常薛定谔方程的抛物型狄拉克算子及其应用(英文)	2022—07	28.00	1514
黎曼-希尔伯特问题与量子场论:可积重正化、戴森-施温格方程(英文)	2022—08	38.00	1515
代数结构和几何结构的形变理论(英文)	2022—08	48.00	1516
概率结构和模糊结构上的不动点:概率结构和直觉模糊度量空间的不动点定理(英文)	2022—08	38.00	1517
反若尔当对:简单反若尔当对的自同构(英文)	2022—07	28.00	1533
对某些黎曼一芬斯勒空间变换的研究:芬斯勒几何中的某些变换(英文)	2022—07	38.00	1534
内诣零流形映射的尼尔森数的阿诺索夫关系(英文)	2023—01	38.00	1535
与广义积分变换有关的分数次演算:对分数次演算的研究(英文)	2023—01	48.00	1536
强子的芬斯勒几何和吕拉几何(宇宙学方面):强子结构的芬斯勒几何和吕拉几何(拓扑缺陷)(英文)	2022—08	38.00	1537
一种基于混沌的非线性最优化问题:作业调度问题(英文)	即将出版		1538
广义概率论发展前景:关于趣味数学与置信函数实际应用的一些原创观点(英文)	即将出版		1539
纽结与物理学:第二版(英文)	2022—09	118.00	1547
正交多项式和 q—级数的前沿(英文)	2022—09	98.00	1548
算子理论问题集(英文)	2022—03	108.00	1549
抽象代数:群、环与域的应用导论:第二版(英文)	2023—01	98.00	1550
菲尔兹奖得主演讲集:第三版(英文)	2023—01	138.00	1551
多元实函数教程(英文)	2022—09	118.00	1552
球面空间形式群的几何学:第二版(英文)	2022—09	98.00	1566
对称群的表示论(英文)	2023—01	98.00	1585
纽结理论:第二版(英文)	2023—01	88.00	1586
拟群理论的基础与应用(英文)	2023—01	88.00	1587
组合学:第二版(英文)	2023—01	98.00	1588
加性组合学:研究问题手册(英文)	2023—01	68.00	1589
扭曲、平铺与镶嵌:几何折纸中的数学方法(英文)	2023—01	98.00	1590
离散与计算几何手册:第三版(英文)	2023—01	248.00	1591
离散与组合数学手册:第二版(英文)	2023—01	248.00	1592

刘培杰数学工作室
已出版(即将出版)图书目录——高等数学

书　　名	出版时间	定　价	编号
分析学教程.第 1 卷,一元实变量函数的微积分分析学介绍(英文)	2023—01	118.00	1595
分析学教程.第 2 卷,多元函数的微分和积分,向量微积分(英文)	2023—01	118.00	1596
分析学教程.第 3 卷,测度与积分理论,复变量的复值函数(英文)	2023—01	118.00	1597
分析学教程.第 4 卷,傅里叶分析,常微分方程,变分法(英文)	2023—01	118.00	1598
共形映射及其应用手册(英文)	2024—01	158.00	1674
广义三角函数与双曲函数(英文)	2024—01	78.00	1675
振动与波:概论:第二版(英文)	2024—01	88.00	1676
几何约束系统原理手册(英文)	2024—01	120.00	1677
微分方程与包含的拓扑方法(英文)	2024—01	98.00	1678
数学分析中的前沿话题(英文)	2024—01	198.00	1679
流体力学建模:不稳定性与湍流(英文)	2024—03	88.00	1680
动力系统:理论与应用(英文)	2024—03	108.00	1711
空间统计学理论:概述(英文)	2024—03	68.00	1712
梅林变换手册(英文)	2024—03	128.00	1713
非线性系统及其绝妙的数学结构.第 1 卷(英文)	2024—03	88.00	1714
非线性系统及其绝妙的数学结构.第 2 卷(英文)	2024—03	108.00	1715
Chip-firing 中的数学(英文)	2024—04	88.00	1716

联系地址:哈尔滨市南岗区复华四道街 10 号　哈尔滨工业大学出版社刘培杰数学工作室
邮　　编:150006
联系电话:0451—86281378　　13904613167
E-mail:lpj1378@163.com